Reinhold Meise | Dietmar Vogt

Einführung in die Funktionalanalysis

Aufbaukurs Mathematik

Herausgegeben von Martin Aigner, Peter Gritzmann, Volker Mehrmann und Gisbert Wüstholz

Walter Alt
Nichtlineare Optimierung

Martin Aigner
Diskrete Mathematik

Albrecht Beutelspacher und Ute Rosenbaum
Projektive Geometrie

Gerd Fischer
Ebene algebraische Kurven

Wolfgang Fischer/Ingo Lieb
Funktionentheorie

Otto Forster
Analysis 3

Klaus Hulek
Elementare Algebraische Geometrie

Michael Joswig und Thorsten Theobald
Algorithmische Geometrie

Horst Knörrer
Geometrie

Helmut Koch
Zahlentheorie

Ulrich Krengel
Einführung in die Wahrscheinlichkeits-theorie und Statistik

Wolfgang Kühnel
Differentialgeometrie

Ernst Kunz
Einführung in die algebraische Geometrie

Wolfgang Lück
Algebraische Topologie

Werner Lütkebohmert
Codierungstheorie

Reinhold Meise und Dietmar Vogt
Einführung in die Funktionalanalysis

Gisbert Wüstholz
Algebra

Grundkurs Mathematik

Berater: Martin Aigner, Peter Gritzmann, Volker Mehrmann und Gisbert Wüstholz

Gerd Fischer
Lineare Algebra

Gerd Fischer
Analytische Geometrie

Otto Forster und Rüdiger Wessoly
Übungsbuch zur Analysis 1

Gerhard Opfer
Numerische Mathematik für Anfänger

Hannes Stoppel und Birgit Griese
Übungsbuch zur Linearen Algebra

Otto Forster
Analysis 1

Otto Forster
Analysis 2

Otto Forster
Übungsbuch zur Analysis 2

Matthias Bollhöfer und Volker Mehrmann
Numerische Mathematik

www.viewegteubner.de

Reinhold Meise | Dietmar Vogt

Einführung in die Funktionalanalysis

2., überarbeitete Auflage

STUDIUM

**VIEWEG+
TEUBNER**

Bibliografische Information der Deutschen Nationalbibliothek
Die Deutsche Nationalbibliothek verzeichnet diese Publikation in der
Deutschen Nationalbibliografie; detaillierte bibliografische Daten sind im Internet über
<http://dnb.d-nb.de> abrufbar.

Prof. Dr. Reinhold Meise
Heinrich-Heine-Universität Düsseldorf
Mathematisches Institut
Universitätsstr. 1
40225 Düsseldorf

meise@math.uni-duesseldorf.de

Prof. Dr. Dietmar Vogt
Bergische Universität Wuppertal
Fachbereich C – Mathematik und Naturwissenschaften
Gaußstr. 20
42097 Wuppertal

dvogt@math.uni-wuppertal.de

2., überarbeitete Auflage 2011

Alle Rechte vorbehalten
© Vieweg+Teubner Verlag | Springer Fachmedien Wiesbaden GmbH 2011

Lektorat: Ulrike Schmickler-Hirzebruch | Barbara Gerlach

Vieweg+Teubner Verlag ist eine Marke von Springer Fachmedien.
Springer Fachmedien ist Teil der Fachverlagsgruppe Springer Science+Business Media.
www.viewegteubner.de

Umschlaggestaltung: KünkelLopka Medienentwicklung, Heidelberg
Gedruckt auf säurefreiem und chlorfrei gebleichtem Papier

ISBN 978-3-8348-1872-0

Inhaltsverzeichnis

Vorwort

Die vorliegende Einführung in die Funktionalanalysis wendet sich an Studenten der Mathematik und Physik, welche über Grundkenntnisse in Analysis und linearer Algebra verfügen. Sie entstand aus Vorlesungen, welche die Autoren mehrfach gehalten haben.

Das Buch gliedert sich in vier Kapitel und einen Anhang. In dem einführenden Kapitel 0 werden die benötigten Begriffe und Aussagen über Vektorräume, metrische und topologische sowie kompakte topologische Räume bereitgestellt.

In Kapitel I stellen wir die klassischen Grundlagen der Funktionalanalysis dar. Nach Einführung der Banach- und Frécheträume beweisen wir den Satz von Hahn-Banach und verwenden ihn und den Bipolarensatz zum Studium von Dual- und Bidualräumen sowie zum Beweis des Satzes vom abgeschlossenen Wertebereich. Als Folgerung aus dem Baireschen Satz beweisen wir die Sätze von der offenen Abbildung und vom abgeschlossenen Graphen und das Prinzip von der gleichmäßigen Beschränktheit. Nach einer Einführung in die Hilberträume behandeln wir die Räume $L_p(X, \mu)$ und $C(X)'$ und beschäftigen uns ausführlich mit der Fouriertransformation und mit Sobolevräumen.

Kapitel II ist der Spektraltheorie linearer Operatoren gewidmet. Ausgehend von der Rieszschen Theorie kompakter Operatoren in Banach- und Hilberträumen beschäftigen wir uns ausführlicher mit Hilbert–Schmidt Operatoren und Operatoren der Spurklasse. Die Konstruktion von Spektralmaßen für normale Operatoren in Hilberträumen wird vorbereitet durch einen Abschnitt über Banachalgebren, in welchem auch C^*–Algebren und die Gelfandsche Theorie behandelt werden. Nach dem Beweis der Spektraldarstellung für normale Operatoren leiten wir über die Cayley–Transformierte daraus die Spektraldarstellung für (unbeschränkte) selbstadjungierte Operatoren her und stellen die von Neumannsche Theorie der selbstadjungierten Erweiterungen symmetrischer Operatoren dar.

Kapitel III führen wir lokalkonvexe Räume ein, behandeln ihre Dualitätstheorie und charakterisieren die reflexiven Räume. Außerdem beschäftigen wir uns mit induktiven und projektiven Topologien, Schwartz– und (LF)–Räumen sowie damit zusammenhängenden Begriffen und beweisen den Graphensatz von de Wilde. Danach konzentrieren wir uns auf Frécheträume und (DF)–Räume, wobei wir auch Ergebnisse aus der jüngeren Zeit über die Exaktheit kurzer Sequenzen von Frécheträumen behandeln. Eine umfassende Darstellung der Kötheschen Folgenräume liefert eine Veranschaulichung vieler Begriffe sowie wichtige Beispiele und Gegenbeispiele. Einer kurzen Einführung in die nuklearen Räume folgt eine systematische Darstellung der Potenzreihenräume. Daran schließt sich der Beweis des (DN)-(Ω)-Splittingsatzes an, welcher in engem Zusammenhang mit den Potenzreihenräumen unendlichen Typs steht und die Charakterisierung der Unterräume und Quotienten des Raumes s aller schnell fallenden Folgen ermöglicht.

In dem Anhang geben wir eine knappe Einführung in die Integrationstheorie mit Hilfe des Daniell–Integrals, um die Räume $L_p(X, \mu)$ und die Spektralintegrale auf solider Grundlage behandeln zu können.

Unser Dank gilt allen, die durch Rat und Tat an der Entstehung des Buches mitgewirkt haben, insbesondere den Herren K.-D. Bierstedt, R.W. Braun, M. Langenbruch, S. Momm, M. Tidten, V. Walldorf und W. Werner. Den Studenten C. Fieker, B. Hammerl, H. Külkens, J. Limbach, M. Lipka, R. Pohlmann, T. Rösner, J. Rosenkranz und M. Schörnig, die unsere Vorlesungen besucht haben, danken wir für ihre Hilfe bei der Beseitigung von Druckfehlern und Ungereimtheiten. Die Damen L. Kock und D. Schlottmann und die Herren M. Lipka, J. Limbach und J. Rosenkranz haben mit viel Engagement und Geduld dafür gesorgt, daß das Buch in LaTeX erstellt werden konnte. Schließlich danken wir Herrn G. Fischer für die Anregung, dieses Buch zu schreiben, und dem Vieweg–Verlag für seine Langmut bei der Termingestaltung.

R. Meise, D. Vogt

Düsseldorf und Wuppertal im Juli 1992

Vorwort zur 2. Auflage

In der zweiten Auflage haben wir Folgendes geändert: Möglichst viele Druckfehler wurden korrigiert, und Änderungen, die wir bereits in der englischen Übersetzung vorgenommen hatten, wurden in die neue deutsche Ausgabe übernommen. Außerdem haben wir die Literaturhinweise aktualisiert, §15 um einen Abschnitt über Fredholmoperatoren erweitert und in Anhang B eine Einführung in die schwache Topologie gegeben. Letzteres halten wir für sinnvoll, weil auf Vorschlag des Verlages und im Hinblick auf die Veränderungen in den Studiengängen nur die Kapitel I und II in der zweiten Auflage zu finden sind. Kapitel III wurde auch überarbeitet und wird kostenfrei im OnlinePLUS Service des Vieweg+Teubner Verlages zur Verfügung gestellt.

Herrn R. W. Braun danken wir dafür, dass er die veraltete Latex-Datei des Buches wieder benutzbar gemacht hat

R. Meise, D. Vogt

Düsseldorf und Wuppertal im Juli 2011

Leitfaden

Das vorliegende Buch ist zum Selbststudium geeignet und kann zugleich als Grundlage oder Begleittext für Vorlesungen verwendet werden. Nach den Erfahrungen der Autoren benötigt man für die Behandlung des gesamten Inhalts drei vierstündige Vorlesungen. Um eine Stoffauswahl zu erleichtern und um eiligen Lesern schnelle Zugänge zu ermöglichen, skizzieren wir, wie die einzelnen Abschnitte voneinander abhängen.

In Kapitel 0 dienen § 1 und § 2 nur dazu, die später benötigten Begriffe und Ergebnisse über Vektorräume, sowie metrische und topologische Räume bereitzustellen. Topologische Räume, die nicht metrisch sind, tauchen erstmals in 17.24 auf und werden in Kapitel III ständig verwendet. In § 3 werden vollständige metrische Räume und der Bairesche Satz behandelt. § 4 kann man zunächst übergehen, da er erst ab § 15 wesentlich benutzt wird.

In Kapitel I bilden die §§ 5 - 13 eine Einheit und sollten auch so behandelt werden. Für § 13 benötigt man Grundkenntnisse der Integrationstheorie. Diese findet man im Anhang. Auf 10.8 – 10.15, 12.14 und 13.15 – 13.17 greifen wir später nicht mehr zurück. Die Behandlung von § 14 kann man zunächst verschieben, da sein Inhalt erst in § 21 wesentlich verwendet wird.

In Kapitel II benötigt man für § 15 den Inhalt von § 4. Man kann § 16 zunächst übergehen und erst dann auf ihn zurückgreifen, wenn man sich mit § 28 beschäftigen will. Die §§ 17 – 21 bilden eine Einheit, es sei denn, man will auf die Behandlung unbeschränkter Operatoren in Hilberträumen ganz verzichten. Für die wichtigen Beispiele in § 21 braucht man § 14.

In Kapitel III gehen wir davon aus, daß der Leser mit den Begriffen der mengentheoretischen Topologie aus § 2 vertraut ist. Die §§ 22 – 24 bilden die Grundlage für das gesamte Kapitel.

In § 27 findet man viele Beispiele und Gegenbeispiele, auf die in den §§ 23 – 26 bereits verwiesen wird. Für das Verständnis von § 28 muß man auf § 16 zurückgreifen. Die §§ 29 – 31 bilden eine Einheit; § 30 benötigt die wesentlichen Ergebnisse aus § 20.

§ 1 Lineare Algebra

In diesem Abschnitt stellen wir die für das Weitere relevanten Begriffe aus der linearen Algebra bereit. Dabei bezeichnen wir mit $\mathbb{K}$ stets einen der beiden Körper $\mathbb{R}$ oder $\mathbb{C}$.

Ein *linearer Raum* E über $\mathbb{K}$, auch $\mathbb{K}$*–Vektorraum* genannt, ist eine nicht–leere Menge E, in der eine Addition $+ : E \times E \longrightarrow E$ und eine skalare Multiplikation $\cdot : \mathbb{K} \times E \longrightarrow E$ erklärt sind, welche die folgenden Eigenschaften haben:

(1) $(E, +)$ ist eine abelsche Gruppe mit neutralem Element 0.

(2) $\lambda(x + y) = \lambda x + \lambda y$ für alle $\lambda \in \mathbb{K}$ und $x, y \in E$.

(3) $(\lambda + \mu)x = \lambda x + \mu x$ für alle $\lambda, \mu \in \mathbb{K}$, $x \in E$.

(4) $(\lambda\mu)x = \lambda(\mu x)$ für alle $\lambda, \mu \in \mathbb{K}$, $x \in E$.

(5) $1x = x$ für alle $x \in E$.

Die Elemente von E nennen wir *Vektoren*.

Lineare Teilräume: Eine nicht–leere Teilmenge F eines $\mathbb{K}$–Vektorraumes E heißt *linearer Teilraum* von E, falls für alle $x, y \in F$ und $\lambda, \mu \in \mathbb{K}$ gilt $\lambda x + \mu y \in F$.

Da der Durchschnitt von linearen Teilräumen eines Vektorraumes E wieder ein linearer Teilraum ist, gibt es zu jeder nicht–leeren Teilmenge M von E einen kleinsten linearen Teilraum $\mathrm{span}(M)$, welcher M enthält. Man nennt $\mathrm{span}(M)$ die *lineare Hülle* von M. Offenbar gilt:

$$
\begin{aligned}
\mathrm{span}(M) \ &= \ \bigcap \{F : F \text{ ist linearer Teilraum von } E \text{ mit } F \supset M\} \\
&= \ \Big\{ \sum_{\mathrm{endl.}} \lambda_j m_j : \lambda_j \in \mathbb{K}, m_j \in M \Big\}.
\end{aligned}
$$

Lineare Unabhängigkeit: Sei E ein $\mathbb{K}$–Vektorraum. Eine nicht–leere endliche Teilmenge $M = \{x_1, \ldots, x_m\}$ von E heißt *linear unabhängig*, falls aus $\lambda_1, \ldots, \lambda_m \in \mathbb{K}$ und $\sum_{j=1}^m \lambda_j x_j = 0$ folgt $\lambda_1 = \ldots = \lambda_m = 0$. Eine beliebige nicht–leere Teilmenge M von E heißt linear unabhängig, falls ihre endlichen Teilmengen linear unabhängig sind. M heißt *linear abhängig*, falls M nicht linear unabhängig ist.

Basen: Sei E ein $\mathbb{K}$–Vektorraum. Eine Teilmenge B von E heißt *Basis* von E, falls B linear unabhängig ist und $\mathrm{span}(B) = E$ gilt. Ist B eine Basis von E, so hat jedes $x \in E$ eine eindeutige Darstellung $x = \sum_{b \in B} \lambda_b b$, wobei nur endlich viele $\lambda_b \neq 0$ sind.

Dimension: Die *Dimension* eines $\mathbb{K}$–Vektorraumes E wird definiert als

$$\dim_{\mathbb{K}} E := \begin{cases} 0 & \text{falls } E = \{0\} \\ n & \text{falls } E \text{ eine Basis aus } n \text{ Vektoren besitzt} \\ \infty & \text{falls } E \text{ eine unendliche, linear unabhängige Menge enthält.} \end{cases}$$

Dies ist sinnvoll, da im Fall der Existenz einer endlichen Basis alle Basen die gleiche Anzahl von Elementen haben. E heißt *endlichdimensional*, falls $\dim_{\mathbb{K}} E \in \mathbb{N}_0$. Ist $\dim_{\mathbb{K}} E = \infty$, so nennt man E *unendlichdimensional*.

Die Existenz von Basen für unendlichdimensionale Vektorräume ist eine Folgerung aus dem Zornschen Lemma, wie wir nun zeigen werden. Dabei behandeln wir das Zornsche Lemma als Axiom. Bekanntlich ist es äquivalent zu dem Auswahlaxiom und zu dem Wohlordnungssatz (siehe Hermes [H], S. 30).

Eine Relation $\prec$ auf einer Menge $Z \neq \emptyset$ heißt *Ordnungsrelation*, falls gilt:

(1) $x \prec x$ für alle $x \in Z$.

(2) $x \prec y$ und $y \prec z$ impliziert $x \prec z$.

(3) $x \prec y$ und $y \prec x$ impliziert $x = y$.

Eine *geordnete Menge* ist ein Paar $(Z, \prec)$, wobei $\prec$ eine Ordnungsrelation auf Z ist.

Sei $(Z, \prec)$ eine geordnete Menge. Ein Element m von Z heißt *maximal*, falls für alle $z \in Z$ mit $m \prec z$ gilt $m = z$. Ist A eine Teilmenge von Z, so heißt $s \in Z$ eine *obere Schranke* von A, wenn für jedes $a \in A$ gilt $a \prec s$. $A \subset Z$ heißt *Kette*, wenn für je zwei verschiedene Elemente x, y von A entweder $x \prec y$ oder $y \prec x$ gilt. $(Z, \prec)$ heißt *induktiv geordnet*, falls jede Kette in Z eine obere Schranke besitzt.

Die folgende Aussage ist äquivalent zu dem Auswahlaxiom:

1.1 Lemma von Zorn: *Jede induktiv geordnete Menge besitzt mindestens ein maximales Element.*

1.2 Satz: *Seien $E \neq \{0\}$ ein $\mathbb{K}$–Vektorraum und $B_0 \subset E$ eine linear unabhängige Menge. Dann gibt es eine Basis B von E mit $B_0 \subset B$. Insbesondere besitzt E eine Basis.*

Beweis: Wir setzen

$$Z := \{M \subset E : M \text{ ist linear unabhängig und } B_0 \subset M\}.$$

Bezüglich der Inklusion "⊂" als Ordungsrelation "≺" ist $(Z, \prec)$ eine geordnete Menge. Wie man leicht nachprüft, ist $(Z, \prec)$ sogar induktiv geordnet. Also besitzt $(Z, \prec)$ nach dem Zornschen Lemma 1.1 ein maximales Element B. Nimmt man span$(B) \neq E$ an, so gibt es ein $x_0 \in E \setminus$ span(B). Dann ist $B \cup \{x_0\}$ eine linear unabhängige Menge, da $\mu x_0 + \sum \lambda_b b = 0$ impliziert:

$$\mu x_0 = -\sum \lambda_b b \in \text{span}(x_0) \cap \text{span}(B) = \{0\}.$$

Also ist $B \cup \{x_0\}$ in Z eine echte Obermenge von B, im Widerspruch zur Maximalität von B. Es gilt also span$(B) = E$, d.h. B ist eine Basis von E.   □

Lineare Abbildungen: Seien E und F $\mathbb{K}$–Vektorräume. Eine lineare Abbildung A von E nach F ist eine Abbildung $A : E \longrightarrow F$, für die gilt:

$$A(\lambda x + \mu y) = \lambda A(x) + \mu A(y) \text{ für alle } x, y \in E, \ \lambda, \mu \in \mathbb{K}.$$

Lineare Abbildungen nennen wir manchmal auch (lineare) *Operatoren.* Die identische Abbildung von E ist linear und wird mit id oder I bezeichnet. Für eine lineare Abbildung A definieren wir

$$\text{Kern } A := N(A) := \{x \in E \ : \ Ax = 0\}$$
$$\text{Bild } A := R(A) := \{Ax \ : \ x \in E\}.$$

Offenbar sind $N(A)$ und $R(A)$ lineare Teilräume von E bzw. F.

Eine lineare Abbildung $A : E \longrightarrow \mathbb{K}$ bezeichnet man als *lineares Funktional* oder auch als *Linearform* auf E. Die Menge aller Linearformen auf E bezeichnen wir als den *algebraischen Dualraum E^** von E. E^* wird durch die folgende Festsetzung zu einem $\mathbb{K}$–Vektorraum

$$y + z : x \longmapsto y(x) + z(x), \ \lambda y : x \longmapsto \lambda y(x); \quad y, z \in E^*, \ \lambda \in \mathbb{K}, \ x \in E.$$

Ist $A : E \longrightarrow F$ eine lineare Abbildung, so ist für jedes $y \in F^*$ die Abbildung $A^t y := y \circ A$ in E^*. Die hierdurch definierte Abbildung $A^t : F^* \longrightarrow E^*$ ist linear und wird als die *adjungierte Abbildung* von A bezeichnet.

Quotienten: Seien E ein $\mathbb{K}$–Vektorraum und F ein linearer Teilraum von E. Nennt man x und y in E äquivalent ($x \sim y$), falls $x - y$ in F ist, so erhält man eine Äquivalenzrelation auf E. Die Menge E/F aller Restklassen $x + F$ dieser Äquivalenzrelation wird durch die folgende Festsetzung (wohldefiniert !)

$$(x + F) + (y + F) := (x + y) + F \quad \text{und} \quad \lambda \cdot (x + F) := \lambda x + F$$

ein $\mathbb{K}$–Vektorraum, den man als den *Quotientenvektorraum E modulo F* bezeichnet. Die Abbildung $q : E \longrightarrow E/F$, $q(x) := x + F$, heißt die *Quotientenabbildung.* Sie ist linear.

Der Quotientenraum E/F hat die folgende universelle Eigenschaft:

Zu jedem $\mathbb{K}$–Vektorraum G und jeder linearen Abbildung $T : E \longrightarrow G$ mit $N(T) \supset F$ gibt es genau eine lineare Abbildung $\overline{T} : E/F \longrightarrow G$ mit $T = \overline{T} \circ q$. Ist $N(T) = F$, so ist $\overline{T}$ injektiv.

Die *Kodimension* von F in E wird definiert als $\operatorname{codim} F := \dim E/F$.

Direktes Produkt: Sei $(E_i)_{i \in I}$ eine Familie von $\mathbb{K}$–Vektorräumen. Die Produktmenge $\prod_{i \in I} E_i$ wird durch die folgenden Festsetzungen

$$(x_i)_{i \in I} + (y_i)_{i \in I} := (x_i + y_i)_{i \in I} \quad \text{und} \quad \lambda(x_i)_{i \in I} := (\lambda x_i)_{i \in I}$$

zu einem $\mathbb{K}$–Vektorraum, den man als das *direkte Produkt* der Vektorräume $E_i, i \in I$, bezeichnet. Für $i \in I$ definiert man die kanonische Abbildung $\pi_i : \prod_{j \in I} E_j \longrightarrow E_i$ durch $\pi_i((x_j)_{j \in I}) := x_i$. Offenbar ist π_i linear. Das Produkt der Vektorräume $E_i, i \in I$, hat folgende Eigenschaft:

Zu jedem $\mathbb{K}$–Vektorraum F und zu jeder Familie $(T_i)_{i \in I}$ von linearen Abbildungen $T_i : F \longrightarrow E_i$ gibt es genau eine lineare Abbildung $T : F \longrightarrow \prod_{i \in I} E_i$ mit $\pi_i \circ T = T_i$ für alle $i \in I$.

Direkte Summe: Sei $(E_i)_{i \in I}$ eine Familie von $\mathbb{K}$–Vektorräumen. Als die *direkte Summe* $\bigoplus_{i \in I} E_i$ der Vektorräume $E_i, i \in I$, bezeichnet man den folgenden linearen Teilraum von $\prod_{i \in I} E_i$:

$$\bigoplus_{i \in I} E_i := \left\{ (x_i)_{i \in I} \in \prod_{i \in I} E_i \ : \ x_i \neq 0 \text{ nur für endlich viele } i \in I \right\}.$$

Für $i \in I$ bezeichnet man $j_i : E_i \longrightarrow \bigoplus_{\alpha \in I} E_\alpha$, $j_i(x_i) := (\delta_{\alpha,i} x_i)_{\alpha \in I}$, als die kanonische Abbildung von E_i in die direkte Summe. Offenbar ist j_i linear. $\bigoplus_{i \in I} E_i$ hat die folgende Eigenschaft:

Zu jedem $\mathbb{K}$–Vektorraum G und jeder Familie $(T_i)_{i \in I}$ von linearen Abbildungen $T_i : E_i \longrightarrow G$ gibt es genau eine lineare Abbildung $T : \bigoplus_{i \in I} E_i \longrightarrow G$ mit $T \circ j_i = T_i$ für alle $i \in I$.

Konvexe und absolutkonvexe Mengen: Eine Teilmenge M eines $\mathbb{K}$–Vektorraumes E heißt *konvex*, falls für alle $x, y \in M$ und $\lambda \in [0, 1]$ gilt $\lambda x + (1 - \lambda)y \in M$.

M heißt *absolutkonvex*, falls $M \neq \emptyset$ und für alle $x, y \in M$ und alle $\lambda, \mu \in \mathbb{K}$ mit $|\lambda| + |\mu| \leq 1$ gilt $\lambda x + \mu y \in M$.

Offensichtlich ist der Durchschnitt beliebig vieler konvexer Mengen konvex. Daher gibt es zu jeder Teilmenge X von E eine kleinste konvexe Menge M, welche X enthält. Diese bezeichnet man als die *konvexe Hülle* von X und schreibt dafür $\operatorname{conv}(X)$. Wie man leicht nachprüft, gilt

$$\operatorname{conv}(X) = \Big\{ \sum_{j=1}^{n} \lambda_j x_j : \lambda_j \in \mathbb{R}_+, x_j \in X, 1 \leq j \leq n, \sum_{j=1}^{n} \lambda_j = 1, n \in \mathbb{N} \Big\}.$$

Analog existiert zu jeder Teilmenge X von E die *absolutkonvexe Hülle* von X, welche mit ΓX bezeichnet wird. Es gilt

$$\Gamma X = \{\sum_{j=1}^{n} \lambda_j x_j : \lambda_j \in \mathbb{K}, x_j \in X, 1 \leq j \leq n, \sum_{j=1}^{n} |\lambda_j| \leq 1, n \in \mathbb{N}\}.$$

Für jede absolutkonvexe Teilmenge X von E gelten $0 \in X$ und $\lambda X = |\lambda|X$ für alle $\lambda \in \mathbb{K}$. Außerdem ist für jedes $a \in E$ die Menge $a + X := \{a + x : x \in X\}$ konvex.

Aufgaben:

(1) Seien E, F $\mathbb{K}$–Vektorräume, B eine Basis von E und $(f_b)_{b \in B}$ eine Familie in F. Zeigen Sie, daß es genau eine lineare Abbildung $A : E \longrightarrow F$ gibt, so daß $A(b) = f_b$ für alle $b \in B$.

(2) Seien E ein $\mathbb{K}$–Vektorraum, F ein linearer Teilraum von E und $q : E \longrightarrow E/F$ die Quotientenabbildung. Zeigen Sie:

    (a) $q^* : (E/F)^* \longrightarrow E^*, q^*(y) := y \circ q$, ist linear und injektiv mit Bild $q^* = \{y \in E^* : y|_F \equiv 0\}$.

    (b) $\rho : E^* \longrightarrow F^*, \rho(y) := y|_F$ ist linear und surjektiv.

(3) Seien E ein $\mathbb{K}$–Vektorraum und X eine Teilmenge von E. Zeigen Sie:

    (a) X ist genau dann konvex, wenn für jedes $n \in \mathbb{N}$ gilt, daß für alle $x_1, \ldots, x_n \in X$ und alle $\lambda_1, \ldots, \lambda_n \in \mathbb{R}_+$ mit $\sum_{j=1}^{n} \lambda_j = 1$ auch $\sum_{j=1}^{n} \lambda_j x_j$ in X ist.

    (b) X ist genau dann absolutkonvex, wenn für jedes $n \in \mathbb{N}$ gilt, daß für alle $x_1, \ldots, x_n \in X$ und alle $\lambda_1, \ldots, \lambda_n \in \mathbb{K}$ mit $\sum_{j=1}^{n} |\lambda_j| \leq 1$ auch $\sum_{j=1}^{n} \lambda_j x_j$ in X ist.

(4) Sei E ein $\mathbb{C}$–Vektorraum. Dann kann man E auch als $\mathbb{R}$–Vektorraum $E_{\mathbb{R}}$ auffassen, indem man die Multiplikation auf reelle Skalare einschränkt. Zeigen Sie:

    (a) Für jedes $y \in E^*$ ist $u := \operatorname{Re} y$ in $(E_{\mathbb{R}})^*$, und für alle $x \in E$ gilt $y(x) = u(x) - i\, u(ix)$. Ferner gilt für jede absolutkonvexe Teilmenge A von E : $\sup_{x \in A} |y(x)| = \sup_{x \in A} |u(x)|$.

    (b) Für jedes $u \in (E_{\mathbb{R}})^*$ ist $y : x \longmapsto u(x) - i\, u(ix)$, $x \in E$, in E^*.

§ 2 Metrische und topologische Räume

Um Funktionalanalysis treiben zu können, benötigt man die aus der Analysis–Vorlesung bekannten Begriffe "Stetigkeit" und "Konvergenz" in dem allgemeinen Rahmen der metrischen bzw. topologischen Räume. Die entsprechenden Begriffe, Bezeichnungen und Sachverhalte führen wir hier in Kürze ein. Dem Leser empfehlen wir, die einfachen Beweise auszuführen, sofern er sie nicht schon kennt.

Metrische Räume: Sei X eine Menge. Eine *Metrik* auf X ist eine Funktion $d : X \times X \longrightarrow \mathbb{R}_+$ (wobei $\mathbb{R}_+ := [0, \infty[$) mit folgenden Eigenschaften:

(M1) $d(x, y) = d(y, x)$ für alle $x, y \in X$ (Symmetrie).

(M2) $d(x, z) \leq d(x, y) + d(y, z)$ für alle $x, y, z \in X$ (Dreiecksungleichung).

(M3) $d(x, y) = 0$ genau dann, wenn $x = y$.

Ein *metrischer Raum* (X, d) ist eine nicht–leere Menge X, auf der eine Metrik d gegeben ist. Im weiteren werden wir von metrischen Räumen X sprechen, ohne die Metrik d besonders zu erwähnen.

In einem metrischen Raum X bezeichnet man für $a \in X$ und $\varepsilon > 0$ die Menge

$$U_\varepsilon(a) := \{x \in X : d(x, a) < \varepsilon\}$$

als die ε–*Umgebung* des Punktes a. Eine Teilmenge M von X nennt man *offen*, falls es zu jedem $a \in M$ ein $\varepsilon > 0$ gibt mit $U_\varepsilon(a) \subset M$. Aus (M1) und (M2) folgt, daß alle Mengen $U_\varepsilon(a)$ offen sind, und daß das System $\mathcal{O}$ aller offenen Teilmengen von X die folgenden Eigenschaften hat:

($\mathcal{O}$1) Die Vereinigung beliebig vieler offener Mengen ist offen; $\emptyset$ ist offen.

($\mathcal{O}$2) Der Durchschnitt endlich vieler offener Mengen ist offen; X ist offen.

($\mathcal{O}$3) Zu $x, y \in X$ mit $x \neq y$ gibt es offene disjunkte Mengen U_x und U_y mit $x \in U_x$ und $y \in U_y$.

Topologische Räume: Sei X eine Menge. Eine *Topologie* auf X ist ein System $\mathcal{O}$ von Teilmengen von X, welches die Eigenschaften ($\mathcal{O}$1)–($\mathcal{O}$3) hat, falls wir die Elemente von $\mathcal{O}$ als offene Mengen bezeichnen. Ein *topologischer Raum* $(X, \mathcal{O})$ ist eine nicht–leere Menge X mit einer Topologie $\mathcal{O}$. Im weiteren werden wir von topologischen Räumen sprechen, ohne ihre Topologie besonders zu erwähnen.

Sind $\mathcal{O}_1$ und $\mathcal{O}_2$ Topologien auf einer Menge X, so heißt $\mathcal{O}_1$ *schwächer* oder auch *gröber* als $\mathcal{O}_2$, falls $\mathcal{O}_1$ eine Teilmenge von $\mathcal{O}_2$ ist. Man nennt $\mathcal{O}_2$ dann auch *stärker* oder *feiner* als $\mathcal{O}_1$ und schreibt $\mathcal{O}_1 \leq \mathcal{O}_2$.

Jeder metrische Raum X ist zugleich ein topologischer Raum. Man beachte, daß verschiedene Metriken auf X durchaus die gleiche Topologie erzeugen können.

Umgebungen: Sei X topologischer Raum. Eine Teilmenge U von X heißt *Umgebung* des Punktes $a \in X$, wenn es eine offene Menge G gibt mit $a \in G$ und $G \subset U$. Eine Menge $\mathcal{U}$ von Umgebungen eines Punktes a in X heißt *Umgebungsbasis* von a, wenn es zu jeder Umgebung U von a ein $V \in \mathcal{U}$ gibt mit $V \subset U$.

Ist $M \subset X$, so heißt $a \in X$ *innerer Punkt* von M, wenn es eine Umgebung U von a gibt mit $U \subset M$. Die Menge $\overset{\circ}{M}$ der inneren Punkte von M ist offen und heißt der *offene Kern* oder auch das *Innere* von M.

Abgeschlossene Mengen: Sei X ein topologischer Raum. Eine Teilmenge A von X heißt *abgeschlossen*, falls $X \backslash A$ offen ist.

Ist M eine Teilmenge von X, so bezeichnen wir die Menge

$$\overline{M} := X \backslash (X \backslash M)^{\circ} = \{x \in X : U \cap M \neq \emptyset \text{ für jede Umgebung } U \text{ von } x\}$$

als die *abgeschlossene Hülle* von M. Per Definition ist $\overline{M}$ abgeschlossen. M ist abgeschlossen genau dann, wenn $M = \overline{M}$ gilt.

Einen Punkt $x \in X$ nennt man *Berührpunkt* von M, wenn für jede Umgebung U von x gilt $U \cap M \neq \emptyset$. $\overline{M}$ ist also die Menge aller Berührpunkte von M.

Als den *Rand* von M bezeichnen wir die Menge

$$\partial M := \overline{M} \cap \overline{(X \backslash M)}$$
$$= \{x \in X : U \cap M \neq \emptyset \neq U \cap (X \backslash M) \text{ für jede Umgebung } U \text{ von } x\}.$$

M heißt *dicht* in $N \subset X$, falls $\overline{M} \supset N$.

Folgen und Netze: Sei X ein topologischer Raum. Ein *Netz* oder eine *verallgemeinerte Folge* in X ist eine Familie $(x_\alpha)_{\alpha \in A}$ von Elementen x_α von X, wobei die Indexmenge A eine gerichtete Menge ist. Dabei heißt eine geordnete Menge $(A, \leq)$ *gerichtet*, falls zu je zwei Elementen α, β von A ein γ existiert mit $\alpha \leq \gamma$ und $\beta \leq \gamma$. Um mengentheoretische Schwierigkeiten zu vermeiden, denken wir uns bei der Anwendung von Netzen stets, daß die Mächtigkeit der benutzten Indexmengen unterhalb einer hinreichend großen Schranke liegt.

Ein Netz $(x_\alpha)_{\alpha \in A}$ in X heißt *konvergent* gegen $x \in X$, falls es zu jeder Umgebung U von x ein $\alpha_U \in A$ gibt, so daß $x_\alpha \in U$ für alle $\alpha \in A$ mit $\alpha \geq \alpha_U$. Wegen (O3) ist x eindeutig bestimmt und heißt *Grenzwert* des Netzes $(x_\alpha)_{\alpha \in A}$. Man schreibt $x = \lim_{\alpha \in A} x_\alpha$ oder auch $x_\alpha \longrightarrow x$.

Ist M eine Teilmenge von X, so gilt

$$\overline{M} = \{x \in X : \text{ es gibt ein Netz } (x_\alpha)_{\alpha \in A} \text{ in } M \text{ mit } x_\alpha \longrightarrow x\}.$$

Insbesondere ist M abgeschlossen genau dann, wenn für jedes konvergente Netz mit Gliedern in M auch der Grenzwert in M liegt.

Für metrische Räume X kann man sich bei der Beschreibung von $\overline{M}$ auf Folgen beschränken, da es zu jeder Umgebung U von $a \in X$ ein $n \in \mathbb{N}$ gibt mit $U_{\frac{1}{n}}(a) \subset U$.

Eine Folge in einem metrischen Raum X konvergiert genau dann gegen x, wenn $\lim_{n \to \infty} d(x, x_n) = 0$ gilt.

Stetigkeit: Seien X und Y topologische Räume und $f : X \longrightarrow Y$ eine Abbildung. Man nennt f *stetig in* $a \in X$, falls es zu jeder Umgebung V von $f(a)$ eine Umgebung U von a gibt mit $f(U) \subset V$.

Die Abbildung f heißt *stetig*, falls sie in allen Punkten von X stetig ist. Sie heißt eine *Homöomorphie*, falls sie bijektiv ist und f und f^{-1} stetig sind.

Sind X und Y metrische Räume, so ist f stetig in $a \in X$, falls es zu jedem $\varepsilon > 0$ ein $\delta > 0$ gibt mit $f(U_\delta(a)) \subset U_\varepsilon(f(a))$.

Die folgenden Aussagen über stetige Funktionen sind grundlegend und nützlich.

2.1 Lemma: *Seien X und Y topologische Räume. Eine Abbildung $f : X \longrightarrow Y$ ist stetig in $a \in X$ genau dann, wenn für jedes gegen a konvergierende Netz $(x_\alpha)_{\alpha \in A}$ gilt: $(f(x_\alpha))_{\alpha \in A}$ konvergiert gegen $f(a)$.*

2.2 Satz: *Seien X, Y und Z topologische Räume und $f : Y \longrightarrow Z$, $g : X \longrightarrow Y$ Abbildungen. Dann gelten:*

(1) *Ist g stetig in a, f stetig in $g(a)$, so ist $f \circ g$ stetig in a.*

(2) *Sind f und g stetig, so auch $f \circ g$.*

2.3 Satz: *Seien X, Y topologische Räume. Für $f : X \longrightarrow Y$ sind äquivalent:*

(1) *f ist stetig.*

(2) *$f(\overline{A}) \subset \overline{f(A)}$ für jede Teilmenge A von X.*

(3) *Das Urbild jeder abgeschlossenen Menge ist abgeschlossen.*

(4) *Das Urbild jeder offenen Menge ist offen.*

2.4 Bemerkung: (a) Seien X, Y topologische Räume und M eine Teilmenge von X. Stimmen die stetigen Funktionen $f, g : X \longrightarrow Y$ auf M überein, so stimmen sie auch auf $\overline{M}$ überein.

(b) Sind $\mathcal{O}_1$ und $\mathcal{O}_2$ Topologien auf einer Menge X, so ist $\mathrm{id}_X : (X, \mathcal{O}_1) \longrightarrow (X, \mathcal{O}_2)$ genau dann stetig, wenn $\mathcal{O}_1$ feiner ist als $\mathcal{O}_2$.

Teilräume: Seien X ein topologischer Raum und $Y \neq \emptyset$ eine Teilmenge von X. Dann induziert die Topologie $\mathcal{O}$ von X die *Spurtopologie*

$$\widetilde{\mathcal{O}} := \{G \cap Y : G \in \mathcal{O}\}$$

auf Y. Bezeichnet man mit $j : Y \longrightarrow X$ die Inklusionsabbildung, so folgt aus 2.3(4), daß $\widetilde{\mathcal{O}}$ die gröbste Topologie ist, für welche j stetig ist.

Ist (X, d) ein metrischer Raum, Y eine nicht–leere Teilmenge von X, so ist $d|_{Y \times Y}$ eine Metrik auf Y, welche auf Y die Spurtopologie induziert.

Topologische Produkte: Sei $(X_i, \mathcal{O}_i)_{i \in I}$ eine Familie topologischer Räume. Auf $X := \prod_{i \in I} X_i$ definieren wir die kanonischen Abbildungen $\pi_i : X \longrightarrow X_i$ durch $\pi_i ((x_i)_{i \in I}) := x_i$, $i \in I$. Es gibt eine gröbste Topologie $\mathcal{O}$ auf X, für welche alle kanonischen Abbildungen stetig sind. Man bezeichnet $\mathcal{O}$ als die *Produkt–Topologie* auf X. Um sie zu beschreiben setzen wir

$$\mathcal{B} := \left\{ \prod_{i \in I} G_i : G_i \in \mathcal{O}_i \text{ für alle } i \in I, \ G_i \neq X_i \text{ nur für endlich viele } i \in I \right\}.$$

Dann gilt
$$\mathcal{O} = \{ G \subset X : G \text{ ist Vereinigung von Mengen aus } \mathcal{B} \}.$$

Sind $(X_j, d_j)_{j=1}^{N}$ metrische Räume, so wird $X := \prod_{j=1}^{N} X_j$ zu einem metrischen Raum durch die Produkt–Metrik

$$d(x, y) := \max_{1 \leq j \leq N} d_j(x_j, y_j), \quad \text{wobei } x = (x_1, \dots, x_N), \ y = (y_1, \dots, y_N).$$

Die Metrik d auf X induziert die Produkt–Topologie. Man beachte, daß eine Folge in X genau dann in der Produkt–Topologie konvergiert, wenn ihre Komponentenfolgen konvergieren.

Ist $(X_j, d_j)_{j \in \mathbb{N}}$ eine Folge metrischer Räume und $X := \prod_{j=1}^{\infty} X_j$, so ist

$$d : X \times X \longrightarrow \mathbb{R}_+ , \ d(x, y) := \sum_{j=1}^{\infty} \frac{1}{2^j} \frac{d_j(x_j, y_j)}{1 + d_j(x_j, y_j)}$$

eine Metrik auf X. Denn (M1) und (M2) sind offensichtlich erfüllt, während (M3) daraus folgt, daß $t \longmapsto \frac{t}{1+t}$ auf $[0, \infty[$ monoton wächst. Wie man leicht nachprüft, konvergiert eine Folge $(x^{(n)})_{n \in \mathbb{N}}$ in (X, d) gegen $x^{(0)}$ genau dann, wenn für alle $j \in \mathbb{N}$ gilt $x_j^{(0)} = \lim_{j \to \infty} x_j^{(n)}$. Folglich induziert d die Produkt–Topologie auf X.

2.5 Bemerkung: Ist X ein metrischer Raum, so folgt aus (M1) und (M2)

$$|d(x, y) - d(\xi, \eta)| \leq d(x, \xi) + d(y, \eta) \quad \text{für alle } x, y, \xi, \eta \in X.$$

Daher ist die Metrik $d : X \times X \longrightarrow \mathbb{R}_+$ stetig.

Abstand: Sind A und B nicht–leere Teilmengen des metrischen Raumes X, so definiert man den *Abstand* zwischen A und B als

$$\mathrm{dist}(A, B) := \inf \{ d(a, b) : a \in A, \ b \in B \}.$$

Ist $A = \{x\}$, so schreiben wir $\mathrm{dist}(x, B)$ statt $\mathrm{dist}(\{x\}, B)$.

Aufgaben:

(1) Beweisen Sie 2.1-2.5.

(2) Seien X ein metrischer Raum, $A \neq \emptyset$ eine Teilmenge von X. Zeigen Sie:

    (a) $|\operatorname{dist}(x, A) - \operatorname{dist}(y, A)| \leq d(x, y)$.

    (b) $\overline{A} = \{x \in X : \operatorname{dist}(x, A) = 0\}$.

(3) Geben sie abgeschlossene disjunkte Teilmengen A, B von $\mathbb{R}$ an, für die die $\operatorname{dist}(A, B) = 0$ gilt.

(4) Seien X und $(X_i)_{i \in I}$ topologische Räume. Zeigen Sie, daß $f : X \longrightarrow \prod_{i \in I} X_i$ genau dann stetig ist bezüglich der Produkt–Topologie, wenn $\pi_i \circ f$ stetig ist für alle $i \in I$.

(5) Sei (X, d) ein metrischer Raum. Zeigen Sie, daß es eine Metrik $\rho : X \times X \longrightarrow [0, 1]$ gibt, so daß d und ρ die gleiche Topologie auf X erzeugen.

(6) Beweisen Sie, daß die Topologie abzählbarer topologischer Produkte metrischer Räume durch eine Metrik induziert wird.

(7) Sei X eine nichtleere Menge. Zeigen Sie, daß die Funktion $d : X \times X \longrightarrow \mathbb{R}_+$, $d(x, y) := 0$ für $x = y$, $d(x, y) = 1$ für $x \neq y$, eine Metrik auf X liefert. Bestimmen Sie für $a \in X$ und $\varepsilon > 0$ in (X, d) die folgenden Mengen: $U_\varepsilon(a)$, $\overline{U_\varepsilon(a)}$ sowie $\{x \in X : d(x, a) \leq \varepsilon\}$.

§ 3 Vollständige metrische Räume

In diesem Abschnitt beschäftigen wir uns mit dem Begriff der Vollständigkeit metrischer Räume, der aus verschiedenen Gründen für die Funktionalanalysis sehr wichtig ist.

Definition: Eine Folge $(x_n)_{n \in \mathbb{N}}$ in einem metrischen Raum heißt *Cauchy–Folge*, falls es zu jedem $\varepsilon > 0$ ein $N \in \mathbb{N}$ gibt, so daß für alle $m, n > N$ gilt $d(x_n, x_m) < \varepsilon$.

Man zeigt leicht, daß jede konvergente Folge eine Cauchy–Folge ist. Es gilt: Eine Cauchy–Folge konvergiert genau dann, wenn sie eine konvergente Teilfolge besitzt.

Definition: Ein metrischer Raum X heißt *vollständig*, falls jede Cauchy–Folge in X konvergent ist. Eine Teilmenge A von X heißt vollständig, wenn A unter der induzierten Metrik vollständig ist.

3.1 Bemerkung: Jede abgeschlossene Teilmenge eines vollständigen metrischen Raumes ist vollständig. Jede vollständige Teilmenge eines metrischen Raumes ist abgeschlossen. $\mathbb{R}$ und $\mathbb{C}$ sind vollständig.

In vollständigen metrischen Räumen gilt der folgende, für die Funktionalanalysis wichtige Satz von Baire.

3.2 Satz: *Ist ein vollständiger metrischer Raum X Vereinigung von abzählbar vielen abgeschlossenen Teilmengen M_n, so enthält eine der Mengen M_n einen inneren Punkt.*

Beweis: Wir schließen indirekt und nehmen $\overset{\circ}{M}_n = \emptyset$ an für alle $n \in \mathbb{N}$, d.h.

$$(1) \qquad U_\varepsilon(x) \cap (X \setminus M_n) \neq \emptyset \text{ für alle } x \in X, \, \varepsilon > 0 \text{ und } n \in \mathbb{N}.$$

Um hieraus $X \neq \bigcup_{n \in \mathbb{N}} M_n$ zu folgern, geben wir uns $x_0 \in X$ und $\varepsilon_0 > 0$ beliebig vor. Dann ist $U_{\varepsilon_0}(x_0) \cap (X \setminus M_1)$ offen und nach (1) nicht leer. Daher gibt es $x_1 \in X$ und $0 < \varepsilon_1 < \frac{\varepsilon_0}{2}$ mit

$$U_{2\varepsilon_1}(x_1) \subset U_{\varepsilon_0}(x_0) \cap (X \setminus M_1).$$

Wendet man dieses Argument induktiv an, so erhält man eine Folge $(x_n)_{n \in \mathbb{N}}$ in X und eine Folge $(\varepsilon_n)_{n \in \mathbb{N}}$ positiver Zahlen, so daß für alle $n \in \mathbb{N}$ gilt

$$(2) \qquad U_{2\varepsilon_{n+1}}(x_{n+1}) \subset U_{\varepsilon_n}(x_n) \cap (X \setminus M_{n+1}), \, 0 < \varepsilon_{n+1} < \frac{\varepsilon_n}{2}.$$

Sind nun $m, n \in \mathbb{N}$ mit $m > n$ gegeben, so folgt aus (2):

$$(3) \qquad d(x_m, x_n) < \varepsilon_n < \frac{\varepsilon_0}{2^n}.$$

Also ist $(x_n)_n$ eine Cauchy–Folge in X. Nach Voraussetzung gibt es daher ein $\xi \in X$ mit $\xi = \lim_{n \to \infty} x_n$. Aus (3) folgt wegen der Stetigkeit der Metrik

$$d(\xi, x_n) = \lim_{m \to \infty} d(x_m, x_n) \leq \varepsilon_n < 2\varepsilon_n.$$

Daher gilt nach (2)

$$\xi \in U_{2\varepsilon_n}(x_n) \subset X \setminus M_n.$$

Da $n \in \mathbb{N}$ beliebig gewählt war, folgt $\xi \notin \bigcup_{n \in \mathbb{N}} M_n$. $\square$

Definition: Seien X ein metrischer Raum und M eine Teilmenge von X. M heißt *nirgends dicht* in X, falls $\overline{M}$ keine inneren Punkte hat. M heißt von *1. Kategorie* in X, falls M Vereinigung von abzählbar vielen, nirgends dichten Mengen ist. M heißt von *2. Kategorie* in X, falls M nicht von 1. Kategorie in X ist.

Mit Hilfe dieser Bezeichnungen erhält man aus Satz 3.2:

3.3   Satz von Baire: *Jeder vollständige metrische Raum ist von 2. Kategorie in sich.*

3.4 Beispiel: Sei M eine nicht–leere Menge. Wir setzen

$$l_\infty(M) := \left\{ f : M \longrightarrow \mathbb{K} : \sup_{t \in M} |f(t)| < \infty \right\}.$$

Durch die Festsetzung $f + g : t \longmapsto f(t) + g(t)$ und $\lambda f : t \longmapsto \lambda f(t)$ wird $l_\infty(M)$ zu einem $\mathbb{K}$–Vektorraum. Man zeigt leicht, daß durch

$$d(f, g) := \sup_{t \in M} |f(t) - g(t)|, \ f, g \in l_\infty(M),$$

eine Metrik auf $l_\infty(M)$ definiert wird.

$\quad$ $(l_\infty(M), d)$ ist vollständig: Sei $(f_n)_{n \in \mathbb{N}}$ eine Cauchy–Folge in $l_\infty(M)$. Dann gilt:

(1) $\quad$ Zu jedem $\varepsilon > 0$ existiert $N = N(\varepsilon) \in \mathbb{N}$, so daß für alle $n, m \geq N$ gilt
$$|f_n(t) - f_m(t)| \leq \varepsilon \quad \text{für alle } t \in M.$$

Also ist $(f_n(t))_{n \in \mathbb{N}}$ für jedes $t \in M$ eine Cauchy–Folge in $\mathbb{K}$ und daher konvergent. Durch $f : t \longmapsto \lim_{n \to \infty} f_n(t)$ wird eine Funktion definiert. Sie ist beschränkt, da man aus (1) mit $\varepsilon = 1$ und $N = N(1)$ für $n \longrightarrow \infty$ erhält:

$$|f(t) - f_N(t)| \leq 1, \text{ d.h. } |f(t)| \leq 1 + |f_N(t)| \text{ für alle } t \in M.$$

Aus (1) erhält man nun, daß für jedes $\varepsilon > 0$ und jedes $m \geq N(\varepsilon)$ gilt $d(f, f_m) \leq \varepsilon$. Also konvergiert die Cauchy–Folge $(f_n)_{n \in \mathbb{N}}$ gegen f.

$\quad$ Im weiteren wollen wir zeigen, daß man jeden metrischen Raum in geeigneter Weise in einen vollständigen metrischen Raum einbetten kann. Dazu benötigen wir einige Vorbereitungen.

Definition: Seien X und Y metrische Räume. Eine Abbildung $f : X \longrightarrow Y$ heißt *gleichmäßig stetig*, falls es zu jedem $\varepsilon > 0$ ein $\delta > 0$ gibt, so daß für alle $x, y \in X$ mit $d(x, y) < \delta$ gilt $d\left(f(x), f(y)\right) < \varepsilon$.

Offensichtlich ist jede gleichmäßig stetige Abbildung stetig. Die Umkehrung gilt jedoch nicht. Jede gleichmäßig stetige Abbildung bildet Cauchy–Folgen in Cauchy–Folgen ab. Aus 2.5 folgt, daß für jeden metrischen Raum X die Metrik $d : X \times X \longrightarrow \mathbb{R}_+$ gleichmäßig stetig ist.

3.5 Lemma: *Seien X und Y metrische Räume, A eine dichte Teilmenge von X, und sei Y vollständig. Ist $f : A \longrightarrow Y$ gleichmäßig stetig, so gibt es genau eine stetige Abbildung $F : X \longrightarrow Y$ mit $F|_A = f$. F ist ebenfalls gleichmäßig stetig.*

Beweis: Da A in X dicht ist, gibt es zu jedem $x \in X$ eine Folge $(a_n)_{n \in \mathbb{N}}$ in A mit $a_n \longrightarrow x$. Aufgrund der gleichmäßigen Stetigkeit von f auf A ist $(f(a_n))_{n \in \mathbb{N}}$ eine Cauchy–Folge in Y. Da Y vollständig ist, existiert $F(x) := \lim_{n \to \infty} f(a_n)$ und hängt nicht von der Folge $(a_n)_{n \in \mathbb{N}}$ ab. Denn konvergieren $(a_n)_{n \in \mathbb{N}}$ und $(b_n)_{n \in \mathbb{N}}$ gegen x, so ist $\lim_{n \to \infty} d(a_n, b_n) = 0$ und daher $\lim_{n \to \infty} d(f(a_n), f(b_n)) = 0$. Wir erhalten eine Abbildung $F : X \longrightarrow Y$ mit $F|_A = f$.

Um die gleichmäßige Stetigkeit von F zu zeigen, sei $\varepsilon > 0$ gegeben. Aufgrund der gleichmäßigen Stetigkeit von f auf A gibt es ein $\delta > 0$, so daß $d(f(a), f(b)) < \varepsilon$ für alle $a, b \in A$ mit $d(a, b) < \delta$. Sind $x, y \in X$ mit $d(x, y) < \delta$ gegeben, so wählen wir Folgen $(a_n)_{n \in \mathbb{N}}$ und $(b_n)_{n \in \mathbb{N}}$ in A mit $a_n \longrightarrow x$ und $b_n \longrightarrow y$. Für hinreichend große $n \in \mathbb{N}$ gilt dann

$$d(a_n, b_n) \leq d(a_n, x) + d(x, y) + d(y, b_n) < \delta$$

und daher $d(f(a_n), f(b_n)) < \varepsilon$. Wegen $F(x) = \lim_{n \to \infty} f(a_n)$, $F(y) = \lim_{n \to \infty} f(b_n)$ und der Wahl von δ erhält man $d(F(x), F(y)) \leq \varepsilon$ aus

$$d(F(x), F(y)) \leq d(F(x), f(a_n)) + d(f(a_n), f(b_n)) + d(f(b_n), F(y)). \qquad \square$$

Die Eindeutigkeit folgt unmittelbar aus 2.4.

Definition: Eine Abbildung $f : X \longrightarrow Y$ zwischen metrischen Räumen heißt *Isometrie*, falls $d(f(x), f(y)) = d(x, y)$ für alle $x, y \in X$.

Jede Isometrie ist gleichmäßig stetig.

Definition: Sei X ein metrischer Raum. Eine *vollständige Hülle* von X ist ein Paar $(\widehat{X}, j)$, bestehend aus einem vollständigen metrischen Raum $\widehat{X}$ und einer Isometrie $j : X \longrightarrow \widehat{X}$, für welche $j(X)$ in $\widehat{X}$ dicht ist.

Ist $(\widehat{X}, j)$ eine vollständige Hülle des metrischen Raumes X, so identifiziert man üblicherweise X mit $j(X)$ mittels der Isometrie j, d.h. man faßt X als Teilraum von $\widehat{X}$ auf. Außerdem spricht man nicht von einer, sondern von *der* vollständigen Hülle $\widehat{X}$ von X. Diese Sprechweise wird durch das folgende Lemma gerechtfertigt.

3.6 Lemma: *Sind (X_1, j_1) und (X_2, j_2) vollständige Hüllen des metrischen Raumes X, so gibt es genau eine bijektive Isometrie $J : X_1 \longrightarrow X_2$ mit $J \circ j_1 = j_2$.*

Beweis: Setze $A := j_1(X) \subset X_1$ und definiere $j : A \longrightarrow X_2$ durch $j(j_1(x)) := j_2(x)$. Dann ist j eine Isometrie und daher gleichmäßig stetig. Da A in X_1 dicht ist, gibt es nach 3.5 genau eine stetige Abbildung $J : X_1 \longrightarrow X_2$ mit $J|_A = j$, d.h. $J \circ j_1 = j_2$.

   J ist eine Isometrie: denn für $x, y \in X_1$ und Folgen $(x_n)_{n \in \mathbb{N}}$, $(y_n)_{n \in \mathbb{N}}$ in A mit $x_n \longrightarrow x$, $y_n \longrightarrow y$ gilt nach 2.5:

$$d(J(x), J(y)) = \lim_{n \to \infty} d(j(x_n), j(y_n)) = \lim_{n \to \infty} d(x_n, y_n) = d(x, y).$$

Bild J ist abgeschlossen, weil X_1 vollständig und J isometrisch ist. Da Bild J die dichte Menge $j_2(X)$ enthält, ist J surjektiv.   □

3.7 Satz: *Jeder metrische Raum X besitzt eine vollständige Hülle $\widehat{X}$. Sie hat die folgende Eigenschaft: Ist Y ein vollständiger metrischer Raum und $f : X \longrightarrow Y$ eine gleichmäßig stetige Abbildung, so gibt es genau eine gleichmäßig stetige Abbildung $F : \widehat{X} \longrightarrow Y$ mit $F|_X = f$.*

Beweis: Sei $a \in X$ fest gewählt. Für $x \in X$ definieren wir $j(x) : X \longrightarrow \mathbb{R}$ durch $j(x) : t \longmapsto d(x, t) - d(t, a)$. Aus der Dreiecksungleichung folgt

$$|j(x)[t]| = |d(x, t) - d(t, a)| \leq d(x, a) \text{ für alle } t \in X.$$

Also ist $j(x) \in l_\infty(X)$ für jedes $x \in X$. Die Abbildung $j : X \longrightarrow l_\infty(X)$ ist eine Isometrie, wie die beiden folgenden Abschätzungen zeigen

$$d\left(j(x), j(y)\right) = \sup_{t \in X} |d(x, t) - d(t, y)| \leq d(x, y),$$
$$d\left(j(x), j(y)\right) \geq |d(x, y) - d(y, y)| = d(x, y).$$

Setzt man nun $\widehat{X} := \overline{j(X)}$, so ist $\widehat{X}$ als abgeschlossene Teilmenge des vollständigen metrischen Raumes $l_\infty(X)$ vollständig unter der induzierten Metrik. Daher ist $(\widehat{X}, j)$ eine vollständige Hülle von X. Aus 3.5 folgt, daß $\widehat{X}$ die angegebenen Eigenschaften hat.   □

3.8 Bemerkung: Sind $X_1, \dots, X_m$ metrische Räume, so ist eine Folge $(x^{(n)})_{n \in \mathbb{N}}$, $x^{(n)} = (x_1^{(n)}, \dots, x_m^{(n)})$, in $X := X_1 \times \dots \times X_m$ eine Cauchy–Folge bezüglich der Produkt–Metrik genau dann, wenn für $1 \leq j \leq m$ die Folgen $(x_j^{(n)})_{n \in \mathbb{N}}$ Cauchy–Folgen in X_j sind. Daher kann man die vollständige Hülle von $X_1 \times \dots \times X_m$ mit $(\widehat{X}_1 \times \dots \times \widehat{X}_m, j_1 \times \dots \times j_m)$ identifizieren.

   Als weitere Anwendung des Vollständigkeitsbegriffs beweisen wir ein Lemma über offene Abbildungen, das wir in §8 verwenden werden.

Definition: Seien X und Y topologische Räume. Eine Abbildung $f : X \longrightarrow Y$ heißt *offen*, falls $f(U)$ offen ist für jede offene Menge $U \subset X$.

Sind X, Y metrische Räume, so ist $f : X \longrightarrow Y$ genau dann offen, wenn es zu jedem $x \in X$ und jedem $\varepsilon > 0$ ein $\delta > 0$ gibt mit $f(U_\varepsilon(x)) \supset U_\delta(f(x))$.

Injektive Abbildungen sind offen genau dann, wenn $f(X)$ offen und die Inverse $f^{-1} : f(X) \longrightarrow X$ stetig ist.

3.9 Lemma: *Seien X und Y metrische Räume; X sei vollständig. Die Abbildung $f : X \longrightarrow Y$ sei stetig, und es gelte*

(1) $\qquad$ *zu jedem $\varepsilon > 0$ existiert ein $\delta > 0$, so daß für alle $x \in X$ gilt*
$$\overline{f(U_\varepsilon(x))} \supset U_\delta(f(x)).$$

Dann ist die Abbildung f offen.

Beweis: Nach der Vorbemerkung genügt es, folgendes zu zeigen:

(2) Zu jedem $\varepsilon > 0$ gibt es ein $\delta_1 > 0$ mit $f(U_\varepsilon(x)) \supset U_{\delta_1}(f(x))$ für alle $x \in X$.

Um (2) zu beweisen, sei $\varepsilon > 0$ gegeben. Dann setzen wir $\varepsilon_n := \frac{\varepsilon}{2^n}$ für $n \in \mathbb{N}$ und wählen gemäß (1) zu ε_n ein δ_n mit $\delta_n \le \frac{1}{n}$. Ist dann $x \in X$ fixiert und $y \in U_{\delta_1}(f(x))$ beliebig gegeben, so wählen wir induktiv eine Folge $(x_n)_{n \in \mathbb{N}_0}$ in X mit $x = x_0$,

(3) $\qquad$
$$d(f(x_n), y) < \delta_{n+1} \le \tfrac{1}{n+1} \text{ für } n \in \mathbb{N}_0 \text{ und}$$
$$d(x_n, x_{n-1}) < \varepsilon_n = \tfrac{\varepsilon}{2^n} \text{ für } n \in \mathbb{N}.$$

Dazu verwenden wir für $n \in \mathbb{N}_0$ folgende Schlußweise: Ist x_n mit $d(f(x_n), y) < \delta_{n+1}$ gewählt, so folgt aus (1) und (3):

$$y \in U_{\delta_{n+1}}(f(x_n)) \subset \overline{f(U_{\varepsilon_{n+1}}(x_n))} \subset \bigcup_{\xi \in U_{\varepsilon_{n+1}}(x_n)} U_{\delta_{n+2}}(f(\xi)).$$

Daher gibt es ein $x_{n+1} \in U_{\varepsilon_{n+1}}(x_n)$ mit $y \in U_{\delta_{n+2}}(f(x_{n+1}))$, d.h.

$$d(f(x_{n+1}), y) < \delta_{n+2} \text{ und } d(x_{n+1}, x_n) < \varepsilon_{n+1}.$$

Aus (3) folgt, daß $(x_n)_{n \in \mathbb{N}_0}$ eine Cauchy–Folge in X ist. Aufgrund der Vollständigkeit von X existiert daher $\xi := \lim_{n \to \infty} x_n$, und es gilt nach (3)

$$d(x, \xi) = d(x_0, \xi) = \lim_{k \to \infty} d(x_0, x_k) \le \lim_{k \to \infty} \sum_{n=1}^{k} d(x_n, x_{n-1}) < \sum_{n=1}^{\infty} \varepsilon 2^{-n} = \varepsilon,$$

d.h. $\xi \in U_\varepsilon(x)$. Da f stetig ist, folgt aus (3):

$$y = \lim_{n \to \infty} f(x_n) = f(\xi).$$

Also gilt $f(U_\varepsilon(x)) \supset U_{\delta_1}(f(x))$. $\qquad\qquad\qquad\square$

Aufgaben:

(1) Für $j \in \mathbb{N}$ sei $e_j \in \ell_\infty(\mathbb{N})$ die Folge $e_j = (\delta_{j,k})_{k\in\mathbb{N}}$. Zeigen Sie, daß die Abschließung von $\varphi = \{x \in \ell_\infty(\mathbb{N}) : x_j = 0 \quad \text{für fast alle } j \in \mathbb{N}\}$ der Raum c_0 aller Nullfolgen ist.

(2) Sei $C_c(\mathbb{R}) := \{f \in \ell_\infty(\mathbb{R}) : f \text{ ist stetig und } f|_{\mathbb{R}\setminus[-n,n]} \equiv 0 \text{ für ein } n = n(f)\}$. Zeigen Sie, daß die Abschließung von $C_c(\mathbb{R})$ in $\ell_\infty(\mathbb{R})$ die folgende Menge ist:

$$C_0(\mathbb{R}) = \{f : \mathbb{R} \longrightarrow \mathbb{K} : f \quad \text{ist stetig und zu jedem } \varepsilon > 0 \text{ existiert ein } n \in \mathbb{N}$$
$$\text{mit} \quad \sup_{|x|>n} |f(x)| \leq \varepsilon\}.$$

(3) Sei $C[0,1] := \{f : [0,1] \longrightarrow \mathbb{K} : f \quad \text{ist stetig}\}$. Zeigen Sie:

   (a) $d(f,g) := \displaystyle\int_0^1 \frac{|f(t) - g(t)|}{1 + |f(t) - g(t)|} \, dt$ definiert eine Metrik auf $C[0,1]$.

   (b) $(C[0,1], d)$ ist nicht vollständig.

(4) Sei X ein vollständiger metrischer Raum. Zeigen Sie:

   (a) Ist $M \subset X$ von 1. Kategorie, so ist $X \setminus M$ dicht in X.

   (b) Ist $(G_n)_{n\in\mathbb{N}}$ eine Folge offener dichter Mengen in X, so ist $\bigcap_{n\in\mathbb{N}} G_n$ in X dicht.

(5) Sei X ein vollständiger metrischer Raum. Sei M eine Familie stetiger skalarer Funktionen auf X, mit $\sup_{f\in M} |f(x)| < \infty$ für jedes $x \in X$. Zeigen Sie, daß es ein $x_0 \in X$ und ein $\varepsilon > 0$ gibt, so daß

$$\sup\{|f(x)| : f \in M, x \in U_\varepsilon(x_0)\} < \infty.$$

(6) Beweisen Sie den folgenden Fixpunktsatz von Banach: Seien X ein vollständiger metrischer Raum und $T : X \longrightarrow X$ eine kontrahierende Abbildung, d.h. es gibt $0 < q < 1$, so daß $d(Tx, Ty) \leq q d(x,y)$ für alle $x, y \in X$. Dann gibt es genau ein $z \in X$ mit $Tz = z$, d.h. T besitzt genau einen Fixpunkt.

(7) Seien $d, \rho : \mathbb{R} \times \mathbb{R} \longrightarrow \mathbb{R}_+$ definiert durch

$$d(x,y) := |x-y|, \quad \rho(x,y) := \left| \frac{x}{1+|x|} - \frac{y}{1+|y|} \right|.$$

Beweisen Sie die folgenden Aussagen:

   (a) ρ ist eine Metrik auf $\mathbb{R}$ und induziert die gleiche Topologie wie d.

   (b) Es gibt Cauchy–Folgen in $(\mathbb{R}, \rho)$, welche in $(\mathbb{R}, d)$ keine Cauchy–Folgen sind.

   (c) $(\mathbb{R}, \rho)$ ist nicht vollständig.

§ 4 Kompaktheit

In diesem Abschnitt beschäftigen wir uns mit dem Begriff der Kompaktheit in topologischen Räumen. Insbesondere charakterisieren wir die kompakten Teilmengen metrischer Räume. Außerdem stellen wir für spätere Anwendungen die Sätze von Arzelà–Ascoli, Stone–Weierstraß und Tychonoff bereit. Der Leser kann diesen Abschnitt zunächst übergehen und erst bei Bedarf auf ihn zurückgreifen.

Definition: Ein topologischer Raum X heißt *kompakt*, falls jede offene Überdeckung eine endliche Teilüberdeckung besitzt. Eine Teilmenge X eines topologischen Raumes Y heißt kompakt, falls X, versehen mit der Spurtopologie, kompakt ist. Dies ist offenbar äquivalent zu folgendem: Ist I eine beliebige Indexmenge, $(G_i)_{i \in I}$ eine Familie offener Teilmengen von Y, und gilt $X \subset \bigcup_{i \in I} G_i$, so gibt es eine endliche Teilmenge J von I mit $X \subset \bigcup_{i \in J} G_i$.

4.1 Bemerkung: (a) Ein topologischer Raum X ist genau dann kompakt, wenn es zu jeder Familie $(A_i)_{i \in I}$ aus abgeschlossenen Teilmengen A_i von X mit $\bigcap_{i \in I} A_i = \emptyset$ eine endliche Teilmenge J von I gibt mit $\bigcap_{i \in J} A_i = \emptyset$. Dies folgt durch Übergang zu den entsprechenden Komplementärmengen.

(b) Ist Y ein topologischer Raum und X eine kompakte Teilmenge von Y, so ist X abgeschlossen. Ist nämlich $y \in Y \setminus X$, so gibt es zu jedem $x \in X$ nach $(\mathcal{O}3)$ offene Mengen U_x und V_x mit $U_x \cap V_x = \emptyset$ und $x \in U_x$, $y \in V_x$. Da X kompakt ist, gibt es $x_1, \ldots, x_n \in X$ mit $X \subset \bigcup_{j=1}^{n} U_{x_j}$. Setzt man $W := \bigcap_{j=1}^{n} V_{x_j}$, so ist W eine Umgebung von y mit $W \cap X = \emptyset$. Folglich ist $Y \setminus X$ offen, d.h. X ist abgeschlossen.

(c) Jede abgeschlossene Teilmenge X eines kompakten topologischen Raumes Y ist kompakt. Denn aus jeder offenen Überdeckung von X erhält man eine offene Überdeckung von Y, indem man $Y \setminus X$ hinzufügt.

4.2 Satz: *Seien X und Y topologische Räume und $f : X \longrightarrow Y$ eine stetige Abbildung. Dann gelten:*

(1) *Ist X kompakt, so auch $f(X)$.*

(2) *Ist X kompakt und f bijektiv, so ist f eine Homöomorphie.*

Beweis: (1) Ist $(G_i)_{i \in I}$ eine offene Überdeckung von $f(X)$, so ist $(f^{-1}(G_i))_{i \in I}$ nach 2.3 eine offene Überdeckung von X. Da X kompakt ist, besitzt sie und damit auch $(G_i)_{i \in I}$ eine endliche Teilüberdeckung.

(2) Ist $A \subset X$ abgeschlossen, so ist A nach 4.1(c) kompakt. Daher ist $f(A)$ kompakt nach (1), also abgeschlossen in Y nach 4.1(b). Aus 2.3 folgt nun, daß f^{-1} stetig ist. $\qquad\square$

Nach dem Satz von Heine–Borel (siehe Forster [F2]) ist eine Teilmenge des $\mathbb{K}^n$ kompakt genau dann, wenn sie beschränkt und abgeschlossen ist. Nach 4.2(1) ist daher jede stetige $\mathbb{K}$–wertige Funktion auf einem kompakten topologischen Raum beschränkt.

Den folgenden Satz werden wir erst am Ende des Abschnitts beweisen:

4.3 Satz von Tychonoff: *Sei* $(X_i)_{i \in I}$, $I \neq \emptyset$, *eine Familie topologischer Räume. Das topologische Produkt* $\prod_{i \in I} X_i$ *ist kompakt genau dann, wenn* $(X_i, \mathcal{O}_i)$ *kompakt ist für jedes* $i \in I$.

Um die kompakten metrischen Räume zu charakterisieren, führen wir den folgenden Begriff ein:

Definition: Ein metrischer Raum X heißt *präkompakt*, falls es zu jedem $\varepsilon > 0$ endlich viele Punkte $x_1, \ldots, x_n$ in X gibt, so daß $X = \bigcup_{j=1}^{n} U_\varepsilon(x_j)$ gilt.

4.4 Bemerkung: (a) Seien X ein metrischer Raum und $M \neq \emptyset$ eine Teilmenge von X. M ist präkompakt (in der induzierten Metrik) genau dann, wenn es zu jedem $\varepsilon > 0$ endlich viele $x_1, \ldots, x_n \in X$ gibt, so daß $M \subset \bigcup_{j=1}^{n} U_\varepsilon(x_j)$.

Da nur eine Implikation zu beweisen ist, erhält man dies so: Ist $M \subset \bigcup_{j=1}^{n} U_{\frac{\varepsilon}{2}}(x_j)$ für $x_1, \ldots, x_n \in X$, so setze man

$$J := \left\{ 1 \leq j \leq n : M \cap U_{\frac{\varepsilon}{2}}(x_j) \neq \emptyset \right\} \text{ und wähle } m_j \in M \cap U_{\frac{\varepsilon}{2}}(x_j) \text{ für } j \in J \,.$$

Dann gilt offenbar $M \subset \bigcup_{j \in J} U_\varepsilon(m_j)$.

(b) Jede nicht–leere Teilmenge eines präkompakten metrischen Raumes ist präkompakt.

(c) Jeder kompakte metrische Raum ist präkompakt. Die Umkehrung dieser Aussage gilt nicht, wie das Beispiel $]0, 1[$ zeigt.

4.5 Lemma: *Ein metrischer Raum X ist genau dann präkompakt, wenn jede Folge in X eine Teilfolge besitzt, die eine Cauchy–Folge ist.*

Beweis: Sei X präkompakt, und sei $(x_n)_{n \in \mathbb{N}}$ eine Folge in X. Dann gibt es ein $\xi_1 \in X$, so daß $U_{\frac{1}{2}}(\xi_1)$ unendlich viele Folgenglieder enthält. Wegen 4.4(a) kann man dieses Argument induktiv anwenden, um eine Folge $(U_{2^{-k}}(\xi_k))_{k \in N}$ und eine Teilfolge $(x_{n_k})_{k \in \mathbb{N}}$ zu finden, so daß $x_{n_k} \in \bigcap_{m=1}^{k} U_{2^{-m}}(\xi_m)$ für alle $k \in \mathbb{N}$. Dann gilt $d(x_{n_{k+1}}, x_{n_k}) < 2^{-k+1}$ für alle $k \in \mathbb{N}$. Hieraus folgt, daß $(x_{n_k})_{k \in \mathbb{N}}$ eine Cauchy–Folge ist.

Ist X nicht präkompakt, so gibt es ein $\varepsilon > 0$, so daß zu je endlich vielen Punkten $x_1, \ldots, x_n$ in X ein Punkt x_{n+1} in X existiert mit $d(x_k, x_{n+1}) \geq \varepsilon$ für $1 \leq k \leq n$. Eine so konstruierte Folge $(x_n)_{n \in \mathbb{N}}$ besitzt offenbar keine Cauchy–Teilfolge.   □

Definition: Ein topologischer Raum X heißt *separabel*, falls X eine abzählbare dichte Teilmenge besitzt.

4.6 Lemma: *Jeder präkompakte metrische Raum X ist separabel.*

Beweis: Da X präkompakt ist, gibt es zu jedem $n \in \mathbb{N}$ Punkte $x_1^{(n)}, \ldots, x_{m(n)}^{(n)}$ mit $X = \bigcup_{j=1}^{m(n)} U_{\frac{1}{n}}(x_j^{(n)})$. Daher ist die folgende Menge M abzählbar und dicht in X

$$M := \left\{ x_j^{(n)} : 1 \leq j \leq m(n), \, n \in \mathbb{N} \right\} .$$ □

Definition: Sei $(X, \mathcal{O})$ ein topologischer Raum. Eine Teilmenge $\mathcal{O}_0$ von $\mathcal{O}$ heißt *Basis der offenen Mengen* in X, falls es zu jeder offenen Menge G in X und jedem $x \in G$ ein $U \in \mathcal{O}_0$ gibt mit $x \in U \subset G$.

Eine Teilmenge $\mathcal{O}_0$ von $\mathcal{O}$ ist also genau dann eine Basis der offenen Mengen in X, wenn jede offene Menge in X Vereinigung von Mengen in $\mathcal{O}_0$ ist.

4.7 Lemma: *Ist X ein separabler metrischer Raum, so gelten:*

(1) *X besitzt eine abzählbare Basis der offenen Mengen.*

(2) *Jede offene Überdeckung von X enthält eine abzählbare Teilüberdeckung.*

Beweis: (1) Sei $M := \{x_j : j \in \mathbb{N}\}$ eine abzählbare dichte Teilmenge in X. Wir setzen $\mathcal{O}_0 := \left\{ U_{\frac{1}{n}}(x_j) : n \in \mathbb{N}, \, j \in \mathbb{N} \right\}$. Ist G offen in X, und ist $x \in G$, so gibt es ein $n \in \mathbb{N}$ mit $U_{\frac{2}{n}}(x) \subset G$. Da M in X dicht ist, gibt es ein $j \in \mathbb{N}$ mit $x_j \in U_{\frac{1}{n}}(x)$. Daher gilt

$$x \in U_{\frac{1}{n}}(x_j) \subset U_{\frac{2}{n}}(x) \subset G .$$

(2) Dies folgt unmittelbar aus (1) und der Vorbemerkung. □

4.8 Satz: *Für einen metrischen Raum X sind äquivalent:*

(1) *X ist kompakt.*

(2) *Jede abzählbare offene Überdeckung von X besitzt eine endliche Teilüberdeckung.*

(3) *Ist $(A_n)_{n \in \mathbb{N}}$ eine fallende Folge abgeschlossener nicht–leerer Teilmengen von X, so ist $\bigcap_{n \in \mathbb{N}} A_n \neq \emptyset$ (Cantorscher Durchschnittsatz).*

(4) *Jede Folge in X besitzt eine konvergente Teilfolge.*

(5) *X ist vollständig und präkompakt.*

Beweis: (1) $\Rightarrow$ (2): trivial.

(2) $\Rightarrow$ (3): Nimmt man $\bigcap_{n \in \mathbb{N}} A_n = \emptyset$ an, so ist $(X \setminus A_n)_{n \in \mathbb{N}}$ eine abzählbare offene Überdeckung von X. Nach (2) gibt es daher ein $m \in \mathbb{N}$, so daß $A_m = \bigcap_{n=1}^m A_n = \emptyset$.

(3) $\Rightarrow$ (4): Ist $(x_n)_{n \in \mathbb{N}}$ eine beliebige Folge in X, so setzen wir $A_n := \overline{\{x_k : k \geq n\}}$ für $n \in \mathbb{N}$. Dann ist $(A_n)_{n \in \mathbb{N}}$ eine fallende Folge abgeschlossener nicht–leerer Teilmengen von X. Also gibt es nach (3) ein $a \in \bigcap_{n \in \mathbb{N}} A_n$. Daher gilt für jedes $n \in \mathbb{N}$

und jedes $\varepsilon > 0$ $U_\varepsilon(a) \cap \{x_k : k \geq n\} \neq \emptyset$. Folglich besitzt $(x_n)_{n \in \mathbb{N}}$ eine gegen a konvergierende Teilfolge.

(4) $\Rightarrow$ (5): Nach 4.5 ist X präkompakt. Da jede Cauchy–Folge in X nach Voraussetzung eine konvergente Teilfolge besitzt, ist X vollständig.

(5) $\Rightarrow$ (1): Sei $(G_i)_{i \in I}$ eine offene Überdeckung von X. Aus (5) folgt mit 4.6 und 4.7(2), daß $(G_i)_{i \in I}$ eine abzählbare Teilüberdeckung enthält, die mit $(U_n)_{n \in \mathbb{N}}$ bezeichnet werde. Nimmt man an, daß $V_k := \bigcup_{n=1}^{k} U_n$ für alle $k \in \mathbb{N}$ eine echte Teilmenge von X ist, so ist $(X \backslash V_k)_{k \in \mathbb{N}}$ eine fallende Folge abgeschlossener Mengen, und man kann für jedes $k \in \mathbb{N}$ ein $a_k \in X \backslash V_k$ wählen. Aus (5) folgt mit 4.5, daß $(a_k)_{k \in \mathbb{N}}$ eine konvergente Teilfolge $(a_{k_j})_{j \in \mathbb{N}}$ besitzt. Offenbar gilt

$$a = \lim_{j \to \infty} a_{k_j} \in \bigcap_{j \in \mathbb{N}} (X \backslash V_{k_j}) = X \backslash \left(\bigcup_{n \in \mathbb{N}} U_n \right) ,$$

im Widerspruch zu $X = \bigcup_{n \in \mathbb{N}} U_n$. Also gibt es ein $m \in \mathbb{N}$ mit $X = \bigcup_{k=1}^{m} U_k$, d.h. X ist kompakt.   □

4.9 Corollar: *Ein metrischer Raum X ist präkompakt genau dann, wenn seine vollständige Hülle $\widehat{X}$ kompakt ist.*

Beweis: $\Rightarrow$: Aus $X = \bigcup_{j=1}^{n} U_{\frac{\varepsilon}{2}}(x_j)$ folgt $\widehat{X} = \bigcup_{j=1}^{n} U_{\varepsilon}^{\widehat{X}}(x_j)$. Daher ist $\widehat{X}$ präkompakt und nach 4.8 sogar kompakt.

$\Leftarrow$: Wegen $X \subset \widehat{X}$ folgt dies unmittelbar aus 4.4(c) und (b).   □

Definition: Eine Teilmenge M eines topologischen Raumes X heißt *relativ kompakt*, falls ihre Abschließung $\overline{M}$ kompakt ist.

4.10 Corollar: *Für eine Teilmenge M eines vollständigen metrischen Raumes X sind folgende Aussagen äquivalent:*

(1) *M ist relativ kompakt.*

(2) *M ist präkompakt.*

(3) *Jede Folge in M besitzt eine in X konvergente Teilfolge.*

4.11 Beispiel: Sei X ein kompakter topologischer Raum. Wir setzen

$$C(X) := \{f : X \longrightarrow \mathbb{K} : f \text{ ist stetig}\}$$

und schreiben $C(X, \mathbb{K})$, wenn die Wahl von $\mathbb{K}$ relevant ist. $C(X)$ ist ein linearer Teilraum von $l_\infty(X)$, denn jede stetige Funktion auf X ist beschränkt. $C(X)$ ist abgeschlossen in $l_\infty(X)$, da die Grenzfunktion einer gleichmäßig konvergenten Folge stetiger Funktionen stetig ist. Daher ist $C(X)$ nach 3.4 ein vollständiger metrischer Raum.

Die relativ kompakten Teilmengen von $C(X)$ beschreibt der folgende Satz.

4.12 Satz von Arzelà–Ascoli: *Sei X ein kompakter topologischer Raum. Eine Teilmenge M von $C(X)$ ist relativ kompakt genau dann, wenn (1) und (2) gelten:*

(1) $\sup_{f \in M} \sup_{x \in X} |f(x)| < \infty$,

(2) *M ist gleichgradig stetig in jedem $x \in X$, d.h. zu jedem $x \in X$ und jedem $\varepsilon > 0$ gibt es eine Umgebung U von x mit $|f(x) - f(y)| < \varepsilon$ für alle $y \in U$ und alle $f \in M$.*

Beweis: $\Rightarrow$: Da M präkompakt ist, gibt es zu gegebenen $\varepsilon > 0$ Funktionen $f_1, \ldots, f_n \in M$ mit $M \subset \bigcup_{j=1}^{n} U_{\frac{\varepsilon}{3}}(f_j)$. Ist $x \in X$ gegeben, so gibt es wegen der Stetigkeit der Funktionen $f_1, \ldots, f_n$ eine Umgebung U von x mit

$$|f_j(x) - f_j(y)| < \frac{\varepsilon}{3} \text{ für alle } y \in U \text{ und } 1 \leq j \leq n .$$

Ist $f \in M$ beliebig gegeben, so gilt $f \in U_{\frac{\varepsilon}{3}}(f_k)$ für ein geeignetes k mit $1 \leq k \leq n$. Hieraus folgt für alle $y \in U$

$$|f(x) - f(y)| \leq |f(x) - f_k(x)| + |f_k(x) - f_k(y)| + |f_k(y) - f(y)| < \varepsilon .$$

$\Leftarrow$: Wegen (2) ist für jedes $x \in X$ und $n \in \mathbb{N}$ die Menge

$$W_x^n := \left\{ y \in X : |f(x) - f(y)| < \frac{1}{n} \text{ für alle } f \in M \right\}$$

eine Umgebung von x. Da X kompakt ist und $X = \bigcup_{x \in X} W_x^n$ gilt, gibt es eine endliche Menge $X_n \subset X$ mit $X = \bigcup_{x \in X_n} W_x^n$. Die Menge $X_\infty := \bigcup_{n \in \mathbb{N}} X_n$ ist dann abzählbar.

Ist $(f_m)_{m \in \mathbb{N}}$ eine Folge in M, so ist nach (1) für jedes $\xi \in X_\infty$ die Folge $(f_m(\xi))_{m \in \mathbb{N}}$ beschränkt in $\mathbb{K}$. Nach einem bekannten Diagonalfolgenargument gibt es daher eine Teilfolge $(f_{m_k})_{k \in \mathbb{N}}$, so daß $(f_{m_k}(\xi))_{k \in \mathbb{N}}$ für jedes $\xi \in X_\infty$ konvergiert. Seien $n \in \mathbb{N}$ und $x \in X$ fixiert. Dann gibt es wegen $X = \bigcup_{y \in X_n} W_y^n$ ein $\xi \in X_n \subset X_\infty$ mit $x \in W_\xi^n$. Für $l, k \in \mathbb{N}$ gilt

$$|f_{m_k}(x) - f_{m_l}(x)| \leq |f_{m_k}(x) - f_{m_k}(\xi)| + |f_{m_k}(\xi) - f_{m_l}(\xi)| + |f_{m_l}(\xi) - f_{m_l}(x)|$$
$$< \frac{2}{n} + |f_{m_k}(\xi) - f_{m_l}(\xi)| .$$

Da $x \in X$ beliebig gewählt war, impliziert dies

$$d(f_{m_k}, f_{m_l}) \leq \frac{2}{n} + \sup_{\xi \in X_n} |f_{m_k}(\xi) - f_{m_l}(\xi)|, \quad k, l \in \mathbb{N} .$$

Hieraus folgt, daß die beliebig vorgegebene Folge $(f_m)_{m \in \mathbb{N}}$ eine Cauchy–Teilfolge besitzt. Daher ist M präkompakt nach 4.5. Da $C(X)$ nach 4.11 vollständig ist, folgt aus 4.10, daß M relativ kompakt ist. $\qquad \square$

Ist X ein kompakter topologischer Raum, so wird in $C(X)$ durch die Festsetzung $f \cdot g : x \longmapsto f(x) \cdot g(x)$ eine Multiplikation definiert. Ein linearer Teilraum A von $C(X)$ heißt Unteralgebra von $C(X)$, falls A die konstanten Funktionen enthält und mit f und g auch $f \cdot g$ in A ist. Ein wichtiges Kriterium für die Dichtheit von Unteralgebren von $C(X)$ liefert der Satz von Stone–Weierstraß, den wir nun beweisen wollen. Als Vorbereitung dafür zeigen wir:

4.13 Lemma: *Seien X ein kompakter topologischer Raum und A eine abgeschlossene Unteralgebra von $C(X)$. Ist $f \in A$ mit $f \geq 0$, so ist $\sqrt{f} \in A$.*

Beweis: Ohne Einschränkung kann man $0 \leq f \leq 1$ annehmen. Setzt man $g := 1 - f$, so gelten $f = 1 - g$ und $0 \leq g \leq 1$. Hieraus folgt

$$\sqrt{f(x)} = 1 - \sum_{n=1}^{\infty} a_n g(x)^n \quad \text{für alle } x \in X,$$

wobei $a_n = \frac{1}{2n-1} 2^{-2n+1} \binom{2n-1}{n}$. Aus der Stirlingschen Formel erhält man ein $C > 0$, so daß $a_n \leq C n^{-\frac{3}{2}}$ für alle $n \in \mathbb{N}$. Daher konvergiert die Reihe gleichmäßig auf X. Da ihre Partialsummen in A liegen, folgt $\sqrt{f} \in A$. $\qquad\square$

4.14 Satz: *Seien X ein kompakter topologischer Raum und A eine abgeschlossene Unteralgebra von $C(X, \mathbb{R})$. Wenn A die Punkte von X trennt (d.h. wenn es zu $x, y \in X$ mit $x \neq y$ ein $f \in A$ mit $f(x) \neq f(y)$ gibt), so gilt $A = C(X, \mathbb{R})$.*

Beweis: Nach 4.13 enthält A mit f auch $|f| = \sqrt{f^2}$. Also enthält A mit f und g auch $\min(f, g)$ und $\max(f, g)$, denn es gelten $\min(f, g) = \frac{1}{2}(f + g - |f - g|)$ und $\max(f, g) = \frac{1}{2}(f + g + |f - g|)$. Sind $x, y \in X$ mit $x \neq y$ gegeben, so gibt es nach Voraussetzung ein $h \in A$ mit $h(x) \neq h(y)$. Da A die konstanten Funktionen enthält, ist daher für $\lambda, \mu \in \mathbb{R}$ auch

$$g : t \longmapsto \mu + (\lambda - \mu) \frac{h(t) - h(y)}{h(x) - h(y)}, \quad t \in X,$$

in A, und es gilt $g(x) = \lambda$ und $g(y) = \mu$.

Sind nun $f \in C(X, \mathbb{R})$, $\varepsilon > 0$ und $x, y \in X$ gegeben, so gibt es nach Voraussetzung bzw. nach dem gerade Gezeigten ein $f_{x,y} \in A$ mit $f_{x,y}(x) = f(x)$ und $f_{x,y}(y) = f(y)$. Dann ist für jedes $x \in X$ die Menge

$$U_y := \{\xi \in X : f_{x,y}(\xi) < f(\xi) + \varepsilon\}$$

eine offene Umgebung von y. Da X kompakt ist, gibt es $y_1, \ldots, y_n \in X$ mit $X = \bigcup_{j=1}^{n} U_{y_j}$. Setzt man $h_x := \min(f_{x,y_j} : 1 \leq j \leq n)$, so ist h_x in A und es gelten $h_x(x) = f(x)$ und $h_x < f + \varepsilon$. Durch einen analogen Kompaktheitsschluß erhält man $x_1, \ldots, x_m \in X$ und $g := \max(h_{x_j} : 1 \leq j \leq m)$ in A mit $f - \varepsilon < g < f + \varepsilon$. Also gilt $d(f, g) < \varepsilon$. Da $\varepsilon > 0$ beliebig war, ist $f \in \overline{A} = A$. $\qquad\square$

4.15 Satz von Stone–Weierstraß: *Sei X ein kompakter topologischer Raum und A eine abgeschlossene Unteralgebra von $C(X, \mathbb{C})$ mit folgenden Eigenschaften:*

(1) *A trennt die Punkte von X.*

(2) *Ist $f \in A$, so auch $\overline{f}$.*

Dann gilt $A = C(X, \mathbb{C})$.

Beweis: Wir setzen $A_0 = \{\operatorname{Re} f : f \in A\}$. Aus (2) folgen $A_0 = A \cap C(X, \mathbb{R})$ und $A = A_0 + iA_0$. Also ist A_0 eine abgeschlossene Unteralgebra von $C(X, \mathbb{R})$, welche die Punkte von X trennt. Daher folgt die Behauptung aus 4.14. □

4.16 Approximationssatz von Weierstraß: *Ist $X \neq \emptyset$ eine kompakte Teilmenge von $\mathbb{R}^n$, so läßt sich jede auf X stetige Funktion gleichmäßig durch Polynome approximieren.*

Beweis: Wir setzen

$$P_{\mathbb{K}}(X) := \left\{ f \in C(X) : f(x) = \sum_{endlich} a_{k_1,\ldots,k_n} x_1^{k_1} \cdots x_n^{k_n} \text{ für } a_{k_1,\ldots,k_n} \in \mathbb{K} \right\}$$

und bezeichnen mit A die Abschließung von $P_{\mathbb{K}}(X)$ in $C(X)$. Dann ist A eine abgeschlossene Unteralgebra von $C(X)$, welche die Punkte von X trennt und für $\mathbb{K} = \mathbb{C}$ auch die Bedingung 4.15(2) erfüllt. Nach 4.14 beziehungsweise 4.15 gilt daher $A = C(X)$. Also sind die Polynome mit Koeffizienten in $\mathbb{K}$ dicht in $C(X)$. □

Wir notieren noch einige Folgerungen aus dem Weierstraßschen Approximationssatz.

Bemerkung: (1) Ist $X \neq \emptyset$ eine kompakte Teilmenge von $\mathbb{C}$, so läßt sich jede auf X stetige Funktion gleichmäßig durch komplexe Polynome in z und $\overline{z}$ approximieren. Dies folgt unmittelbar aus 4.16, da $P_{\mathbb{C}}(X)$ identisch ist mit

$$Q(X) := \left\{ f \in C(X, \mathbb{C}) : f(z) = \sum_{j,k=0}^{n} a_{k,j} z^j \overline{z}^k, \text{ wobei } n \in \mathbb{N}, a_{j,k} \in \mathbb{C} \right\}.$$

(2) Ist $S := \{z \in \mathbb{C} : |z| = 1\}$, so läßt sich jede stetige Funktion auf S gleichmäßig approximieren durch Funktionen in

$$T(S) := \left\{ f \in C(S, \mathbb{C}) : f(z) = \sum_{k=-n}^{n} a_k z^k, n \in \mathbb{N}_0, a_{-n}, \ldots, a_n \in \mathbb{C} \right\}.$$

Dies folgt aus (1), da $\overline{z} = z^{-1}$ für alle $z \in S$ gilt.

(3) Jede stetige 2π–periodische Funktion auf $\mathbb{R}$ läßt sich gleichmäßig approximieren durch *trigonometrische Polynome*, das heißt durch Funktionen aus der Menge

$$T := \left\{ f \in C(\mathbb{R}, \mathbb{C}) : f(t) = \sum_{k=-n}^{n} a_k e^{ikt}, n \in \mathbb{N}_0, a_{-n}, \ldots, a_n \in \mathbb{C} \right\}.$$

Um dies aus (2) zu folgern, setzen wir

$$C_{2\pi} := \{ f \in C(\mathbb{R}, \mathbb{C}) : f \text{ ist } 2\pi\text{–periodisch} \}$$

und bemerken, daß $\Phi : C(S) \longrightarrow C_{2\pi}$, $\Phi(f) : t \longmapsto f(e^{it})$ eine Bijektion ist, welche die gleichmäßige Konvergenz erhält.

Definition: Ein topologischer Raum heißt *lokalkompakt*, wenn jeder Punkt eine kompakte Umgebung besitzt.

In lokalkompakten Räumen gilt das folgende Lemma, dessen Beweis wir hier nicht geben wollen (siehe Schubert [Sc], I. 8.4).

4.17 Lemma von Urysohn: *Seien X ein lokalkompakter topologischer Raum, K eine kompakte Teilmenge von X und G eine offene Teilmenge mit $K \subset G$. Dann gibt es eine kompakte Menge Q und eine stetige Funktion $f : X \longrightarrow [0,1]$ mit folgenden Eigenschaften:*

(1) $K \subset \overset{\circ}{Q} \subset G$.

(2) $f(x) = 1$ *für alle* $x \in K$.

(3) $f(x) = 0$ *für alle* $x \in X \setminus Q$.

Definition: Ein topologischer Raum X heißt σ–*kompakt*, falls X die Vereinigung von abzählbar vielen kompakten Teilmengen ist.

Wendet man das Urysohnsche Lemma induktiv an, so folgt:

4.18 Lemma: *Sei X ein lokalkompakter, σ–kompakter, topologischer Raum. Dann gibt es eine Folge $(K_n)_{n \in \mathbb{N}}$ kompakter Teilmengen von X und eine Folge stetiger Funktionen $(f_n)_{n \in \mathbb{N}}$, $f_n : X \longrightarrow [0,1]$, so daß für alle $n \in \mathbb{N}$ gilt:*

(1) $K_n \subset \overset{\circ}{K}_{n+1}$ *für alle* $n \in \mathbb{N}$.

(2) $f_n(x) = 1$ *für alle* $x \in K_n$ *und* $f_n(x) = 0$ *für alle* $x \in X \setminus K_{n+1}$.

Zum Abschluß dieses Abschnitts beweisen wir den Satz von Tychonoff 4.3. Zu diesem Zweck führen wir die folgenden Begriffe ein:

Definition: Sei X eine nicht–leere Menge. Eine Familie $\mathcal{F}$ von nicht–leeren Teilmengen von X heißt *Filter* auf X, falls (i) und (ii) gelten:

(i) Ist $F \in \mathcal{F}$ und $M \supset F$, so gilt $M \in \mathcal{F}$.

(ii) Sind F_1 und F_2 in $\mathcal{F}$, so auch $F_1 \cap F_2$.

Ein Filter heißt *Ultrafilter*, falls für jede Teilmenge A von X entweder $A \in \mathcal{F}$ oder $X \setminus A \in \mathcal{F}$ gilt.

4.19 Lemma: *Seien X eine nicht–leere Menge und $\mathcal{F}$ ein Filter auf X. Dann gibt es einen Ultrafilter $\mathcal{U}$ auf X mit $F \in \mathcal{U}$ für jedes $F \in \mathcal{F}$.*

Beweis: Wir setzen

$$\mathcal{Z} := \{\mathcal{G} : \mathcal{G} \text{ ist ein Filter auf } X \text{ mit } F \in \mathcal{G} \text{ für alle } F \in \mathcal{F} \}$$

und definieren durch

$$\mathcal{G}_1 \prec \mathcal{G}_2 : \Longleftrightarrow G \in \mathcal{G}_2 \text{ für jedes } G \in \mathcal{G}_1$$

eine Ordnungsrelation in $\mathcal{Z}$. Wegen $\mathcal{F} \in \mathcal{Z}$ ist $\mathcal{Z} \neq \emptyset$. $(\mathcal{Z}, \prec)$ ist induktiv geordnet, wie man leicht einsieht. Daher besitzt $(\mathcal{Z}, \prec)$ nach dem Zornschen Lemma 1.1 ein maximales Element $\mathcal{U}$. Nimmt man an, daß $\mathcal{U}$ kein Ultrafilter ist, so gibt es ein $A \subset X$ mit $A \notin \mathcal{U}$ und $X \setminus A \notin \mathcal{U}$. Hieraus folgt $A \cap U \neq \emptyset$ für alle $U \in \mathcal{U}$. Daher ist

$$\mathcal{B} := \{V \subset X : \text{ es gibt ein } U \in \mathcal{U} \text{ mit } A \cap U \subset V \}$$

ein Filter in $\mathcal{Z}$ mit $\mathcal{U} \prec \mathcal{B}$, $A \in \mathcal{B}$ und folglich $\mathcal{U} \neq \mathcal{B}$, im Widerspruch zur Maximalität von $\mathcal{U}$. Also ist $\mathcal{U}$ ein Ultrafilter. □

Definition: Seien X ein topologischer Raum und $\mathcal{F}$ ein Filter auf X. $\mathcal{F}$ heißt *konvergent* gegen $a \in X$, falls jede Umgebung U von a zu $\mathcal{F}$ gehört.

4.20 Lemma: *Ein topologischer Raum X ist kompakt genau dann, wenn jeder Ultrafilter auf X konvergent ist.*

Beweis: $\Rightarrow$: Sei $\mathcal{F}$ ein Ultrafilter auf X. Nach 4.1(a) gibt es ein $\xi \in \bigcap_{F \in \mathcal{F}} \overline{F}$. Ist U eine offene Umgebung von ξ, so ist entweder $U \in \mathcal{F}$ oder $X \setminus U \in \mathcal{F}$, da $\mathcal{F}$ ein Ultrafilter ist. Wegen $\xi \notin X \setminus U$ muß $U \in \mathcal{F}$ gelten. Also konvergiert $\mathcal{F}$ gegen ξ.

$\Leftarrow$: Ist X nicht kompakt, so gibt es nach 4.1(a) eine Familie $(A_i)_{i \in I}$ abgeschlossener Teilmengen von X mit $\bigcap_{i \in I} A_i = \emptyset$ und $\bigcap_{i \in J} A_i \neq \emptyset$ für jede endliche Teilmenge J von I. Daher ist

$$\mathcal{F} := \left\{ F \subset X : \text{ es gibt eine endliche Menge } J \subset I \text{ mit } F \supset \bigcap_{i \in J} A_i \right\}$$

ein Filter auf X. Nach 4.18 gibt es daher einen Ultrafilter $\mathcal{U}$ auf X mit $F \in \mathcal{U}$ für jedes $F \in \mathcal{F}$. Insbesondere ist $A_i \in \mathcal{U}$ für jedes $i \in I$.

$\mathcal{U}$ ist nicht konvergent: Denn zu jedem $x \in X$ gibt es wegen $\bigcap_{i \in I} A_i = \emptyset$ ein $i = i(x) \in I$ mit $x \notin A_i$. Da $\mathcal{U}$ Ultrafilter ist, und da A_i zu $\mathcal{U}$ gehört, gilt $X \setminus A_i \notin \mathcal{U}$. Also gibt es eine Umgebung von x, die nicht zu $\mathcal{U}$ gehört. Durch Kontraposition folgt nun die Behauptung. □

Beweis von Satz 4.3: $\Rightarrow$: Die kanonische Abbildung $\pi_i : \prod_{j \in I} X_j \longrightarrow X_i$ ist stetig. Daher folgt die Kompaktheit von X_i aus 4.2(1).

$\Leftarrow$: Sei $\mathcal{U}$ ein Ultrafilter auf $X = \prod_{i \in I} X_i$. Wie man leicht nachprüft, ist für jedes $i \in I$ das Mengensystem

$$\mathcal{U}_i := \{\pi_i(U) : U \in \mathcal{U}\}$$

ein Ultrafilter auf X_i. Da X_i kompakt ist, gibt es nach 4.20 ein $\xi_i \in X_i$, so daß $\mathcal{U}_i$ gegen ξ_i konvergiert. Um zu zeigen, daß $\mathcal{U}$ gegen $\xi = (\xi_i)_{i \in I}$ konvergiert, sei V eine Umgebung von ξ. O.B.d.A. ist $V = \bigcap_{i \in J} \pi_i^{-1}(G_i)$, wobei J eine endliche Teilmenge von I und G_i eine Umgebung von ξ_i ist für $i \in J$. Da $\mathcal{U}_i$ gegen ξ_i konvergiert, gilt $G_i \in \mathcal{U}_i$. Folglich gibt es ein $U_i \in \mathcal{U}$ mit $\pi_i(U_i) = G_i$, d.h. $\pi_i^{-1}(G_i) \supset U_i$. Daher ist $\pi_i^{-1}(G_i) \in \mathcal{U}$ für alle $i \in J$. Dies impliziert $V \in \mathcal{U}$, d.h. $\mathcal{U}$ konvergiert gegen ξ. $\square$

Aufgaben:

(1) Seien X ein lokalkompakter, separabler, metrischer Raum und G eine offene Teilmenge von X. Zeigen Sie, daß es eine Folge $(K_n)_{n \in \mathbb{N}}$ kompakter Teilmengen von G gibt, so daß $G = \bigcup_{n \in \mathbb{N}} K_n$ und $K_n \subset \overset{\circ}{K}_{n+1}$ für alle $n \in \mathbb{N}$.

(2) Zeigen Sie, daß für jeden kompakten metrischen Raum X der metrische Raum $C(X)$ separabel ist.

(3) Beweisen Sie das Lemma von Urysohn für lokalkompakte metrische Räume.

(4) Beweisen Sie den Satz von Dini: Ist X ein kompakter topologischer Raum und $(f_n)_{n \in \mathbb{N}}$ eine fallende Folge in $C(X, \mathbb{R})$, die punktweise gegen ein $f \in C(X, \mathbb{R})$ konvergiert, so ist die Konvergenz gleichmäßig auf X.

§ 5 Normierte Räume

In diesem Abschnitt beschäftigen wir uns mit dem Begriff des (vollständigen) normierten Raumes, welcher grundlegend für die gesamte Funktionalanalysis ist.

Definition: Sei E ein $\mathbb{K}$–Vektorraum. Eine *Norm* auf E ist eine Funktion $\|\cdot\|$: $E \longrightarrow \mathbb{R}_+$ mit folgenden Eigenschaften:

(N1) $\|\lambda x\| = |\lambda| \|x\|$ für alle $\lambda \in \mathbb{K}$, $x \in E$.

(N2) $\|x + y\| \leq \|x\| + \|y\|$ für alle $x, y \in E$ (Dreiecksungleichung).

(N3) $\|x\| = 0$ gilt nur für $x = 0$.

Gelten für die Funktion $\|\cdot\|$ nur die Eigenschaften (N1) und (N2), so nennt man sie eine *Halbnorm* auf E.

Ein *Raum!normierter* $(E, \|\cdot\|)$ ist ein $\mathbb{K}$–Vektorraum E, auf dem eine Norm gegeben ist. Im weiteren werden wir die Norm auf E nicht mehr besonders erwähnen.

Das Zeichen $\|\cdot\|$ bezeichnet also im folgenden durchgehend verschiedene Normen auf verschiedenen Räumen.

Ist E ein normierter Raum, so folgt aus den Eigenschaften (N1)-(N3) der Norm, daß durch

$$d(x,y) := \|x - y\|, \ x, y \in E,$$

eine Metrik d auf E definiert wird. Man bezeichnet sie als die *kanonische Metrik* des normierten Raumes E.

Definition: Ein *Banachraum* ist ein normierter Raum, der vollständig ist bezüglich seiner kanonischen Metrik.

5.1 Satz: *In jedem normierten Raum E gelten die folgenden Aussagen:*

(1) *Die Addition $+ : E \times E \longrightarrow E$ ist gleichmäßig stetig.*

(2) *Die skalare Multiplikation $\cdot : \mathbb{K} \times E \longrightarrow E$ ist stetig.*

(3) *Für jedes $\lambda \in \mathbb{K}$ ist $M_\lambda : E \longrightarrow E$, $M_\lambda x := \lambda x$, gleichmäßig stetig.*

(4) *Die Norm $\|\cdot\| : E \longrightarrow \mathbb{R}_+$ ist gleichmäßig stetig.*

Beweis: Aus (N1) und (N2) erhält man für alle $a, b, x, y \in E$ und $\lambda, \mu \in \mathbb{K}$ die folgenden Ungleichungen

(1)' $\|(x + y) - (a + b)\| = \|(x - a) + (y - b)\| \leq \|x - a\| + \|y - b\|,$

(2)' $\|\lambda x - \mu a\| = \|(\lambda - \mu)(x - a) + (\lambda - \mu)a + \mu(x - a)\|$
$\leq |\lambda - \mu| \|x - a\| + |\lambda - \mu| \|a\| + |\mu| \|x - a\|,$

(3)' $\big|\, \|x\| - \|a\|\, \big| \leq \|x - a\|.$

Diese implizieren offenbar die Aussagen (1)–(4). $\square$

Um nachzuweisen, daß die ε–Umgebungen von Punkten in normierten Räumen eine spezielle geometrische Gestalt haben, bemerken wir:

5.2 Bemerkung: Sind F ein $\mathbb{K}$-Vektorraum und $\|\cdot\| : F \longrightarrow \mathbb{R}_+$ eine Halbnorm, so ist für jedes $\varepsilon > 0$ die Menge $V_\varepsilon := \{x \in F : \|x\| < \varepsilon\}$ absolutkonvex. Denn für $x, y \in V_\varepsilon$ und $\lambda, \mu \in \mathbb{K}$ mit $|\lambda| + |\mu| \leq 1$ gilt:

$$\|\lambda x + \mu y\| \leq |\lambda| \|x\| + |\mu| \|y\| < \varepsilon(|\lambda| + |\mu|) \leq \varepsilon.$$

5.3 Satz: *Sei E ein normierter Raum. Dann ist für jedes $a \in E$ und jedes $\varepsilon > 0$ die Menge*

$$U_\varepsilon(a) = \{x \in E : \|x - a\| < \varepsilon\} = a + U_\varepsilon(0) = a + \varepsilon U_1(0)$$

offen und konvex, und es gilt

$$\overline{U_\varepsilon(a)} = \{x \in E : \|x - a\| \leq \varepsilon\}.$$

Beweis: Nach 5.2 ist $U_\varepsilon(0)$ absolutkonvex und folglich $U_\varepsilon(a) = a + U_\varepsilon(0)$ konvex. Weil $\|\cdot\| : E \longrightarrow \mathbb{R}_+$ nach 5.1(4) stetig ist, ist $U_\varepsilon(a)$ offen und $\{x \in E : \|x - a\| \leq \varepsilon\}$ abgeschlossen. Für $x \in E$ mit $\|x - a\| = \varepsilon$ und $x_n := a + \frac{n-1}{n}(x - a), n \in \mathbb{N}$, gelten $x_n \in U_\varepsilon(a)$ und $x = \lim_{n \to \infty} x_n$. Dies impliziert $\overline{U_\varepsilon(a)} = \{x \in E : \|x - a\| \leq \varepsilon\}$. $\square$

Für unsere weiteren Überlegungen ist es zweckmäßig, normierte Räume bzw. Banachräume aufgrund von 5.1 und 5.3 als Spezialisierung der folgenden allgemeinen Raumklassen anzusehen.

Definition: Ein $\mathbb{K}$–Vektorraum F, versehen mit einer Metrik, heißt *metrischer Vektorraum*, falls die Addition in F gleichmäßig stetig und die skalare Multiplikation stetig ist.

Ein metrischer Vektorraum F heißt *lokalkonvex*, falls es zu jedem $a \in F$ und jeder Umgebung V von a eine konvexe Umgebung U von a gibt mit $U \subset V$.

Ein vollständiger metrischer lokalkonvexer Vektorraum heißt *Fréchetraum*.

Jeder normierte Raum ist also ein metrischer Vektorraum, jeder Banachraum ein Fréchetraum. Einen Fréchetraum, der kein Banachraum ist, findet man in 5.18(1).

Wir wollen uns nun mit stetigen linearen Abbildungen zwischen Banachräumen beschäftigen. Sie sind ein zentraler Gegenstand funktionalanalytischer Untersuchungen. Es gilt die folgende Charakterisierung:

5.4 Satz: *Für jede lineare Abbildung* $A : E \longrightarrow F$ *zwischen normierten Räumen* E *und* F *sind äquivalent:*

(1) A *ist stetig in 0.*

(2) A *ist stetig.*

(3) A *ist gleichmäßig stetig.*

(4) *Es gibt ein* $C > 0$ *mit* $\|Ax\| \leq C\|x\|$ *für alle* $x \in E$.

Beweis: (1) $\Rightarrow$ (4): Wegen (1) gibt es ein $\delta > 0$ mit $A(U_\delta(0)) \subset U_1(0)$. Sei nun $0 < \eta < \delta$ beliebig gewählt, und sei $x \in E$ mit $x \neq 0$. Dann ist $y := \frac{\eta}{\|x\|} x$ in $U_\delta(0)$ und daher Ay in $U_1(0)$. Da A linear ist, folgt mit (N1):

$$\frac{\eta}{\|x\|} \|Ax\| = \|A\big(\frac{\eta x}{\|x\|}\big)\| = \|Ay\| < 1.$$

Dies impliziert (4) mit $C = \frac{1}{\eta}$.

(4) $\Rightarrow$ (3): Wegen der Linearität von A gilt für alle $x, y \in E$

$$\|Ax - Ay\| = \|A(x - y)\| \leq C\|x - y\|,$$

was offenbar (3) impliziert.

(3) $\Rightarrow$ (2) $\Rightarrow$ (1) ist trivialerweise richtig. $\qquad\square$

Daher ist die folgende Definition sinnvoll:

Definition: Seien E und F normierte Räume und $A : E \longrightarrow F$ eine stetige lineare Abbildung. Wir setzen

$$\|A\| := \inf\{C > 0 : \|Ax\| \leq C\|x\| \text{ für alle } x \in E\}$$

und bezeichnen $\|A\|$ als die *Operatornorm* von A.

5.5 Lemma: *Für jede stetige lineare Abbildung* A *zwischen den normierten Räumen* E *und* F *gelten:*

(1) $\|A\| = \sup_{\|x\| \leq 1} \|Ax\| = \sup_{\|x\| = 1} \|Ax\|$.

(2) $\|Ax\| \leq \|A\|\|x\|$ *für alle* $x \in E$.

Beweis: Ist $C > 0$ eine Zahl mit $\|Ax\| \leq C\|x\|$ für alle $x \in E$, so folgt $\sup_{\|x\| \leq 1} \|Ax\| \leq C$. Dies impliziert $\sup_{\|x\| \leq 1} \|Ax\| \leq \|A\|$.

Für $x \in E$ mit $x \neq 0$ setze $y := \frac{x}{\|x\|}$. Dann gilt $\|y\| = 1$ und daher

$$\|Ax\| = \|Ay\|\|x\| \leq \Big(\sup_{\|z\| = 1} \|Az\| \Big)\|x\|.$$

Dies impliziert

$$\|A\| \leq \sup_{\|z\| = 1} \|Az\| \leq \sup_{\|z\| \leq 1} \|Az\| \leq \|A\|.$$

Folglich gelten (1) und (2). $\qquad\square$

Definition: Sind E und F normierte Räume, so setzt man

$$L(E,F) := \{A : E \longrightarrow F : A \text{ ist linear und stetig}\}, \quad L(E) := L(E,E).$$

Für $A, B \in L(E,F)$ und $\lambda \in \mathbb{K}$ definiert man die linearen Abbildungen $A + B$, $\lambda A : E \longrightarrow F$ durch $(A + B)x = Ax + Bx, (\lambda A)x = \lambda(Ax)$.

5.6 Satz: *Für normierte Räume E und F gelten:*

(1) $L(E,F)$, *versehen mit der Operatornorm, ist ein normierter Raum.*

(2) *Ist F ein Banachraum, so ist $L(E,F)$ ein Banachraum.*

Beweis: (1) Für $A, B \in L(E,F)$, $\lambda \in \mathbb{K}$ und $x \in E$ gelten wegen 5.5:

$$\|(A + B)x\| = \|Ax + Bx\| \leq (\|A\| + \|B\|)\,\|x\|,$$
$$\|(\lambda A)x\| = \|\lambda(Ax)\| \leq |\lambda|\|A\|\|x\|.$$

Also sind $A + B$ und λA in $L(E,F)$, und es gelten

$$\|A + B\| \leq \|A\| + \|B\| \qquad \text{und} \qquad \|\lambda A\| \leq |\lambda|\|A\|.$$

Ist $\lambda \neq 0$, so folgt

$$\|A\| = \|\frac{1}{\lambda}\lambda A\| \leq |\frac{1}{\lambda}|\|\lambda A\|, \text{ d.h. } |\lambda|\|A\| \leq \|\lambda A\|.$$

Hieraus ergibt sich leicht, daß $L(E,F)$ ein $\mathbb{K}$–Vektorraum ist. Außerdem haben wir gezeigt, daß die Operatornorm die Eigenschaften (N1) und (N2) hat. Die Eigenschaft (N3) folgt unmittelbar aus 5.5(2).

(2) Ist $(A_n)_{n \in \mathbb{N}}$ eine Cauchy–Folge in $L(E,F)$, so gilt:

(α) Zu jedem $\varepsilon > 0$ gibt es ein $N = N(\varepsilon) \in \mathbb{N}$ mit $\|A_n - A_m\| < \varepsilon$ für alle $n, m \geq N(\varepsilon)$.

Fixiert man $x \in E$, so folgt aus (α) und

$$\|A_n x - A_m x\| = \|(A_n - A_m)x\| \leq \|A_n - A_m\|\|x\|,$$

daß $(A_n x)_{n \in \mathbb{N}}$ eine Cauchy–Folge in F ist. Nach Voraussetzung existiert daher $\lim_{n \to \infty} A_n x := Ax$. Die so definierte Abbildung $A : E \longrightarrow F$ ist linear, da in F die Addition und die skalare Multiplikation nach 5.1 stetig sind. A ist auch stetig, wie die folgende Überlegung zeigt: aus (α) erhält man aufgrund der Stetigkeit der Norm (5.1(4))

(β) $\|Ax - A_m x\| = \lim_{n \to \infty} \|A_n x - A_m x\| \leq \varepsilon\|x\|$ für alle $x \in E$, $m \geq N(\varepsilon)$.

Daher gilt mit $\varepsilon = 1$

$$\|Ax\| \leq \|Ax - A_m x\| + \|A_m x\| \leq (1 + \|A_m\|)\|x\| \text{ für alle } x \in E, m \geq N(1).$$

Nach 5.4 impliziert dies $A \in L(E,F)$. Aus (β) liest man nun ab, daß $(A_n)_{n \in \mathbb{N}}$ gegen A konvergiert.   □

5.7 Lemma: *Seien E, F, G normierte Räume. Für $A \in L(E, F)$ und $B \in L(F, G)$ ist die Verknüpfung $B \circ A \in L(E, G)$, und es gilt $\|B \circ A\| \leq \|B\| \|A\|$.*

Beweis: Die Behauptung folgt aus der für alle $x \in E$ gültigen Abschätzung:

$$\|(B \circ A)x\| = \|B(Ax)\| \leq \|B\| \|A\| \|x\|. \qquad \square$$

Bemerkung: Unter den normierten Räumen der Gestalt $L(E, F)$ sind zwei Sonderfälle, die wir später noch genauer betrachten werden:

1.Fall. E ist ein Banachraum und $E = F$. Dann ist $L(E)$ mit der Komposition als Multiplikation eine $\mathbb{K}$–Algebra mit Einselement id_E. Es gelten $\|AB\| \leq \|A\| \|B\|$ und $\|\mathrm{id}_E\| = 1$, sofern $\dim E \geq 1$. $L(E)$ ist daher eine Banachalgebra (siehe §17).

2.Fall. $F = \mathbb{K}$. Wir setzen $E' := L(E, \mathbb{K})$ und nennen E' den *Dualraum* von E. Nach 5.6 ist E' ein Banachraum.

E' wird Gegenstand des nächsten Abschnitts sein. Bevor wir darauf eingehen, wollen wir uns noch mit Unterräumen, Quotienten und Produkten von normierten Räumen beschäftigen und einige Beispiele betrachten.

Definition: Sei E ein metrischer Vektorraum. Ein *Unterraum* F von E ist ein linearer Teilraum F von E, versehen mit der von E induzierten Metrik. Offenbar ist F dann ebenfalls ein metrischer Vektorraum. Ist E lokalkonvex, so auch F.

5.8 Bemerkung: (1) Ist E ein normierter Raum, F ein linearer Teilraum von E, so stimmt die von E auf F induzierte Metrik mit der von der Einschränkung der Norm auf F erzeugten kanonischen Metrik überein. Ein Unterraum eines normierten Raumes ist daher selbst wieder ein normierter Raum.

(2) Ist F ein Unterraum des metrischen Vektorraumes E, so auch $\overline{F}$, da Addition und skalare Multiplikation auf E stetig sind.

(3) Ist E ein vollständiger metrischer Vektorraum, so ist ein Unterraum F von E nach 3.1 genau dann vollständig, wenn F in E abgeschlossen ist. Also ist für jeden Unterraum F eines Fréchetraumes auch $\overline{F}$ ein Fréchetraum. Inbesondere gilt:

5.9 Satz: *Seien E ein Banachraum und F ein Unterraum von E. Dann ist $\overline{F}$ ein Banachraum.*

Definition: Seien E ein $\mathbb{K}$–Vektorraum, F ein linearer Teilraum von E und $q : E \longrightarrow E/F$ die Quotientenabbildung. Ist $\| \cdot \|$ eine Halbnorm auf E, so wird durch

$$\|\widehat{x}\| := \inf_{\xi \in q^{-1}(\widehat{x})} \|\xi\| = \inf_{y \in F} \|x - y\| = \inf_{y \in F} \|x + y\|, \ \widehat{x} \in E/F,$$

eine Funktion auf E/F definiert, die man als die induzierte *Quotientenhalbnorm* bezeichnet.

Bemerkung: (a) Wie man leicht nachprüft, ist die Quotientenhalbnorm in der Tat eine Halbnorm.

(b) Ist E ein normierter Raum, F ein Unterraum von E, so gilt

$$\|q(x)\| = \mathrm{dist}(x, F) \quad \text{für alle } x \in E.$$

5.10 Lemma: *Seien E ein normierter Raum und F ein Unterraum von E. Die von der Norm von E auf E/F induzierte Quotientenhalbnorm ist genau dann eine Norm auf E/F, wenn F abgeschlossen ist.*

Beweis: Dies folgt unmittelbar aus der obigen Bemerkung da

$$\overline{F} = \{x \in E : \operatorname{dist}(x, F) = 0\} = \{x \in E : \|q(x)\| = 0\}. \qquad \square$$

Definition: Ist F ein abgeschlossener Unterraum eines normierten Raumes E, so gibt es nach 5.10 auf E/F eine ausgezeichnete Norm, nämlich die von der Norm auf E induzierte *Quotientennorm*. Unter dem *Quotienten E/F* verstehen wir im weiteren den hierdurch gegebenen normierten Raum.

5.11 Bemerkung: Die Quotientenabbildung $q : E \longrightarrow E/F$ ist linear, stetig und offen, und es gilt $\|q\| = 1$, falls $F \neq E$. Denn nach Definition der Quotientennorm gilt für jedes $\varepsilon > 0$:

$$q(\{x \in E : \|x\| < \varepsilon\}) = \{\widehat{x} \in E/F : \|\widehat{x}\| < \varepsilon\}.$$

5.12 Satz: *Ist F ein abgeschlossener Unterraum eines Banachraumes E, so ist E/F ein Banachraum.*

Beweis: Um die Vollständigkeit von E/F zu zeigen, sei $(\widehat{x}_n)_{n \in \mathbb{N}}$ eine Cauchy–Folge in E/F. Indem man die Cauchy–Bedingung mit $\varepsilon_k = 2^{-k}$ induktiv anwendet, findet man eine Teilfolge $(\widehat{x}_{n_k})_{k \in \mathbb{N}}$ mit $\|\widehat{x}_{n_k} - \widehat{x}_{n_{k+1}}\| < 2^{-k}$ für alle $k \in \mathbb{N}$. Dann konstruiert man rekursiv eine Folge $(z_k)_{k \in \mathbb{N}}$ in E mit

$$q(z_k) = \widehat{x}_{n_k} \text{ und } \|z_k - z_{k+1}\| < 2^{-k} \text{ für alle } k \in \mathbb{N}.$$

Dazu wählt man zunächst $z_1 \in \widehat{x}_{n_1}$. Ist $z_k \in \widehat{x}_{n_k}$ bereits gewählt, so gibt es wegen

$$
\begin{aligned}
2^{-k} > \|\widehat{x}_{n_k} - \widehat{x}_{n_{k+1}}\| &= \inf \left\{ \|\xi\| : q(\xi) = \widehat{x}_{n_k} - \widehat{x}_{n_{k+1}} \right\} \\
&= \inf \left\{ \|z_k - z\| : q(z) = \widehat{x}_{n_{k+1}} \right\}
\end{aligned}
$$

ein $z_{k+1} \in \widehat{x}_{n_{k+1}}$ mit $\|z_k - z_{k+1}\| < 2^{-k}$. Für $j, m \in \mathbb{N}$ mit $j < m$ gilt dann

$$\|z_j - z_m\| \leq \sum_{k=j}^{m-1} \|z_k - z_{k+1}\| < \sum_{k=j}^{m-1} 2^{-k} < 2^{-j+1}.$$

Also ist $(z_k)_{k \in \mathbb{N}}$ eine Cauchy–Folge in dem Banachraum E und daher konvergent gegen ein $z \in E$. Da die Quotientenabbildung stetig ist, gilt

$$q(z) = \lim_{k \longrightarrow \infty} q(z_k) = \lim_{k \longrightarrow \infty} \widehat{x}_{n_k}.$$

Dann konvergiert auch $(\widehat{x}_n)_{n \in \mathbb{N}}$ gegen $q(z)$, da eine Cauchy–Folge genau dann konvergent ist, wenn sie eine konvergente Teilfolge besitzt. $\qquad \square$

5.13 Satz: *Seien E und G normierte Räume, F ein abgeschlossener Unterraum von E und $q : E \longrightarrow E/F$ die Quotientenabbildung. Zu jedem $A \in L(E,G)$ mit $F \subset N(A)$ gibt es genau ein $\overline{A} \in L(E/F, G)$ mit $A = \overline{A} \circ q$, und es gilt $\|A\| = \|\overline{A}\|$.*

Beweis: Aufgrund der Eigenschaft des algebraischen Quotienten (siehe §1) reicht es, die Stetigkeit von $\overline{A}$ und $\|\overline{A}\| = \|A\|$ zu zeigen. Dazu betrachten wir

$$\|\overline{A}q(x)\| = \|A(x+y)\| \leq \|A\|\|x+y\| \quad \text{für alle } x \in E, \, y \in F.$$

Dies impliziert $\|\overline{A}q(x)\| \leq \|A\|\|q(x)\|$. Also ist $\overline{A}$ stetig und $\|\overline{A}\| \leq \|A\|$. Andererseits gilt nach 5.7 und 5.11 :

$$\|A\| = \|\overline{A} \circ q\| \leq \|\overline{A}\|. \qquad \qquad \square$$

Folgerung: Unter den Voraussetzungen von 5.13 ist $\Phi : L(E/F, G) \longrightarrow L(E, G)$, $\Phi(B) = B \circ q$, eine isometrische lineare Abbildung mit

$$\text{Bild}\,\Phi = \{A \in L(E,G) : N(A) \supset F\}.$$

Produkte: Sind $E_1, \ldots, E_n$ metrische Vektorräume, so ist die Produktmenge $E = \prod_{j=1}^{n} E_j$ nach §1 ein Vektorraum und nach §2 ein metrischer Raum unter der Produktmetrik. Wie man leicht nachprüft, ist E, versehen mit der Produktmetrik, ein metrischer Vektorraum, der lokalkonvex ist, wenn alle Räume E_j lokalkonvex sind. Nach 3.8 ist E genau dann vollständig, wenn alle Räume E_j vollständig sind. Daher ist E ein Fréchetraum, wenn alle Räume E_j Frécheträume sind.

Sind $(E_j, \|\cdot\|_j)_{j=1}^{n}$ sogar normierte Räume, so wird auf E durch

$$\|(x_1, \ldots, x_n)\| := \max_{1 \leq j \leq n} \|x_j\|_j, \qquad (x_1, \ldots, x_n) \in E = \prod_{j=1}^{n} E_j,$$

eine Norm definiert. Die kanonische Metrik bezüglich dieser Norm ist gerade das Produkt der kanonischen Metriken. Folglich ist $E = \prod_{j=1}^{n} E_j$ ein Banachraum genau dann, wenn alle E_j Banachräume sind.

Definition: Seien E und F metrische Vektorräume. Eine lineare Abbildung $A : E \longrightarrow F$ heißt *Isomorphismus*, falls A eine Homöomorphie ist.

E und F heißen *isomorph*, falls es einen Isomorphismus A zwischen E und F gibt. Man schreibt dann $E \cong F$.

Bemerkung: Sind E, F normierte Räume, so ist $A \in L(E,F)$ eine Isometrie bezüglich der kanonischen Metriken genau dann, wenn $\|Ax\| = \|x\|$ für alle $x \in E$.

Definition: Zwei Normen $\|\cdot\|$ und $\||\cdot\||$ auf einem $\mathbb{K}$–Vektorraum E heißen *äquivalent*, wenn es ein $C \geq 1$ gibt mit

$$\frac{1}{C}\|x\| \leq \||x\|| \leq C\|x\| \quad \text{für alle } x \in E.$$

Dies ist äquivalent dazu, daß $\text{id}_E : (E, \|\cdot\|) \longrightarrow (E, \||\cdot\||)$ ein Isomorphismus ist.

5.14 Lemma: *Ist E ein endlichdimensionaler $\mathbb{K}$–Vektorraum, so sind alle Normen auf E äquivalent.*

Beweis: Ohne Einschränkung kann man $E = \mathbb{K}^n$ annehmen und durch $\|(x_1, \ldots, x_n)\|_1 := \sum_{j=1}^{n} |x_j|$ eine Norm auf E definieren. Ist $\|\cdot\|$ eine weitere Norm auf E und $\{e_1, \ldots, e_n\}$ die kanonische Basis von $E = \mathbb{K}^n$, so gilt

$$\|x\| = \Big\| \sum_{j=1}^{n} x_j e_j \Big\| \leq \sum_{j=1}^{n} |x_j| \cdot \|e_j\| \leq \Big(\max_{1 \leq j \leq n} \|e_j\| \Big) \|x\|_1 \quad \text{für alle } x \in E.$$

Also ist $\|\cdot\|$ stetig auf $(E, \|\cdot\|_1)$. Da $S := \{x \in E : \|x\|_1 = 1\}$ kompakt ist, gilt $\min_{x \in S} \|x\| = \delta > 0$. Dies impliziert $\|\cdot\|_1 \leq \frac{1}{\delta} \|\cdot\|$. Also sind $\|\cdot\|$ und $\|\cdot\|_1$ äquivalent, woraus die Behauptung folgt. $\qquad\square$

Aus 5.14 und seinem Beweis erhält man sofort:

5.15 Satz: *Sei E ein endlichdimensionaler normierter Raum. Dann gelten:*

(a) *E ist ein Banachraum.*

(b) *Jede lineare Abbildung von E in jeden normierten Raum ist stetig.*

Zum Abschluß dieses Abschnitts betrachten wir einige Standardbeispiele für Banachräume. Dabei führen wir zugleich Bezeichnungen ein, die im weiteren verwendet werden.

5.16 Beispiele: (1) Sei M eine nicht–leere Menge und sei $l_\infty(M)$ der in 3.4 eingeführte $\mathbb{K}$–Vektorraum aller beschränkten $\mathbb{K}$–wertigen Funktionen auf M. Wie man leicht nachprüft, ist

$$\|\cdot\| : f \longmapsto \sup_{t \in M} |f(t)|, \ f \in l_\infty(M),$$

eine Norm auf $l_\infty(M)$. Die kanonische Metrik zu dieser Norm ist die in 3.4 auf $l_\infty(M)$ definierte Metrik. Nach 3.4 ist $l_\infty(M)$ vollständig, also ein Banachraum. Wir merken an, daß die Konvergenz einer Folge in $l_\infty(M)$ gleichbedeutend ist mit der gleichmäßigen Konvergenz auf M. Wir schreiben l_∞ statt $l_\infty(\mathbb{N})$.

(2) Der Raum c aller konvergenten Folgen in $\mathbb{K}$ ist ein abgeschlossener Unterraum von l_∞, da der gleichmäßige Limes konvergenter Folgen eine konvergente Folge ist. Daher ist c nach 5.9 und (1) ein Banachraum unter der Norm $\|x\| := \sup_{j \in \mathbb{N}} |x_j|$.
  Dies gilt auch für den Raum c_0 aller Nullfolgen in $\mathbb{K}$.

(3) Sei X ein topologischer Raum. Dann zeigt man leicht, daß

$$CB(X) := \Big\{ f : X \longrightarrow \mathbb{K} : f \text{ ist stetig und beschränkt} \Big\}$$

ein abgeschlossener Unterraum von $l_\infty(X)$ ist. Daher ist $CB(X)$, versehen mit der Norm $\|f\| := \sup_{x \in X} |f(x)|$, ein Banachraum.

(4) Sei X ein lokalkompakter topologischer Raum. Dann ist

$$C_0(X) := \Big\{ f : X \longrightarrow \mathbb{K} : f \text{ ist stetig und zu jedem } \varepsilon > 0 \text{ gibt es}$$
$$K \subset X \text{ kompakt mit } \sup_{x \in X \setminus K} |f(x)| \le \varepsilon \Big\}$$

ein abgeschlossener Unterraum von $CB(X)$, also ein Banachraum.

(5) Sei X ein kompakter topologischer Raum. Dann stimmt

$$C(X) := \Big\{ f : X \longrightarrow \mathbb{K} : f \text{ ist stetig} \Big\}$$

nach 4.2(1) mit $CB(X)$ überein und ist daher ein Banachraum.

(6) Seien $n \in \mathbb{N}$ und $X \ne \emptyset$ eine offene, relativ kompakte Teilmenge des $\mathbb{R}^N$. Wir setzen

$$C^n(\overline{X}) := \Big\{ f \in C(X) : \text{ alle partiellen Ableitungen von } f \text{ bis zur}$$
$$\text{Ordnung } n \text{ existieren und sind gleichmäßig stetig} \Big\}.$$

Für $\alpha = (\alpha_1, \ldots, \alpha_N) \in \mathbb{N}_0^N$ setzen wir $|\alpha| = \sum_{j=1}^{N} \alpha_j$. Für $f \in C^n(\overline{X})$ und $\alpha \in \mathbb{N}_0^N$ mit $|\alpha| \le n$ definieren wir

$$f^{(\alpha)} := \frac{\partial^{|\alpha|} f}{(\partial x_1)^{\alpha_1} \cdots (\partial x_N)^{\alpha_N}} \; .$$

Nach Lemma 3.5 besitzt $f^{(\alpha)}$ eine eindeutig bestimmte stetige Fortsetzung $\widehat{f^{(\alpha)}} \in C(\overline{X})$. Durch

$$\|f\| := \sup_{|\alpha| \le n} \; \sup_{x \in X} |f^{(\alpha)}(x)| = \sup_{|\alpha| \le n} \; \sup_{x \in \overline{X}} |\widehat{f^{(\alpha)}}(x)|$$

wird eine Norm auf $C^n(\overline{X})$ definiert. Um nachzuweisen, daß $(C^n(\overline{X}), \|\cdot\|)$ ein Banachraum ist, bezeichnen wir mit $m(n)$ die Anzahl aller $\alpha \in \mathbb{N}_0^N$ mit $|\alpha| \le n$ und definieren

$$\Phi : C^n(\overline{X}) \longrightarrow C(\overline{X})^{m(n)}, \; \Phi(f) := \big(\widehat{f^{(\alpha)}} \big)_{|\alpha| \le n}.$$

Dann ist Φ eine lineare Isometrie, welche nach bekannten Sätzen der Analysis einen abgeschlossenen Bildbereich hat. Weil $\overline{X}$ kompakt ist, folgt aus (5), daß $C(\overline{X})^{m(n)}$, also auch $C^n(\overline{X})$ ein Banachraum ist.

Wie man leicht nachprüft, gilt für $a, b \in \mathbb{R}$ mit $a < b$ und $n \in \mathbb{N}$:

$$C^n[a,b] = \Big\{ f : [a,b] \longrightarrow \mathbb{K} : f \text{ ist } n\text{–mal stetig differenzierbar} \Big\}.$$

5.17 Lemma: *Sei $(E_n, \|\cdot\|_n)_{n \in \mathbb{N}}$ eine Folge normierter Räume. Auf $E = \prod_{n \in \mathbb{N}} E_n$ wird durch*

$$d(x,y) := \sum_{n=1}^{\infty} \frac{1}{2^n} \frac{\|x_n - y_n\|_n}{1 + \|x_n - y_n\|_n}, \; x = (x_n)_{n \in \mathbb{N}}, \; y = (y_n)_{n \in \mathbb{N}} \in E,$$

eine Metrik definiert. Ferner gelten:

(1) *Eine Folge $(x^{(j)})_{j\in\mathbb{N}}$ in E ist genau dann konvergent beziehungsweise Cauchy–Folge in (E,d), wenn $(x_n^{(j)})_{j\in\mathbb{N}}$ für jedes $n \in \mathbb{N}$ konvergent beziehungsweise Cauchy–Folge ist.*

(2) *(E,d) ist ein lokalkonvexer, metrischer Vektorraum.*

(3) *Sind alle Räume $(E_n, \|\cdot\|_n)$ vollständig, so ist (E,d) ein Fréchetraum. (E,d) ist kein Banachraum, wenn $E_n \neq \{0\}$ für unendlich viele $n \in \mathbb{N}$.*

Beweis: In Abschnitt 2 haben wir bereits bemerkt, daß d eine Metrik auf E ist, welche die Eigenschaft (1) hat. Aus (1) folgt, daß die skalare Multiplikation in (E,d) stetig ist. Die Addition in (E,d) ist gleichmäßig stetig, da für alle $x,y,a,b \in E$ gilt:

$$d(x+y, a+b) = d(x-a, b-y) \le d(x-a, 0) + d(0, b-y) = d(x,a) + d(y,b).$$

Um (E,d) als lokalkonvex nachzuweisen, seien $a \in E$ und $\varepsilon > 0$ vorgegeben. Wählt man $k \in \mathbb{N}$ mit $2^{k-1}\varepsilon > 1$, so gilt für alle $x \in E$ mit $\|x_n - a_n\|_n < \frac{\varepsilon}{2}$ für $1 \le n \le k$:

$$d(x,a) = \sum_{n=1}^{k} \frac{1}{2^n} \frac{\|x_n - a_n\|_n}{1 + \|x_n - a_n\|_n} + \sum_{n=k+1}^{\infty} \frac{1}{2^n} \frac{\|x_n - a_n\|_n}{1 + \|x_n - a_n\|_n}$$

$$< \sum_{n=1}^{k} \frac{1}{2^n} \frac{\varepsilon}{2} + \sum_{n=k+1}^{\infty} \frac{1}{2^n} < \frac{\varepsilon}{2} + \frac{1}{2^k} < \varepsilon,$$

und folglich

$$V(a) := \left\{ x \in E : \|x_n - a_n\|_n < \frac{\varepsilon}{2} \text{ für } 1 \le n \le k \right\} \subset U_\varepsilon(a).$$

Weil $V(a)$ konvex und in (E,d) offen ist, gilt (2).

Die erste Aussage von (3) folgt unmittelbar aus (1) und (2). Um die zweite zu zeigen, nehmen wir an, daß $\|\cdot\|$ eine stetige Norm auf (E,d) ist. Dann gibt es nach dem gerade Gezeigten ein $\varepsilon > 0$ und $k \in \mathbb{N}$ mit

$$V(0) \subset U_\varepsilon(0) \subset \{x \in E : \|x\| \le 1\}.$$

Wählt man ein $m \in \mathbb{N}$, $m > k$, und ein $x_m \in E_m$ mit $x_m \neq 0$, so folgt für $\xi := (\delta_{nm} x_m)_{n\in\mathbb{N}}$ und alle $\lambda > 0 : \lambda\|\xi\| \le 1$. Daher gilt $\|\xi\| = 0$, im Widerspruch zu $\xi \neq 0$. $\qquad\square$

Aus Lemma 5.17 leiten wir nun einige Standard–Beispiele für Frécheträume her, die wir im weiteren verwenden werden.

5.18 Beispiele: (1) Der Raum $\omega = \mathbb{K}^{\mathbb{N}}$ aller Folgen in $\mathbb{K}$ ist nach 5.17 ein Fréchetraum bezüglich der Metrik

$$d : (x,y) \longmapsto \sum_{n=1}^{\infty} \frac{1}{2^n} \frac{|x_n - y_n|}{1 + |x_n - y_n|}, \qquad x = (x_n)_{n\in\mathbb{N}},\ y = (y_n)_{n\in\mathbb{N}} \in \omega.$$

Eine Folge in (ω, d) konvergiert genau dann, wenn sie komponentenweise konvergiert, und (ω, d) ist kein Banachraum.

(2) Sei $X \neq \emptyset$ eine offene Teilmenge des $\mathbb{R}^N$ und

$$C(X) := \{f : X \longrightarrow \mathbb{K} : f \text{ ist stetig}\}.$$

Um $C(X)$ zu einem Fréchetraum zu machen, wählen wir eine Folge $(K_n)_{n\in\mathbb{N}}$ kompakter Teilmengen von X mit $X = \bigcup_{n\in\mathbb{N}} K_n$ und $K_n \subset \overset{\circ}{K}_{n+1}$ für alle $n \in \mathbb{N}$. Ferner setzen wir für $n \in \mathbb{N}$ und für Funktionen, welche auf einer Obermenge von K_n stetig sind:

$$\|f\|_n := \sup_{x\in K_n} |f(x)|.$$

Dann ist $(C(K_n), \|\cdot\|_n)$ nach 5.16(5) ein Banachraum. Nach 5.17(3) ist daher $\prod_{n\in\mathbb{N}} C(K_n)$ ein Fréchetraum. Die Abbildung

$$\Phi : C(X) \longrightarrow \prod_{n\in\mathbb{N}} C(K_n), \ \Phi(f) := (f|_{K_n})_{n\in\mathbb{N}},$$

ist offenbar linear und injektiv, und es gilt

$$R(\Phi) = \Big\{(f_n)_{n\in\mathbb{N}} \in \prod_{n\in\mathbb{N}} C(K_n) : f_m|_{K_j} = f_j \text{ für alle } m \geq j, j \in \mathbb{N}\Big\}.$$

Hieraus folgt, daß $R(\Phi)$ ein abgeschlossener Unterraum von $\prod_{n\in\mathbb{N}} C(K_n)$ ist. Also ist $R(\Phi)$ nach 5.8(3) ein Fréchetraum. Aus $\|f\|_n = \|f|_{K_n}\|_n$ für alle $f \in C(X)$ und alle $n \in \mathbb{N}$ erhält man daher, daß

$$d : (f, g) \longmapsto \sum_{n=1}^{\infty} \frac{1}{2^n} \frac{\|f - g\|_n}{1 + \|f - g\|_n}, \ f, g \in C(X),$$

eine Metrik auf $C(X)$ und $(C(X), d)$ ein Fréchetraum ist.

Weil es zu jeder kompakten Teilmenge K von X ein $n \in \mathbb{N}$ gibt mit $K \subset K_n$, erhält man aus 5.17(1), daß eine Folge in $(C(X), d)$ genau dann konvergiert, wenn sie gleichmäßig auf jeder kompakten Teilmenge von X konvergiert. Hieraus folgt, daß die Metrik d einen wohlbekannten Konvergenzbegriff der Analysis liefert, und daß die von ihr induzierte Topologie nicht von der Wahl der Folge $(K_n)_{n\in\mathbb{N}}$ abhängt.

(3) Sei $X \neq \emptyset$ eine offene Teilmenge von $\mathbb{C}$. Wir setzen

$$A(X) = \{f : X \longrightarrow \mathbb{C} : f \text{ ist holomorph}\}.$$

Dann ist $A(X)$ ein linearer Teilraum von $C(X)$. Versieht man $C(X)$ gemäß (2) mit einer Metrik d, so folgt aus bekannten Aussagen über holomorphe Funktionen, daß $A(X)$ ein abgeschlossener Unterraum von $(C(X), d)$ ist. Daher ist $A(X)$ nach 5.8(3) ein Fréchetraum bezüglich der von $(C(X), d)$ induzierten Metrik.

(4) Sei $X \neq \emptyset$ eine offene Teilmenge des $\mathbb{R}^N$ und

$$C^{\infty}(X) := \{f : X \longrightarrow \mathbb{K} : f \text{ ist beliebig oft differenzierbar}\}.$$

Um $C^\infty(X)$ zu einem Fréchetraum zu machen, wählen wir eine Folge $(X_n)_{n\in\mathbb{N}}$ offener, relativ kompakter Teilmengen von X mit $X = \bigcup_{n\in\mathbb{N}} X_n$ und $\overline{X}_n \subset X_{n+1}$ für alle $n \in \mathbb{N}$. Mit 5.16(6) folgt aus 5.17, daß $\prod_{n\in\mathbb{N}} C^n(\overline{X}_n)$ ein Fréchetraum ist. Die Abbildung

$$\Phi : C^\infty(X) \longrightarrow \prod_{n\in\mathbb{N}} C^n(\overline{X}_n), \quad \Phi(f) := (f|_{X_n})_{n\in\mathbb{N}},$$

ist linear und injektiv, und es gilt

$$R(\Phi) = \Big\{ (f_n)_{n\in\mathbb{N}} \in \prod_{n\in\mathbb{N}} C^n(\overline{X}_n) : f_m|_{X_j} = f_j \text{ für alle } m \geq j, j \in \mathbb{N} \Big\}.$$

Hieraus folgt, daß $R(\Phi)$ ein abgeschlossener Unterraum von $\prod_{n\in\mathbb{N}} C^n(\overline{X}_n)$, also nach 5.8(3) ein Fréchetraum ist. Setzt man für $f \in C^\infty(X)$ und $n \in \mathbb{N}$

$$\|f\|_n := \sup_{|\alpha| \leq n} \sup_{x \in X_n} |f^{(\alpha)}(x)|,$$

so folgt nun aus 5.17, daß

$$d : (f,g) \longmapsto \sum_{n=1}^{\infty} \frac{1}{2^n} \frac{\|f-g\|_n}{1 + \|f-g\|_n}, \quad f,g \in C^\infty(X),$$

eine Metrik auf $C^\infty(X)$ und $(C^\infty(X), d)$ ein Fréchetraum ist.

Eine Folge in $(C^\infty(X), d)$ konvergiert genau dann, wenn sie samt allen Ableitungen gleichmäßig auf jeder kompakten Teilmenge von X konvergiert. Die von d induzierte Topologie hängt daher nicht von der Wahl der Folge $(X_n)_{n\in\mathbb{N}}$ ab.

Mit Frécheträumen werden wir uns in Abschnitt 25 ausführlicher beschäftigen. In diesem Kapitel behandeln wir sie und die vollständigen metrischen Vektorräume nur so weit, wie sich Aussagen über sie und Banachräume gleichartig beweisen lassen. Beispiele für metrische Vektorräume, welche nicht lokalkonvex sind, findet man in Abschnitt 13.

Aufgaben:

(1) Beweisen Sie die folgenden Aussagen:

    (a) Jeder endlichdimensionale Unterraum eines normierten Raumes ist abgeschlossen.

    (b) Es gibt keinen unendlichdimensionalen Banachraum mit abzählbarer Basis.

(2) Seien $E = (C[0,1], \|\ \|_1)$ und $F = (C[0,1], \|\ \|_\infty)$, wobei $\|f\|_1 = \int_0^1 |f(t)|\, dt$ und $\|f\|_\infty = \sup_{t\in[0,1]} |f(t)|$. Für $k \in C([0,1] \times [0,1])$ und $f \in E$ definiere

$$K(f) : s \longmapsto \int_0^1 k(s,t) f(t)\, dt\,, \quad s \in [0,1]\,.$$

Zeigen Sie, daß K eine stetige lineare Abbildung von E in F ist und bestimmen Sie die Operatornorm von K.

(3) Seien E ein normierter Raum, F ein abgeschlossener Unterraum von E und $q :$ $E \longrightarrow E/F$ die Quotientenabbildung. Zeigen Sie: Ist X ein metrischer Raum, so ist $f : E/F \longrightarrow X$ stetig genau dann, wenn $f \circ q : E \longrightarrow X$ stetig ist.

(4) Sei $R : C[0,1] \longrightarrow c$ definiert durch $R(f) := \left(f(\frac{1}{n})\right)_{n \in \mathbb{N}}$. Zeigen Sie, daß die induzierte Abbildung $\overline{R} : C[0,1]/N(R) \longrightarrow c$ ein isometrischer Isomorphismus ist.

(5) Zeigen Sie, daß für jede offene Menge $G \neq \emptyset$ in $\mathbb{C}$ der Raum $A(G)$ die von $C^\infty(G)$ induzierte Topologie trägt.

(6) Auf dem Vektorraum $C^\infty[0,1]$ aller auf $[0,1]$ beliebig oft differenzierbaren Funktionen definiert man für $j \in \mathbb{N}_0$ die Halbnorm $\|f\|_j := \sup_{x \in [0,1]} |f^{(j)}(x)|$. Zeigen Sie, daß $d(f,g) := \sum_{j=0}^{\infty} 2^{-j} \|f - g\|_j (1 + \|f - g\|_j)^{-1}$ eine Metrik auf $C^\infty[0,1]$ ist, und daß $(C^\infty[0,1], d)$ ein Fréchetraum ist.

(7) Zeigen Sie, daß auf $C[0,1]$ durch $d(f,g) := \int_0^1 |(f-g)(t)|(1+|(f-g)(t)|)^{-1} dt$ eine Metrik definiert wird, welche $(C[0,1], d)$ zu einem metrischen Vektorraum macht.

(8) Seien X ein normierter Raum, X_0 ein dichter Unterraum von X, Y ein Banachraum und $A_0 \in L(X_0, Y)$. Zeigen Sie, daß es genau ein $A \in L(X, Y)$ gibt mit $A|_{X_0} = A_0$.

(9) Zeigen Sie, daß auf l_∞ durch $p(x) := \limsup_{n \to \infty} |x_n|$ eine Halbnorm definiert wird, für welche gilt $\{x \in l_\infty : p(x) = 0\} = c_0$. Zeigen Sie ferner, daß für die Quotientenabbildung $q : l_\infty \longrightarrow l_\infty/c_0$ und die zugehörige Quotientennorm $\|\ \|\ $ gilt $\|\ \|\ \circ q = p$.

§ 6 Dualraum und der Satz von Hahn–Banach

Für jeden normierten Raum E ist sein Dualraum $E' = L(E, \mathbb{K})$ nach 5.6 ein Banachraum unter der Norm

$$\|y\| := \sup_{\|x\| \leq 1} |y(x)|.$$

Die Elemente von E' bezeichnen wir als *stetige Linearformen* oder auch als *stetige lineare Funktionale* auf E.

In diesem Abschnitt wollen wir zeigen, daß E' für jeden normierten Raum E so reichhaltig ist, daß man E' dazu verwenden kann, Eigenschaften von E zu untersuchen. Die Reichhaltigkeit von E' erhalten wir aus dem Satz von Hahn–Banach, den wir mit Hilfe des Zornschen Lemmas beweisen werden. Um den Satz von Hahn–Banach in ausreichender Allgemeinheit formulieren zu können, definieren wir:

Definition: Ein *sublineares Funktional* p auf einem $\mathbb{K}$–Vektorraum E ist eine Funktion $p : E \longrightarrow \mathbb{R}$ mit folgenden Eigenschaften:

(1) $p(\lambda x) = \lambda p(x)$ für alle $\lambda \in \mathbb{R}_+$, $x \in E$.

(2) $p(x + y) \leq p(x) + p(y)$ für alle $x, y \in E$.

Offenbar ist jede Halbnorm ein sublineares Funktional.

Unsere Anwendung des Zornschen Lemmas bei dem Beweis des Satzes von Hahn–Banach wird sich auf das folgende Beispiel einer induktiv geordneten Menge stützen.

6.1 Beispiel: Seien E ein $\mathbb{R}$–Vektorraum und p ein sublineares Funktional auf E. Auf dem linearen Teilraum F von E sei eine Linearform $y : F \longrightarrow \mathbb{R}$ gegeben mit

$$y(x) \leq p(x) \quad \text{für alle } x \in F.$$

Dann bezeichnen wir mit Z die Menge aller Paare (G, Y), wo G ein linearer Teilraum von E ist mit $F \subset G$ und wo $Y : G \longrightarrow \mathbb{R}$ eine Linearform ist mit $Y|_F = y$ und $Y(x) \leq p(x)$ für alle $x \in G$.

Wie man leicht nachprüft, wird durch die folgende Festsetzung eine Ordnungsrelation $\prec$ auf Z erklärt.

$$(G_1, Y_1) \prec (G_2, Y_2) :\Longleftrightarrow G_1 \subset G_2 \quad \text{und} \quad Y_2|_{G_1} = Y_1.$$

Wir zeigen, daß $(Z, \prec)$ induktiv geordnet ist:

Ist $A \subset Z$ eine Kette, so definieren wir $G_0 \subset E$ und $Y_0 : G_0 \longrightarrow \mathbb{R}$ durch

$$G_0 := \{x \in E : \text{es gibt } (G, Y) \in A \text{ mit } x \in G\},$$

$$Y_0(x) := Y(x), \quad \text{falls } x \in G \text{ und } (G, Y) \in A.$$

Aus der Ketten–Eigenschaft von A erhält man: G_0 ist ein linearer Raum, Y_0 ist eine wohldefinierte Linearform auf G_0 mit $(G_0, Y_0) \in Z$. Offensichtlich ist (G_0, Y_0) eine obere Schranke von A.

Nach dem Zornschen Lemma 1.1 hat $(Z, \prec)$ ein maximales Element (G, Y). Für dieses Element gilt notwendigerweise $G = E$, wie das folgende Lemma zeigt:

6.2 Lemma: *Seien E ein $\mathbb{R}$–Vektorraum, p ein sublineares Funktional auf E, G ein linearer Teilraum von E und $Y : G \longrightarrow \mathbb{R}$ eine Linearform mit $Y(x) \leq p(x)$ für alle $x \in G$. Ist $z \in E \backslash G$, so gibt es auf $H := \operatorname{span}(G \cup \{z\})$ eine Linearform Y_1 mit $Y_1|_G = Y$ und $Y_1(x) \leq p(x)$ für alle $x \in H$.*

Beweis: Für alle $\xi, \eta \in G$ gilt

$$Y(\xi) + Y(\eta) = Y(\xi + \eta) \leq p((\xi + z) + (\eta - z)) \leq p(\xi + z) + p(\eta - z)$$

und daher

$$Y(\eta) - p(\eta - z) \leq p(\xi + z) - Y(\xi).$$

Hieraus folgt

$$m := \sup_{\eta \in G} (Y(\eta) - p(\eta - z)) \leq \inf_{\xi \in G} (p(\xi + z) - Y(\xi)) =: M.$$

Wir wählen $a \in [m, M]$ und definieren für $x \in G$ und $\lambda \in \mathbb{R}$:

$$Y_1(x + \lambda z) := Y(x) + \lambda a.$$

Dann ist Y_1 eine Linearform auf H mit $Y_1|_G = Y$. Für $\lambda > 0$ und $x \in G$ folgt aus der Wahl von a

$$Y_1(x + \lambda z) \leq Y(x) + \lambda M \leq Y(x) + \lambda(p(\frac{x}{\lambda} + z) - Y(\frac{x}{\lambda})) = p(x + \lambda z).$$

Entsprechend gilt für $\lambda < 0$ und $x \in G$:

$$Y_1(x + \lambda z) \leq Y(x) + \lambda m \leq Y(x) + \lambda(Y(-\frac{x}{\lambda}) - p(-\frac{x}{\lambda} - z)) = p(x + \lambda z).$$

Folglich gilt $Y_1(h) \leq p(h)$ für alle $h \in H$.   □

6.3 Satz von Hahn–Banach: *Seien E ein $\mathbb{R}$-Vektorraum, p ein sublineares Funktional auf E, F ein linearer Teilraum von E und $y : F \longrightarrow \mathbb{R}$ ein lineares Funktional mit $y(x) \leq p(x)$ für alle $x \in F$. Dann gibt es ein lineares Funktional Y auf E mit $Y|_F = y$ und $Y(x) \leq p(x)$ für alle $x \in E$.*

Beweis: Sei (G, Y) ein maximales Element der in 6.1 definierten Menge $(Z, \prec)$. Aus 6.2 und der Maximalität von (G, Y) folgt $G = E$. Nach Definition von Z hat Y daher die gewünschten Eigenschaften.   □

Wir werden den Satz von Hahn–Banach auch in der folgenden Formulierung anwenden:

6.4 Satz: *Seien E ein $\mathbb{K}$–Vektorraum, p eine Halbnorm auf E, F ein linearer Teilraum von E und $y : F \longrightarrow \mathbb{K}$ ein lineares Funktional mit $|y(x)| \leq p(x)$ für alle $x \in F$. Dann gibt es ein lineares Funktional Y auf E mit $Y|_F = y$ und $|Y(x)| \leq p(x)$ für alle $x \in E$.*

Beweis: Für $\mathbb{K} = \mathbb{R}$ erfüllen y und p die Voraussetzungen von 6.3. Die nach 6.3 existierende Linearform Y auf E hat die gewünschten Eigenschaften, da für alle $x \in E$ auch noch gilt:

$$-Y(x) = Y(-x) \leq p(-x) = p(x).$$

Für $\mathbb{K} = \mathbb{C}$ definieren wir $u : F \longrightarrow \mathbb{R}$ durch $u(x) := \operatorname{Re} y(x)$. Dann ist u ein $\mathbb{R}$–lineares Funktional auf F mit $|u(x)| \leq |y(x)| \leq p(x)$. Aus der $\mathbb{C}$–Linearität von y folgt

$$y(x) = u(x) - iu(ix) \quad \text{für alle } x \in F.$$

Nach dem gerade bewiesenen reellen Fall gibt es ein $\mathbb{R}$–lineares Funktional $U : E \longrightarrow \mathbb{R}$ mit $U|_F = u$ und $|U(x)| \leq p(x)$ für alle $x \in E$. Wir definieren $Y : E \longrightarrow \mathbb{C}$ durch $Y(x) := U(x) - iU(ix)$. Dann ist Y eine $\mathbb{R}$–lineare Abbildung mit $Y(ix) = iY(x)$ für alle $x \in E$, also $\mathbb{C}$–linear. Offenbar gilt $Y|_F = y$. Um die gewünschte Abschätzung zu beweisen, wählen wir zu gegebenen $x \in E$ ein $\mu \in \mathbb{C}$ mit $|\mu| = 1$ und $|Y(x)| = \mu Y(x)$. Dann gilt

$$|Y(x)| = \mu Y(x) = Y(\mu x) = \operatorname{Re} Y(\mu x) = U(\mu x) \leq p(\mu x) = p(x). \qquad □$$

6.5 Corollar: *Seien E ein $\mathbb{K}$–Vektorraum, p eine Halbnorm auf E und $z \in E$. Dann gibt es eine Linearform Y auf E mit $Y(z) = p(z)$ und $|Y(x)| \leq p(x)$ für alle $x \in E$.*

Beweis: Wir setzen $F := \mathbb{K}z$ und definieren $y : F \longrightarrow \mathbb{K}$ durch $y(\lambda z) = \lambda p(z)$ für $\lambda \in \mathbb{K}$. Daher gibt es nach 6.4 eine Linearform Y auf E mit $|Y(x)| \leq p(x)$ für alle $x \in E$ und $Y(z) = y(z) = p(z)$.   □

Wir wollen nun noch eine geometrische Version des Satzes von Hahn–Banach herleiten. Dazu definieren wir:

Definition: Seien E ein $\mathbb{K}$–Vektorraum und $A \subset E$ eine absolutkonvexe Menge. Das *Minkowski-Funktional* (oder *Eichfunktional*) $\| \cdot \|_A : E \longrightarrow \mathbb{R} \cup \{\infty\}$ von A definieren wir durch

$$\|x\|_A := \inf\{t > 0 : x \in tA\},$$

wobei $\inf \emptyset := \infty$ und $tA := \{ta : a \in A\}$.

6.6 Bemerkung: Seien A und B absolutkonvexe Mengen in dem $\mathbb{K}$–Vektorraum E. Wie man leicht nachprüft, gelten folgende Aussagen:

(a) $\|x\|_A < \infty$ für alle $x \in \operatorname{span} A = \bigcup_{t>0} tA$.

(b) $\{x \in E : \|x\|_A < 1\} \subset A \subset \{x \in E : \|x\|_A \leq 1\}$.

(c) Aus $A \subset B$ folgt $\|x\|_A \geq \|x\|_B$ für alle $x \in \operatorname{span} A$.

6.7 Lemma: *Sei A eine absolutkonvexe Teilmenge des $\mathbb{K}$–Vektorraumes E mit $\operatorname{span} A = E$. Dann ist $\| \cdot \|_A$ eine Halbnorm auf E.*

Beweis: Da A absolutkonvex ist, gilt für $x \in E$ und $\lambda \in \mathbb{K}$:

$$\|\lambda x\|_A = \inf\{t > 0 : \lambda x \in tA\} = \inf\{t > 0 : |\lambda| x \in tA\} = |\lambda| \|x\|_A.$$

Zum Nachweis der Dreiecksungleichung seien $x, y \in E$ fixiert. Aus $x \in tA$ und $y \in sA$ folgt

$$\frac{1}{t+s}(x+y) = \frac{t}{t+s}\frac{x}{t} + \frac{s}{t+s}\frac{y}{s} \in A, \quad \text{d.h. } x+y \in (t+s)A,$$

und daher $\|x+y\|_A \leq t + s$. Dies impliziert $\|x+y\|_A \leq \|x\|_A + \|y\|_A$. □

6.8 Satz: *Seien E ein $\mathbb{K}$–Vektorraum, p eine Halbnorm auf E, $\xi \in E$ und $A \subset E$ eine absolutkonvexe Menge mit $A \cap \{x \in E : p(x - \xi) \leq 1\} = \emptyset$. Dann gibt es eine Linearform y auf E mit folgenden Eigenschaften:*

(1) $|y(x)| \leq 2p(x)$ *für alle $x \in E$.*

(2) $y(\xi) > 1$.

(3) $|y(x)| < 1$ *für alle $x \in A$.*

Beweis: Setzt man $U := \{x \in E : p(x) \leq \frac{1}{2}\}$, so ist U absolutkonvex mit $\operatorname{span} U = E$. Daher ist

$$B := A + U := \{x \in E : x = a + u \text{ mit } a \in A, u \in U\}$$

absolutkonvex mit $\operatorname{span} B \supset \operatorname{span} U = E$. Folglich ist $\| \cdot \|_B$ eine Halbnorm auf E. Daher gibt es nach 6.5 eine Linearform y auf E mit $y(\xi) = \|\xi\|_B$ und $|y(x)| \leq \|x\|_B$ für alle $x \in E$.

Wegen $U \subset B$ erhält man aus 6.6(b) und (c):

$$|y(x)| \leq \|x\|_B \leq \|x\|_U \leq 2p(x) \quad \text{für alle } x \in E,$$

was (1) beweist.

Zum Nachweis von (2) nehmen wir an, es gelte $1 \geq y(\xi) = \|\xi\|_B$. Dann ist $\xi \in tB$ für jedes $t > 1$. Wir wählen nun $\tau > 1$, so daß $\frac{\tau-1}{\tau} p(\xi) + \frac{1}{2} < 1$ gilt. Wegen

$\xi \in \tau B = \tau A + \tau U$ gibt es daher $a \in A$ und $u \in U$ mit $\xi = \tau a + \tau u$, d.h. $a = \frac{1}{\tau}\xi - u$. Nun beachten wir, daß die Voraussetzung impliziert $p(a - \xi) > 1$. Daher folgt

$$1 < p(a - \xi) = p(\frac{1}{\tau}\xi - u - \xi) = p(\frac{\tau - 1}{\tau}\xi + u) \leq \frac{\tau - 1}{\tau}p(\xi) + \frac{1}{2} \, ,$$

im Widerspruch zur Wahl von τ. Also gilt $1 < y(\xi)$.

Ist $x \in A$, so gibt es ein $\varepsilon > 0$ mit $p(\varepsilon x) \leq \frac{1}{2}$, d.h. $\varepsilon x \in U$. Daher gilt $(1 + \varepsilon)x \in A + U = B$ und folglich $\|(1 + \varepsilon)x\|_B \leq 1$. Hieraus folgt

$$|y(x)| \leq \|x\|_B < 1 \quad \text{für alle } x \in A. \qquad \qquad \square$$

Die volle Bedeutung des bisher Gezeigten wird erst später in allgemeinerem Rahmen klar werden. Für normierte Räume ergeben sich aus 6.4, 6.5 und 6.8 folgende interessante Konsequenzen.

6.9 Satz: *Seien E ein normierter Raum, $F \subset E$ ein Unterraum und $y \in F'$. Dann gibt es ein $Y \in E'$ mit $Y|_F = y$ und $\|Y\| = \|y\|$.*

Beweis: Setzt man $p := \|y\|\| \cdot \|$, so erhält man aus 6.4 eine Linearform Y auf E mit $Y|_F = y$, $|Y(x)| \leq \|y\|\|x\|$ für alle $x \in E$. Dies liefert $Y \in E'$ und $\|Y\| \leq \|y\|$. Aus

$$\|y\| = \sup\{|y(x)| : x \in F, \|x\| \leq 1\} \leq \sup\{|Y(x)| : x \in E, \|x\| \leq 1\} = \|Y\|$$

folgt daher $\|Y\| = \|y\|$. $\qquad \qquad \square$

6.10 Satz: *Ist E ein normierter Raum, so gibt es zu jedem $x \in E$ ein $Y \in E'$ mit $Y(x) = \|x\|$ und $\|Y\| \leq 1$. Insbesondere gilt für jedes $x \in E$*

$$\|x\| = \max\{|y(x)| : y \in E', \|y\| \leq 1\} \qquad \text{(Normformel)}.$$

Beweis: Die Existenz von Y folgt unmittelbar aus 6.5 mit $p = \| \cdot \|$. Die Normformel erhält man aus $Y(x) = \|x\|$, $\|Y\| \leq 1$ und

$$|y(x)| \leq \|y\|\|x\| \leq \|x\| \quad \text{für alle } y \in E' \text{ mit } \|y\| \leq 1 \, . \qquad \square$$

Um die Bedeutung von 6.8 zu erklären, führen wir den Begriff der Polaren ein.

Definition: Seien E ein normierter Raum, $M \subset E$, $N \subset E'$, beide nicht leer. Wir setzen

$$M^\circ := \{y \in E' : |y(x)| \leq 1 \text{ für alle } x \in M\},$$
$$N^\circ := \{x \in E : |y(x)| \leq 1 \text{ für alle } y \in N\}.$$

M° heißt *Polare von M in E'*, N° heißt *Polare von N in E*.

Für $N \subset E'$ kann man natürlich auch eine Polare von N in $(E')'$ bilden. Sollte die Polare in diesem Sinn gemeint sein, so werden wir darauf hinweisen.

Bemerkung: (a) Polaren in E und E' sind stets abgeschlossen und absolutkonvex.
(b) Für jedes $\varepsilon > 0$ gilt: $\{x \in E : \|x\| \leq \varepsilon\}^{\circ} = \{y \in E' : \|y\| \leq \frac{1}{\varepsilon}\}$.
(c) Ist F ein Unterraum von E oder E', so nennt man F° den *Annullator von* F. Es gilt

$$F^{\circ} = \{y \in E' : y(x) = 0 \quad \text{für alle } x \in F\} \qquad \text{falls } F \subset E$$
$$F^{\circ} = \{x \in E : y(x) = 0 \quad \text{für alle } y \in F\} \qquad \text{falls } F \subset E'.$$

6.11 Bipolarensatz: *Seien E ein normierter Raum und A eine absolutkonvexe Teilmenge in E. Dann ist $\overline{A} = (A^{\circ})^{\circ} =: A^{\circ\circ}$.*

Beweis: Für jedes $x \in A$ und alle $y \in A^{\circ}$ gilt $|y(x)| \leq 1$, d.h. $x \in A^{\circ\circ}$. Da $A^{\circ\circ}$ abgeschlossen ist, folgt $\overline{A} \subset A^{\circ\circ}$. Zum Nachweis von $A^{\circ\circ} \subset \overline{A}$ sei $\xi \in E \setminus \overline{A}$. Dann gibt es ein $\varepsilon > 0$ mit $U_{2\varepsilon}(\xi) \cap A = \emptyset$. Daher erhält man aus 6.8 mit $p := \frac{1}{\varepsilon} \|\cdot\|$ die Existenz von $y \in E'$ mit $|y(x)| < 1$ für alle $x \in A$, d.h. $y \in A^{\circ}$ und $y(\xi) > 1$. Hieraus folgt $\xi \notin A^{\circ\circ}$. Also gilt $A^{\circ\circ} \subset \overline{A}$. $\qquad\square$

6.12 Corollar: *Ein Unterraum F eines normierten Raumes E ist dicht in E genau dann, wenn $F^{\circ} = \{0\}$.*

Beweis: Ist $F^{\circ} = \{0\}$, so gilt nach dem Bipolarensatz $\overline{F} = F^{\circ\circ} = \{0\}^{\circ} = E$. Also ist F dicht in E. Ist umgekehrt F dicht in E, so ist $F^{\circ} = \{0\}$. Denn jedes $y \in F^{\circ}$ verschwindet auf F und daher auch auf $\overline{F} = E$. $\qquad\square$

Als Folgerung aus 6.12 beweisen wir:

6.13 Satz: *Sei E ein normierter Raum, für den E' separabel ist. Dann ist auch E separabel.*

Beweis: Nach Voraussetzung gibt es eine dichte Teilmenge $\{y_n : n \in \mathbb{N}\}$ von E'. Wir wählen $(x_n)_{n \in \mathbb{N}}$ in E mit

$$(1) \qquad \|x_n\| = 1 \quad \text{und} \quad |y_n(x_n)| \geq \frac{1}{2}\|y_n\| \quad \text{für alle } n \in \mathbb{N}$$

und setzen $F := \text{span}\{x_n : n \in \mathbb{N}\}$. Um die Dichtheit von F in E zu zeigen, fixieren wir $y \in F^{\circ}$. Dann gibt es eine Teilfolge $(y_{n_k})_{k \in \mathbb{N}}$ mit $y_{n_k} \to y$. Wegen $y \in F^{\circ}$ folgt aus (1)

$$\|y - y_{n_k}\| \geq |(y - y_{n_k})(x_{n_k})| = |y_{n_k}(x_{n_k})| \geq \frac{1}{2}\|y_{n_k}\|$$

und daher $y = \lim_{k \to \infty} y_{n_k} = 0$. Also gilt $F^{\circ} = \{0\}$, was nach 6.12 $\overline{F} = E$ impliziert. Bezeichnet man mit M alle Linearkombinationen von $\{x_n : n \in \mathbb{N}\}$ mit rationalen Koeffizienten in $\mathbb{K}$, so ist M abzählbar. Man zeigt leicht, daß M in F und daher in E dicht ist. $\qquad\square$

Bemerkung: Der Banachraum $C[0,1]$ ist separabel, da nach dem Weierstraßschen Approximationssatz 4.16 die Polynome mit rationalen Koeffizienten in $C[0,1]$ dicht sind. $C[0,1]'$ ist aber nicht separabel. Denn für $x \in [0,1]$ ist $\delta_x : f \longmapsto f(x)$ in $C[0,1]'$, und es gilt

$$\|\delta_x - \delta_y\| = 2 \quad \text{für alle } x,y \in [0,1] \text{ mit } x \neq y.$$

Zum Abschluß dieses Abschnitts bemerken wir noch, daß man den Dualraum eines Unterraumes bzw. eines Quotienten in kanonischer Weise bestimmen kann.

6.14 Satz: *Seien E ein normierter Raum und F ein Unterraum von E.*

(a) *Die Abbildung $\overline{\rho} : E'/F^\circ \longrightarrow F'$, $\overline{\rho}(y + F^\circ) = y|_F$ ist ein isometrischer Isomorphismus.*

(b) *Sei F abgeschlossen in E und bezeichne $q : E \longrightarrow E/F$ die Quotientenabbildung. Dann ist $\Phi : (E/F)' \longrightarrow F^\circ$, $\Phi(y) := y \circ q$ ein isometrischer Isomorphismus.*

Beweis: (a) Bezeichne $\rho : E' \longrightarrow F'$, $\rho(y) := y|_F$ die Einschränkungsabbildung. Sie ist linear und stetig mit $N(\rho) = F^\circ$. Nach 6.9 ist ρ surjektiv. Daher ist die induzierte Abbildung $\overline{\rho} : E'/F^\circ \longrightarrow F'$ linear, stetig und bijektiv nach 5.13. Sie ist eine Isometrie, da nach 6.9 für jedes $\eta \in F'$ gilt

$$\|\overline{\rho}^{-1}(\eta)\| = \inf\{\|y\| : \rho(y) = y|_F = \eta\} = \|\eta\|.$$

(b) Dies folgt unmittelbar aus 5.13 für $G = \mathbb{K}$. $\square$

Bemerkung: Die in 6.14 angegebenen Isomorphismen $F' \cong E'/F^\circ$ und $(E/F)' \cong F^\circ$ werden als kanonische Isomorphismen bezeichnet.

Aufgaben:

(1) Zeigen Sie, daß es auf jedem unendlichdimensionalen normierten Raum unstetige lineare Funktionale gibt.

(2) Seien E ein normierter Raum und $y : E \longrightarrow \mathbb{K}$ eine Linearform mit $y \neq 0$. Zeigen Sie, daß die folgenden Aussagen äquivalent sind:

 (a) y ist stetig.

 (b) $N(y)$ ist abgeschlossen in E.

 (c) $N(y)$ ist nicht dicht in E.

(3) Seien E ein normierter Raum, F ein abgeschlossener Unterraum von E und $x_0 \in E \setminus F$. Zeigen Sie, daß es ein $y \in E'$ gibt mit $\|y\| = 1$, $y(x_0) = \text{dist}(x_0, F)$ und $y|_F \equiv 0$.

(4) Zeigen Sie, daß $p : l_\infty(\mathbb{N}, \mathbb{R}) \longrightarrow \mathbb{R}$, $p(x) := \limsup_{n \to \infty} x_n$, ein sublineares Funktional ist, und folgern Sie daraus die Existenz eines stetigen linearen Funktionals $F : \ell_\infty(\mathbb{N}, \mathbb{R}) \longrightarrow \mathbb{R}$ mit

$$(*) \qquad \liminf_{n \to \infty} x_n \leq F(x) \leq \limsup_{n \to \infty} x_n.$$

Zeigen Sie außerdem, daß für jedes solche Funktional F das Funktional $G := F \circ A$ die Eigenschaft $(*)$ hat und die Identität $G = G \circ S$ erfüllt, wenn man $A, S : l_\infty(\mathbb{N}, \mathbb{R}) \longrightarrow l_\infty(\mathbb{N}, \mathbb{R})$ definiert durch

$$Ax = \left(\frac{1}{n} \sum_{k=1}^{n} x_k \right)_{n \in \mathbb{N}}, \quad Sx = (x_{n-1})_{n \in \mathbb{N}}, \quad \text{wobei } x_0 := 0.$$

(5) Zeigen Sie, daß für jedes $g \in C[0, 1]$ durch

$$l_g : C[0, 1] \longrightarrow \mathbb{K}, \quad l_g(f) := \int_0^1 f(t) g(t) \, dt,$$

ein stetiges lineares Funktional definiert wird, für welches gilt

$$\|l_g\| = \int_0^1 |g(t)| \, dt.$$

(6) Seien E ein normierter Raum, $F \subset E$ ein Unterraum und $M \subset E$ mit $0 \in M$. Zeigen Sie $(M + F)^\circ = M^\circ \cap F^\circ$.

(7) Zeigen Sie, daß c_0 separabel und l_∞ nicht separabel ist.

(8) Seien E ein $\mathbb{R}$–Vektorraum und $A \subset E$ eine konvexe Menge, für welche gilt: zu jedem $x \in E$ gibt es ein $\lambda > 0$ mit $x \in \lambda A$. Zeigen Sie, daß das Minkowski–Funktional $p_A : x \longmapsto \inf\{t > 0 : x \in tA\}$ ein sublineares Funktional auf E ist, für welches gilt

$$\{x \in E : p_A(x) < 1\} \subset A \subset \{x \in E : p_A(x) \leq 1\}.$$

(9) Seien E ein reeller normierter Raum und A, B nicht–leere, konvexe, disjunkte Teilmengen von E. Benutzen Sie Aufgabe (8) und 6.3, um die folgenden Aussagen zu beweisen:

    (a) Ist A offen, so existiert $f \in E'$ und $\alpha \in \mathbb{R}$, so daß $f(x) < \alpha \leq f(y)$ für alle $x \in A$, $y \in B$.

    (b) Ist A kompakt und B abgeschlossen, so existieren $f \in E'$ und $\alpha \in \mathbb{R}$, so daß $f(x) < \alpha < f(y)$ für alle $x \in A$, $y \in B$.

§ 7 Bidual und Reflexivität

Ist E ein normierter Raum, so ist nicht nur sein Dualraum E' von Interesse, sondern auch der Dualraum $(E')'$ von E'. Man bezeichnet $(E')' =: E''$ als den *Bidual* von E. Mit E'' wollen wir uns nun beschäftigen.

Die folgende Überlegung zeigt, daß man E stets als einen Unterraum von E'' auffassen kann: Für $x \in E$ ist nämlich

$$J(x) : E' \longrightarrow \mathbb{K}, \ J(x)[y] := y(x),$$

eine Linearform, die wegen

$$|J(x)[y]| = |y(x)| \leq \|y\| \|x\| \quad \text{für alle } y \in E'$$

stetig ist. Also ist $J(x) \in E''$ für alle $x \in E$. Die hierdurch definierte Abbildung $J : E \longrightarrow E''$ ist linear. Aus der Normformel 6.10 folgt

$$\|J(x)\| = \sup\{|y(x)| : \|y\| \leq 1\} = \|x\| \quad \text{für alle } x \in E.$$

Also haben wir folgenden Satz bewiesen:

7.1 Satz: *Für jeden normierten Raum E ist die Abbildung $J : E \longrightarrow E''$, $J(x) : y \longmapsto y(x)$, linear und isometrisch.*

Man bezeichnet die Abbildung $J : E \longrightarrow E''$ als die *kanonische Einbettung* von E in seinen Bidual E''. Im weiteren werden wir E vermöge der Isometrie J mit dem Unterraum $J(E)$ von E'' identifizieren und $x(y)$ statt $J(x)[y]$ schreiben.

Für jeden normierten Raum E ist E'' nach 5.6 ein Banachraum. Daher können wir die vollständige Hülle von E dadurch erhalten, daß wir E in E'' abschließen. Präzisere Informationen liefert der folgende Satz.

7.2 Satz: *Für jeden normierten Raum E gelten:*

(a) *Die vollständige Hülle $\widehat{E}$ von E ist in natürlicher Weise ein Banachraum.*

(b) *Zu jedem Banachraum F und zu jedem $A \in L(E, F)$ gibt es genau ein $\widehat{A} \in L(\widehat{E}, F)$ mit $\widehat{A}|_E = A$ und $\|\widehat{A}\| = \|A\|$.*

Beweis: (a) Die Abschließung $\widehat{E}$ von E in E'' ist ein Banachraum, weil E'' ein Banachraum ist (siehe 5.9). Da E in $\widehat{E}$ dicht liegt, ist $\widehat{E}$ eine vollständige Hülle von E. Nach 5.1, 3.5 und 3.8 besitzt die Addition eine eindeutig bestimmte stetige Fortsetzung auf die vollständige Hülle. Diese stimmt daher auf $\widehat{E}$ mit der von E''

induzierten Addition überein. Die gleiche Argumentation kann man auf die skalare Multiplikation und die Norm anwenden.

(b) Ist $A \in L(E, F)$, so ist A gleichmäßig stetig nach 5.4. Daher hat A nach 3.5 eine eindeutig bestimmte Fortsetzung $\widehat{A}$ auf $\widehat{E}$. Aus 5.1 und der Linearität von A folgt leicht, daß $\widehat{A}$ linear ist.

Aus $\|Ax\| \leq \|A\| \|x\|$ für alle $x \in E$ erhält man durch stetige Fortsetzung $\|\widehat{A}x\| \leq \|A\| \|x\|$ für alle $x \in \widehat{E}$ und daher $\|\widehat{A}\| \leq \|A\|$. Hieraus folgt $\|\widehat{A}\| = \|A\|$, da $\|A\| \leq \|\widehat{A}\|$ trivialerweise gilt.   □

Die Aussage von 7.2(b) kann man auch so formulieren: ist E ein normierter Raum, $\widehat{E}$ seine vollständige Hülle und F ein Banachraum, so ist die Einschränkungsabbildung $R : L(\widehat{E}, F) \longrightarrow L(E, F)$, $R(A) := A|_E$, ein isometrischer Isomorphismus. Insbesondere kann man $(\widehat{E})'$ vermöge R mit E' identifizieren.

Ist der normierte Raum E nicht vollständig, so gilt $E \underset{\neq}{\subseteq} E''$, da E'' vollständig ist. Für Banachräume E ist a priori nicht klar, ob $E = E''$ gilt.

Definition: Ein Banachraum E heißt *reflexiv*, falls die kanonische Einbettung $J : E \longrightarrow E''$ surjektiv ist, d.h. falls vermöge der kanonischen Einbettung $E = E''$ gilt.

Bemerkung: (a) Ein Banachraum E ist reflexiv genau dann, wenn es zu jedem $z \in E''$ ein $x \in E$ gibt mit $z(y) = y(x)$ für alle $y \in E'$.

(b) Ist E reflexiv, so gibt es einen isometrischen Isomorphismus zwischen E und E'' (nämlich J). Die Umkehrung dieser Aussage gilt nicht, wie James [J] gezeigt hat.

Beispiele für reflexive und nicht–reflexive Räume geben wir in 7.10. Zuvor beweisen wir noch die wesentlichen Vererbungseigenschaften des Reflexivitätsbegriffs.

7.3 Satz: *Ein Banachraum E ist reflexiv genau dann, wenn sein Dualraum E' reflexiv ist.*

Beweis: Ist E reflexiv, so gilt $E = E''$ und daher $E' = (E'')' = ((E')')' = (E')''$.

Ist E' reflexiv, so gibt es zu jedem $y \in (E')'' = (E'')'$ mit $y|_E = 0$ ein $\eta \in E'$ mit

$$y(\xi) = \xi(\eta) \quad \text{für alle } \xi \in E''.$$

Wegen $y|_E = 0$ gilt

$$0 = y(x) = x(\eta) = \eta(x) \quad \text{für alle } x \in E,$$

d.h. $\eta = 0$. Folglich gilt auch $y = 0$ und daher $E° = \{0\}$ für die Polare von $E \subset E''$ in E'''. Da E in E'' abgeschlossen ist, ergibt sich $E = E''$ aus 6.12.   □

Nach 7.1 hat man für jeden Banachraum E die folgenden aufsteigenden Ketten von Banachräumen

$$E \subset E'' \subset E^{(4)} \subset E^{(6)} \subset \ldots$$
$$E' \subset E''' \subset E^{(5)} \subset E^{(7)} \subset \ldots$$

Satz 7.3 besagt, daß diese beiden Ketten entweder konstant sind oder strikt aufsteigen.

Den einfachen Beweis des folgenden Satzes überlassen wir dem Leser.

7.4 Satz: *Seien E und F isomorphe Banachräume. Ist E reflexiv, so ist auch F reflexiv.*

7.5 Satz: *Seien E ein reflexiver Banachraum und F ein abgeschlossener Unterraum von E. Dann sind F und E/F ebenfalls reflexiv.*

Beweis: F ist reflexiv: Nach 6.14 ist die Abbildung $\rho : E' \longrightarrow F'$, $\rho(Y) := Y|_F$, stetig, linear und surjektiv. Für gegebenes $z \in F''$ ist daher $z \circ \rho$ in E''. Da E reflexiv ist, gibt es ein $x \in E$ mit

$$(*) \qquad\qquad z \circ \rho(Y) = Y(x) \ \text{ für alle } Y \in E'.$$

Für jedes $Y \in F^\circ = N(\rho)$ gilt daher $Y(x) = 0$, d.h. $x \in F^{\circ\circ} = \overline{F} = F$ nach 6.11. Da ρ surjektiv ist, gibt es zu jedem $y \in F'$ ein $Y \in E'$ mit $Y|_F = \rho(Y) = y$. Daher gilt nach $(*)$:

$$z(y) = z \circ \rho(Y) = Y(x) = y(x) \quad \text{für alle } y \in F'.$$

Also ist F reflexiv.

E/F ist reflexiv: Mit E ist nach 7.3 auch E' reflexiv. Also ist nach dem gerade Gezeigten auch F° reflexiv. Nach 6.14 gilt $(E/F)' \cong F^\circ$. Daher ist E/F reflexiv nach 7.4 und 7.3.   □

In Anhang B werden wir erneut die Reflexivität von Banachräumen behandeln und in Satz B.13 ein Reflexivitätskriterium unter Verwendung der schwachen Topologie angeben. Mit Hilfe dieses Kriteriums werden wir einen alternativen Beweis für Satz 7.5 erhalten.

Im weiteren wollen wir uns mit einigen klassischen Folgenräumen beschäftigen. Den geeigneten Rahmen dafür liefert die folgende Definition:

Definition: Ein *normierter Folgenraum* λ ist ein linearer Teilraum des Raumes ω aller Folgen, welcher mit einer Norm $\| \cdot \|$ versehen ist und für jedes $n \in \mathbb{N}$ die Folge $e_n := (\delta_{j,n})_{j \in \mathbb{N}}$ enthält.

Offensichtlich enthält jeder normierte Folgenraum den Raum

$$\varphi := \{x \in \omega : x = (x_j)_{j \in \mathbb{N}}, \ x_j = 0 \text{ für fast alle } j \in \mathbb{N}\}$$

aller *finiten Folgen* als linearen Teilraum.

Die in 5.16 betrachteten Räume l_∞, c_0 und c sind normierte Folgenräume. Weitere Beispiele sind für $1 \leq p < \infty$ die Räume

$$l_p := \{x \in \omega : \|x\|_p := \Big(\sum_{j=1}^\infty |x_j|^p \Big)^{\frac{1}{p}} < \infty\}.$$

Für l_1 ist dies leicht einzusehen. Um nachzuweisen, daß l_p für $1 < p < \infty$ ein normierter Raum ist, beweisen wir zunächst:

7.6 Höldersche Ungleichung: *Seien $p, q \in]1, \infty[$ mit $\frac{1}{p} + \frac{1}{q} = 1$. Sind $x \in l_p$ und $y \in l_q$, so ist $(x_j y_j)_{j \in \mathbb{N}}$ in l_1, und es gilt*

$$\sum_{j=1}^{\infty} |x_j y_j| \leq \|x\|_p \|y\|_q.$$

Beweis: Für $a, b > 0$ setze $A := p \log a$, $B := q \log b$. Da die Exponentialfunktion konvex ist, gilt

$$\exp\left(\frac{A}{p} + \frac{B}{q}\right) \leq \frac{1}{p} \exp(A) + \frac{1}{q} \exp(B)$$

und daher

$$ab \leq \frac{1}{p} a^p + \frac{1}{q} b^q.$$

Sind nun $x \in l_p$ und $y \in l_q$ mit $\|x\|_p = 1 = \|y\|_q$ gegeben, so erhält man hieraus

$$\sum_{j=1}^{\infty} |x_j| \, |y_j| \leq \frac{1}{p} \sum_{j=1}^{\infty} |x_j|^p + \frac{1}{q} \sum_{j=1}^{\infty} |y_j|^q = \frac{1}{p} + \frac{1}{q} = 1.$$

Sind $x \in l_p$ und $y \in l_q$ mit $x \neq 0$, $y \neq 0$ gegeben, so wenden wir das eben Gezeigte an auf $x' := \frac{x}{\|x\|_p}$ und $y' := \frac{y}{\|y\|_q}$ und erhalten nach Multiplikation mit $\|x\|_p \|y\|_q$ die behauptete Ungleichung. $\qquad\square$

7.7 Lemma: *Seien $p, q \in]1, \infty[$ mit $\frac{1}{p} + \frac{1}{q} = 1$. Dann gilt für jedes $x \in \omega$:*

$$\|x\|_p = \sup\left\{ \left| \sum_{j=1}^{\infty} x_j y_j \right| : y \in \varphi, \, \|y\|_q \leq 1 \right\} \quad \text{(Supremumsformel)},$$

wobei Gleichheit in $[0, \infty]$ gemeint ist.

Beweis: Ist $x \in \omega$ mit $\|x\|_p < \infty$ gegeben, so folgt aus der Hölderschen Ungleichung

$$\sum_{j=1}^{\infty} |x_j y_j| \leq \|x\|_p \quad \text{für alle } y \in \varphi \text{ mit } \|y\|_q \leq 1.$$

Daher ist das betrachtete Supremum höchstens $\|x\|_p$.

Ist andererseits für $x \in \omega$, $x \neq 0$, das betrachtete Supremum gleich $C \in \mathbb{R}_+$, so wählen wir $\lambda \in \omega$ mit $|\lambda_j| = 1$ und $\lambda_j x_j = |x_j|$ für alle $j \in \mathbb{N}$. Für hinreichend großes $N \in \mathbb{N}$ existiert dann $A := \left(\sum_{j=1}^{N} |x_j|^p \right)^{-\frac{1}{q}}$. Wir definieren $y \in \varphi$ durch $y_j = A \lambda_j |x_j|^{\frac{p}{q}}$ für $1 \leq j \leq N$ und $y_j = 0$ für $j > N$. Dann gilt nach Wahl von A

$$\|y\|_q = \left(\sum_{j=1}^{N} A^q |\lambda_j|^q |x_j|^p \right)^{\frac{1}{q}} = A \left(\sum_{j=1}^{N} |x_j|^p \right)^{\frac{1}{q}} = 1.$$

Wegen $p = 1 + \frac{p}{q}$ erhält man nach Wahl von A für diese $N \in \mathbb{N}$:

$$C \geq \left| \sum_{j=1}^{N} x_j y_j \right| = A \sum_{j=1}^{N} |x_j|^{1+\frac{p}{q}} = A \sum_{j=1}^{N} |x_j|^p$$

$$= \left(\sum_{j=1}^{N} |x_j|^p \right)^{1-\frac{1}{q}} = \left(\sum_{j=1}^{N} |x_j|^p \right)^{\frac{1}{p}}.$$

Hieraus folgen $x \in l_p$ und $C \geq \|x\|_p$, was die Behauptung impliziert.   □

7.8 Satz: *Für $1 < p < \infty$ ist l_p ein normierter Folgenraum.*

Beweis: Für $q := \frac{p}{p-1}$ gilt $\frac{1}{p} + \frac{1}{q} = 1$. Für beliebige $x, y \in l_p$ und alle $z \in \varphi$ mit $\|z\|_q \leq 1$ gilt daher nach 7.7:

$$\left| \sum_{j=1}^{\infty} (x_j + y_j) z_j \right| \leq \left| \sum_{j=1}^{\infty} x_j z_j \right| + \left| \sum_{j=1}^{\infty} y_j z_j \right| \leq \|x\|_p + \|y\|_p.$$

Nach 7.7 impliziert dies

$$\|x + y\|_p \leq \|x\|_p + \|y\|_p \quad \text{für alle } x, y \in l_p.$$

Daher ist l_p ein linearer Teilraum von ω, auf dem $\| \cdot \|_p$ eine Norm ist. Offenbar enthält l_p auch die Vektoren e_n für alle $n \in \mathbb{N}$.   □

Wir wollen nun die Dualräume von l_p und c_0 bestimmen. Dabei verwenden wir folgende Bezeichnungsweise:

Bezeichnung: Sind λ und μ normierte Folgenräume, so schreiben wir $\lambda' = \mu$, falls:
(1) Für jedes $y \in \mu$ und jedes $x \in \lambda$ konvergiert die Reihe $\sum_{j=1}^{\infty} x_j y_j =: y(x)$ und definiert ein Element $y(\cdot)$ von λ', für welches $\|y(\cdot)\|_{\lambda'} = \|y\|_{\mu}$ gilt.
(2) Zu jedem $\eta \in \lambda'$ gibt es ein $y \in \mu$ mit $y(\cdot) = \eta$.

Die Schreibweise $\mu = \lambda'$ bedeutet also, daß die Zuordnung $y \longmapsto y(\cdot)$ ein isometrischer Isomorphismus zwischen μ und λ' ist.

7.9 Satz: *Für $p, q \in]1, \infty[$ mit $\frac{1}{p} + \frac{1}{q} = 1$ gilt $l_p' = l_q$. Ferner gelten $c_0' = l_1$ und $l_1' = l_\infty$.*

Beweis: $l_p' = l_q$: Für $y \in l_q$ und $x \in l_p$ folgt aus der Hölderschen Ungleichung die absolute Konvergenz der Reihe $y(x) = \sum_{j=1}^{\infty} x_j y_j$ sowie die Abschätzung $|y(x)| \leq \|x\|_p \|y\|_q$, d.h. $\|y\|_{l_p'} \leq \|y\|_q$.

Ist $\eta \in l_p'$, so definieren wir $y \in \omega$ durch $y_j := \eta(e_j)$, $j \in \mathbb{N}$. Für $x \in l_p$ zeigt man leicht, daß $x = \lim_{n \to \infty} \sum_{j=1}^{n} x_j e_j$ in l_p gilt. Daher impliziert $\eta \in l_p'$

$$\eta(x) = \lim_{n \to \infty} \eta \left(\sum_{j=1}^{n} x_j e_j \right) = \lim_{n \to \infty} \sum_{j=1}^{n} x_j \eta(e_j) = \sum_{j=1}^{\infty} x_j y_j.$$

Aus 7.7 folgt (nach Vertauschung von p und q)

$$\|y\|_q = \sup\left\{ \left| \sum_{j=1}^{\infty} x_j y_j \right| : x \in \varphi, \ \|x\|_p \leq 1 \right\} \leq \|\eta\|_{l'_p}.$$

Offenbar gilt $y(\cdot) = \eta$, was $\|y(\cdot)\|_{l'_p} = \|y\|_q$ impliziert.

$c'_0 = l_1$: Für $y \in l_1$ und $x \in c_0$ gilt

$$\sum_{j=1}^{\infty} |x_j y_j| \leq \left(\sup_{j \in \mathbb{N}} |x_j| \right) \sum_{j=1}^{\infty} |y_j| = \|x\|_{c_0} \|y\|_{l_1}.$$

Daher konvergiert die Reihe $y(x) := \sum_{j=1}^{\infty} x_j y_j$ und definiert ein $y(\cdot) \in c'_0$ für welches gilt: $\|y(\cdot)\|_{c'_0} \leq \|y\|_{l_1}$.

Ist $\eta \in c'_0$ gegeben, so definieren wir $y \in \omega$ durch $y_j := \eta(e_j)$, $j \in \mathbb{N}$. Ähnlich wie oben zeigt man dann $\eta(x) = \sum_{j=1}^{\infty} x_j y_j = y(x)$ für alle $x \in c_0$, $y \in l_1$ sowie $\|y\|_{l_1} = \|y(\cdot)\|_{c'_0}$.

$l'_1 = l_\infty$: Dies beweist man analog. $\qquad\square$

7.10 Corollar: *Für $1 < p < \infty$ ist l_p ein reflexiver Banachraum. Die Banachräume c_0, c, l_1 und l_∞ sind nicht reflexiv.*

Beweis: Für $1 \leq p \leq \infty$ sind die Räume l_p nach 7.9 Dualräume, also vollständig nach 5.6. Nach 5.16(2) sind c_0 und c vollständig.

Sind $p, q \in \,]1, \infty[$ mit $\frac{1}{p} + \frac{1}{q} = 1$, so gelten $l'_p = l_q$ und $l'_q = l_p$ nach 7.9. In diesem Sinn gilt also $l''_p = l_p$. Daß dies wirklich die Reflexivität von l_p bedeutet, zeigt die folgende Betrachtung:

Für $x \in l_p$ und $y \in l'_p = l_q$ gilt

$$J(x)[y] = y(x) = \sum_{j=1}^{\infty} x_j y_j = \sum_{j=1}^{\infty} y_j x_j = x(y).$$

Aufgrund unserer Identifizierungen ist $J : l_p \longrightarrow l_p$ also die Identität und daher surjektiv.

c_0 ist nicht reflexiv: Identifiziert man c''_0 gemäß 7.9 mit l_∞, so ist die kanonische Einbettung J gerade die Inklusion von c_0 in l_∞, also nicht surjektiv.

Da c_0 ein abgeschlossener Unterraum von c und von l_∞ ist, können diese Räume nach 7.5 und dem gerade Gezeigten nicht reflexiv sein. Nach 7.3 und 7.9 ist auch $l_1 = c'_0$ nicht reflexiv. $\qquad\square$

Aufgaben:

(1) Zeigen Sie, daß $C[0,1]$ nicht reflexiv ist.

(2) Beweisen Sie Satz 7.4.

(3) Seien $1 \leq p < q \leq \infty$. Zeigen Sie:

    (a) $l_p \subset l_q, l_p \neq l_q$ und $\|x\|_q \leq \|x\|_p$ für alle $x \in l_p$.

    (b) Zu jedem $n \in \mathbb{N}$ existiert $x_n \in \varphi$ mit $\|x_n\|_p > n\|x_n\|_q$.

    (c) Für jedes $x \in l_p$ gilt $\lim_{q \to \infty} \|x\|_q = \|x\|_\infty$.

(4) Seien E ein normierter Raum und $f : [a, b] \longrightarrow E$ eine stetige Funktion. Zeigen Sie:

    (a) $R : E' \longrightarrow \mathbb{K}$, $R(y) := \int_a^b y \circ f(t)\, dt$ ist in E''.

    (b) Ist E vollständig, so ist $R \in E$. (Betrachten Sie vektorwertige Riemann–Summen).

(5) Auf dem $\mathbb{K}$–Vektorraum E seien zwei Normen $\|\cdot\|_1 \leq \|\cdot\|_2$ gegeben. Seien $E_1 := (E, \|\cdot\|_1)\widehat{}$ und $E_2 := (E, \|\cdot\|_2)\widehat{}$ die jeweiligen vollständigen Hüllen und $j : E_2 \longrightarrow E_1$ die stetige Fortsetzung der Identität von E. Zeigen Sie, daß j genau dann injektiv ist, wenn jede Cauchy–Folge in $(E, \|\cdot\|_2)$, die in E_1 gegen Null konvergiert, auch in E_2 gegen Null konvergiert. Ist j injektiv, so nennt man $\|\cdot\|_1$ und $\|\cdot\|_2$ koordiniert. Geben Sie ein Beispiel eines Raumes E mit zwei nicht koordinierten Normen an.

§ 8 Folgerungen aus dem Satz von Baire

Die Vollständigkeit metrischer Vektorräume hat wichtige Konsequenzen für lineare Abbildungen zwischen solchen Räumen. Man erhält sie als Folgerungen aus dem Satz von Baire. Sie gliedern sich in zwei Gruppen, nämlich den Satz von der offenen Abbildung und den Satz vom abgeschlossenen Graphen einerseits und das Prinzip der gleichmäßigen Beschränktheit und den Satz von Banach–Steinhaus andererseits. Wir beginnen mit der zuerst genannten Gruppe.

In 3.9 haben wir bereits ein Kriterium für die Offenheit stetiger Abbildungen bewiesen. Um es für lineare Abbildungen auszuwerten, bemerken wir:

8.1 Bemerkung: In jedem metrischen Vektorraum E gelten folgende Aussagen:

(a) Zu jedem $\varepsilon > 0$ gibt es ein $\delta > 0$ mit

$$x + U_\delta(0) \subset U_\varepsilon(x) \quad \text{und} \quad U_\delta(x) \subset x + U_\varepsilon(0) \text{ für alle } x \in E.$$

(b) Für jede Nullumgebung V in E gilt $E = \bigcup_{n \in \mathbb{N}} nV$.

Denn aufgrund der gleichmäßigen Stetigkeit der Addition gibt es zu $\varepsilon > 0$ ein $\delta > 0$, so daß $U_\delta(x) + U_\delta(y) \subset U_\varepsilon(x + y)$ für alle $x, y \in E$. Wählt man $y = 0$ bzw. $y = -x$, so erhält man (a).

Aufgrund der Stetigkeit der skalaren Multiplikation ist $(\frac{x}{n})_{n \in \mathbb{N}}$ für jedes $x \in E$ eine Nullfolge. Daher gilt (b).

8.2 Lemma: *Seien E und F metrische Vektorräume, E sei vollständig. Die Abbildung $A : E \longrightarrow F$ sei linear und stetig und erfülle:*

(1)   *Zu jedem $\varepsilon > 0$ gibt es ein $\delta > 0$ mit $\overline{A(U_\varepsilon(0))} \supset U_\delta(0)$.*

Dann ist A offen und surjektiv.

Beweis: Da E vollständig ist, folgt die Offenheit von A nach 3.9 aus

(2)   Zu jedem $\varepsilon > 0$ gibt es ein $\delta > 0$ mit $\overline{A(U_\varepsilon(x))} \supset U_\delta(Ax)$ für alle $x \in E$.

Um (2) zu beweisen, sei $\varepsilon > 0$ vorgegeben. Dann gibt es nach 8.1(a) ein $\varepsilon_1 > 0$ mit $U_\varepsilon(x) \supset x + U_{\varepsilon_1}(0)$ für alle $x \in E$. Zu ε_1 wählen wir $\delta_1 > 0$ gemäß (1) und finden nach 8.1(a) ein $\delta > 0$ mit $y + U_{\delta_1}(0) \supset U_\delta(y)$ für alle $y \in F$. Da für jedes $b \in F$ die Abbildung $y \longmapsto y + b$ eine Homöomorphie von F ist, gilt für alle $x \in E$

$$\overline{A(U_\varepsilon(x))} \supset \overline{A(x + U_{\varepsilon_1}(0))} = Ax + \overline{A(U_{\varepsilon_1}(0))} \supset Ax + U_{\delta_1}(0) \supset U_\delta(Ax).$$

Dies beweist (2) und damit die Offenheit von A.

Um hieraus die Surjektivität von A zu folgern, wählen wir zu $0 \in R(A)$ ein $\delta > 0$ mit $U_\delta(0) \subset R(A)$. Da A linear ist, folgt mit 8.1(b):

$$F = \bigcup_{n \in \mathbb{N}} nU_\delta(0) \subset R(A). \qquad \qquad \square$$

8.3 Lemma: *Seien E und F metrische Vektorräume und $A : E \longrightarrow F$ eine stetige lineare Abbildung. Ist $A(E)$ von 2. Kategorie in F, so gibt es zu jedem $\varepsilon > 0$ ein $\delta > 0$ mit $\overline{A(U_\varepsilon(0))} \supset U_\delta(0)$.*

Beweis: Da die Abbildung $f : E \times E \longrightarrow E$, $f(x,y) := x - y$, stetig ist, gibt es zu $\varepsilon > 0$ eine Nullumgebung V in E mit $V - V \subset U_\varepsilon(0)$. Daher gilt nach 8.1(b):

$$A(E) = A\left(\bigcup_{n \in \mathbb{N}} nV \right) = \bigcup_{n \in \mathbb{N}} nA(V).$$

Da $A(E)$ von 2. Kategorie in F ist, gibt es ein $m \in \mathbb{N}$, so daß $\overline{mA(V)}$ einen inneren Punkt enthält. Weil die Abbildung $x \longmapsto mx$ eine Homöomorphie von F ist, besitzt also auch $\overline{A(V)}$ einen inneren Punkt ξ. Nach Wahl von V gilt

$$\overline{A(V)} - \xi = \overline{A(V) - \xi} \subset \overline{A(V) - A(V)} = \overline{A(V - V)} \subset \overline{A(U_\varepsilon(0))}.$$

Daher ist $0 = \xi - \xi$ innerer Punkt von $\overline{A(V)} - \xi \subset \overline{A(U_\varepsilon(0))}$. Folglich gibt es ein $\delta > 0$ mit $\overline{A(U_\varepsilon(0))} \supset U_\delta(0)$. $\qquad \square$

Aus 8.2 und 8.3 erhält man unmittelbar:

8.4 Satz: *Seien E und F metrische Vektorräume und $A : E \longrightarrow F$ eine stetige lineare Abbildung. Ist E vollständig und $A(E)$ von 2. Kategorie in F, so ist A offen und surjektiv.*

Nach dem Satz von Baire 3.3 ist jeder vollständige metrische Raum von 2. Kategorie in sich. Daher folgt aus 8.2 und 8.3:

8.5 Satz von der offenen Abbildung: *Seien E und F vollständige metrische Vektorräume. Ist $A : E \longrightarrow F$ stetig, linear und surjektiv, so ist A offen.*

Da für bijektive Abbildungen die Offenheit äquivalent zur Stetigkeit der Umkehrabbildung ist, erhält man aus 8.5 sofort:

8.6 Isomorphiesatz von Banach: *Seien E und F vollständige metrische Vektorräume. Ist $A : E \longrightarrow F$ eine stetige lineare Bijektion, so ist A^{-1} stetig. Insbesondere ist jede stetige lineare Bijektion zwischen Banachräumen ein Isomorphismus.*

8.7 Corollar: *Seien E und F Banachräume. Für $A \in L(E, F)$ sind äquivalent:*

(1) *A ist injektiv und $R(A)$ ist abgeschlossen in F.*

(2) *Es gibt ein $c > 0$ mit $\|Ax\| \geq c\|x\|$ für alle $x \in E$.*

Beweis: (1) $\Rightarrow$ (2): Nach 5.9 ist $R(A)$ ein Banachraum. Daher ist A nach 8.6 ein Isomorphismus zwischen E und $R(A)$. Folglich gibt es ein $D > 0$ mit $\|A^{-1}y\| \leq D\|y\|$ für alle $y \in R(A)$. Ersetzt man y durch Ax, so folgt (2).

(2) $\Rightarrow$ (1): Aus (2) und 5.4 folgt, daß A ein Isomorphismus zwischen E und $R(A)$ ist. Daher ist $R(A)$ vollständig, also abgeschlossen in F. $\qquad\square$

Wir wollen nun den Satz vom abgeschlossenen Graphen aus dem Satz von der offenen Abbildung herleiten. Dazu definieren wir:

Definition: Seien X und Y Mengen und $f : X \longrightarrow Y$ eine Abbildung. Der *Graph von f* ist die Menge

$$\mathcal{G}(f) := \{(x, f(x)) : x \in X\} \subset X \times Y .$$

Bemerkung: (a) Sind X und Y $\mathbb{K}$–Vektorräume, so ist $f : X \longrightarrow Y$ linear genau dann, wenn $\mathcal{G}(f)$ ein linearer Teilraum von $X \times Y$ ist.

(b) Sind X und Y metrische Räume, so ist für $f : X \longrightarrow Y$ der Graph von f genau dann abgeschlossen in $X \times Y$, wenn aus $x_n \longrightarrow x$ und $f(x_n) \longrightarrow y$ folgt $y = f(x)$. Insbesondere ist der Graph jeder stetigen Abbildung abgeschlossen. Die Umkehrung dieser Aussage gilt nicht. Denn ist E der Unterraum aller Funktionen in $C[0,1]$, welche stetig differenzierbar sind, so ist $A : E \longrightarrow C[0,1]$, $Ag := g'$, nicht stetig, aber $\mathcal{G}(A)$ ist abgeschlossen in $E \times C[0,1]$.

(c) Sind X und Y metrische Vektorräume, und ist $f : X \to Y$ eine lineare Abbildung, so ist $\mathcal{G}(f)$ abgeschlossen genau dann, wenn aus $x_n \to 0$ und $f(x_n) \to y$ folgt $y = 0$.

8.8 Satz von dem abgeschlossenen Graphen: *Seien E und F vollständige metrische Vektorräume und $A : E \longrightarrow F$ eine lineare Abbildung. Ist der Graph von A abgeschlossen in $E \times F$, so ist A stetig.*

Beweis: Nach 5.8(3) ist $\mathcal{G}(A)$ ein vollständiger metrischer Vektorraum. Definiert man $\pi_E : \mathcal{G}(A) \longrightarrow E$ und $\pi_F : \mathcal{G}(A) \longrightarrow F$ durch $\pi_E(x,y) := x$ und $\pi_F(x,y) := y$, so sind π_E und π_F linear und stetig, und es gilt $A \circ \pi_E = \pi_F$. Da π_E bijektiv ist, folgt aus 8.6 die Stetigkeit von π_E^{-1}. Also ist $A = \pi_F \circ \pi_E^{-1}$ stetig. $\qquad\square$

Als Beispiel für eine der vielen Anwendungen des Graphensatzes beweisen wir den folgenden Satz.

8.9 Satz: *Auf einem $\mathbb{K}$–Vektorraum E seien zwei Normen $\|\cdot\|_1$ und $\|\cdot\|_2$ gegeben. Stimmen $(E, \|\;\|_1)'$ und $(E, \|\;\|_2)'$ als Teilräume von E^* überein, so sind $\|\cdot\|_1$ und $\|\cdot\|_2$ äquivalent, d.h. es gibt ein $C \geq 1$ mit $\frac{1}{C}\|\cdot\|_1 \leq \|\cdot\|_2 \leq C\|\cdot\|_1$.*

Beweis: Für $j = 1, 2$ sei $E_j := (E, \| \cdot \|_j)$. Nach Voraussetzung sind dann die Banachräume E_1' und E_2' als Vektorräume identisch. Wir bezeichnen mit $I : E_1' \longrightarrow E_2'$ die identische Abbildung. $\mathcal{G}(I)$ ist abgeschlossen in $E_1' \times E_2'$, da die Normkonvergenz in E_1' und E_2' die punktweise Konvergenz impliziert. Daher ist die lineare Abbildung $I : E_1' \longrightarrow E_2'$ stetig nach 8.8. Folglich gibt es ein $D > 0$ mit

$$\|y\|_2 \leq D\|y\|_1 \quad \text{für alle } y \in E_1' = E_2'.$$

Hieraus erhält man mit der Normformel 6.10 für jedes $x \in E$:

$$\|x\|_1 = \sup\{|y(x)| : y \in E_1', \|y\|_1 \leq 1\}$$
$$\leq \sup\{|y(x)| : y \in E_2', \|y\|_2 \leq D\} = D\|x\|_2.$$

Da nach 8.6 auch I^{-1} stetig ist, beendet ein analoger Schluß den Beweis.   □

Wir kommen nun zu der zweiten Gruppe von Folgerungen aus dem Satz von Baire. Obwohl auch für ihre Formulierungen die vollständigen metrischen Vektorräume einen natürlichen Rahmen bilden, beschränken wir uns hier auf Banachräume.

8.10 Prinzip der gleichmäßigen Beschränktheit: *Seien E ein Banachraum, F ein normierter Raum und $\mathcal{A} \subset L(E, F)$ mit $\sup_{A \in \mathcal{A}} \|Ax\| < \infty$ für jedes $x \in E$. Dann gilt bereits $\sup_{A \in \mathcal{A}} \|A\| < \infty$.*

Beweis: Für $t > 0$ setzen wir

$$V_t := \left\{ x \in E : \sup_{A \in \mathcal{A}} \|Ax\| \leq t \right\} = \bigcap_{A \in \mathcal{A}} \{x \in E : \|Ax\| \leq t\}.$$

Dann ist V_t abgeschlossen und absolutkonvex, und die Voraussetzung impliziert $E = \bigcup_{n \in \mathbb{N}} V_n$. Daher gibt es nach dem Baireschen Satz 3.2 ein $m \in \mathbb{N}$ und einen inneren Punkt ξ von V_m. Wir wählen ein $\varepsilon > 0$ mit $U_\varepsilon(\xi) \subset V_m$. Da V_m absolutkonvex ist, gilt $U_\varepsilon(-\xi) = -U_\varepsilon(\xi) \subset -V_m = V_m$ und daher

$$U_\varepsilon(0) \subset \frac{1}{2} U_\varepsilon(\xi) + \frac{1}{2} U_\varepsilon(-\xi) \subset \frac{1}{2} V_m + \frac{1}{2} V_m = V_m.$$

Nach Definition von V_m folgt hieraus für jedes $A \in \mathcal{A}$:

$$\|A\| = \frac{1}{\varepsilon} \sup\{\|Ax\| : \|x\| < \varepsilon\} \leq \frac{m}{\varepsilon}.$$ □

8.11 Satz: *Seien E ein normierter Raum und M eine Teilmenge von E mit $\sup_{x \in M} |y(x)| < \infty$ für jedes $y \in E'$. Dann gilt $\sup_{x \in M} \|x\| < \infty$.*

Beweis: Sei $J : E \longrightarrow E''$ die kanonische Einbettung. Setzt man $\mathcal{A} = J(M) \subset E'' = L(E', \mathbb{K})$, so gilt nach Voraussetzung für jedes $y \in E'$:

$$\sup_{A \in \mathcal{A}} \|Ay\| = \sup_{x \in M} |J(x)[y]| = \sup_{x \in M} |y(x)| < \infty.$$

Da J eine Isometrie ist, folgt aus 8.10:

$$\sup_{x \in M} \|x\| = \sup_{x \in M} \|J(x)\| = \sup_{A \in \mathcal{A}} \|A\| < \infty. \qquad \square$$

8.12 Bemerkung: Aufgrund von 8.11 kann man in 8.10 die Voraussetzung

$$\text{`` } \sup_{A \in \mathcal{A}} \|Ax\| < \infty \text{ für jedes } x \in E \text{ ''}$$

ersetzen durch

$$\text{`` } \sup_{A \in \mathcal{A}} |y(Ax)| < \infty \text{ für jedes } y \in F' \text{ und jedes } x \in E \text{ ''.}$$

Definition: Seien E und F normierte Räume.

(a) $M \subset E$ heißt *beschränkt* (bzw. *schwach beschränkt*), falls $\sup_{x \in M} \|x\| < \infty$
(bzw. $\sup_{x \in M} |y(x)| < \infty$ für jedes $y \in E'$).

(b) $\mathcal{A} \subset L(E, F)$ heißt *punktweise beschränkt*, falls $\sup_{A \in \mathcal{A}} \|Ax\| < \infty$ für jedes $x \in E$.

Die Sätze 8.11 und 8.10 kann man nun kurz so formulieren (siehe dazu B.21):

Jede schwach beschränkte Teilmenge eines normierten Raumes ist beschränkt.
Jede punktweise beschränkte Teilmenge von $L(E, F)$ ist beschränkt, falls E ein Banachraum ist.

8.13 Satz: *Seien E ein Banachraum, F ein normierter Raum und $(A_n)_{n \in \mathbb{N}}$ eine Folge in $L(E, F)$. Ist $(A_n x)_{n \in \mathbb{N}}$ für jedes $x \in E$ konvergent, so wird durch $A(x) := \lim_{n \to \infty} A_n x$ eine Abbildung $A \in L(E, F)$ definiert.*

Beweis: Da jede konvergente Folge in einem normierten Raum beschränkt ist, erfüllt $\mathcal{A} := \{A_n : n \in \mathbb{N}\}$ die Voraussetzungen von 8.10. Daher gilt für jedes $x \in E$:

$$\| \lim_{n \to \infty} A_n x \| = \lim_{n \to \infty} \|A_n x\| \leq \big(\sup_{n \in \mathbb{N}} \|A_n\|\big) \|x\|.$$

Da $A : x \longmapsto \lim_{n \to \infty} A_n x$ linear ist, folgt hieraus $A \in L(E, F)$. $\qquad \square$

8.14 Lemma: *Seien E ein normierter Raum, F ein Banachraum und M eine dichte Teilmenge von E. Für eine Folge $(A_n)_{n \in \mathbb{N}}$ in $L(E, F)$ gelte:*

(1) $\sup_{n \in \mathbb{N}} \|A_n\| < \infty.$

(2) *Für jedes $x \in M$ ist $(A_n x)_{n \in \mathbb{N}}$ eine Cauchy–Folge in F.*

Dann ist $(A_n x)_{n \in \mathbb{N}}$ für jedes $x \in E$ konvergent in F, und durch $A(x) := \lim_{n \to \infty} A_n x$ wird ein $A \in L(E, F)$ definiert mit $\|A\| \leq \sup_{n \in \mathbb{N}} \|A_n\|$.

Beweis: Wir setzen $C := \sup_{n\in\mathbb{N}} \|A_n\|$ und fixieren $x \in E$ und $\varepsilon > 0$. Da M in E dicht ist, gibt es ein $\xi \in M$ mit $\|x - \xi\| \leq \varepsilon/C$. Dann gilt für alle $n, m \in \mathbb{N}$:

$$\|A_n x - A_m x\| \leq \|A_n x - A_n \xi\| + \|A_n \xi - A_m \xi\| + \|A_m \xi - A_m x\|$$
$$\leq \|A_n\| \|x - \xi\| + \|A_n \xi - A_m \xi\| + \|A_m\| \|x - \xi\|$$
$$\leq 2\varepsilon + \|A_n \xi - A_m \xi\|.$$

Hieraus folgt mit (2), daß $(A_n x)_{n\in\mathbb{N}}$ eine Cauchy-Folge in F ist. Da F vollständig ist, konvergiert $(A_n x)_{n\in\mathbb{N}}$ für jedes $x \in E$. Wegen (1) folgt hieraus die Behauptung wie im Beweis von 8.13. $\square$

Aus 8.12 und 8.14 folgt unmittelbar:

8.15 Satz von Banach–Steinhaus: *Seien E und F Banachräume und M eine dichte Teilmenge von E. Für die Folge $(A_n)_{n\in\mathbb{N}}$ in $L(E,F)$ gelte:*

(1) $\sup_{n\in\mathbb{N}} |y(A_n x)| < \infty$ *für alle $x \in E$, $y \in F'$.*

(2) *Für jedes $x \in M$ ist $(A_n x)_{n\in\mathbb{N}}$ eine Cauchy-Folge in F.*

Dann ist $(A_n x)_{n\in\mathbb{N}}$ für jedes $x \in E$ konvergent in F, und durch $A(x) := \lim_{n\to\infty} A_n x$ wird eine Abbildung $A \in L(E,F)$ definiert.

Den Satz von Banach–Steinhaus kann man kurz so formulieren: Ist $(A_n x)_{n\in\mathbb{N}}$ schwach beschränkt für jedes $x \in E$ und Cauchy-Folge auf einer dichten Teilmenge, so konvergiert $(A_n)_{n\in\mathbb{N}}$ auf E punktweise gegen eine stetige lineare Abbildung.

Als Anwendung des Prinzips der gleichmäßigen Beschränktheit zeigen wir die Existenz stetiger 2π-periodischer Funktionen mit divergenter Fourierreihe.

8.16 Beispiel: Sei $C_{2\pi}$ derjenige Unterraum von $l_\infty(\mathbb{R}, \mathbb{C})$, der aus allen stetigen, 2π-periodischen Funktionen besteht. Für $f \in C_{2\pi}$ und $k \in \mathbb{Z}$ definiert man den k-ten Fourierkoeffizienten von f als

$$\widehat{f}_k := \frac{1}{2\pi} \int_0^{2\pi} f(t) e^{-ikt} \, dt.$$

Für $n \in \mathbb{N}$ definiere $S_n : C_{2\pi} \longrightarrow C_{2\pi}$ durch

$$S_n(f) : x \longmapsto \sum_{k=-n}^{n} \widehat{f}_k e^{ikx}.$$

Um eine Integraldarstellung für S_n zu erhalten, beachten wir, daß aus

$$\frac{1}{2} + \sum_{k=1}^{n} e^{ikt} = -\frac{1}{2} + \frac{e^{i(n+1)t} - 1}{e^{it} - 1} = -\frac{1}{2} + \frac{e^{i(n+\frac{1}{2})t} - e^{-it/2}}{e^{it/2} - e^{-it/2}} = \frac{e^{i(n+\frac{1}{2})t} - \cos\frac{t}{2}}{2i \sin\frac{t}{2}}$$

folgt

$$\sum_{k=-n}^{n} e^{ikt} = \frac{\sin\frac{1}{2}(2n+1)t}{\sin\frac{t}{2}} \quad \text{für } t \in \,]0, 2\pi[.$$

Daher gilt für jedes $f \in C_{2\pi}$, $n \in \mathbb{N}$ und $x \in \mathbb{R}$:

$$S_n(f)[x] = \sum_{k=-n}^{n} \frac{1}{2\pi} \int_0^{2\pi} f(t) e^{-ikt+ikx} \, dt$$

$$= \frac{1}{2\pi} \int_0^{2\pi} \sum_{k=-n}^{n} e^{ik(x-t)} f(t) \, dt$$

$$= \frac{1}{2\pi} \int_0^{2\pi} f(t) \frac{\sin\frac{1}{2}(2n+1)(t-x)}{\sin\frac{1}{2}(t-x)} \, dt.$$

Insbesondere haben die Linearformen

$$l_n : C_{2\pi} \longrightarrow \mathbb{C}, \; l_n(f) := S_n(f)[0] \,,$$

die Darstellung

$$l_n(f) = \frac{1}{2\pi} \int_0^{2\pi} f(t) \frac{\sin\frac{1}{2}(2n+1)t}{\sin\frac{t}{2}} \, dt.$$

Wie in Aufgabe 5 zu §6 folgert man hieraus

$$\|l_n\| = \frac{1}{2\pi} \int_0^{2\pi} \left| \frac{\sin\frac{1}{2}(2n+1)t}{\sin\frac{t}{2}} \right| \, dt.$$

Um $\lim_{n\to\infty} \|l_n\| = \infty$ zu zeigen, fixieren wir ein $n \in \mathbb{N}$ und setzen $\xi_j := (4j+1)(4n+2)^{-1}\pi$ und $\eta_j := (4j+3)(4n+2)^{-1}\pi$ für $j \in \mathbb{Z}$. Für $t \in [\xi_j, \eta_j]$ gilt dann:

$$\left| \sin\frac{1}{2}(2n+1)t \right| \geq \frac{1}{\sqrt{2}}.$$

Wegen $|\sin(t/2)| \leq t/2$ für alle $t \geq 0$ erhalten wir nun:

$$\|l_n\| \geq \frac{1}{2\pi} \sum_{j=0}^{2n} \int_{\xi_j}^{\eta_j} \frac{2}{\sqrt{2}t} \, dt \geq \frac{1}{\pi\sqrt{2}} \sum_{j=0}^{2n} \eta_j^{-1}(\eta_j - \xi_j)$$

$$= \frac{\sqrt{2}}{\pi} \sum_{j=0}^{2n} \frac{1}{4j+3}$$

und folglich $\lim_{n\to\infty} \|l_n\| = \infty$.

Da $C_{2\pi}$ in $l_\infty(\mathbb{R}, \mathbb{C})$ abgeschlossen ist, folgt daher aus 8.13, daß $(l_n(f))_{n\in\mathbb{N}}$ nicht für jedes $f \in C_{2\pi}$ konvergieren kann. Also gibt es ein $f \in C_{2\pi}$, für welches die zugehörige Fourier–Reihe in Null divergiert.

Aufgaben:

(1) Seien E und F Banachräume und sei $A \in L(E, F)$. Zeigen Sie, daß $R(A)$ in F abgeschlossen ist genau dann, wenn ein $C > 0$ existiert, so daß zu jedem $x \in E$ ein $\xi \in E$ existiert mit $A\xi = Ax$ und $\|\xi\| \leq C\|A\xi\|$.

(2) Seien $E = C^1[0,1]$, versehen mit der von $C[0,1]$ induzierten Norm, und $F = C[0,1]$. Zeigen Sie, daß $A : E \longrightarrow F$, $A(f) := f'$, abgeschlossenen Graphen hat, aber nicht stetig ist.

(3) Sei $\|\| \cdot \|\|$ eine Norm auf $C[0,1]$ mit folgenden Eigenschaften:

  (i) $(C[0,1], \|\| \cdot \|\|)$ ist vollständig.

  (ii) Aus $\lim_{n \to \infty} \|\|f_n\|\| = 0$ folgt $\lim_{n \to \infty} f_n(t) = 0$ für alle $t \in [0,1]$.

  Zeigen Sie, daß $\|\| \cdot \|\|$ äquivalent ist zu der Norm von $C[0,1]$ (vergl. 5.16(3)).

(4) Sei $x = (x_j)_{j \in \mathbb{N}}$ eine Folge in $\mathbb{K}$, so daß für jedes $y \in c_0$ die Reihe $\sum_{j=1}^{\infty} x_j y_j$ konvergiert. Zeigen Sie, daß dann $x \in l_1$ gilt.

(5) Seien $1 < p, q < \infty$ mit $\frac{1}{p} + \frac{1}{q} = 1$. Ferner sei $x = (x_j)_{j \in \mathbb{N}}$ eine Folge in $\mathbb{K}$, so daß für jedes $y \in l_p$ die Reihe $\sum_{j=1}^{\infty} x_j y_j$ konvergiert. Zeigen Sie, daß dann $x \in l_q$ gilt.

(6) Seien E ein Banachraum und $(F_n)_{n \in \mathbb{N}}$ eine Folge normierter Räume. Zeigen Sie:

  (i) Ist $A_n \in L(E, F_n)$ für $n \in \mathbb{N}$, so ist $\{x \in E : \sup_{n \in \mathbb{N}} \|A_n x\| < \infty\}$ entweder gleich E oder von 1. Kategorie in E.

  (ii) Für jedes $n \in \mathbb{N}$ sei $(A_{n,k})_{k \in \mathbb{N}}$ eine Folge in $L(E, F_n)$ und es gebe $x_n \in E$ mit $\sup_{k \in \mathbb{N}} \|A_{n,k} x_n\| = \infty$. Dann ist

  $$\{x \in E : \sup_{k \in \mathbb{N}} \|A_{n,k} x\| = \infty \text{ für alle } n \in \mathbb{N}\}$$

  von 2. Kategorie in E.

(7) Zeigen Sie, daß es zu jeder abzählbaren Menge M in $[0, 2\pi]$ ein $f \in C_{2\pi}$ gibt, so daß die Fourier–Reihe von f in allen Punkten aus M divergiert.

(8) Zeigen Sie, daß es eine Funktion $g \in C[0,1]$ gibt, welche in keinem Punkt des Intervalls $[0, 1/2]$ differenzierbar ist. Betrachten Sie dazu für $n \in \mathbb{N}$ die Mengen

$$M_n := \{f \in C[0,1] : \quad \text{es gibt ein } x_0 = x_0(f) \in [0, 1/2] \text{ mit} \\ \sup_{0 < h < 1/2} h^{-1} |f(x_0 + h) - f(x_0)| \leq n\}$$

und beweisen Sie, daß M_n in $C[0,1]$ abgeschlossen ist, aber keinen inneren Punkt besitzt.

§ 9 Duale Abbildungen

In diesem Abschnitt wollen wir mit Hilfe des Bipolarensatzes diejenigen stetigen linearen Abbildungen zwischen Banachräumen charakterisieren, welche einen abgeschlossenen Wertebereich haben. Dazu führen wir zunächst den Begriff der dualen Abbildung ein.

Definition: Seien E und F normierte Räume und $A \in L(E, F)$. Ist $y \in F'$, so ist $A'y := y \circ A$ nach 5.7 in E'. Die so definierte Abbildung $A' \colon F' \longrightarrow E'$ bezeichnet man als die *duale Abbildung* zu A oder auch als die *Transponierte* von A.

9.1 Satz: *Für normierte Räume E, F, G gelten folgende Aussagen:*

(a) *Die Zuordnung $A \longmapsto A'$ ist eine lineare Isometrie von $L(E, F)$ in $L(F', E')$.*

(b) *Für $A \in L(E, F)$ und $B \in L(F, G)$ ist $(B \circ A)' = A' \circ B'$.*

(c) $(\mathrm{id}_E)' = \mathrm{id}_{E'}$.

(d) *Ist $A \in L(E, F)$ ein Isomorphismus, so auch A'.*

(e) *Für jedes $A \in L(E, F)$ gilt $J_F \circ A = (A')' \circ J_E$.*

Beweis: (a) Für $A \in L(E, F)$ ist $A' \colon F' \longrightarrow E'$ linear, wie man leicht sieht. Aus der Normformel 6.10 folgt

$$\|A'\| = \sup_{\|y\| \leq 1} \|A'y\| = \sup_{\|y\| \leq 1} \sup_{\|x\| \leq 1} |(A'y)x|$$
$$= \sup_{\|x\| \leq 1} \sup_{\|y\| \leq 1} |y(Ax)| = \sup_{\|x\| \leq 1} \|Ax\| = \|A\| \,.$$

Also ist A' in $L(F', E')$, und die Zuordnung $A \longmapsto A'$ ist isometrisch. Ihre Linearität ist leicht einzusehen.

(b) Für $y \in G'$ gilt $(B \circ A)'y = y \circ B \circ A = A'(y \circ B) = (A' \circ B')y$.

(c) und (d) Aus (b) und (c) folgt (d). Die Richtigkeit von (c) ist evident.

(e) Für $x \in E$ und $y \in F'$ gilt

$$J_F(Ax)[y] = y(Ax) = (A'y)x = J_E(x)[A'y] = (A')'(J_E(x))[y] \,. \qquad \square$$

Den Beweis des folgenden Satzes überlassen wir dem Leser.

9.2 Satz: *Seien* E *und* F *normierte Räume,* $E \neq \{0\}$. *Die Abbildung* $\Phi \colon L(E,F) \longrightarrow L(F',E')$, $\Phi(A) = A'$, *ist surjektiv genau dann, wenn* F *ein reflexiver Banachraum ist.*

Für die Anwendungen sind die Zusammenhänge zwischen $N(A), R(A), N(A')$ und $R(A')$ wichtig. Mit ihnen wollen wir uns nun beschäftigen.

9.3 Lemma: *Seien* E *und* F *normierte Räume. Für jedes* $A \in L(E,F)$ *gelten:*

$$N(A') = R(A)^\circ \quad und \quad N(A) = R(A')^\circ.$$

Beweis: Aus den entsprechenden Definitionen und 6.10 erhält man

$$N(A') = \{y \in F' : 0 = A'y = y \circ A\} = \{y \in F' : y|_{R(A)} = 0\} = R(A)^\circ,$$
$$R(A')^\circ = \{x \in E : 0 = (A'y)x = y(Ax) \text{ für alle } y \in F'\}$$
$$= \{x \in E : Ax = 0\} = N(A). \qquad \square$$

Aus 9.3 folgt mit dem Bipolarensatz 6.11

$$\overline{R(A)} = R(A)^{\circ\circ} = N(A')^\circ.$$

Daher ist $R(A)$ abgeschlossen genau dann, wenn $R(A) = N(A')^\circ$. Die entsprechende Aussage für A' ist richtig, wie der folgende Satz zeigt. Sie ist aber nicht so einfach zu beweisen, da für nicht-reflexive Räume E der Bipolarensatz für E' nur für Polaren bezüglich E' und E'' gilt.

9.4 Satz von dem abgeschlossenen Wertebereich: *Seien* E *und* F *Banachräume. Für* $A \in L(E,F)$ *sind die folgenden Aussagen äquivalent:*

(1) $R(A)$ *ist abgeschlossen.*

(2) $R(A) = N(A')^\circ$.

(3) $R(A')$ *ist abgeschlossen.*

(4) $R(A') = N(A)^\circ$.

Beweis: (1) $\Leftrightarrow$ (2): Dies gilt nach der Vorbemerkung.

(4) $\Rightarrow$ (3): Jede Polare ist abgeschlossen.

(1) $\Rightarrow$ (4): Nach 9.3 gilt $N(A)^\circ = R(A')^{\circ\circ} \supset R(A')$. Um $N(A)^\circ \subset R(A')$ zu zeigen, definieren wir $A_0 \colon E/N(A) \longrightarrow R(A)$ durch $A_0(x + N(A)) := Ax$. Nach 5.13 ist A_0 eine stetige lineare Bijektion. Die Räume $R(A)$ und $E/N(A)$ sind Banachräume aufgrund von (1), 5.9 und 5.12. Also ist A_0^{-1} stetig nach dem Banachschen Isomorphiesatz 8.6.

Ist nun $y \in N(A)^\circ$ gegeben, so ist $\overline{y}$: $(x + N(A)) \longmapsto y(x)$ nach 5.13 in $(E/N(A))'$. Folglich ist $\eta_0 := \overline{y} \circ A_0^{-1}$ in $R(A)'$, und nach 6.9 gibt es ein $\eta \in F'$ mit $\eta|_{R(A)} = \eta_0$. Für jedes $x \in E$ gilt nun

$$(A'\eta)x = \eta(Ax) = \eta_0(Ax) = \eta_0\Big(A_0\big(x + N(A)\big)\Big) = \overline{y}\big(x + N(A)\big) = y(x)\,,$$

d.h. $A'\eta = y$. Daher gilt $N(A)^\circ \subset R(A')$ und folglich (4).

(3) $\Rightarrow$ (1): Sei $q : F' \longrightarrow F'/N(A')$ die Quotientenabbildung. Definiert man $B : F'/N(A') \longrightarrow R(A')$ durch $B(q(y)) := A'y$, so ist B linear, bijektiv und stetig. Da $F'/N(A')$ und $R(A')$ nach 5.12, (3) und 5.9 Banachräume sind, ist B ein Isomorphismus. Wählt man $D > \|B^{-1}\|$, so gilt

(5) $\qquad \|B^{-1}(\eta)\| \leq \|B^{-1}\|\|\eta\| < D\|\eta\| \quad$ für alle $\eta \in R(A') \setminus \{0\}$.

Um hieraus für $t > 0$ die Inklusion

(6) $\qquad (A')^{-1}\big(\{\eta \in R(A') : \|\eta\| \leq t\}\big) \subset \{y \in F' : \|y\| \leq Dt\} + N(A')$

herzuleiten, sei $\eta \in R(A')$ mit $\|\eta\| \leq t$ gegeben. Wegen $(A')^{-1}(\{0\}) = N(A')$ kann man $\eta \neq 0$ annehmen. Dann gibt es nach 5.11 und (5) ein $z \in F'$ mit $q(z) = B^{-1}(\eta)$ und $\|z\| < D\|\eta\| \leq Dt$. Hieraus folgen $A'z = B(q(z)) = B \circ B^{-1}(\eta) = \eta$ sowie

$$(A')^{-1}(\{\eta\}) = z + N(A') \subset \{y \in F' : \|y\| \leq Dt\} + N(A')$$

und damit (6). Für jedes $\varepsilon > 0$ erhält man aus (6):

$$\Big(A\big(U_\varepsilon(0)\big)\Big)^\circ = \{y \in F' : |(A'y)x| = |y(Ax)| \leq 1 \text{ für alle } x \in U_\varepsilon(0)\}$$
$$= (A')^{-1}\big(\{\eta \in R(A') : |\eta(x)| \leq 1 \text{ für alle } x \in U_\varepsilon(0)\}\big)$$
$$= (A')^{-1}\big(\{\eta \in R(A') : \|\eta\| \leq \frac{1}{\varepsilon}\}\big)$$
$$\subset \{y \in F' : \|y\| \leq \frac{D}{\varepsilon}\} + N(A')\,.$$

Beachtet man, daß die Polarenbildung Inklusionen umkehrt, so folgt hieraus mit dem Bipolarensatz 6.11, der nachfolgenden Bemerkung und 9.3:

$$\overline{A\big(U_\varepsilon(0)\big)} = A\big(U_\varepsilon(0)\big)^{\circ\circ} \supset \{y \in F' : \|y\| \leq \frac{D}{\varepsilon}\}^\circ \cap N(A')^\circ$$
$$= \{x \in F : \|x\| \leq \frac{\varepsilon}{D}\} \cap R(A)^{\circ\circ} \supset U_{\frac{\varepsilon}{D}}(0) \cap \overline{R(A)}\,.$$

Nach 8.2 impliziert dies, daß A als Abbildung von E nach $\overline{R(A)}$ surjektiv ist. Also gilt $R(A) = \overline{R(A)}$. $\qquad \square$

Bemerkung: Sei E ein normierter Raum. Ist G ein Unterraum von E' und $N \subset E'$ mit $0 \in N$, so gilt $(N + G)^\circ = N^\circ \cap G^\circ$. Denn $0 \in N \cap G$ impliziert $N \cup G \subset N + G$

und daher $(N + G)^\circ \subset (N \cup G)^\circ \subset N^\circ \cap G^\circ$. Ist andererseits $x \in N^\circ \cap G^\circ$, so gilt für alle $y \in N$ und $z \in G$:

$$|(y + z)(x)| \leq |y(x)| + |z(x)| = |y(x)| \leq 1,$$

d.h. $N^\circ \cap G^\circ \subset (N + G)^\circ$.

9.5 Corollar: *Seien E und F Banachräume. $A \in L(E, F)$ ist surjektiv genau dann, wenn ein $c > 0$ existiert mit $\|A'y\| \geq c\|y\|$ für alle $y \in F'$.*

Beweis: Die Surjektivität von A ist äquivalent zu $R(A) = \overline{R(A)} = F$. Nach 9.4 ist dies äquivalent zu $R(A') = \overline{R(A')}$ und $0 = R(A)^\circ = N(A')$. Nach 8.7 ist dies äquivalent zu der gegebenen Bedingung. $\qquad \square$

Definition: Sei $(E_i, A_i)_{i \in \mathbb{Z}}$ eine Folge linearer Räume E_i und linearer Abbildungen $A_i \colon E_i \longrightarrow E_{i+1}$. Die Folge heißt *exakt an der Stelle E_i*, falls $R(A_{i-1}) = N(A_i)$. Sie heißt *exakt*, wenn sie an jeder Stelle exakt ist. Eine *kurze Sequenz* ist eine Folge, in der höchstens drei aufeinanderfolgende Räume von $\{0\}$ verschieden sind. Man schreibt dann

$$0 \longrightarrow E \xrightarrow{A} F \xrightarrow{B} G \longrightarrow 0.$$

9.6 Satz: *Seien E, F und G Banachräume, $A \in L(E, F)$ und $B \in L(F, G)$. Dann ist die kurze Sequenz*

$$0 \longrightarrow E \xrightarrow{A} F \xrightarrow{B} G \longrightarrow 0$$

genau dann exakt, wenn ihre duale Sequenz

$$0 \longrightarrow G' \xrightarrow{B'} F' \xrightarrow{A'} E' \longrightarrow 0$$

exakt ist.

Beweis: Ist die erste Sequenz exakt, so haben A und B abgeschlossenes Bild. Nach 9.4 sind dann auch $R(A')$ und $R(B')$ abgeschlossen, und es gelten

$$N(B') = R(B)^\circ = G^\circ = \{0\},$$
$$R(B') = N(B)^\circ = R(A)^\circ = N(A'),$$
$$R(A') = N(A)^\circ = \{0\}^\circ = E'.$$

Also ist die duale Sequenz exakt. Die Umkehrung zeigt man analog. $\qquad \square$

Bemerkung: Die Aussage von 9.6 gilt i.a. nicht für normierte Räume. Denn setzt man $E := 0$, $F := l_1$, $G := (l_1, \|\cdot\|_{c_0})$, $A := 0$ und $B := \mathrm{id}_{l_1}$, so ist die Sequenz

$$0 \longrightarrow E \xrightarrow{A} F \xrightarrow{B} G \longrightarrow 0$$

exakt. Ihre duale Sequenz ist aber nicht exakt, da B' die Inklusion von l_1 in l_∞ ist.

Aufgaben:

(1) Seien E ein separabler Banachraum und $(y_j)_{j \in \mathbb{N}}$ eine Folge in $U_1(0)$, die in $U_1(0)$ dicht ist. Zeigen Sie, daß

$$A : l_1 \longrightarrow E , \quad Ax := \sum_{j=1}^{\infty} x_j y_j ,$$

einen isometrischen Isomorphismus $\overline{A} : l_1/N(A) \longrightarrow E$ induziert.

(2) Zeigen Sie, daß die folgende kurze Sequenz exakt ist:

$$0 \longrightarrow \mathbb{K}^2 \xrightarrow{A} C^2[0,1] \xrightarrow{B} C[0,1] \longrightarrow 0,$$

$A : (\lambda, \mu) \longmapsto \lambda \sin + \mu \cos,\ B : f \longmapsto f'' + f$.

(3) Seien E und F normierte Räume. Für $A \in L(E,F)$ seien $R(A)$ abgeschlossen und $N(A')$ endlichdimensional. Zeigen Sie, daß codim $R(A) = \dim N(A')$ gilt.

(4) Seien E und F normierte Räume. Für $A \in L(E,F)$ seien $R(A)$ abgeschlossen und $N(A)$ endlichdimensional. Zeigen Sie, daß codim $R(A') = \dim N(A)$ gilt.

§ 10 Projektionen

In diesem Abschnitt beschäftigen wir uns mit der Frage: Wann gibt es zu einem Unterraum E_0 eines metrischen Vektorraumes E einen Unterraum E_1, so daß $+ :$ $E_0 \times E_1 \longrightarrow E$ ein Isomorphismus ist? Sie hängt eng mit der folgenden Frage zusammen: Wann kann man für eine surjektive stetige lineare Abbildung A zwischen metrischen Vektorräumen für die Gleichung $Ax = y$ Lösungen $x = x(y)$ finden, welche linear und stetig von y abhängen? Wir erinnern zunächst an einige Begriffe aus der linearen Algebra.

Definition: Sei E ein $\mathbb{K}$-Vektorraum.

(a) Eine lineare Abbildung $P: E \longrightarrow E$ heißt *Projektion* in E, falls $P^2 = P$.

(b) Zwei lineare Teilräume E_0 und E_1 von E heißen *algebraisch komplementär*, falls $E_0 + E_1 = E$ und $E_0 \cap E_1 = \{0\}$. Ist dies der Fall, so heißt E_1 ein *algebraisches Komplement* von E_0.

Bemerkung: (1) Ist P eine Projektion in E, so auch $Q := \mathrm{id}_E - P$, da

$$Q^2 = \mathrm{id}_E - 2P + P^2 = \mathrm{id}_E - P = Q.$$

Ferner gelten $PQ = QP = 0$, $N(P) = R(Q)$, $R(P) = N(Q)$ sowie

$$N(P) + R(P) = E \quad \text{und} \quad N(P) \cap R(P) = \{0\}.$$

$N(P)$ und $R(P)$ sind also algebraisch komplementäre Teilräume in E.

(2) Sind E_0 und E_1 algebraisch komplementäre Teilräume in E, so hat jedes $x \in E$ eine eindeutige Darstellung $x = x_0 + x_1$ mit $x_0 \in E_0$ und $x_1 \in E_1$. Daher ist die Zuordnung $P : E \longrightarrow E$,

$$Px := x_0, \quad \text{falls} \quad x = x_0 + x_1 \quad \text{mit } x_0 \in E_0 \text{ und } x_1 \in E_1,$$

eine Projektion in E mit $R(P) = E_0$ und $N(P) = E_1$. Man bezeichnet P als die *Projektion von E auf E_0 längs E_1*. Offenbar ist $Q := \mathrm{id}_E - P$ die Projektion von E auf E_1 längs E_0.

Aus (1) und (2) folgt, daß die Angabe einer Projektion in E äquivalent ist zur Angabe von zwei algebraisch komplementären Teilräumen von E.

10.1 Lemma: *Sei E ein metrischer Vektorraum und seien E_0 und E_1 zwei algebraisch komplementäre Teilräume von E. Dann gelten:*

(a) *$\Phi: E_0 \times E_1 \longrightarrow E$, $\Phi(x_0, x_1) := x_0 + x_1$, ist stetig, linear und bijektiv.*

(b) *Die Projektion P von E auf E_0 längs E_1 ist genau dann stetig, wenn die Abbildung Φ in (a) ein Isomorphismus ist.*

Beweis: (a) Nach der Vorbemerkung ist Φ linear und bijektiv. Die Stetigkeit der Addition in E impliziert die Stetigkeit von Φ.

(b) Wegen (a) folgt dies aus $\Phi^{-1}(x) = (Px, x - Px)$ für alle $x \in E$. $\qquad\square$

Definition: Sei E ein metrischer Vektorraum. Zwei algebraisch komplementäre Unterräume E_0 und E_1 heißen *topologisch komplementär*, wenn eine der äquivalenten Bedingungen in 10.1(b) erfüllt ist. Ist dies der Fall, so heißt E_1 ein *topologisches Komplement* von E_0. Ein Unterraum E_2 von E heißt *komplementiert*, falls E_2 in E ein topologisches Komplement besitzt.

Bemerkung: (1) Eine Projektion P in dem metrischen Vektorraum E ist nach 10.1(b) genau dann stetig, wenn $N(P)$ und $R(P)$ topologisch komplementär sind.

(2) Topologisch komplementäre Unterräume eines metrischen Vektorraumes sind stets abgeschlossen, da $E_0 \times \{0\}$ und $\{0\} \times E_1$ in $E_0 \times E_1$ abgeschlossen sind.

10.2 Satz: *Sei E ein vollständiger metrischer Vektorraum.*

(a) *Sind E_0 und E_1 algebraisch komplementäre abgeschlossene Unterräume von E, so sind sie topologisch komplementär.*

(b) *Eine Projektion P in E ist stetig genau dann, wenn $N(P)$ und $R(P)$ abgeschlossen sind.*

Beweis: (a) Da E_0 und E_1 in E abgeschlossen sind, ist $E_0 \times E_1$ ein vollständiger metrischer Vektorraum. Die Behauptung folgt daher aus 10.1 und 8.6.

(b) Dies folgt aus (a) mit der Vorbemerkung. $\qquad\square$

Der folgende Satz liefert ein erstes Beispiel dafür, daß Projektionen bei der Untersuchung stetiger linearer Abbildungen von Nutzen sind.

10.3 Satz: *Für eine kurze exakte Sequenz*

$$0 \longrightarrow E \xrightarrow{\ A\ } F \xrightarrow{\ B\ } G \longrightarrow 0$$

vollständiger metrischer Vektorräume mit stetigen linearen Abbildungen sind folgende Aussagen äquivalent:

(1) *Es gibt eine stetige lineare Abbildung $L\colon F \longrightarrow E$ mit $L \circ A = \mathrm{id}_E$.*

(2) *Es gibt eine stetige lineare Abbildung $R\colon G \longrightarrow F$ mit $B \circ R = \mathrm{id}_G$.*

(3) *Es gibt eine stetige Projektion P in F mit $R(P) = R(A) = N(B)$.*

Beweis: (1) $\Rightarrow$ (3): Für $P := A \circ L$ gilt $P^2 = A \circ L \circ A \circ L = A \circ L = P$. Da L surjektiv ist, gilt $R(P) = R(A)$.

(2) $\Rightarrow$ (3): Für $Q := R \circ B$ gilt $Q^2 = R \circ B \circ R \circ B = R \circ B = Q$. Da R injektiv ist, gilt $N(Q) = N(B)$. Daher ist $P := \mathrm{id}_F - Q$ eine stetige Projektion in F mit $R(P) = N(Q) = N(B)$.

(3) $\Rightarrow$ (1): Die Exaktheit der Sequenz impliziert: A ist injektiv, und $R(A) = N(B)$ ist abgeschlossen. Also ist $A^{-1}: R(A) \longrightarrow E$ stetig nach 8.6. Setzt man $L := A^{-1} \circ P$, so gilt $L \circ A = \mathrm{id}_E$, da $P \circ A = A$.

(3) $\Rightarrow$ (2): Nach Voraussetzung ist $N(P)$ zu $R(P) = N(B)$ komplementär. Daher ist $B|_{N(P)}$ bijektiv, linear und stetig. Also ist $R := \left(B|_{N(P)}\right)^{-1}$ stetig nach 8.6, und es gilt $B \circ R = \mathrm{id}_G$. $\square$

Bezeichnung: Die Abbildung L bzw. R aus 10.3 bezeichnet man als stetige, lineare *Linksinverse* von A bzw. *Rechtsinverse* von B. Ist eine der Bedingungen (1) – (3) aus 10.3 erfüllt, so sagt man, die kurze exakte Sequenz *zerfällt*.

Ist F ein linearer Teilraum eines $\mathbb{K}$-Vektorraumes E, so folgt aus 1.2, daß F ein algebraisches Komplement besitzt. Abgeschlossene Unterräume von Banachräumen haben im allgemeinen aber kein topologisches Komplement. Ein Beispiel hierfür ist c_0 als Unterraum von l_∞. Bevor wir hierauf näher eingehen (10.11 - 10.14), beweisen wir zunächst, daß in gewissen Situationen stetige Projektionen existieren.

10.4 Satz: *Seien E ein normierter Raum und F ein abgeschlossener Unterraum von endlicher Kodimension. Dann ist jedes algebraische Komplement von F ein topologisches Komplement.*

Beweis: Sei $q: E \longrightarrow E/F$ die Quotientenabbildung, und sei G ein gegebenes algebraisches Komplement von F in E. Dann ist $q|_G : G \longrightarrow E/F$ bijektiv. Da E/F und damit auch G endlichdimensional sind, ist $q|_G$ nach 5.15 ein Isomorphismus. Folglich ist $Q := (q|_G)^{-1} \circ q$ eine stetige Projektion von E auf G mit $N(Q) = F$.$\square$

10.5 Lemma von Auerbach: *Sei E ein normierter Raum der Dimension n. Dann gibt es $e_1, \ldots, e_n$ in E und $f_1, \ldots, f_n$ in E', alle mit der Norm 1, so daß $f_j(e_k) = \delta_{j,k}$ für $1 \leq j, k \leq n$.*

Beweis: Ohne Einschränkung sei $E = \mathbb{K}^n$. Nach 5.15 ist die Determinante $\det: E^n \longrightarrow \mathbb{K}$ stetig. Folglich nimmt sie ihr Betragsmaximum auf der Menge

$$M := \{(x_1, \ldots, x_n) \in E^n : \max_{1 \leq j \leq n} \|x_j\| = 1\}$$

in einem Punkt $e = (e_1, \ldots, e_n)$ von M an; es gelte $\det(e) = \mu$. Nach Wahl von e ist $\|e_j\| = 1$ für $1 \leq j \leq n$. Definiert man $f_j: E \longrightarrow \mathbb{K}$ für $1 \leq j \leq n$ durch

$$f_j : x \longmapsto \frac{1}{\mu} \det\big(e_1, \ldots, e_{j-1}, x, e_{j+1}, \ldots, e_n\big),$$

so ist f_j linear, und es gilt $f_j(e_k) = \delta_{j,k}$ für $1 \leq k \leq n$. Nach Wahl von e gilt $\|f_j\| \leq 1$ und daher $\|f_j\| = 1$ für $1 \leq j \leq n$. $\square$

Bemerkung: Da die Determinante die bis auf einen Faktor eindeutig bestimmte Volumenform auf E ist, erfolgt die Wahl der Basis in 10.5 gerade so, daß das von $e_1, \ldots, e_n$ aufgespannte Parallelepiped maximales Volumen hat.

Bezeichnung: Eine Basis mit den in 10.5 genannten Eigenschaften nennt man *Auerbach - Basis*.

10.6 Satz: *Seien E ein normierter Raum und F ein n-dimensionaler Unterraum von E. Dann gibt es eine stetige Projektion P von E auf F mit $\|P\| \le n$.*

Beweis: Nach 10.5 besitzt F eine Auerbach-Basis $e_1, \ldots, e_n$ mit den Koeffizienten-funktionalen $f_1, \ldots, f_n$. Nach 6.9 gibt es $y_1, \ldots, y_n \in E'$ mit $y_j|_F = f_j$ und $\|y_j\| = 1$ für $1 \le j \le n$. Daher ist

$$P : x \longmapsto \sum_{j=1}^n y_j(x)e_j, \ x \in E,$$

eine stetige Projektion in E mit $R(P) = F$. Ferner gilt

$$\|Px\| \le \sum_{j=1}^n |y_j(x)|\, \|e_j\| \le \sum_{j=1}^n \|x\| = n\|x\| \quad \text{für alle } x \in E. \qquad \square$$

Wie wir in Satz 12.14 zeigen werden, kann man P in 10.6 sogar so wählen, daß $\|P\| \le \sqrt{n}$ gilt.

Den Satz von Hahn-Banach kann man auch in der folgenden Situation zur Konstruktion einer stetigen Projektion benutzen:

10.7 Satz: *Ist l_∞ Unterraum eines normierten Raumes E, so gibt es eine stetige Projektion P von E auf l_∞ mit $\|P\| = 1$.*

Beweis: Für $n \in \mathbb{N}$ ist $f_n : (\xi_j)_{j \in \mathbb{N}} \longmapsto \xi_n$ in l'_∞. Nach 6.9 gibt es daher $y_n \in E'$ mit $y_n|_{l_\infty} = f_n$ und $\|y_n\| = \|f_n\| = 1$ für alle $n \in \mathbb{N}$. Folglich ist

$$P : x \longmapsto \big(y_n(x)\big)_{n \in \mathbb{N}}, \ x \in E,$$

eine lineare Abbildung von E in l_∞. Für $\xi \in l_\infty$ gilt

$$P\xi = \big(y_n(\xi)\big)_{n \in \mathbb{N}} = \big(f_n(\xi)\big)_{n \in \mathbb{N}} = (\xi_n)_{n \in \mathbb{N}} = \xi.$$

Daher ist P eine Projektion von E auf l_∞. P ist stetig, da

$$\|Px\| = \sup_{n \in \mathbb{N}} |y_n(x)| \le \sup_{n \in \mathbb{N}} \|y_n\|\, \|x\| \le \|x\| \quad \text{für alle } x \in E. \qquad \square$$

10.8 Corollar: *Sei F Unterraum eines normierten Raumes E. Ist $A : F \longrightarrow l_\infty$ ein Isomorphismus, so gibt es eine stetige Projektion P von E auf F mit*

$$\|P\| \le \|A\|\, \|A^{-1}\|.$$

Beweis: Indem man A durch $\frac{1}{\|A\|}A$ ersetzt, kann man $\|A\| = 1$ annehmen. Definiert man $\||\cdot\||: E \longrightarrow \mathbb{R}_+$ durch

$$\||x\|| := \inf\{\|x - f\| + \|Af\| \, : \, f \in F\},$$

so ist $\||\cdot\||$ eine Norm mit $\||x\|| \leq \|x\|$ für alle $x \in E$. Wegen $1 = \|AA^{-1}\| \leq \|A^{-1}\|$ gilt für $x \in E$ und alle $f \in F$

$$\|x\| \leq \|x - f\| + \|f\| \leq \|x - f\| + \|A^{-1}\| \, \|Af\| \leq \|A^{-1}\|(\|x - f\| + \|Af\|),$$

was $\|x\| \leq \|A^{-1}\| \, \||x\||$ impliziert. Ist $x \in F$, so gilt

$$\|Ax\| \leq \|Ax - Af\| + \|Af\| \leq \|x - f\| + \|Af\| \quad \text{für alle } f \in F,$$

d.h. $\|Ax\| \leq \||x\||$. Da die umgekehrte Abschätzung aus der Definition von $\||\cdot\||$ folgt, ist $A^{-1}: l_\infty \longrightarrow F$ eine Isometrie von l_∞ in $(E, \||\cdot\||)$. Nach 10.7 gibt es eine stetige Projektion von E auf F mit $\||Px\|| \leq \||x\||$ für alle $x \in E$. Hieraus folgt die Behauptung, da für alle $x \in E$ gilt

$$\|Px\| \leq \|A^{-1}\| \, \||Px\|| \leq \|A^{-1}\| \, \||x\|| \leq \|A\| \, \|A^{-1}\| \, \|x\|. \qquad \square$$

Ersetzt man in 10.7 den Raum l_∞ durch c_0, so führt die Konstruktion aus dem Beweis von 10.7 zu einer stetigen Projektion von E auf c_0, wenn es eine beschränkte Folge $(y_n)_{n\in\mathbb{N}}$ in E' gibt mit $y_n|c_0 = f_n$ für alle $n \in \mathbb{N}$ und $(y_n(x))_{n\in\mathbb{N}} \in c_0$ für alle $x \in E$. Diese Bedingungen sind notwendig und hinreichend, da im Fall der Existenz einer stetigen Projektion P von E auf c_0 die Folge $(P'f_n)_{n\in\mathbb{N}}$ die angegebenen Eigenschaften hat.

Wir wollen nun zeigen, daß diese Bedingungen für separable Banachräume E erfüllt sind. Dazu benutzen wir den folgenden Hilfssatz, den man auch aus dem Satz von Tychonoff 4.3 folgern kann.

10.9 Lemma: *Seien E ein separabler normierter Raum und $(y_n)_{n\in\mathbb{N}}$ eine Folge in E' mit $\sup \|y_n\| =: C < \infty$. Dann gibt es eine Teilfolge $(y_{n_k})_{k\in\mathbb{N}}$ und ein $y \in E'$ mit $\|y\| \leq C$, so daß*

$$\lim_{k\to\infty} y_{n_k}(x) = y(x) \quad \text{für alle } x \in E.$$

Beweis: Da E separabel ist, gibt es eine in E dichte Folge $(x_j)_{j\in\mathbb{N}}$. Es gilt

$$\big|y_n(x_j)\big| \leq C\|x_j\| \quad \text{für alle } j, n \in \mathbb{N}.$$

Daher können wir induktiv eine absteigende Folge $(M_k)_{k\in\mathbb{N}}$ unendlicher Teilmengen in $\mathbb{N}$ wählen, so daß für jedes $k \in \mathbb{N}$ die Teilfolge $(y_n(x_k))_{n\in M_k}$ konvergiert. Wählt man $n_k \in M_k$ mit $n_k < n_{k+1}$ für alle $k \in \mathbb{N}$, so konvergiert $(y_{n_k}(x_j))_{k\in\mathbb{N}}$ für jedes $j \in \mathbb{N}$. Da $(x_j)_{j\in\mathbb{N}}$ in E dicht ist, gibt es nach 8.14 ein $y \in E'$ mit den angegebenen Eigenschaften. $\qquad \square$

10.10 Satz von Sobczyk: *Ist c_0 Unterraum eines separablen Banachraumes E, so gibt es eine stetige Projektion P von E auf c_0 mit $\|P\| \leq 2$.*

Beweis: Für $n \in \mathbb{N}$ definieren wir $f_n \in c_0'$ durch $f_n\colon (\xi_j)_{j\in\mathbb{N}} \longmapsto \xi_n$. Nach 6.9 gibt es $y_n \in E'$ mit $y_n|c_0 = f_n$ und $\|y_n\| = \|f_n\| = 1$ für alle $n \in \mathbb{N}$. Wir wählen eine in E dichte Folge $(x_j)_{j\in\mathbb{N}}$ und behaupten

(a)

zu jedem $k \in \mathbb{N}$ gibt es ein $n_k \in \mathbb{N}$, so daß zu jedem $n \geq n_k$ ein $z_{n,k} \in (c_0)^{\circ}$ existiert mit $\|z_{n,k}\| \leq 1$ und

$$\sup_{1\leq j\leq k} |y_n(x_j) - z_{n,k}(x_j)| \leq 1/k\,.$$

Um dies zu beweisen, nehmen wir (a) als falsch an. Dann gibt es ein $k \in \mathbb{N}$ und eine wachsende Folge $(n_\nu)_{\nu\in\mathbb{N}}$, so daß

(b) $\displaystyle\sup_{1\leq j\leq k} |y_{n_\nu}(x_j) - z(x_j)| > \frac{1}{k}$ für alle $\nu \in \mathbb{N}$ und alle $z \in (c_0)^{\circ}$ mit $\|z\| \leq 1$.

Nach 10.9 gibt es eine Teilfolge $\big(y_{n_{\nu_\mu}}\big)_{\mu\in\mathbb{N}}$ von $(y_{n_\nu})_{\nu\in\mathbb{N}}$ und ein $y \in E'$ mit $\|y\| \leq 1$, so daß $\lim_{\mu\to\infty} y_{n_{\nu_\mu}}(x) = y(x)$ für alle $x \in E$. Insbesondere gilt

$$y(\xi) = \lim_{\mu\to\infty} y_{n_{\nu_\mu}}(\xi) = \lim_{\mu\to\infty} \xi_{n_{\nu_\mu}} = 0 \text{ für jedes } \xi \in c_0\,,$$

d.h. y ist in $(c_0)^{\circ}$ und erfüllt $\|y\| \leq 1$. Wegen

$$\lim_{\mu\to\infty} \sup_{1\leq j\leq k} |y_{n_{\nu_\mu}}(x_j) - y(x_j)| = 0$$

steht dies im Widerspruch zu (b), also gilt (a).

Für die weitere Anwendung von (a) können wir die Folge $(n_k)_{k\in\mathbb{N}}$ in (a) als streng monoton wachsend annehmen. Für $n \in \mathbb{N}$ definieren wir $\eta_n \in E'$ durch

$$\eta_n := y_n \quad \text{für } 1 \leq n < n_1 \text{ und} \quad \eta_n := y_n - z_{n,k} \quad \text{für } n_k \leq n < n_{k+1}\,.$$

Dann gilt $\|\eta_n\| \leq 2$ für alle $n \in \mathbb{N}$. Um $\lim_{n\to\infty} \eta_n(x_j) = 0$ für alle $j \in \mathbb{N}$ nachzuweisen, sei $j \in \mathbb{N}$ fixiert. Ist $k \geq j$ gegeben, so gibt es zu jedem $n \geq n_k$ ein $m \in \mathbb{N}$ mit $n_m \leq n \leq n_{m+1}$. Daher gilt nach (a):

$$\big|\eta_n(x_j)\big| = \big|y_n(x_j) - z_{n,m}(x_j)\big| \leq \frac{1}{m} \leq \frac{1}{k}\,.$$

Da $(x_j)_{j\in\mathbb{N}}$ in E dicht ist, gilt nach 8.14 $\lim_{n\to\infty} \eta_n(x) = 0$ für alle $x \in E$. Daher ist $P\colon x \longmapsto \big(\eta_n(x)\big)_{n\in\mathbb{N}}$ eine lineare Abbildung von E in c_0. Aus

$$\|Px\| = \sup_{n\in\mathbb{N}} |\eta_n(x)| \leq 2\|x\| \quad \text{für alle } x \in E$$

folgt $\|P\| \leq 2$. Wegen $z_{n,k} \in (c_0)^{\circ}$ gilt für alle $\xi \in c_0$:

$$P\xi = \big(\eta_n(\xi)\big)_{n\in\mathbb{N}} = \big(y_n(\xi)\big)_{n\in\mathbb{N}} = (\xi_n)_{n\in\mathbb{N}} = \xi\,.$$

Also ist P eine stetige Projektion von E auf c_0. $\qquad\square$

Analog zu Corollar 10.8 erhält man aus 10.10:

10.11 Corollar: *Sei F Unterraum eines separablen Banachraumes E. Ist $A\colon F \longrightarrow c_0$ ein Isomorphismus, so gibt es eine stetige Projektion P von E auf F mit $\|P\| \le 2\|A\|\,\|A^{-1}\|$.*

Um nachzuweisen, daß es keine stetige Projektion von l_∞ auf c_0 gibt, benötigen wir einige elementare Hilfsaussagen. Dafür vereinbaren wir für den Rest des Abschnittes folgende Bezeichnungen:

Für eine unendliche Teilmenge M von $\mathbb{N}$ und $u \in l'_\infty$ setzen wir

$$l_\infty(M) := \{x \in l_\infty : x_j = 0 \text{ für alle } j \in \mathbb{N}\backslash M\}\,,$$
$$\|u\|_M := \sup\{|u(x)| : x \in l_\infty(M), \|x\| \le 1\}\,.$$

Ferner bezeichnen wir für $j \in \mathbb{N}$ mit e_j die Folge $(\delta_{j,n})_{n\in\mathbb{N}}$ in $c_0 \subset l_\infty$.

10.12 Lemma: *Sind $u \in l'_\infty$, $\varepsilon > 0$ und eine unendliche Teilmenge M von $\mathbb{N}$ gegeben, so gibt es eine unendliche Teilmenge N von M mit $\|u\|_N \le \varepsilon$.*

Beweis: Sei $(M_k)_{k\in\mathbb{N}}$ eine disjunkte Folge unendlicher Teilmengen von M. Dann gilt für jedes $m \in \mathbb{N}$:

$$\sum_{k=1}^{m} \|u\|_{M_k} = \sup\{|u(x)| : x \in l_\infty\Big(\bigcup_{k=1}^{m} M_k\Big), \|x\| \le 1\} \le \|u\|_M$$

und daher $\sum_{k=1}^{\infty} \|u\|_{M_k} < \infty$. Hieraus folgt die Behauptung. □

10.13 Lemma: *Sei $u \in l'_\infty$, und sei $u_j := u(e_j)$ für $j \in \mathbb{N}$. Ist M eine unendliche Teilmenge von $\mathbb{N}$, so gibt es eine unendliche Teilmenge N von M mit*

$$u(x) = \sum_{j=1}^{\infty} u_j x_j \quad \text{für alle } x \in l_\infty(N).$$

Beweis: Wir wenden 10.12 induktiv an und wählen eine absteigende Folge $(M_n)_{n\in\mathbb{N}}$ unendlicher Teilmengen von M mit $\|u\|_{M_n} \le \frac{1}{n}$ für alle $n \in \mathbb{N}$.

Ferner wählen wir induktiv eine Folge $(m_n)_{n\in\mathbb{N}}$ in $\mathbb{N}$ mit $m_n \in M_n$ und $m_n < m_{n+1}$ für alle $n \in \mathbb{N}$. Dann ist $N := \{m_n : n \in \mathbb{N}\}$ eine unendliche Teilmenge von M. Für $x \in l_\infty(N)$ und $k \in \mathbb{N}$ setzen wir

$$x^{[k]} := x - \sum_{j=1}^{k} x_j e_j = (0,\ldots,0,x_{k+1},\ldots)\,.$$

Für $k \ge m_n$ ist $x^{[k]}$ in $l_\infty(M_n)$. Daher gilt $|u(x^{[k]})| \le \frac{1}{n}\|x\|$ und folglich

$$\Big|u(x) - \sum_{j=1}^{k} u_j x_j\Big| = \Big|u\Big(x - \sum_{j=1}^{k} x_j e_j\Big)\Big| = |u(x^{[k]})| \le \frac{1}{n}\|x\|\,.$$

Hieraus folgt die Behauptung. □

10.14 Lemma: *Sei $\left(u^{(n)}\right)_{n\in\mathbb{N}}$ eine Folge in l'_∞, und sei $u_j^{(n)} := u^{(n)}(e_j)$ für $j,n \in \mathbb{N}$. Dann gibt es eine unendliche Teilmenge L von $\mathbb{N}$ mit*

$$u^{(n)}(x) = \sum_{j=1}^\infty u_j^{(n)} x_j \quad \text{für alle } x \in l_\infty(L) \text{ und } n \in \mathbb{N}.$$

Beweis: Wir wählen induktiv eine absteigende Folge $(L_n)_{n\in\mathbb{N}}$ unendlicher Teilmengen von $\mathbb{N}$ und setzen dazu $L_0 = \mathbb{N}$. Ist L_n bereits gewählt, so wählen wir nach 10.13 eine unendliche Teilmenge $L_{n+1} \subset L_n$ mit

$$u^{(n+1)}(x) = \sum_{j=1}^\infty u_j^{(n+1)} x_j \quad \text{für alle } x \in l_\infty(L_{n+1}).$$

Ferner wählen wir induktiv eine Folge $(l_n)_{n\in\mathbb{N}}$ in $\mathbb{N}$ mit $l_n \in L_n$ und $l_n < l_{n+1}$ für alle $n \in \mathbb{N}$. Dann ist $L := \{l_n : n \in \mathbb{N}\}$ eine unendliche Menge. Ist $n \in \mathbb{N}$ gegeben, so wähle $k \in \mathbb{N}$ mit $k \geq l_n$. Für $x \in l_\infty(L)$ ist dann $x^{[k]} := x - \sum_{j=1}^k x_j e_j$ in $l_\infty(L_n)$. Daher gilt

$$u^{(n)}(x) = u^{(n)}\left(\sum_{j=1}^k x_j e_j + x^{[k]}\right) = \sum_{j=1}^k u_j^{(n)} x_j + \sum_{j=k+1}^\infty u_j^{(n)} x_j = \sum_{j=1}^\infty u_j^{(n)} x_j. \qquad \square$$

10.15 Satz: *Es gibt keine stetige Projektion von l_∞ auf c_0.*

Beweis: Angenommen, P ist eine stetige Projektion in l_∞ mit $R(P) = c_0$. Dann setzen wir $u^{(n)} := P'f_n$, wobei $f_n = (\delta_{j,n})_{j\in\mathbb{N}} \in l_1 \subset l'_\infty$. Nach 10.14 gibt es eine unendliche Menge $L \subset \mathbb{N}$ mit

$$u^{(n)}(x) = \sum_{j=1}^\infty u_j^{(n)} x_j \quad \text{für alle } x \in l_\infty(L) \text{ und alle } n \in \mathbb{N},$$

wobei

$$u_j^{(n)} = u^{(n)}(e_j) = f_n(Pe_j) = f_n(e_j) = \delta_{n,j}.$$

Für $y \in l_\infty(L)$ mit $y_j = 1$ für alle $j \in L$ gilt daher

$$f_n(Py) = u^{(n)}(y) = 1 \quad \text{für alle } n \in L,$$

im Widerspruch zu $Py \in c_0$. $\qquad \square$

Aufgaben:

(1) Sei E ein normierter Raum. Zeigen Sie, daß E' in E''' ein topologisches Komplement besitzt. Gilt dasselbe auch für E und E''?

(2) Zeigen Sie, daß in $C[-1,1]$ der Unterraum aller geraden Funktionen ein topologisches Komplement besitzt.

(3) Zeigen Sie, daß die Abbildung $A : C[0,1] \longrightarrow c$, $A(f) := (f(\frac{1}{n}))_{n\in\mathbb{N}}$, eine stetige lineare Rechtsinverse besitzt.

(4) Seien E ein normierter Raum mit $\dim E \geq 2$, $y \in E'$, $y \neq 0$ und $H = N(y)$. Bestimmen Sie alle stetigen Projektionen P in E mit $R(P) = H$ und zeigen Sie, daß es Projektionen mit beliebig großer Norm gibt.

§ 11 Hilberträume

In diesem Abschnitt zeigen wir, daß diejenigen Banachräume, deren Norm durch ein Skalarprodukt induziert wird, besonders schöne Eigenschaften haben. Ein Skalarprodukt ist dabei folgendermaßen definiert:

Definition: Ein *Skalarprodukt* auf einem $\mathbb{K}$-Vektorraum E ist eine Abbildung $\langle \cdot \, , \cdot \rangle \colon E \times E \longrightarrow \mathbb{K}$ mit folgenden Eigenschaften:

(S1) $\langle \lambda x + \mu y \, , \, z \rangle = \lambda \langle x \, , \, z \rangle + \mu \langle y \, , \, z \rangle$ für alle $\lambda, \mu \in \mathbb{K}$, $x, y, z \in E$.

(S2) $\langle x \, , \, y \rangle = \overline{\langle y \, , \, x \rangle}$ für alle $x, y \in E$.

(S3) $\langle x \, , \, x \rangle \geq 0$ für alle $x \in E$ und $\langle x \, , \, x \rangle = 0$ nur für $x = 0$.

Besitzt die Funktion $\langle \cdot, \cdot \rangle$ die Eigenschaften (S1), (S2) und

(S3)' $\langle x, x \rangle \geq 0$ für alle $x \in E$,

so nennt man sie ein *Halbskalarprodukt* auf E.

Ein *Prähilbertraum* ist ein $\mathbb{K}$-Vektorraum E, versehen mit einem Skalarprodukt $\langle \cdot \, , \cdot \rangle$. Dieses wird im weiteren bei der Angabe eines Prähilbertraumes nicht mehr genannt.

11.1 Lemma: *Ist E ein $\mathbb{K}$–Vektorraum und $\langle \cdot, \cdot \rangle$ ein Halbskalarprodukt auf E, so setzt man $\|x\| := \sqrt{\langle x \, , \, x \rangle}$ für $x \in E$. Dann gelten:*

(1) $\|x + y\|^2 = \|x\|^2 + 2 \operatorname{Re} \langle x \, , \, y \rangle + \|y\|^2$ *für alle $x, y \in E$.*

(2) $|\langle x \, , \, y \rangle| \leq \|x\| \, \|y\|$ *für alle $x, y \in E$.*

(3) $\| \, \| \colon E \longrightarrow \mathbb{R}_+$ *ist eine Halbnorm auf E.*

(4) *Ist $\langle \cdot, \cdot \rangle$ ein Skalarprodukt, so ist $\| \, \|$ eine Norm auf E, und für jedes $y \in E$ ist $\Phi(y) := \langle \cdot \, , y \rangle$ eine stetige Linearform auf $(E, \| \cdot \|)$.*

Beweis: (1) Dies folgt unmittelbar aus (S1) und (S2).

(2) Ist $\langle x, y \rangle \neq 0$, so wählen wir $\lambda \in \mathbb{K}$ mit $|\lambda| = 1$ und $|\langle x, y \rangle| = \langle x, \lambda y \rangle$. Dann gilt nach (1) für alle $t \in \mathbb{R}$:

$$0 \leq \|x + t\lambda y\|^2 = \|x\|^2 + 2 \operatorname{Re} \langle x, \lambda t y \rangle + t^2 \|y\|^2 = \|x\|^2 + 2t |\langle x, y \rangle| + t^2 \|y\|^2.$$

Hieraus folgt bekanntlich $\|x\|^2 \, \|y\|^2 - |\langle x, y \rangle|^2 \geq 0$. Daher gilt (2).

(3) Wegen (1) und (2) gilt für alle $x, y \in E$:

$$\|x + y\|^2 = \|x\|^2 + 2\operatorname{Re}\langle x, y \rangle + \|y\|^2 \leq \|x\|^2 + 2\|x\|\,\|y\| + \|y\|^2 = (\|x\| + \|y\|)^2\,.$$

Daher erfüllt $\|\ \|$ die Dreiecksungleichung. Die übrigen Eigenschaften einer Halbnorm folgen leicht aus (S1) und (S3)$'$.

(4) Gilt (S3), so ist $\|\ \|$ eine Norm, und (2) folgt unmittelbar aus (S1).   □

Bemerkung: 11.1(2) bezeichnet man als die *Cauchy - Schwarzsche Ungleichung*. Wie ihr Beweis zeigt, gilt für Prähilberträume in ihr das Gleichheitszeichen genau dann, wenn x und y linear abhängig sind.

11.2 Lemma: *In jedem Prähilbertraum gelten für alle $x, y \in E$:*

(1) $\|x + y\|^2 + \|x - y\|^2 = 2(\|x\|^2 + \|y\|^2)$.

(2) $\langle x, y \rangle = \frac{1}{4}(\|x + y\|^2 - \|x - y\|^2) + \frac{i}{4}(\|x + iy\|^2 - \|x - iy\|^2)$, *falls* $\mathbb{K} = \mathbb{C}$
$\langle x, y \rangle = \frac{1}{4}(\|x + y\|^2 - \|x - y\|^2)$, *falls* $\mathbb{K} = \mathbb{R}$.

Beweis: Dies verifiziert man leicht mit Hilfe der Identität 11.1(1).   □

Bemerkung: (a) 11.2(1) bezeichnet man als die *Parallelogrammgleichung*; 11.2(2) nennt man die *Polarisationsgleichung*.

(b) Ein normierter Raum E ist genau dann ein Prähilbertraum, wenn seine Norm die Parallelogrammgleichung erfüllt. Die Notwendigkeit dieser Bedingung ist klar nach 11.2. Um ihre Hinlänglichkeit einzusehen, definiert man auf $E \times E$ durch die Formel 11.2(2) eine Abbildung $\langle \cdot, \cdot \rangle$ und zeigt mittels 11.1(1), daß diese ein Skalarprodukt ist. Dabei beweist man $\langle \lambda x, y \rangle = \lambda \langle x, y \rangle$ zunächst für $\lambda \in \mathbb{N}_0$, schließt damit auf $\lambda \in \mathbb{Q}$ und mittels eines Stetigkeitsarguments auf $\lambda \in \mathbb{R}$ bzw. $\lambda \in \mathbb{C}$.

Definition: Ein Prähilbertraum, der unter der Norm $\|x\| = \sqrt{\langle x, x \rangle}$ vollständig ist, heißt *Hilbertraum*.

11.3 Beispiele: (1) Auf dem Raum l_2 wird nach 7.6 durch

$$\langle x, y \rangle := \sum_{j=1}^{\infty} x_j \overline{y}_j$$

ein Skalarprodukt definiert. Die zugehörige Norm stimmt mit der auf l_2 bereits definierten überein. Also ist l_2 nach 7.10 ein Hilbertraum.

(2) Jeder abgeschlossene Unterraum eines Hilbertraumes ist ein Hilbertraum.

(3) Für jedes $n \in \mathbb{N}$ ist $l_2^n := \mathbb{K}^n$, versehen mit dem Skalarprodukt $\langle x, y \rangle := \sum_{j=1}^{n} x_j \overline{y}_j$, ein Hilbertraum.

(4) Ist E ein Prähilbertraum, so ist seine vollständige Hülle $\widehat{E}$ ein Hilbertraum. Denn auf $\widehat{E} \times \widehat{E}$ kann man durch 11.2(2) eine Funktion definieren, welche das auf $E \times E$ gegebene Skalarprodukt stetig fortsetzt und daher ein Skalarprodukt ist.

(5) Auf dem $\mathbb{C}$-Vektorraum $C[0, 2\pi]$ wird durch

$$\langle f, g \rangle := \int_0^{2\pi} f(t)\overline{g(t)}\, dt$$

ein Skalarprodukt definiert. Hierdurch wird $C[0, 2\pi]$ zum Prähilbertraum. Man zeigt leicht, daß $C[0, 2\pi]$ nicht vollständig und daher kein Hilbertraum ist.

In dem folgenden Satz zeigen wir eine wichtige Eigenschaft von Hilberträumen.

11.4 Satz: *Sei $A \neq \emptyset$ eine konvexe abgeschlossene Teilmenge eines Hilbertraumes E. Dann gibt es zu jedem $x \in E$ genau ein $x_0 \in A$ mit*

$$\|x - x_0\| = \operatorname{dist}(x, A)\,.$$

Beweis: Wegen $\operatorname{dist}(x, A) = \inf_{a \in A} \|x - a\|$ gibt es eine Folge $(x_n)_{n \in \mathbb{N}}$ in A mit $\|x - x_n\| \longrightarrow \operatorname{dist}(x, A)$. Wendet man die Parallelogrammgleichung 11.2(1) auf $x - x_n$ und $x - x_m$ an, so erhält man

$$\|2x - x_n - x_m\|^2 + \|x_m - x_n\|^2 = 2\big(\|x - x_n\|^2 + \|x - x_m\|^2\big)\,.$$

Wegen der Konvexität von A folgt hieraus

$$(*) \qquad \begin{aligned} \|x_m - x_n\|^2 &= 2\big(\|x - x_n\|^2 + \|x - x_m\|^2\big) - 4\big\|x - \frac{x_n + x_m}{2}\big\|^2 \\ &\leq 2\big(\|x - x_n\|^2 + \|x - x_m\|^2\big) - 4\operatorname{dist}(x, A)^2\,. \end{aligned}$$

Also ist $(x_n)_{n \in \mathbb{N}}$ eine Cauchy-Folge in E und daher konvergent. Für ihren Grenzwert x_0 gelten

$$x_0 \in A \quad \text{und} \quad \|x - x_0\| = \lim_{n \to \infty} \|x - x_n\| = \operatorname{dist}(x, A)\,.$$

Ist x_1 ein weiteres Element von A mit $\|x - x_1\| = \operatorname{dist}(x, A)$, so wendet man $(*)$ mit $m = 0$ und $n = 1$ an und erhält $\|x_0 - x_1\| \leq 0$, d.h. $x_0 = x_1$. $\qquad \square$

Definition: Elemente x und y eines Prähilbertraumes E heißen *orthogonal*, falls $\langle x, y \rangle = 0$ gilt. Man schreibt dann $x \perp y$. Für einen Unterraum F von E definiert man den *Orthogonalraum* $F^\perp$ von F als

$$F^\perp := \{x \in E \ : \ x \perp y \text{ für alle } y \in F\}\,.$$

Für orthogonale Elemente x, y gilt nach 11.1(1) der *Satz von Pythagoras*:

$$\|x + y\|^2 = \|x\|^2 + 2\operatorname{Re}\langle x, y \rangle + \|y\|^2 = \|x\|^2 + \|y\|^2\,.$$

Der Orthogonalraum eines Unterraumes F ist ein abgeschlossener Unterraum, da nach 11.1(4) gilt

$$F^\perp = \bigcap_{y \in F} N(\Phi(y)) = \{\Phi(y) \ : \ y \in F\}^\circ\,.$$

11.5 Lemma: *Sei F ein Unterraum des Prähilbertraumes E. Dann sind für $x \in E$ und $x_0 \in F$ äquivalent:*

(1) $\|x - x_0\| = \mathrm{dist}(x, F)$.

(2) $x - x_0 \in F^\perp$.

Beweis: (1) $\Rightarrow$ (2): Zu gegebenem $y \in F$ wähle man $\lambda \in \mathbb{K}$ mit $|\lambda| = 1$ und $\langle x - x_0 , \lambda y \rangle = -|\langle x - x_0 , y \rangle|$. Wegen $t\lambda y \in F$ für $t > 0$ gilt nach 11.1(1):

$$\mathrm{dist}(x, F)^2 \leq \|x - x_0 + t\lambda y\|^2 = \|x - x_0\|^2 - 2t|\langle x - x_0 , y \rangle| + t^2 \|y\|^2.$$

Mit (1) folgt hieraus $2|\langle x - x_0 , y \rangle| \leq t\|y\|^2$ für alle $t > 0$. Daher gilt (2).

(2) $\Rightarrow$ (1): Dies folgt aus dem Satz von Pythagoras, da für jedes $y \in F$ gilt:

$$\|x - (x_0 + y)\|^2 = \|(x - x_0) - y\|^2 = \|x - x_0\|^2 + \|y\|^2. \qquad \square$$

Definition: Sei E ein Prähilbertraum. Zwei Unterräume G und H von E heißen *orthogonal* $(G \perp H)$, falls $x \perp y$ für alle $x \in G$ und $y \in H$. Ist dies der Fall, so bezeichnet man $G \oplus H := G + H \subset E$ als die *orthogonale direkte Summe* von G und H.

Eine Projektion P in E heißt *orthogonal*, falls $R(P) \perp N(P)$.

11.6 Bemerkung: (a) Für orthogonale Unterräume G und H eines Prähilbertraumes E gilt $G \cap H = \{0\}$.

(b) Für jede orthogonale Projektion $P \neq 0$ in einem Prähilbertraum E gilt $\|P\| = 1$. Denn der Satz von Pythagoras impliziert

$$\|Px\|^2 \leq \|Px\|^2 + \|x - Px\|^2 = \|x\|^2 \quad \text{für alle } x \in E.$$

Nach 11.5 gilt ferner $\|x - Px\| = \mathrm{dist}(x, R(P))$ für alle $x \in E$.

11.7 Satz: *Für jeden abgeschlossenen Unterraum F eines Hilbertraumes E gelten:*

(1) $E = F \oplus F^\perp$.

(2) F *und* $F^\perp$ *sind topologisch komplementär.*

(3) E/F *ist isometrisch isomorph zu* $F^\perp$ *und also ein Hilbertraum.*

Beweis: (1) Offenbar gilt $F \perp F^\perp$. Um $F + F^\perp = E$ zu zeigen, sei $x \in E$ beliebig vorgegeben. Dann gibt es nach 11.4 ein $x_0 \in F$ mit $\|x - x_0\| = \mathrm{dist}(x, F)$. Nach 11.5 impliziert dies $x - x_0 \in F^\perp$ und daher $x = x_0 + (x - x_0) \in F + F^\perp$.

(2) Nach (1) und der Vorbemerkung (a) sind F und $F^\perp$ algebraisch komplementär. Daher ist die Projektion von E auf F längs $F^\perp$ orthogonal, also stetig nach der Vorbemerkung (b).

(3) Seien $q : E \longrightarrow E/F$ die Quotientenabbildung und P die Projektion von E auf F längs $F^\perp$. Nach 11.6(b) gilt für jedes $x \in F^\perp$:

$$\|x\| = \mathrm{dist}(x, R(P)) = \mathrm{dist}(x, F) = \|q(x)\|.$$

Daher ist $q|_{F^\perp} : F^\perp \longrightarrow E/F$ isometrisch und offenbar auch surjektiv. $\qquad \square$

Bemerkung: Nach 11.7 besitzt jeder abgeschlossene Unterraum eines Hilbertraumes ein topologisches Komplement. Wie Lindenstrauss und Tzafriri [LT] 1971 gezeigt haben, ist dies charakteristisch für Hilberträume. Es gilt nämlich: Ein Banachraum ist isomorph zu einem Hilbertraum genau dann, wenn jeder abgeschlossene Unterraum ein topologisches Komplement besitzt.

11.8 Corollar: *Für jeden Unterraum F eines Hilbertraumes E gelten:*

(a) $\overline{F}^{\perp} = F^{\perp}$ *und* $\overline{F} = F^{\perp\perp}$.

(b) *F ist dicht in E genau dann, wenn $F^{\perp} = \{0\}$.*

Beweis: (a) Aus $F \subset \overline{F}$ folgt $F^{\perp} \supset \overline{F}^{\perp}$. Ist $y \in F^{\perp}$, so folgt aus 11.1(4), daß $\Phi(y)$ auf F und daher auch auf $\overline{F}$ verschwindet. Daher gilt $y \in \overline{F}^{\perp}$ und folglich $F^{\perp} = \overline{F}^{\perp}$. Nach 11.7 sind nun $\overline{F}$ und $\overline{F}^{\perp} = F^{\perp}$ aber auch $F^{\perp}$ und $F^{\perp\perp}$ algebraisch komplementär. Wegen $\overline{F} \subset F^{\perp\perp}$ impliziert dies $\overline{F} = F^{\perp\perp}$.

(b) Dies folgt unmittelbar aus (a). □

Ein Hilbertraum ist in gewisser Weise immer sein eigener Dualraum. Diese zentrale Eigenschaft wollen wir nun beweisen.

11.9 Rieszscher Darstellungssatz: *Seien E ein Hilbertraum und $y \in E'$. Dann gibt es genau ein $\eta \in E$ mit*

$$y(x) = \langle x \,, \eta \rangle \quad \text{für alle } x \in E,$$

und es gilt $\|\eta\| = \|y\|$.

Beweis: Wir können o.B.d.A. $y \neq 0$ annehmen. Dann gibt es ein $\eta_0 \in N(y)^{\perp}$ mit $\|\eta_0\| = 1$. Für $x \in E$ ist $\xi(x) := y(\eta_0)x - y(x)\eta_0$ in $N(y)$. Daher gilt

$$0 = \langle \xi(x) \,, \eta_0 \rangle = y(\eta_0)\langle x \,, \eta_0 \rangle - y(x) = \langle x \,, \overline{y(\eta_0)}\eta_0 \rangle - y(x) \quad \text{für alle } x \in E.$$

Also hat $\eta := \overline{y(\eta_0)}\eta_0$ die gewünschte Eigenschaft. Gilt $\langle x \,, \eta \rangle = \langle x \,, \eta' \rangle$ für alle $x \in E$, so ist $\eta - \eta' \in E^{\perp} = \{0\}$. Also ist η eindeutig bestimmt. Aus $\langle \frac{\eta}{\|\eta\|} \,, \eta \rangle = \|\eta\|$ und der Cauchy-Schwarzschen Ungleichung folgt

$$\|y\| = \sup_{\|x\| \leq 1} |y(x)| = \sup_{\|x\| \leq 1} |\langle x \,, \eta \rangle| = \|\eta\|. \qquad \square$$

Ist E ein Prähilbertraum und $\eta \in E$, so ist

$$\Phi(\eta) : x \longmapsto \langle x, \eta \rangle, \quad x \in E,$$

nach 11.1(4) in E'. Die so definierte Abbildung $\Phi \colon E \longrightarrow E'$ ist *antilinear*, d.h.

$$\Phi(\lambda\eta + \mu\zeta) = \overline{\lambda}\Phi(\eta) + \overline{\mu}\Phi(\zeta) \quad \text{für alle } \lambda, \mu \in \mathbb{K}, \eta, \zeta \in E.$$

Wie im Beweis von 11.9 zeigt man, daß Φ ein Isometrie ist. Für Hilberträume E ist Φ nach 11.9 surjektiv. Daher kann man auf E' durch

$$\langle y, z\rangle' := \langle \Phi^{-1}(z), \Phi^{-1}(y)\rangle, \quad y, z \in E',$$

ein Skalarprodukt einführen, welches E' zu einem Hilbertraum macht.

11.10 Corollar: *Jeder Hilbertraum E ist reflexiv.*

Beweis: Zu $z \in E''$ gibt es nach 11.9 und der Vorbemerkung ein $\zeta \in E'$, so daß $z(y) = \langle y, \zeta\rangle'$ für alle $y \in E'$. Daher gilt nach der Definition von Φ:

$$z(y) = \langle y, \zeta\rangle' = \langle \Phi^{-1}(\zeta), \Phi^{-1}(y)\rangle = y\big(\Phi^{-1}(\zeta)\big) \quad \text{für alle } y \in E'.$$

Wegen $\Phi^{-1}(\zeta) \in E$ beweist dies $E'' = E$. $\qquad\qquad\qquad\qquad\qquad\qquad$ $\square$

Definition: Seien E und F Hilberträume und $A \in L(E, F)$. Dann ist für jedes $y \in F$ das lineare Funktional $x \longmapsto \langle Ax, y\rangle$ stetig. Nach 11.9 gibt es daher ein eindeutig bestimmtes Element $A^*y \in E$ mit

$$\langle Ax, y\rangle = \langle x, A^*y\rangle \quad \text{für alle } x \in E.$$

Die so definierte Abbildung $A^*\colon F \longrightarrow E$ heißt die *adjungierte Abbildung* zu A.

Die adjungierte Abbildung A^* zu $A \in L(E, F)$ ist bis auf die kanonischen Identifizierungen identisch mit der zu A dualen Abbildung A'. Denn die definierende Eigenschaft von A^* besagt gerade

$$A'\big(\Phi_F y\big) = \Phi_E\big(A^*y\big) \quad \text{für alle } y \in F,$$

d.h. es gilt $A^* = \Phi_E^{-1} \circ A' \circ \Phi_F$.

11.11 Satz: *Seien E, F und G Hilberträume. Dann gelten:*

(1) *Die Zuordnung $A \longmapsto A^*$ ist eine antilineare, bijektive Isometrie von $L(E, F)$ auf $L(F, E)$.*

(2) *$A^{**} = A$ für jedes $A \in L(E, F)$.*

(3) *$\|A^*A\| = \|A\|^2$ für jedes $A \in L(E, F)$.*

(4) *$(B \circ A)^* = A^* \circ B^*$ für jedes $A \in L(E, F)$, $B \in L(F, G)$.*

Beweis: (1) Für $A \in L(E, F)$ gilt nach der Vorbemerkung $A^* = \Phi_E^{-1} \circ A' \circ \Phi_F$. Da Φ_F und Φ_E^{-1} antilineare Isometrien sind, gelten $A^* \in L(F, E)$ und $\|A^*\| = \|A'\| = \|A\|$ nach 9.1(a). Die Antilinearität der Zuordnung $A \longmapsto A^*$ rechnet man leicht nach; die Surjektivität folgt aus (2).

(2) Für alle $x \in E$ und $y \in F$ gilt

$$\langle y, (A^*)^*x\rangle = \langle A^*y, x\rangle = \overline{\langle x, A^*y\rangle} = \overline{\overline{\langle Ax, y\rangle}} = \langle y, Ax\rangle.$$

(3) Nach (1) gilt

$$\|A\|^2 = \sup_{\|x\| \leq 1} \|Ax\|^2 = \sup_{\|x\| \leq 1} \langle Ax\,, Ax \rangle = \sup_{\|x\| \leq 1} \langle x\,, A^*Ax \rangle$$
$$\leq \|A^*A\| \leq \|A^*\|\,\|A\| = \|A\|^2\,.$$

(4) Dies folgt mit der Vorbemerkung aus 9.1(b).   □

Für Hilberträume E und F sowie $A \in L(E, F)$ gilt

$$R(A)^{\perp} = \{y \in F \,:\, \langle Ax\,, y \rangle = 0 \text{ für alle } x \in E\}$$
$$= \{y \in F \,:\, \langle x\,, A^*y \rangle = 0 \text{ für alle } x \in E\} = N(A^*)\,.$$

Wendet man dies auf A^* an, so folgt aus 11.11(2):

$$R(A^*)^{\perp} = N(A^{**}) = N(A)\,.$$

Der Satz vom abgeschlossenen Wertebereich lautet daher so:

11.12 Satz: *Seien E und F Hilberträume. Für $A \in L(E, F)$ sind äquivalent:*

(1) *$R(A)$ ist abgeschlossen.*   (3) *$R(A^*)$ ist abgeschlossen.*
(2) *$R(A) = N(A^*)^{\perp}$.*   (4) *$R(A^*) = N(A)^{\perp}$.*

Beweis: (1) ⇔ (2) und (3) ⇔ (4) ergeben sich unmittelbar aus der Vorbemerkung und 11.8(a).

(1) ⇔ (3) folgt sofort aus dem Satz vom abgeschlossenen Wertebereich 9.4 und $A^* = \Phi_E^{-1} \circ A' \circ \Phi_F$.   □

Definition: Seien E und F Hilberträume. Ein Operator $A \in L(E)$ heißt *selbstadjungiert*, falls $A^* = A$. Ein Operator $A \in L(E, F)$ heißt *unitär*, falls $A^* = A^{-1}$.

11.13 Lemma: *Sei A ein selbstadjungierter Operator in einem Hilbertraum E. Dann gelten:*

(1) $\langle Ax\,, x \rangle \in \mathbb{R}$ *für alle $x \in E$.*

(2) $\|A\| = \sup\{|\langle Ax\,, x \rangle| \,:\, \|x\| = 1\}$.

Beweis: (1) Da A selbstadjungiert ist, gilt für jedes $x \in E$

$$\overline{\langle Ax\,, x \rangle} = \langle x\,, Ax \rangle = \langle A^*x\,, x \rangle = \langle Ax\,, x \rangle\,.$$

(2) Offenbar gilt

$$C := \sup_{\|x\|=1} |\langle Ax\,, x \rangle| \leq \sup_{\|x\|=1} \|Ax\|\,\|x\| = \|A\|\,.$$

Um $\|A\| \leq C$ zu zeigen, beachten wir, daß wegen $A^* = A$ für alle $x, y \in E$ gilt

$$\langle A(x \pm y)\,,\, x \pm y \rangle = \langle Ax\,,\, x \rangle \pm 2\,\mathrm{Re}\langle Ax\,,\, y \rangle + \langle Ay\,,\, y \rangle.$$

Hieraus folgt

$$\mathrm{Re}\langle Ax\,,\, y \rangle = \frac{1}{4}\left(\langle A(x+y)\,,\, x+y \rangle - \langle A(x-y)\,,\, x-y \rangle \right).$$

Fixiert man nun $x, y \in E$ mit $\|x\| \leq 1$ und $\|y\| \leq 1$ und wählt man $\lambda \in \mathbb{K}$ mit $|\lambda| = 1$ und $|\langle Ax\,,\, y \rangle| = \mathrm{Re}\langle Ax\,,\, \lambda y \rangle$, so folgt aus 11.2(1):

$$\begin{aligned} |\langle Ax\,,\, y \rangle| &= \mathrm{Re}\,\langle Ax\,,\, \lambda y \rangle \leq \frac{C}{4}\left(\|x + \lambda y\|^2 + \|x - \lambda y\|^2 \right) \\ &= \frac{C}{4}\left(2\|x\|^2 + 2\|\lambda y\|^2 \right) \leq C. \end{aligned}$$

Hieraus folgt die Behauptung, da $\|Ax\| = \sup_{\|y\| \leq 1} |\langle Ax\,,\, y \rangle|$. $\qquad\square$

11.14 Lemma: *Eine Projektion P in einem Hilbertraum E ist orthogonal genau dann, wenn sie selbstadjungiert ist.*

Beweis: Ist P orthogonal, so gilt für alle $x, y \in E$:

$$\langle Px\,,\, y \rangle = \langle Px\,,\, y - Py + Py \rangle = \langle Px\,,\, Py \rangle = \langle Px - x + x\,,\, Py \rangle = \langle x\,,\, Py \rangle.$$

Daher ist P selbstadjungiert.

Ist andererseits P selbstadjungiert, so gilt

$$\langle Px\,,\, y - Py \rangle = \langle x\,,\, Py - P^2 y \rangle = 0 \quad \text{für alle } x, y \in E.$$

Folglich ist P orthogonal. $\qquad\square$

Um für spätere Anwendungen noch eine Folgerung aus dem Rieszschen Darstellungssatz zu notieren, führen wir den folgenden Begriff ein.

Definition: Seien E und F Prähilberträume. Eine *Sesquilinearform* $b : E \times F \longrightarrow \mathbb{K}$ ist eine Abbildung, welche linear in der ersten und antilinear in der zweiten Variablen ist.

Eine Sesquilinearform $b : E \times F \longrightarrow \mathbb{K}$ ist offenbar genau dann stetig, wenn sie in Null stetig ist bzw. wenn ein $M > 0$ existiert mit

$$|b(x, y)| \leq M\|x\|\,\|y\| \quad \text{für alle } (x, y) \in E \times F.$$

11.15 Lemma: *Seien E und F Hilberträume und $b : E \times F \longrightarrow \mathbb{K}$ eine stetige Sesquilinearform. Dann gibt es genau ein $B \in L(E, F)$ mit $b(x, y) = \langle Bx, y \rangle$ für alle $(x, y) \in E \times F$, und aus*

$$|b(x, y)| \leq M \|x\| \, \|y\| \quad \text{für alle } (x, y) \in E \times F$$

folgt $\|B\| \leq M$.

Beweis: Für jedes $y \in F$ ist $\varphi_y : x \longmapsto b(x, y)$ ein Element von E'. Daher gibt es nach 11.9 genau ein $B_1 y \in E$ mit $b(x, y) = \langle x, B_1 y \rangle$ für alle $x \in E$, und es gilt

$$\|B_1 y\| = \|\varphi_y\| \leq M \|y\| \, .$$

B_1 ist linear, da $B_1 y$ durch y eindeutig bestimmt ist und b in der zweiten Variablen antilinear ist. Daher ist $B_1 \in L(F, E)$, und $B := B_1^*$ hat die angegebenen Eigenschaften. $\qquad\square$

Aufgaben:

(1) Beweisen Sie die Bemerkung (b) zu 11.2.

(2) Beweisen Sie die folgenden Aussagen:

(α) Für $1 \leq p \leq \infty$, $p \neq 2$, ist l_p kein Hilbertraum.

(β) c_0 ist nicht isomorph zu einem Hilbertraum.

(γ) Der in 11.3(5) genannte Prähilbertraum ist nicht vollständig.

(3) Zeigen Sie, daß für jeden Prähilbertraum E die folgenden Aussagen äquivalent sind:

(a) E ist vollständig.

(b) In E gilt 11.7(1).

(c) Für jeden abgeschlossenen Unterraum F von E gilt $F = F^{\perp\perp}$.

(d) In E gilt der Rieszsche Darstellungssatz.

(4) Seien E ein Hilbertraum und $A : E \longrightarrow E$ eine lineare Abbildung mit $\langle Ax, y \rangle = \langle x, Ay \rangle$ für alle $x, y \in E$. Zeigen Sie, daß A stetig ist.

(5) Seien E ein Hilbertraum und F ein Unterraum von E. Zeigen Sie, daß man die Aussage von Satz 6.9 aus dem Rieszschen Darstellungssatz 11.9 folgern kann.

(6) Sei $A \in L(l_2)$. Zeigen Sie:

(a) Es gibt genau eine Matrix $(a_{j,k})_{j,k \in \mathbb{N}}$ in $\mathbb{K}^{\mathbb{N} \times \mathbb{N}}$, so daß

$$Ax = \left(\sum_{k=1}^{\infty} a_{j,k} x_k \right)_{j \in \mathbb{N}} \quad \text{für} \quad x = (x_k)_{k \in \mathbb{N}} \in l_2.$$

(b) $a_{j,k} = \langle Ae_k, e_j \rangle$, wo $e_j = (\delta_{j,k})_{k \in \mathbb{N}} \in l_2$.

(c) Bestimmen Sie die Matrix von A^*.

(7) Seien E und F Prähilberträume und $U : E \longrightarrow F$ eine lineare Isometrie. Zeigen Sie:

(a) Es gilt $\langle Ux, Uy \rangle = \langle x, y \rangle$ für alle $x, y \in E$.

(b) Ist E ein Hilbertraum und U surjektiv, so ist U unitär.

§ 12 Orthonormalsysteme

In diesem Abschnitt beschäftigen wir uns mit Orthonormalsystemen und Orthonormalbasen in Hilberträumen. Um dies in dem geeigneten Rahmen tun zu können, befassen wir uns kurz mit summierbaren Familien und konvergenten Reihen in normierten Räumen.

Definition: Seien $I \neq \emptyset$ eine Menge und E ein normierter Raum. Eine Familie $(x_i)_{i \in I}$ von Elementen von E heißt *summierbar*, wenn ein $x \in E$ existiert, so daß es zu jedem $\varepsilon > 0$ eine endliche Teilmenge M_0 von I gibt, so daß für jede endliche Teilmenge M von I mit $M_0 \subset M$ gilt: $\|x - \sum_{i \in M} x_i\| \leq \varepsilon$.

Wie man leicht sieht, ist x hierdurch eindeutig bestimmt und wird als die Summe der x_i bezeichnet; wir schreiben $x = \sum_{i \in I} x_i$.

Definition: Seien E ein normierter Raum und $(x_k)_{k \in \mathbb{N}}$ eine Folge in E. Die zugehörige Reihe $\sum_{k=1}^{\infty} x_k$ heißt konvergent, falls die Folge $(\sum_{k=1}^{n} x_k)_{n \in \mathbb{N}}$ ihrer Partialsummen konvergiert.

12.1 Bemerkung: Seien E ein normierter Raum und $(x_i)_{i \in I}$ eine Familie von Elementen von E.

(a) Ist $I = \mathbb{N}$ und ist $(x_i)_{i \in \mathbb{N}}$ summierbar, so konvergiert die Reihe $\sum_{i=1}^{\infty} x_i$ gegen die Summe der x_i. Die Umkehrung dieser Aussage ist bekanntlich schon für $E = \mathbb{K}$ nicht richtig.

(b) Ist $E = \mathbb{K}$, so ist $(x_i)_{i \in I}$ genau dann summierbar, wenn $(|x_i|)_{i \in I}$ summierbar ist. Dies ist genau dann der Fall, wenn

$$\sup \left\{ \sum_{i \in M} |x_i| : M \subset I, \ M \text{ endlich} \right\} < \infty.$$

(c) Ist F ein normierter Raum, $A \in L(E, F)$, und ist $(x_i)_{i \in I}$ summierbar, so ist auch $(Ax_i)_{i \in I}$ summierbar, und es gilt $\sum_{i \in I} Ax_i = A(\sum_{i \in I} x_i)$.

Definition: Seien $I \neq \emptyset$ eine Menge und E ein Prähilbertraum. Eine Familie $(e_i)_{i \in I}$ in E heißt *Orthonormalsystem*, falls $\langle e_i, e_j \rangle = \delta_{i,j}$ für alle $i, j \in I$.

12.2 Bemerkung: Sei $(e_i)_{i \in M}$ ein endliches Orthonormalsystem in einem Prähilbertraum E. Wie man leicht einsieht, ist die Zuordnung $P : x \longmapsto \sum_{i \in M} \langle x, e_i \rangle e_i$ eine orthogonale Projektion in E mit $R(P) = \text{span}\{e_i : i \in M\}$. Ferner gilt für alle $(\lambda_i)_{i \in M}$ in $\mathbb{K}^M$:

$$\left\| \sum_{i \in M} \lambda_i e_i \right\|^2 = \left\langle \sum_{i \in M} \lambda_i e_i, \sum_{j \in M} \lambda_j e_j \right\rangle = \sum_{i,j \in M} \lambda_i \bar{\lambda}_j \langle e_i, e_j \rangle = \sum_{i \in M} |\lambda_i|^2.$$

Hieraus folgt, daß die Familie $(e_i)_{i \in M}$ linear unabhängig ist. Ferner erhält man aus 11.6(b):

$$\sum_{i \in M} |\langle x \,, e_i \rangle|^2 = \|Px\|^2 \le \|P\|^2 \|x\|^2 = \|x\|^2 \quad \text{für alle } x \in E.$$

Wendet man dies auf alle endlichen Teilmengen einer (unendlichen) Indexmenge I an, so erhält man aus 12.1(b) die *Besselsche Ungleichung*:

12.3 Satz: *Ist $(e_i)_{i \in I}$ ein Orthonormalsystem in dem Prähilbertraum E, so gilt:*

$$\sum_{i \in I} |\langle x \,, e_i \rangle|^2 \le \|x\|^2 \text{ für alle } x \in E.$$

Der folgende Satz klärt, wann in der Besselschen Ungleichung das Gleichheitszeichen gilt.

12.4 Satz: *Für jedes Orthonormalsystem $(e_i)_{i \in I}$ in einem Prähilbertraum E sind die folgenden Aussagen äquivalent:*

(1) $\text{span}\{e_i : i \in I\}$ *ist dicht in E.*

(2) *Für jedes $x \in E$ gilt $x = \sum_{i \in I} \langle x \,, e_i \rangle e_i$.*

(3) *Für jedes $x \in E$ gilt die Parsevalsche Gleichung $\|x\|^2 = \sum_{i \in I} |\langle x \,, e_i \rangle|^2$.*

Ist $I = \mathbb{N}$, so sind (1) – (3) äquivalent zu

(4) *Für jedes $x \in E$ gilt $x = \sum_{n=1}^{\infty} \langle x \,, e_n \rangle e_n$.*

Beweis: Für jede endliche Teilmenge M von I ist $P_M \colon x \longmapsto \sum_{i \in M} \langle x \,, e_i \rangle e_i$ nach 12.2 eine orthogonale Projektion von E auf $E_M := \text{span}\{e_i : i \in M\}$ mit

$$(*) \qquad \|x\|^2 = \sum_{i \in M} |\langle x \,, e_i \rangle|^2 + \|x - P_M x\|^2 \text{ für alle } x \in E.$$

(1)$\Rightarrow$(3): Sind $x \in E$ und $\varepsilon > 0$ gegeben, so gibt es nach (1) eine endliche Teilmenge M_0 von I und ein $y \in E_{M_0}$ mit $\|x - y\| \le \varepsilon$. Ist $M \supset M_0$ eine beliebige endliche Teilmenge von I, so gilt $y \in E_{M_0} \subset E_M$. Daher folgt mit $(*)$ und 11.6:

$$0 \le \|x\|^2 - \sum_{i \in M} |\langle x \,, e_i \rangle|^2 = \|x - P_M x\|^2 = \text{dist}(x, E_M)^2 \le \|x - y\|^2 \le \varepsilon^2.$$

Folglich gilt (3).

(3) $\Rightarrow$ (2): Wegen $(*)$ gilt für jedes $x \in E$ und jede endliche Teilmenge M von I

$$\|x - \sum_{i \in M} \langle x \,, e_i \rangle e_i\|^2 = \|x\|^2 - \sum_{i \in M} |\langle x \,, e_i \rangle|^2.$$

Hieraus folgt leicht, daß die Familie $\big(\langle x \,, e_i \rangle e_i \big)_{i \in I}$ gegen x summierbar ist.

(2) $\Rightarrow$ (1): Dies folgt unmittelbar aus der Definition der Summierbarkeit. Ist $I = \mathbb{N}$, so folgt (1) auch aus (4), während (4) nach 12.1(a) aus (2) folgt. $\quad \Box$

Definition: Ein Orthonormalsystem in einem Prähilbertraum heißt *vollständig* oder *Orthonormalbasis*, falls es eine der äquivalenten Bedingungen (1) - (3) aus 12.4 erfüllt.

Bemerkung: Seien E ein Hilbertraum und $(e_i)_{i \in I}$ ein Orthonormalsystem in E. Nach 11.8(b) ist span$\{e_i : i \in I\}$ genau dann dicht in E, wenn aus $x \perp e_i$ für alle $i \in I$ folgt $x = 0$. Daher ist $(e_i)_{i \in I}$ genau dann vollständig, wenn nur der Nullvektor zu allen e_i orthogonal ist. Wie das Beispiel in Aufgabe 12.(5) zeigt, gilt diese Äquivalenz nicht in Prähilberträumen.

12.5 Bemerkung: Sei $(e_i)_{i \in I}$ eine Orthonormalbasis des Prähilbertraumes E.

(a) Dann ist $(e_i)_{i \in I}$ auch eine Orthonormalbasis in dem Hilbertraum $\widehat{E}$, weil span$\{e_i : i \in I\}$ in E und daher auch in $\widehat{E}$ dicht ist.

(b) Für alle $x, y \in E$ gilt nach 12.4(2), 11.1(4) und 12.1(c):

$$\langle x, y \rangle = \Big\langle \sum_{i \in I} \langle x, e_i \rangle e_i, y \Big\rangle = \sum_{i \in I} \langle x, e_i \rangle \langle e_i, y \rangle = \sum_{i \in I} \langle x, e_i \rangle \overline{\langle y, e_i \rangle} .$$

(c) Hat $x \in E$ eine Darstellung $x = \sum_{i \in I} \lambda_i e_i$, so gilt $\lambda_i = \langle x, e_i \rangle$ für alle $i \in I$.

12.6 Satz: *Jedes Orthonormalsystem in einem Hilbertraum E läßt sich zu einer Orthonormalbasis von E erweitern. Insbesondere besitzt jeder nicht-triviale Hilbertraum eine Orthonormalbasis.*

Beweis: Sei $(e_i)_{i \in I}$ ein Orthonormalsystem in E. Um das Zornsche Lemma 1.1 anzuwenden, setzen wir

$$Z := \{M \subset E : M \text{ ist ein Orthonormalsystem in } E \text{ und } e_i \in M \text{ für alle } i \in I\},$$

und nehmen die Inklusion als Ordnungsrelation auf Z. Man sieht leicht ein, daß $(Z, \subset)$ induktiv geordnet ist. Daher gibt es ein maximales Element M_0 in Z. Sei F die lineare Hülle von M_0. Nimmt man $\overline{F} \neq E$ an, so gibt es nach 11.8(b) ein $e_0 \in F^\perp$ mit $\|e_0\| = 1$. Dann ist $M_0 \cup \{e_0\}$ in Z, im Widerspruch zur Maximalität von M_0. Folglich ist die lineare Hülle F von M_0 dicht in E. Also ist $(e)_{e \in M_0}$ eine Orthonormalbasis von E, welche $(e_i)_{i \in I}$ enthält.   □

In separablen Prähilberträumen erhält man die Existenz einer Orthonormalbasis mit Hilfe des folgenden *Orthonormalisierungsverfahrens* von Gram-Schmidt.

12.7 Lemma: *Sei $(x_n)_{n \in \mathbb{N}}$ eine Folge linear unabhängiger Elemente des Prähilbertraumes E. Dann gibt es ein Orthonormalsystem $(e_n)_{n \in \mathbb{N}}$ in E mit*

$$\text{span}\{x_1, \ldots, x_n\} = \text{span}\{e_1, \ldots, e_n\} \quad \text{für alle } n \in \mathbb{N}.$$

Beweis: Wir setzen $e_1 := \|x_1\|^{-1} x_1$ und nehmen an, daß $e_1, \ldots, e_n$ bereits gefunden sind. Für

$$x'_{n+1} := x_{n+1} - \sum_{k=1}^n \langle x_{n+1}, e_k \rangle e_k$$

gilt dann $x'_{n+1} \perp e_k$ für $1 \leq k \leq n$. Wegen

$$x'_{n+1} \notin \mathrm{span}\{x_1, \ldots, x_n\} = \mathrm{span}\{e_1, \ldots, e_n\}$$

ist $x'_{n+1} \neq 0$. Setzen wir $e_{n+1} := \|x'_{n+1}\|^{-1}x'_{n+1}$, so hat $(e_1, \ldots, e_{n+1})$ die gewünschten Eigenschaften. $\qquad\square$

Bemerkung: Wie der Beweis von 12.7 zeigt, sind die konstruierten Elemente e_n bis auf einen skalaren Faktor vom Betrag 1 eindeutig bestimmt.

12.8 Satz: *Für jeden unendlichdimensionalen Hilbertraum E sind äquivalent:*

(1) *E ist separabel.*

(2) *E besitzt eine abzählbare Orthonormalbasis.*

(3) *Jedes Orthonormalsystem in E ist abzählbar.*

Beweis: (1) $\Rightarrow$ (2): Sei $(\xi_j)_{j\in\mathbb{N}}$ eine in E dichte Folge. Durch sukzessives Streichen linear abhängiger Glieder erhalten wir eine linear unabhängige Folge $(x_n)_{n\in\mathbb{N}}$, deren lineare Hülle dicht ist, und hieraus nach 12.7 ein Orthonormalsystem $(e_n)_{n\in\mathbb{N}}$, dessen lineare Hülle mit der von $(x_n)_{n\in\mathbb{N}}$ übereinstimmt. Folglich ist $(e_n)_{n\in\mathbb{N}}$ nach 12.4 eine Orthonormalbasis.

(2) $\Rightarrow$ (3): Sei $(x_i)_{i\in I}$ ein beliebiges Orthonormalsystem in E. Nach (2) besitzt E eine Orthonormalbasis $(e_n)_{n\in\mathbb{N}}$. Für jedes $n \in \mathbb{N}$ ist die Familie $\left(|\langle x_i, e_n\rangle|^2\right)_{i\in I}$ nach 12.3 summierbar in $\mathbb{R}$. Daher ist

$$I_n := \{i \in I : \langle x_i, e_n\rangle \neq 0\}, \quad n \in \mathbb{N},$$

eine abzählbare Menge, also auch $J := \bigcup_{n\in\mathbb{N}} I_n \subset I$. Für jedes $i \in I\setminus J$ gilt nach Definition von J und 12.4

$$x_i := \sum_{n\in\mathbb{N}} \langle x_i, e_n\rangle e_n = 0.$$

Wegen $\|x_i\| = 1$ für alle $i \in I$ folgt hieraus $I = J$.

(3) $\Rightarrow$ (1): Nach 12.6 und (3) besitzt E eine abzählbare Orthonormalbasis $(e_n)_{n\in\mathbb{N}}$. Dann ist die Menge M aller Linearkombinationen der e_n mit rationalen Koeffizienten abzählbar und dicht in E. $\qquad\square$

Bemerkung: Die Aussagen (1) und (2) von 12.8 sind auch für Prähilberträume E äquivalent, wie der Beweis zeigt.

12.9 Corollar: *Jeder separable unendlichdimensionale Hilbertraum E ist unitär isomorph zu l_2.*

Beweis: Sei $(e_n)_{n\in\mathbb{N}}$ eine Orthonormalbasis in E. Nach 12.4 ist $U: E \longrightarrow l_2$, $Ux := \left(\langle x, e_n\rangle\right)_{n\in\mathbb{N}}$, eine lineare Isometrie. Die Umkehrabbildung von U ist $\xi \mapsto \sum_{n\in\mathbb{N}} \xi_n e_n$. Daher gilt $U^* = U^{-1}$. $\qquad\square$

12.10 Corollar: *Alle Orthonormalbasen in einem Hilbertraum E haben die gleiche Mächtigkeit.*

Beweis: Ohne Einschränkung sei E unendlichdimensional. Sind $(x_i)_{i \in I}$ und $(e_j)_{j \in J}$ Orthonormalbasen in E, so zeigt der Beweis $(2) \Rightarrow (3)$ von Satz 12.8, daß für jedes $j \in J$ die Menge

$$I_j = \{i \in I \ : \ \langle x_i, e_j \rangle \neq 0\}$$

abzählbar ist, und daß $I = \bigcup_{j \in J} I_j$ gilt. Weil J eine unendliche Menge ist, folgt hieraus bekanntlich, daß die Mächtigkeit von I höchstens so groß ist wie die von J. Da man I und J vertauschen darf, impliziert dies die Behauptung.   □

Aufgrund von 12.10 ist die folgende Definition sinnvoll:

Definition: Für jeden Hilbertraum E bezeichnet man die Mächtigkeit einer Orthonormalbasis in E als die *Hilbertraumdimension* von E.

Um Corollar 12.9 allgemeiner fassen zu können, betrachten wir zunächst das folgende Beispiel.

12.11 Beispiel: Ist $I \neq \emptyset$ eine Menge, so setzen wir

$$l_2(I) := \{(x_i)_{i \in I} \in \mathbb{K}^I \ : \ (|x_i|^2)_{i \in I} \ \text{ist summierbar}\}.$$

Dann ist $l_2(I)$ ein linearer Teilraum von $\mathbb{K}^I$, und für $x, y \in l_2(I)$ ist $(x_i \overline{y}_i)_{i \in I}$ eine summierbare Familie. Daher wird durch

$$\langle x, y \rangle := \sum_{i \in I} x_i \overline{y}_i \ , \ x, y \in l_2(I),$$

ein Skalarprodukt auf $l_2(I)$ definiert, welches $l_2(I)$ zu einem Hilbertraum macht.

Analog zu Corollar 12.9 gilt:

12.12 Satz: *Ist $E \neq \{0\}$ ein Hilbertraum und $(e_i)_{i \in I}$ eine Orthonormalbasis in E, so ist E unitär isomorph zu $l_2(I)$. Insbesondere haben zwei Hilberträume genau dann die gleiche Hilbertraumdimension, wenn es einen unitären Isomorphismus zwischen ihnen gibt.*

12.13 Beispiele: (1) Sei E der $\mathbb{C}$-Vektorraum $C[0, 2\pi]$, versehen mit dem in 11.3(5) eingeführten Skalarprodukt. Die Familie $(e_k)_{k \in \mathbb{Z}}$,

$$e_k : t \mapsto \frac{1}{\sqrt{2\pi}} e^{ikt} \quad , \ t \in [0, 2\pi],$$

ist eine Orthonormalbasis in E. Denn man zeigt leicht, daß $(e_k)_{k \in \mathbb{Z}}$ ein Orthonormalsystem ist. Es ist nach 12.4 vollständig, da span$\{e_k : k \in \mathbb{Z}\}$ nach der Bemerkung (3) zum Approximationssatz von Weierstraß 4.16 in E dicht liegt.

(2) Für $n \in \mathbb{N}_0$ definieren wir die Funktionen h_n und H_n auf $\mathbb{R}$ durch

$$h_n(x) := (-1)^n e^{x^2} (\frac{d}{dx})^n e^{-x^2} \ , \ H_n(x) := (2^n n! \sqrt{\pi})^{-1/2} e^{-x^2/2} h_n(x).$$

Man bezeichnet h_n als das n–te *Hermitesche Polynom* und H_n als die n–te *Hermitesche Funktion*. Wie man leicht nachprüft, ist h_n für jedes $n \in \mathbb{N}_0$ ein Polynom vom Grad n. Man gewinnt die Hermiteschen Polynome h_n auch in folgender Weise aus einer erzeugenden Funktion: Entwickelt man $\exp(2tx - t^2)$ nach t im Nullpunkt in die Taylorreihe, so gilt

(a) $$\exp(2tx - t^2) = \sum_{n=0}^{\infty} \frac{1}{n!} h_n(x) t^n.$$

Um dies einzusehen, differenziere man $\exp(2tx - t^2) = \exp(x^2) \exp(-(x-t)^2)$ n–mal nach t und werte in $t = 0$ aus. Differenziert man (a) nach x, und vergleicht man die Koeffizienten der rechts und links entstehenden Reihen, so erhält man

(b) $$h_n' = 2n h_{n-1} \text{ für jedes } n \in \mathbb{N}.$$

Die Hermiteschen Funktionen bilden ein Orthonormalsystem in dem Prähilbertraum E, den man erhält, wenn man auf

$$E := \{f \in C(\mathbb{R}) : \int_{-\infty}^{+\infty} |f(x)|^2 dx < \infty\} \quad \text{durch} \quad \langle f, g \rangle := \int_{-\infty}^{+\infty} f(x) \overline{g(x)} dx$$

ein Skalarprodukt definiert. Denn für $n \leq m$ folgt aus (b) durch partielle Integration

$$\int_{-\infty}^{+\infty} h_n(x) h_m(x) e^{-x^2} \, dx = \int_{-\infty}^{+\infty} 2n h_{n-1}(x)(-\frac{d}{dx})^{m-1} e^{-x^2} \, dx$$

$$= 2^n n! \int_{-\infty}^{+\infty} h_0(x)(-\frac{d}{dx})^{m-n} e^{-x^2} \, dx \ .$$

Für $n < m$ erhält man wegen $h_0 \equiv 1$ hieraus $\langle H_n \, , \, H_m \rangle = 0$. Für $n = m$ folgt

$$\langle H_n \, , \, H_n \rangle = \frac{1}{\sqrt{\pi}} \int_{-\infty}^{+\infty} e^{-x^2} \, dx = 1 \ .$$

In 14.9 zeigen wir, daß die Hermiteschen Funktionen $(H_n)_{n \in \mathbb{N}_0}$ in E und damit auch in $\widehat{E} = L_2(\mathbb{R})$ vollständig sind.

(3) Wir setzen $T_0(t) = (2\pi)^{-1/2}$ und definieren für $n \in \mathbb{N}$ die Funktionen

$$T_n(x) = \sqrt{\frac{2}{\pi}} \cos(n \arccos x) \ , \ x \in [-1, 1].$$

T_n ist ein Polynom n–ten Grades, da

$$\cos nx = Re(e^{inx}) = Re(\cos x + i \sin x)^n = \sum_{\nu=0}^{\lfloor \frac{n}{2} \rfloor} (-1)^\nu \binom{n}{2\nu} \sin^{2\nu} x \cos^{n-2\nu} x$$

gilt. Man bezeichnet die Funktionen $(T_n)_{n \in \mathbb{N}_0}$ als die *Tschebyscheffschen Polynome*. Für $n, m \in \mathbb{N}$ erhalten wir

$$\int_{-1}^{1} T_n(x) T_m(x)(1 - x^2)^{-1/2} dx = \frac{1}{\pi} \int_0^{2\pi} \cos nx \cos mx \, dx = \delta_{n,m}.$$

Da die verbleibenden Fälle trivial sind, zeigt dies, daß $(T_n)_{n \in \mathbb{N}_0}$ ein Orthonormalsystem in dem Prähilbertraum E ist, den man erhält, wenn man auf $C[-1, 1]$ durch

$$\langle f, g \rangle := \int_{-1}^{1} f(x)\overline{g(x)}(1 - x^2)^{-1/2} dx$$

ein Skalarprodukt definiert. Aus dem Approximationssatz von Weierstraß 4.16 folgt, daß $(T_n)_{n \in \mathbb{N}_0}$ in E vollständig ist. Es gilt $\widehat{E} = L_2(]-1, 1[, (1 - x^2)^{-1/2} dx)$, wie wir in §13 sehen werden.

Zum Abschluß dieses Abschnitts beweisen wir noch den folgenden Satz von Kadec und Snobar [KS], den wir in §10 bereits angekündigt haben.

12.14 Satz: *Sei E ein n-dimensionaler Unterraum eines normierten Raumes F. Dann gibt es eine stetige Projektion P in F mit $R(P) = E$ und $\|P\| \leq \sqrt{n}$.*

Beweis: Sei $I := \{y \in F' : \|y\| \leq 1\}$ und $j : F \longrightarrow l_\infty(I)$, $j(x) := (y(x))_{y \in I}$. Dann ist j eine lineare Isometrie nach 6.10. Wir können daher im weiteren annehmen, daß F (also auch E) ein Unterraum von $l_\infty(I)$ ist.

Für $x, y \in l_\infty(I)$ bezeichnen wir mit xy, $\overline{x}$ und $|x|$ die folgenden Elemente von $l_\infty(I)$: $(x(i)y(i))_{i \in I}$, $(\overline{x(i)})_{i \in I}$, und $(|x(i)|)_{i \in I}$. Als ersten Beweisschritt zeigen wir:
(A) Sind $x_1, \dots, x_k \in E$ und $y \in l_\infty(I)$ mit $\sum_{j=1}^{k} |x_j|^2 \leq |y|$ gegeben, so gilt

$$\sum_{j=1}^{k} \|x_j\|^2 \leq n\|y\|.$$

Um dies zu beweisen, definieren wir

$$A : l_2^k \longrightarrow E, \quad A\xi := \sum_{j=1}^{k} \xi_j x_j.$$

Dann gilt für alle $\xi \in l_2^k$:

$$\|A\xi\| = \sup_{i \in I} \Big| \sum_{j=1}^{k} (\xi_j x_j)(i) \Big| \leq \sup_{i \in I} \Big(\sum_{j=1}^{k} |\xi_j(i)|^2 \Big)^{\frac{1}{2}} \Big(\sum_{j=1}^{k} |x_j(i)|^2 \Big)^{\frac{1}{2}} \leq \|\xi\| \|y\|^{\frac{1}{2}}.$$

Hieraus folgt $\|A\| \leq \|y\|^{\frac{1}{2}}$. Setzt man $H := N(A)^{\perp}$, so ist $A|_H$ injektiv. Daher gilt

$$m := \dim H \leq \dim E = n\,.$$

Wir bezeichnen nun mit P die orthogonale Projektion von l_2^k auf H und mit $e_1, \ldots, e_k$ die kanonischen Basisvektoren von l_2^k. Wegen $Pe_j - e_j \in N(P) = N(A)$ gilt $APe_j = Ae_j = x_j$ für $1 \leq j \leq k$ und daher

$$(*) \qquad \sum_{j=1}^{k} \|x_j\|^2 = \sum_{j=1}^{k} \|APe_j\|^2 \leq \|A\|^2 \sum_{j=1}^{k} \|Pe_j\|^2 \leq \|y\| \sum_{j=1}^{k} \|Pe_j\|^2\,.$$

Ist $\{f_1, \ldots, f_m\}$ eine Orthonormalbasis von H, so gilt

$$P\xi = \sum_{\mu=1}^{m} \langle \xi\,,\, f_\mu \rangle f_\mu \quad \text{für alle } \xi \in l_2^k\,.$$

Da $\{e_1, \ldots, e_k\}$ eine Orthonormalbasis von l_2^k ist, erhält man aus der Parsevalschen Gleichung 12.4:

$$\sum_{j=1}^{k} \|Pe_j\|^2 = \sum_{j=1}^{k} \sum_{\mu=1}^{m} |\langle e_j\,,\, f_\mu \rangle|^2 = \sum_{\mu=1}^{m} \|f_\mu\|^2 = m \leq n\,,$$

woraus mit $(*)$ die Aussage (A) folgt.

Aufgrund von (A) wird durch

$$q(y) := \sup \left\{ \sum_{j=1}^{k} \|x_j\|^2 : k \in \mathbb{N},\ x_1, \ldots, x_k \in E \ \text{ und } \ \sum_{j=1}^{k} |x_j|^2 \leq |y| \right\}$$

ein Funktional $q : l_\infty(I) \longrightarrow \mathbb{R}_+$ definiert. Die folgenden Eigenschaften von q ergeben sich aus (A) oder sind klar nach Definition:

(1) $q(y) \leq n\|y\|$ für alle $y \in l_\infty(I)$.

(2) $q(x + y) \geq q(x) + q(y)$ für alle $x, y \in l_\infty(I)$ mit $x \geq 0, y \geq 0$.

(3) $q(\lambda y) = |\lambda| q(y)$ für alle $y \in l_\infty(I)$, $\lambda \in \mathbb{K}$.

(4) $\|x\|^2 \leq q(|x|^2)$ für alle $x \in E$.

Wir zeigen nun mit Hilfe des Satzes von Hahn-Banach:

(B) Es gibt ein $f \in l_\infty(I)'$ mit $\|f\| \leq n$, so daß

$$0 \leq q(x) \leq f(x) \quad \text{für alle } x \in l_\infty(I) \text{ mit } x \geq 0\,.$$

Denn nach (1) gilt für alle $x, y \in l_\infty(I)$

$$n\|x + y\| - q(y) \geq n(\|y\| - \|x\|) - q(y) \geq -n\|x\| \ .$$

Daher können wir $p : l_\infty(I, \mathbb{R}) \longrightarrow \mathbb{R}$ durch

$$p(x) := \inf \{n\|x + y\| - q(y) : y \in l_\infty(I, \mathbb{R}), \ y \geq 0\}$$

definieren. Aus (2) und (3) folgt leicht, daß p ein sublineares Funktional auf $l_\infty(I, \mathbb{R})$ ist. Daher gibt es nach 6.3 ein $\mathbb{R}$–lineares Funktional g auf $l_\infty(I, \mathbb{R})$, für welches gilt:

$$(5) \qquad\qquad g(x) \leq p(x) \quad \text{für alle } x \in l_\infty(I, \mathbb{R}) \ .$$

Aus der Definition von p folgt $p(x) \leq n\|x\| - q(0) = n\|x\|$ für alle $x \in l_\infty(I, \mathbb{R})$. Daher impliziert (5):

$$\pm g(x) = g(\pm x) \leq p(\pm x) \leq n\| \pm x\| = n\|x\| \quad \text{für alle } \ x \in l_\infty(I, \mathbb{R}) \ .$$

Also ist $g \in l_\infty(I, \mathbb{R})'$, und es gilt $\|g\| \leq n$. Für $x \in l_\infty(I, \mathbb{R})$ mit $x \geq 0$ erhält man aus (5) und der Definition von p:

$$(6) \qquad -g(x) = g(-x) \leq p(-x) \leq n\| - x + x\| - q(x) = -q(x) \ .$$

Für $\mathbb{K} = \mathbb{R}$ hat daher $f := g$ alle in (B) gegebenen Eigenschaften.

Ist $\mathbb{K} = \mathbb{C}$, so wähle man g wie oben und definiere

$$f : x + iy \longmapsto g(x) + ig(y) \ , \quad x, y \in l_\infty(I, \mathbb{R}) \subset l_\infty(I, \mathbb{C}) \ .$$

Dann ist f $\mathbb{C}$–linear, wie man leicht nachprüft. Wegen (6) braucht man nun nur noch $\|f\| \leq n$ zu zeigen. Dazu sei $x + iy \in l_\infty(I, \mathbb{C})$ fixiert und $a = \alpha + i\beta \in \mathbb{C}$ mit $|a| = 1$ so gewählt, daß $af(x + iy) = |f(x + iy)|$ gilt. Dann folgt

$$|f(x + iy)| = f(\alpha x - \beta y + i(\beta x + \alpha y)) = g(\alpha x - \beta y) \leq n\|\alpha x - \beta y\|$$
$$= n \sup_{j \in I} |\operatorname{Re}(a(x(j) + iy(j)))| \leq n \sup_{j \in I} |x(j) + iy(j)| = n\|x + iy\| \ .$$

Also hat f alle in (B) angegebenen Eigenschaften.

Aus (B) folgt nun, daß auf $l_\infty(I)$ durch

$$\langle x, y \rangle := f(x\overline{y}) \ , \quad x, y \in l_\infty(I) \ ,$$

ein Halbskalarprodukt definiert wird. Wegen (4) und (B) gilt für alle $x \in E$:

$$(7) \qquad \|x\|^2 \leq q(|x|^2) \leq f(|x|^2) \leq n\|x\overline{x}\| = n\||x|^2\| = n\|x\|^2 \ .$$

Daher ist $\langle \cdot, \cdot \rangle|_{E \times E}$ ein Skalarprodukt. Wir können daher bezüglich dieses Skalarproduktes eine Orthonormalbasis $\{e_1, \dots, e_n\}$ von E wählen. Dann ist

$$P : l_\infty(I) \longrightarrow l_\infty(I) \ , \quad Px := \sum_{j=1}^{n} \langle x, e_j \rangle e_j,$$

eine Projektion in $l_\infty(I)$ mit $R(P) = E$. Ferner gilt $\langle Px, x - Px \rangle = 0$ für alle $x \in l_\infty(I)$. Daher folgt aus (7) und (B) für alle $x \in l_\infty(I)$:

$$\|Px\|^2 \le f(|Px|^2) = f(Px\overline{Px}) = \langle Px, Px \rangle \le \langle x, x \rangle = f(x\overline{x}) = f(|x|^2) \le n\|x\|^2.$$

Dies impliziert $\|P\| \le \sqrt{n}$. Daher hat $P|_F$ alle gewünschten Eigenschaften. $\square$

Aufgaben:

(1) Beweisen Sie die Aussagen von 12.1(a)–(c).

(2) Seien E ein Banachraum und $(x_j)_{j\in\mathbb{N}}$ eine Folge in E. Zeigen Sie, daß $(x_j)_{j\in\mathbb{N}}$ summierbar ist, wenn $(\|x_j\|)_{j\in\mathbb{N}}$ summierbar ist.

(3) Zeigen Sie, daß es in jedem unendlichdimensionalen Hilbertraum eine summierbare Folge $(x_j)_{j\in\mathbb{N}}$ gibt, für welche $(\|x_j\|)_{j\in\mathbb{N}}$ nicht summierbar ist.

(4) Beweisen Sie die Aussagen in Beispiel 12.11.

(5) Für $x_0 = (j^{-1})_{j\in\mathbb{N}}$ und $e_n = (\delta_{j,n})_{j\in\mathbb{N}}, n \in \mathbb{N}$, definieren wir den Prähilbertraum E als $\text{span}\{x_0, e_n : n \in \mathbb{N}, n \ge 2\} \subset l_2$. Zeigen Sie:

   (a) $(e_n)_{n\ge 2}$ ist ein Orthonormalsystem in E, welches nicht vollständig ist.

   (b) Für jedes $f \in E$ mit $f \perp e_n$ für alle $n \in \mathbb{N}, n \ge 2$, gilt $f = 0$.

(6) Die Legendre-Polynome $(P_n)_{n\in\mathbb{N}_0}$ seien definiert als

$$P_n(x) := (\frac{2n + 1}{2})^{1/2} \frac{1}{2^n n!} (\frac{d}{dx})^n (x^2 - 1)^n.$$

Zeigen Sie, daß $(P_n)_{n\in\mathbb{N}_0}$ eine Orthonormalbasis in $C[-1,1]$ bezüglich $\langle f, g \rangle := \int_{-1}^{1} f\overline{g}dx$ ist, und daß sie durch Gram–Schmidt Orthonormalisierung aus den Monomen $(x^n)_{n\in\mathbb{N}_0}$ entsteht.

§ 13 Die Banachräume $L_p(X, \mu)$ und $C(X)'$

In diesem Abschnitt verwenden wir die Bezeichnungen und Aussagen der Integrationstheorie aus der Darstellung in Anhang A. Sofern nichts anderes vereinbart wird, seien im weiteren X ein lokalkompakter, σ-kompakter, topologischer Raum und μ ein Maß auf X. Dabei betrachten wir μ einerseits als positives lineares Funktional auf $C_c(X, \mathbb{R})$, andererseits als σ-additive Mengenfunktion auf der σ-Algebra $\mathcal{F}$ aller μ-meßbaren Teilmengen von X (vgl. A.25 und A.26). Ferner bezeichnen wir mit $\mathcal{M}$, $\mathcal{M}(X)$, $\mathcal{L}_1$ bzw. $\mathcal{N}$ alle $\mathbb{K}$-wertigen Funktionen auf X, welche μ-meßbar, Borel-meßbar, μ-integrierbar bzw. μ-Nullfunktionen sind.

Definition: Für $1 \le p \le \infty$ definieren wir $\mathcal{L}_p$ durch

$$\mathcal{L}_p := \{f \in \mathcal{M} : |f|^p \in \mathcal{L}_1\} \quad \text{für } 1 \le p < \infty,$$

$$\mathcal{L}_\infty := \{f \in \mathcal{M} : \text{ es existiert ein } C > 0, \text{ so daß } |f| \le C \ \mu\text{-fast überall}\}$$

und setzen für $f \in \mathcal{L}_p$

$$\|f\|_p := \left(\int |f|^p d\mu\right)^{1/p} \quad \text{für } 1 \le p < \infty,$$

$$\|f\|_\infty := \inf\{\sup_{x \in X \setminus N} |f(x)| : N \subset X \text{ ist eine } \mu\text{-Nullmenge}\}.$$

Falls es zweckmäßig ist, schreiben wir statt $\mathcal{L}_p$ auch $\mathcal{L}_p(X, \mu)$ oder $\mathcal{L}_p(\mu)$.

Bemerkung: (a) Nach A.11 bzw. A.31(1) stimmt die obige Definition von $\mathcal{L}_1$ mit der im Anhang gegebenen überein.
(b) Die Funktionen in $\mathcal{L}_\infty$ nennt man *wesentlich beschränkt*. Für $f \in \mathcal{L}_\infty$ heißt $\|f\|_\infty$ das *wesentliche Supremum* von f.

13.1 Lemma: (1) Für $1 \le p \le \infty$ ist $\mathcal{L}_p$ ein $\mathbb{K}$-Vektorraum, welcher $\mathcal{N}$ als linearen Teilraum enthält.
(2) Für $f \in \mathcal{L}_p$ und $g \in \mathcal{N}$ gilt $\|f + g\|_p = \|f\|_p$, $1 \le p \le \infty$.
(3) Ist $f \in \mathcal{L}_\infty$, so existiert eine Borel-meßbare Nullmenge N, so daß

$$\|f\|_\infty = \sup\{|f(x)| : x \in X \setminus N\}.$$

(4) Ist $f \in \mathcal{M}$, so gibt es ein $\varphi \in \mathcal{M}$ mit $|\varphi| \equiv 1$ und $f = \varphi|f|$.

Beweis: (1) Für $p = \infty$ ist dies leicht nachzuprüfen. Für $1 \le p < \infty$ ist die Funktion $t \longmapsto t^p$ konvex auf $[0, \infty[$. Daher gilt für $f, g \in \mathcal{L}_p$:

$$|f + g|^p \le (|f| + |g|)^p \le 2^{p-1}(|f|^p + |g|^p).$$

Hieraus folgt die Behauptung mit A.15 und A.5.

(2) Für $p = \infty$ ist dies evident. Für $1 \le p < \infty$ ist $|f + g|^p - |f|^p$ nach A.20 eine Nullfunktion. Daher gilt (2).

(3) Für jedes $n \in \mathbb{N}$ ist

$$A_n := \{x \in X : |f(x)| \ge \|f\|_\infty + \frac{1}{n}\}$$

eine Nullmenge. Daher ist nach A.19 auch $N_0 := \bigcup_{n \in \mathbb{N}} A_n$ eine Nullmenge. Nach A.22(2) gibt es eine Borel-meßbare Nullmenge N mit $N \supset N_0$, welche offenbar die gewünschten Eigenschaften besitzt.

(4) Wegen $f \in \mathcal{M}$ ist

$$A := \{x \in X : |f(x)| > 0\}$$

eine μ-meßbare Teilmenge von X. Nach A.15 ist daher $\varphi := \chi_{X \setminus A} + \chi_A f |f|^{-1}$ in $\mathcal{M}$. Offenbar gilt $f = \varphi |f|$. $\qquad\qquad\qquad\qquad\qquad\qquad\qquad\qquad\qquad\qquad\qquad$ □

Nach 13.1(1) und (2) ist die folgende Definition sinnvoll :

Definition: Für $1 \le p \le \infty$ setzen wir

$$L_p := \mathcal{L}_p / \mathcal{N} \quad \text{und} \quad \|f + \mathcal{N}\|_p := \|f\|_p, \quad f + \mathcal{N} \in L_p.$$

Ferner definieren wir

$$\int : L_1 \longrightarrow \mathbb{K} \quad \text{durch} \quad \int (f + \mathcal{N}) d\mu \quad := \quad \int f d\mu.$$

Falls es zweckmäßig ist, schreiben wir $L_p(X, \mu)$ oder $L_p(\mu)$ statt L_p.

Bemerkung: Die Elemente von L_p sind Klassen von Funktionen in $\mathcal{L}_p$, die sich nur auf Nullmengen voneinander unterscheiden. Nach der Bemerkung A.29 kann man sie auch auffassen als Klassen von μ-fast überall auf X definierten Funktionen, die μ-fast überall übereinstimmen und für die jede Fortsetzung auf X in $\mathcal{L}_p$ ist. Im weiteren werden wir nicht immer streng zwischen den Elementen von L_p und ihren Repräsentanten unterscheiden, sofern gesichert ist, daß es auf den speziellen Repräsentanten nicht ankommt. So bedeutet z.B. $f \ge 0$ für $f \in L_p$, daß ein und damit jeder Repräsentant von f μ-fast überall nicht-negativ ist.

Um nachzuweisen, daß $\| \cdot \|_p$ eine Norm auf L_p ist, zeigen wir zunächst :

13.2 Höldersche Ungleichung: *Seien $p, q \in [1, \infty]$ mit $\frac{1}{p} + \frac{1}{q} = 1$. Für $f \in \mathcal{L}_p$ und $g \in \mathcal{L}_q$ ist $fg \in \mathcal{L}_1$, und es gilt:*

$$\|fg\|_1 \le \|f\|_p \|g\|_q.$$

Beweis: Nach A.15(5) ist $fg \in \mathcal{M}$. Für $p = 1$ und $p = \infty$ folgt die Behauptung daher aus 13.1(3). Für $p \in \,]1, \infty[$ beweist man sie analog wie in 7.6.   □

13.3 Corollar: *Seien* $p, q, r \in \,]0, \infty[$ *mit* $\frac{1}{p} + \frac{1}{q} = \frac{1}{r}$. *Für* $f, g \in \mathcal{M}$ *mit* $\int |f|^p\, d\mu < \infty$ *und* $\int |g|^q\, d\mu < \infty$ *ist* $fg \in \mathcal{M}$, *und es gilt*

$$\left(\int |fg|^r d\mu \right)^{1/r} \leq \left(\int |f|^p d\mu \right)^{1/p} \left(\int |g|^q d\mu \right)^{1/q}.$$

Beweis: Nach A.15(5) ist $fg \in \mathcal{M}$. Wegen $|f|^r \in \mathcal{L}_{\frac{p}{r}}$ und $|g|^r \in \mathcal{L}_{\frac{q}{r}}$ und $\frac{r}{p} + \frac{r}{q} = 1$ folgt aus 13.2:

$$\left(\int |fg|^r d\mu \right)^{1/r} \leq \left(\||f|^r\|_{\frac{p}{r}} \||g|^r\|_{\frac{q}{r}} \right)^{1/r} = \left(\int |f|^p d\mu \right)^{1/p} \left(\int |g|^q d\mu \right)^{1/q}.$$ □

13.4 Lemma: (Minkowski-Ungleichung) *Für* $1 \leq p \leq \infty$ *und* $f, g \in L_p$ *gilt:*

$$\|f + g\|_p \leq \|f\|_p + \|g\|_p.$$

Beweis: Für $p = 1\,(p = \infty)$ folgt die Behauptung aus A.5 $\left(13.1(3) \right)$. Seien daher $p, q \in \,]1, \infty[$ mit $\frac{1}{p} + \frac{1}{q} = 1$ und $f, g \in \mathcal{L}_p$ fixiert. Dann ist $h := |f + g|^{p/q}$ in $\mathcal{L}_q$, und es gilt

$$\|h\|_q^q = \int |f + g|^p\, d\mu = \|f + g\|_p^p.$$

Aus 13.2 folgt daher wegen $1 + \frac{p}{q} = p$:

$$\|f + g\|_p^p = \int |f + g|^{1+p/q}\, d\mu \leq \int |f| h\, d\mu + \int |g| h\, d\mu$$

$$\leq (\|f\|_p + \|g\|_p) \|h\|_q = (\|f\|_p + \|g\|_p) \|f + g\|_p^{p/q}.$$

Wegen $p - \frac{p}{q} = 1$ impliziert dies $\| f + g \|_p \leq \| f \|_p + \| g \|_p$. Nach Definition von L_p und $\| \cdot \|_p$ folgt hieraus die Behauptung.   □

13.5 Satz von Riesz–Fischer: *Für* $1 \leq p \leq \infty$ *ist* $(L_p, \| \cdot \|_p)$ *ein Banachraum.*

Beweis: Nach 13.4 und A.5 ist $\| \cdot \|_p$ eine Halbnorm auf L_p. Gilt $\|f\|_p = 0$ für ein $f \in L_p$, so ist nach 13.1(3) und A.20 jeder Repräsentant von f in $\mathcal{N}$. Also ist $\| \cdot \|_p$ eine Norm auf L_p.

Die Vollständigkeit von L_∞ zeigt man mittels 13.1(3), A.19(4) und A.15(2) analog wie für $l_\infty(\mathrm{M})$ (vgl. 3.4). Um die Vollständigkeit von L_p für $1 \leq p < \infty$ zu beweisen, sei p fixiert. Ist $(f_n)_{n \in \mathbb{N}}$ eine Cauchy-Folge in L_p, so wählen wir rekursiv eine Teilfolge $(f_{n_k})_{k \in \mathbb{N}}$, so daß

$$\|f_{n_{k+1}} - f_{n_k}\|_p \leq 2^{-(k+1)} \quad \text{für alle } k \in \mathbb{N}.$$

Ferner setzen wir $f_{n_0} := 0$ und definieren für $k, n \in \mathbb{N}$:

$$g_k := f_{n_k} - f_{n_{k-1}} \quad \text{und} \quad h_n := \sum_{k=1}^{n} |g_k|.$$

Nach 13.4 gilt dann für jedes $n \in \mathbb{N}$:

$$\int h_n^p d\mu = \| \sum_{k=1}^{n} |g_k| \|_p^p \leq (\sum_{k=1}^{n} \|g_k\|_p)^p \leq (\|f_{n_1}\|_p + 1)^p.$$

Daher folgt aus A.30, daß $h = \lim_{n\to\infty} h_n = \sum_{k=1}^{\infty} |g_k|$ in L_p ist. Folglich konvergiert die Reihe $\sum_{k=1}^{\infty} g_k$ μ-fast überall absolut auf X und definiert eine Funktion f, die nach dem Lebesgueschen Grenzwertsatz $(A.8, A.31(4))$ in L_p ist. Wegen $f_{n_j} = \sum_{k=1}^{j} g_k$ für alle $j \in \mathbb{N}$, erhält man aus der Wahl der Teilfolge $(f_{n_k})_{k\in\mathbb{N}}$ für alle $j \in \mathbb{N}$:

$$\|f - f_{n_j}\|_p = \| \sum_{k=j+1}^{\infty} g_k \|_p \leq \sum_{k=j+1}^{\infty} \|g_k\|_p \leq \sum_{k=j+1}^{\infty} 2^{-k} = 2^{-j}.$$

Folglich konvergiert $(f_{n_j})_{j\in\mathbb{N}}$ in L_p gegen f. Da $(f_n)_{n\in\mathbb{N}}$ eine Cauchy-Folge ist, konvergiert auch $(f_n)_{n\in\mathbb{N}}$ gegen f. $\qquad\square$

Bemerkung: Der Beweis von 13.5 zeigt, daß jede konvergente Folge $(f_n)_{n\in\mathbb{N}}$ in L_p $(1 \leq p < \infty)$ eine Teilfolge $(f_{n_k})_{k\in\mathbb{N}}$ besitzt, welche in L_p und μ-fast überall gegen $\lim_{n\to\infty} f_n$ konvergiert. Insbesondere erhält man aus der Definition des Integrals, daß es zu jedem $f \in \mathcal{L}_1$ eine Folge $(g_n)_{n\in\mathbb{N}}$ in $C_c(X)$ gibt, welche μ-fast überall und bezüglich $\| \cdot \|_1$ gegen f konvergiert.

13.6 Corollar: L_2 *ist ein Hilbertraum.*

Beweis: Mit g ist auch $\overline{g}$ in L_2. Daher ist nach 13.2 $f \cdot \overline{g} \in L_1$ für alle $f, g \in L_2$. Wie man leicht nachprüft, wird durch

$$\langle f, g \rangle := \int f\overline{g} d\mu, \quad f, g \in L_2,$$

ein Skalarprodukt auf L_2 definiert, welches $\| \cdot \|_2$ induziert. Daher folgt die Behauptung aus 13.5. $\qquad\square$

Nach 13.6 und 11.9 können wir den Dualraum von L_2 mit L_2 identifizieren. Diese Tatsache wollen wir im weiteren dazu verwenden, die Dualräume aller $L_p, 1 \leq p < \infty$, zu bestimmen. Wir betrachten zunächst den Spezialfall $p = 1$ und μ ein endliches Maß.

Definition: Ein Maß μ auf X heißt *endlich*, falls $\mu(X) = \int 1 d\mu < \infty$.

13.7 Lemma: *Sei μ ein endliches Maß auf X. Dann gilt für $1 \leq r < s \leq \infty$:*

$$\|f\|_r \leq \mu(X)^{\frac{1}{r} - \frac{1}{s}} \|f\|_s \quad \text{für alle } f \in \mathcal{L}_s.$$

Beweis: Wähle $p \in [1, \infty[$, so daß $\frac{1}{r} = \frac{1}{p} + \frac{1}{s}$. Da μ ein endliches Maß ist, gilt $\chi_X \in \mathcal{L}_p$. Nach 13.3 ist daher $f = \chi_X f$ in $\mathcal{L}_r$ für jedes $f \in \mathcal{L}_s$, und es gilt

$$\|f\|_r = \|\chi_X f\|_r \leq \|\chi_X\|_p \|f\|_s = \mu(X)^{\frac{1}{r}-\frac{1}{s}} \|f\|_s. \qquad \qquad \square$$

13.8 Satz: *Sei μ ein endliches Maß auf X. Dann gibt es zu jedem $y \in L_1'$ ein $g \in L_\infty$ mit $\|g\|_\infty = \|y\|$, so daß*

$$y(f) = \int fg \, d\mu \quad \text{für alle } f \in L_1.$$

Zusatz: Gilt $y(f) \geq 0$ für alle $f \in L_1$ mit $f \geq 0$ μ-fast überall, so ist $g \geq 0$ μ-fast überall.

Beweis: Nach 13.7 ist L_2 stetig in L_1 eingebettet. Für $y \in L_1'$ ist daher $y|_{L_2}$ in L_2'. Daher gibt es nach 13.6 und 11.9 ein $\overline{g} \in L_2$ mit

$$y(f) = \int fg \, d\mu \quad \text{für alle } f \in L_2.$$

Um $g \in L_\infty$ zu zeigen, wählen wir nach 13.1(4) ein $\varphi \in L_\infty$ mit $|\varphi| \equiv 1$ und $|g| = \varphi g$. Ferner setzen wir für $n \in \mathbb{N}$

$$A_n := \{x \in X : |g(x)| \geq \|y\| + \frac{1}{n}\}.$$

Nimmt man $\mu(A_n) > 0$ an, so ist $f := \frac{1}{\mu(A_n)} \varphi \chi_{A_n}$ in L_2. Nach Wahl von A_n und φ erhält man den Widerspruch

$$\|y\| + \frac{1}{n} \leq \frac{1}{\mu(A_n)} \int |g| \chi_{A_n} d\mu = \int \frac{1}{\mu(A_n)} g \varphi \chi_{A_n} d\mu$$

$$= \int fg \, d\mu = y(f) = |y(f)| \leq \|y\| \|f\|_1 \leq \|y\|.$$

Folglich gilt $\mu(A_n) = 0$ für jedes $n \in \mathbb{N}$. Nach A.19(4) gilt daher

$$0 = \mu(\bigcup_{n \in \mathbb{N}} A_n) = \mu(\{x \in X : |g(x)| > \|y\|\}).$$

Dies impliziert $g \in L_\infty$ und $\|g\|_\infty \leq \|y\|$. Aus 13.2 folgt nun, daß

$$\eta : f \longmapsto \int fg \, d\mu, \quad f \in L_1,$$

ein stetiges lineares Funktional auf L_1 ist, für welches $\|\eta\| \leq \|g\|_\infty$ gilt. Da η und y auf der in L_1 dicht liegenden Menge $C_c(X)$ übereinstimmen, gilt $\eta = y$. Hieraus folgt $\|y\| = \|\eta\| \leq \|g\|_\infty \leq \|y\|$.

Für den Beweis des Zusatzes beachten wir, daß für jedes $B \in \mathcal{F}$ gilt:

$$0 \leq y(\chi_B) = \int \chi_B \operatorname{Re}(g) \, d\mu + i \int \chi_B \operatorname{Im}(g) \, d\mu.$$

Wendet man dies an auf $B := \{x \in X : \operatorname{Re} g(x) < 0\}$ und $B_\pm := \{x \in X : \pm \operatorname{Im} g(x) > 0\}$, so folgt $g \geq 0$ μ-fast überall. $\qquad \square$

Bemerkung: Seien X ein kompakter topologischer Raum, μ ein Maß auf X und $g \in L_1(\mu)$. Dann ist

$$y : C(X) \longrightarrow \mathbb{K}, \quad y(f) := \int fg \, d\mu,$$

ein stetiges lineares Funktional, da nach A.31(2) und 13.2 für jedes $f \in C(X)$ gilt

$$|y(f)| = \Big| \int fg \, d\mu \Big| \leq \int |fg| \, d\mu \leq \|f\| \int |g| \, d\mu = \|f\| \, \|g\|_1 \, .$$

Um nachzuweisen, daß jedes stetige lineare Funktional auf $C(X)$ so dargestellt werden kann, beweisen wir zunächst :

13.9 Lemma: *Sei X ein kompakter topologischer Raum. Dann gibt es zu jedem $y \in C(X)'$ ein Maß μ auf X mit $\mu(X) = \|y\|$, so daß*

$$|y(\varphi)| \leq \mu(|\varphi|) \quad \text{für alle } \varphi \in C(X) \, .$$

Beweis: Sei $C_+(X) = \{f \in C(X) : f \geq 0\}$. Für $f \in C_+(X)$ setzen wir

$$\mu(f) := \sup\{|y(\varphi)| : \varphi \in C(X) \text{ mit } |\varphi| \leq f\} \, .$$

Ist $\varphi \in C(X)$ mit $|\varphi| \leq f$, so gilt

$$|y(\varphi)| \leq \|y\| \, \|\varphi\| \leq \|y\| \, \|f\| \, ,$$

was $\mu(f) \leq \|y\| \, \|f\|$ impliziert. Offenbar gelten :

(1) $\qquad |y(\varphi)| \leq \mu(|\varphi|) \quad$ für alle $\varphi \in C(X)$

(2) $\qquad \mu(\lambda f) = \lambda \mu(f) \geq 0 \quad$ für alle $f \in C_+(X) \quad$ und alle $\lambda \in [0, \infty[$

(3) $\qquad \mu(1) = \|y\| \, .$

Um die Gültigkeit von

(4) $\qquad\qquad \mu(f + g) = \mu(f) + \mu(g) \quad$ für alle $f, g \in C_+(X)$

zu zeigen, seien f und $g \in C_+(X)$ fixiert. Zu $\varphi, \psi \in C(X)$ mit $|\varphi| \leq f$ und $|\psi| \leq g$ wählen wir $\alpha, \beta \in \mathbb{K}$ mit $|\alpha| = |\beta| = 1$ und $\alpha y(\varphi) = |y(\varphi)|$, $\beta y(\psi) = |y(\psi)|$. Wegen $|\alpha\varphi + \beta\psi| \leq |\varphi| + |\psi| \leq f + g$ gilt dann

$$\mu(f + g) \geq |y(\alpha\varphi + \beta\psi)| = |\alpha y(\varphi) + \beta y(\psi)| = |y(\varphi)| + |y(\psi)| \, ,$$

woraus $\mu(f + g) \geq \mu(f) + \mu(g)$ folgt.

Ist andererseits $\varphi \in C(X)$ mit $|\varphi| \leq f + g$ gegeben, so setzen wir

$$\varphi_1 := \frac{\varphi}{|\varphi|} \min(|\varphi|, f) \quad \text{und} \quad \varphi_2 := \varphi - \varphi_1 \, .$$

Wie man leicht sieht, gelten φ_1, $\varphi_2 \in C(X)$, $\varphi = \varphi_1 + \varphi_2$, $|\varphi_1| \leq f$ und $|\varphi_2| = |\varphi| - \min(|\varphi|, f) \leq g$. Hieraus folgt

$$|y(\varphi)| = |y(\varphi_1) + y(\varphi_2)| \leq |y(\varphi_1)| + |y(\varphi_2)| \leq \mu(f) + \mu(g)$$

und daher $\mu(f + g) \leq \mu(f) + \mu(g)$.

Ist nun f ein beliebiges Element von $C(X, \mathbb{R})$, so gibt es f_1, $f_2 \in C_+(X)$ mit $f = f_1 - f_2$. Aus (4) folgt, daß $\mu(f) := \mu(f_1) - \mu(f_2)$ nur von f abhängt. Die so definierte Abbildung $\mu : C(X, \mathbb{R}) \longrightarrow \mathbb{R}$ hat wegen (1), (2) und (3) alle in der Behauptung genannten Eigenschaften. $\qquad\square$

13.10 Satz von Riesz: *Sei X ein kompakter topologischer Raum. Dann gibt es zu jedem $y \in C(X)'$ ein Maß μ auf X mit $\mu(X) = \|y\|$ und eine Borel-meßbare Funktion $\varphi : X \longrightarrow \mathbb{K}$ mit $|\varphi(x)| = 1$ für alle $x \in X$, so daß*

$$y(f) = \int f\varphi \, d\mu \quad \text{für alle } f \in C(X).$$

Durch diese Eigenschaft ist μ eindeutig und φ bis auf eine μ-Nullfunktion eindeutig bestimmt.

Beweis: Zu gegebenem $y \in C(X)'$ wählen wir nach 13.9 ein Maß μ auf X mit den dort angegebenen Eigenschaften. Dann gilt

$$|y(f)| \leq \mu(|f|) = \int |f| \, d\mu = \|f\|_1 \quad \text{für alle } f \in C(X).$$

Da $C(X)/\mathcal{N}$ in $L_1(\mu)$ dicht ist, gibt es ein $Y \in L_1(\mu)'$ mit $Y|_{C(X)/\mathcal{N}} = y$. Wegen $\mu(X) = \|y\| < \infty$ gibt es nach 13.8 ein $g \in L_\infty(\mu)$ mit $\|g\|_\infty = \|Y\| \leq 1$, so daß

$$(*) \qquad\qquad Y(f) = \int fg \, d\mu \quad \text{für alle } f \in L_1(\mu).$$

Da $C(X)$ in $\mathcal{L}_1(\mu)$ enthalten ist, liefert $(*)$ bereits eine Integraldarstellung von y, aus der $\|y\| \leq \int |g| \, d\mu$ folgt. Nach A.22 und 13.1(3) besitzt g einen Borel-meßbaren Repräsentanten, für welchen $\|g\|_\infty = \sup_{x \in X} |g(x)| \leq 1$ gilt. Hieraus folgt

$$0 \leq \int (1 - |g|) \, d\mu = \mu(X) - \int |g| \, d\mu \leq \mu(X) - \|y\| \leq 0.$$

Also ist $A := \{x \in X : |g(x)| \neq 1\}$ eine Borel-meßbare Nullmenge. Setzt man $\varphi := g\chi_{X \setminus A} + \chi_A$, so hat φ nach A.16 alle gewünschten Eigenschaften.

Nimmt man an, daß ν und $\psi \in \mathcal{M}(X)$ die gleichen Eigenschaften haben wie μ und φ, so gilt

$$(1) \qquad\qquad \int f\psi \, d\nu = \int f\varphi \, d\mu \quad \text{für alle } f \in C(X).$$

Um nachzuweisen, daß die Identität (1) für eine große Klasse von Funktionen gilt, setzen wir $\mathcal{M}_\infty(X) := \mathcal{M}(X) \cap l_\infty(X)$. Weil μ und ν endliche Maße sind, gilt

$\mathcal{M}_\infty(X) \subset \mathcal{L}_1(\mu + \nu)$. Da $C(X) = C_c(X)$ in $\mathcal{L}_1(\mu + \nu)$ dicht liegt, gibt es daher nach der Bemerkung zu 13.5 zu jedem $f \in \mathcal{M}_\infty(X)$ eine Folge $(f_n)_{n \in \mathbb{N}}$ in $C(X)$, die $(\mu + \nu)$-fast überall gegen f konvergiert. Wegen der Beschränktheit von f kann man o.B.d.A. annehmen, daß die Folge $(f_n)_{n \in \mathbb{N}}$ in $C(X)$ beschränkt ist. Daher erhält man aus (1) und dem Lebesgueschen Satz A.8:

$$(2) \qquad \int f\psi \, d\nu = \int f\varphi \, d\mu \quad \text{für alle } f \in \mathcal{M}_\infty(X).$$

Wendet man (2) an auf $f = \chi_A \overline{\varphi}$, $A \in B(X)$, so erhält man

$$(3) \qquad \int \chi_A \overline{\varphi} \psi \, d\nu = \int \chi_A |\varphi|^2 \, d\mu = \mu(A) \quad \text{für alle } A \in B(X).$$

Daher ist $\overline{\varphi}\psi \geq 0$ ν-fast überall. Wegen $|\varphi(x)| = 1 = |\psi(x)|$ für alle $x \in X$, folgt hieraus $\overline{\varphi}\psi = 1$ ν-fast überall und daher $\varphi = \psi$ ν-fast überall. Aus (3) folgt nun

$$\nu(A) = \int \chi_A \, d\nu = \int \chi_A \overline{\varphi}\psi \, d\nu = \mu(A) \quad \text{für alle } A \in B(X).$$

Nach A.22(2) impliziert dies $\nu = \mu$. $\qquad\qquad\qquad\qquad\qquad\qquad\qquad\qquad$ $\square$

Um mit Hilfe von 13.10 den Dualraum von $L_p(\mu)$, $1 \leq p < \infty$, beschreiben zu können, benötigen wir noch die beiden folgenden Sätze.

13.11 Satz: (Lebesguesche Zerlegung) *Seien μ und ν Maße auf dem kompakten topologischen Raum X. Dann existieren $h \in \mathcal{M}(X) \cap \mathcal{L}_1(\mu)$ und $S \in B(X)$ mit $h \geq 0$ und $\mu(S) = 0$, so daß*

$$fh \in \mathcal{L}_1(\mu) \text{ und } \int f \, d\nu = \int fh \, d\mu + \int f\chi_S d\nu \quad \text{für alle } f \in \mathcal{M}(X) \cap \mathcal{L}_1(\nu).$$

Beweis: Nach A.28(2) ist

$$y : \mathcal{L}_1(\mu + \nu) \longrightarrow \mathbb{K}, \quad y(f) := \int f \, d\nu,$$

ein lineares Funktional. Es ist stetig, da nach A.28(2):

$$|y(f)| = \left| \int f \, d\nu \right| \leq \int |f| \, d\nu \leq \int |f| \, d(\mu + \nu) = \|f\|_1 \quad \text{für alle } f \in \mathcal{L}_1(\mu + \nu).$$

Da $\mu + \nu$ nach A.25 ein endliches Maß auf dem Kompaktum X ist, gibt es nach 13.8 ein $g \in \mathcal{L}_\infty(\mu + \nu)$ mit $\|g\|_\infty = \|y\| \leq 1$ und $g \geq 0$ $(\mu + \nu)$-fast überall, so daß

$$y(f) = \int fg \, d(\mu + \nu) \quad \text{für alle } f \in \mathcal{L}_1(\mu + \nu).$$

Nach 13.1(3) und A.22 können wir o.B.d.A. $g \in \mathcal{M}(X)$ und $0 \leq g \leq 1$ annehmen. Dann gilt nach A.28(3):

$$\int f \, d\nu = y(f) = \int fg \, d(\mu + \nu) = \int fg \, d\mu + \int fg \, d\nu$$

und folglich

(1) $$\int f(1-g) \, d\nu = \int fg \, d\mu \quad \text{für alle } f \in \mathcal{L}_1(\mu + \nu).$$

Für die Borelmenge $S := \{x \in X : g(x) = 1\}$ gilt daher

$$0 = \int \chi_S(1-g) \, d\nu = \int \chi_S g \, d\mu = \int \chi_S \, d\mu = \mu(S).$$

Sei nun $f \in \mathcal{M}(X) \cap \mathcal{L}_1(\nu)$ mit $f \geq 0$ gegeben. Definiert man für $n \in \mathbb{N}$

$$f_n := \min\left(n, \frac{f}{1-g}\chi_{X \setminus S}\right),$$

so ist $(f_n)_{n \in \mathbb{N}}$ eine wachsende Folge beschränkter Borelfunktionen, die punktweise gegen $(1-g)^{-1}f\chi_{X \setminus S}$ konvergiert. Aus (1) folgt

$$\int f_n g \, d\mu = \int f_n(1-g) \, d\nu \leq \int \left(\frac{f}{1-g}\chi_{X \setminus S}\right)(1-g) \, d\nu \leq \int f \, d\nu.$$

Setzt man $h := (1-g)^{-1}g\chi_{X \setminus S} \in \mathcal{M}(X)$, so erhält man hieraus nach dem Satz von Beppo Levi A.6, daß $fh = \lim_{n \to \infty} f_n g$ in $\mathcal{L}_1(\mu)$ ist, und daß

(2) $$\int fh \, d\mu = \int f\frac{g}{1-g}\chi_{X \setminus S} \, d\mu = \int f\chi_{X \setminus S} \, d\nu$$

gilt. Da man speziell $f \equiv 1$ wählen darf, gilt $h \in \mathcal{M}(X) \cap \mathcal{L}_1(\mu)$. Addiert man $\int f\chi_S d\nu$ auf beiden Seiten von (2), so erhält man die gewünschte Darstellung von $\int f \, d\nu$ für alle $f \in \mathcal{M}(X) \cap \mathcal{L}_1(\nu)$ mit $f \geq 0$. Hieraus folgt die Behauptung, da jedes $f \in \mathcal{M}(X) \cap \mathcal{L}_1(\mu)$ eine Linearkombination nicht-negativer Funktionen in $\mathcal{M}(X) \cap \mathcal{L}_1(\mu)$ ist. □

Um die für uns wichtigste Konsequenz aus 13.11 zu ziehen, führen wir den folgenden Begriff ein.

Definition: Sei X ein kompakter topologischer Raum, und seien μ und ν Maße auf X. Das Maß ν heißt μ-*absolutstetig*, falls $\mathcal{N}(\mu) \subset \mathcal{N}(\nu)$.

Bemerkung: Sind μ und ν Maße auf dem kompakten topologischen Raum X, so folgt aus A.20 und A.22(2), daß ν genau dann μ-absolutstetig ist, wenn jede Borel-meßbare μ-Nullmenge eine ν-Nullmenge ist.

13.12 Satz von Radon–Nikodym: *Seien μ und ν Maße auf dem kompakten topologischen Raum X. Das Maß ν sei μ-absolutstetig. Dann gibt es ein $h \in \mathcal{M}(X) \cap \mathcal{L}_1(\mu)$ mit $h \geq 0$, so daß*

$$fh \in \mathcal{L}_1(\mu) \ und \ \int f\,d\nu = \int fh\,d\mu \ für \ alle \ f \in \mathcal{L}_1(\nu)\,.$$

Beweis: Wählt man $h \in \mathcal{M}(X) \cap \mathcal{L}_1(\mu)$ und $S \in B(X)$ gemäß 13.11, so gilt $\nu(S) = 0$, da ν μ-absolutstetig ist. Aus 13.11 ergibt sich daher die Behauptung für alle $f \in \mathcal{M}(X) \cap \mathcal{L}_1(\nu)$.

Ist $f \in \mathcal{L}_1(\nu)$, so gibt es nach A.22 ein $g \in \mathcal{M}(X) \cap \mathcal{L}_1(\nu)$ und ein $B \in B(X)$ mit $\nu(B) = 0$ und $f|_{X \setminus B} = g|_{X \setminus B}$. Wegen $h \geq 0$ und

$$0 = \nu(B) = \int \chi_B\,d\nu = \int \chi_B h\,d\mu$$

ist $\chi_B h \in \mathcal{N}(\mu) \subset \mathcal{N}(\nu)$. Daher gilt:

$$\int f\,d\nu = \int g\,d\nu = \int gh\,d\mu = \int gh\chi_B d\mu + \int fh\chi_{X \setminus B} d\mu$$

$$= \int fh\chi_{X \setminus B} d\mu + \int fh\chi_B d\mu = \int fh\,d\mu\,. \qquad \square$$

13.13 Satz: *Seien X ein lokalkompakter, σ-kompakter, topologischer Raum, μ ein Maß auf X und $p \in [1, \infty[$. Setzt man $q := \frac{p}{p-1} \in\,]1, \infty]$, so ist $L_p(\mu)'$ isometrisch isomorph zu $L_q(\mu)$ vermöge der Abbildung*

$$\Phi : L_q(\mu) \longrightarrow L_p(\mu)', \quad \Phi(g) = y_g : f \longmapsto \int fg\,d\mu\,.$$

Beweis: Nach der Hölderschen Ungleichung 13.2 gilt für $g \in L_q$ und $f \in L_p$:

$$|y_g(f)| \leq \int |fg|\,d\mu \leq \|f\|_p \cdot \|g\|_q\,.$$

Also ist $y_g \in L'_p$, und es gilt $\|y_g\| \leq \|g\|_q$. Nach A.31(2) ist Φ eine lineare Abbildung und daher stetig. Um Φ als isometrische Isomorphie nachzuweisen, betrachten wir zunächst

1. Spezialfall: X ist kompakt.

Dann ist μ nach A.25 ein endliches Maß auf X. Für $p = 1$ folgt die Behauptung daher aus 13.8. Für $p \in\,]1, \infty[$ argumentieren wir so: Ist $y \in L'_p$ gegeben, so gilt für jedes $f \in C(X)$:

$$|y(f)| \leq \|y\|\,\|f\|_p = \|y\| \Big(\int |f|^p d\mu \Big)^{1/p} \leq \|y\|\,\|f\|_{C(X)} \mu(X)^{1/p}\,.$$

Also induziert y eine stetige Linearform auf $C(X)$. Nach 13.10 gibt es daher ein Maß ν auf X und ein $\varphi \in \mathcal{M}(X)$ mit $|\varphi| = 1$, so daß

$$(1) \qquad\qquad y(f) = \int f\varphi\,d\nu \quad \text{für alle } f \in C(X)\,.$$

Um nachzuweisen, daß die Identität in (1) für eine größere Klasse von Funktionen gilt, wählen wir wie im Beweis von 13.10 zu $f \in \mathcal{M}_\infty(X) := \mathcal{M}(X) \cap l_\infty(X)$ eine beschränkte Folge $(f_n)_{n \in \mathbb{N}}$ in $C(X)$, die $(\mu + \nu)$-fast überall gegen f konvergiert. Dann gilt nach dem Lebesgueschen Satz A.8:

$$\lim_{n \to \infty} \|f - f_n\|_{L_p(\mu)}^p = \lim_{n \to \infty} \int |f - f_n|^p d\mu = 0 \, .$$

Da y in $L_p(\mu)'$ ist, folgt hieraus mit A.8 und (1):

$$y(f) = \lim_{n \to \infty} y(f_n) = \lim_{n \to \infty} \int f_n \varphi \, d\nu = \int f\varphi \, d\nu \, .$$

Daher gilt

(2) $$y(f) = \int f\varphi \, d\nu \quad \text{für alle } f \in \mathcal{M}_\infty(X) \, .$$

Um ν als μ-absolutstetig nachzuweisen, brauchen wir nach der Bemerkung vor 13.12 nur zu zeigen, daß jede Borel-meßbare μ-Nullmenge eine ν-Nullmenge ist. Für $B \in B(X)$ mit $\mu(B) = 0$ gelten $\chi_B \overline{\varphi} \in \mathcal{M}_\infty(X)$ und $\|\chi_B \overline{\varphi}\|_{L_p(\mu)} = 0$. Daher folgt aus (2):

$$0 = y(\chi_B \overline{\varphi}) = \int \chi_B |\varphi|^2 d\nu = \int \chi_B d\nu = \nu(B) \, .$$

Also ist ν μ-absolutstetig. Daher gibt es nach 13.12 ein $h \in \mathcal{M}(X) \cap \mathcal{L}_1(\mu)$ mit $h \geq 0$, so daß

(3) $$y(f) = \int f\varphi \, d\nu = \int f(\varphi h) \, d\mu = \int fg \, d\mu \quad \text{für alle } f \in \mathcal{M}_\infty(X),$$

wobei $g := \varphi h$ in $\mathcal{M}(X)$ ist. Nach 13.1(4) und A.22 gibt es ein $\gamma \in \mathcal{M}_\infty(X)$ mit $|\gamma| = 1$ und $|g| = \gamma g$. Für $n \in \mathbb{N}$ setzen wir nun

$$A_n := \{x \in X : |g(x)| \leq n\} \quad \text{und} \quad g_n := |g|^{q/p} \gamma \chi_{A_n} \, .$$

Dann ist $g_n \in \mathcal{M}_\infty(X)$, und es gilt

$$g_n g = |g|^{\frac{q}{p}} \gamma g \chi_{A_n} = |g|^{\frac{q}{p}+1} \chi_{A_n} = |g|^q \chi_{A_n} \, .$$

Daher folgt aus (3) für alle $n \in \mathbb{N}$:

$$\int |g|^q \chi_{A_n} d\mu = \int g_n g \, d\mu = y(g_n) \leq \|y\| \cdot \|g_n\|_p = \|y\| \left(\int |g|^q \chi_{A_n} d\mu \right)^{1/p} \, .$$

Wegen $1 - \frac{1}{p} = \frac{1}{q}$ folgt hieraus

$$\left(\int |g|^q \chi_{A_n} d\mu \right)^{1/q} \leq \|y\| \quad \text{für alle } n \in \mathbb{N} \, .$$

Nach A.30 impliziert dies $g \in \mathcal{L}_q(\mu)$ und $\|g\|_q \leq \|y\|$. Daher ist $y_g \in L_p(\mu)'$, und nach (3) stimmen y und y_g auf der in $L_p(\mu)$ dichten Menge $\mathcal{M}_\infty(X)/\mathcal{N}(\mu)$ überein. Also gilt $y = y_g$, und es folgt $\|y\| = \|y_g\| \leq \|g\|_q \leq \|y\|$. Damit ist der Satz in dem Spezialfall bewiesen.

2. Allgemeiner Fall:

Da X σ-kompakt ist, gibt es eine Folge $(X_n)_{n \in \mathbb{N}}$ kompakter Teilmengen von X mit

$$X = \bigcup_{n \in \mathbb{N}} X_n \quad \text{und} \quad X_n \subset X_{n+1} \quad \text{für alle } n \in \mathbb{N}.$$

Für $n \in \mathbb{N}$ bezeichnen wir mit μ_n die in A.27 definierte Einschränkung des Maßes μ auf X_n. Nach A.27 ist eine Funktion $f : X \longrightarrow \mathbb{K}$ mit $f|_{X \setminus X_n} \equiv 0$ genau dann in $\mathcal{L}_p(X, \mu)$, wenn $f|_{X_n}$ in $\mathcal{L}_p(X_n, \mu_n)$ ist, und es gilt

$$\int f \, d\mu = \int (f|_{X_n}) \, d\mu_n \quad \text{für alle } f \in \mathcal{L}_p(X, \mu) \quad \text{mit } f|_{X \setminus X_n} \equiv 0.$$

Daher kann man $L_p(X_n, \mu_n)$ als Unterraum von $L_p(X, \mu)$ auffassen, d.h.

$$L_p(X_n, \mu_n) = \{ f \in L_p(X, \mu) : f|_{X \setminus X_n} = 0 \, \mu\text{-fast überall} \} .$$

Ist nun $y \in L_p(X, \mu)'$ gegeben, so ist $y_n := y|_{L_p(X_n, \mu_n)}$ in $L_p(X_n, \mu_n)'$ für jedes $n \in \mathbb{N}$. Daher gibt es nach dem Spezialfall ein $g_n \in L_q(X_n, \mu_n)$, welches y_n darstellt. Fassen wir $L_q(X_n, \mu_n)$ analog als Unterraum von $L_q(X, \mu)$ auf, so gilt

$$y(f) = y_n(f) = \int f g_n \, d\mu \quad \text{für alle } f \in L_p(X_n, \mu_n) .$$

Für $f \in L_p(X_n, \mu_n) \subset L_p(X_{n+1}, \mu_{n+1})$ gilt daher

$$y_n(f) = y(f) = y_{n+1}(f) = \int f g_{n+1} \, d\mu = \int f g_{n+1} \chi_{X_n} \, d\mu .$$

Da $g_{n+1} \chi_{X_n}$ in $L_q(X_n, \mu_n)$ ist, folgt aus der Eindeutigkeitsaussage des Spezialfalls, daß $g_{n+1}|_{X_n} = g_n$ μ-fast überall. Daher gibt es nach A.19(4) ein $g \in \mathcal{M}$ mit $g|_{X_n} = g_n$ μ-fast überall für alle $n \in \mathbb{N}$. Wegen $\sup_{n \in \mathbb{N}} \|g_n\|_{L_q(X_n, \mu_n)} \leq \|y\|$ ist g in $L_q(X, \mu)$. Für $q = \infty$ ist dies evident; für $1 < q < \infty$ folgt dies aus A.30. Ferner gilt

$$y(f) = \int f g \, d\mu \quad \text{für alle } f \in \bigcup_{n \in \mathbb{N}} L_p(X_n, \mu_n) .$$

Da $\bigcup_{n \in \mathbb{N}} L_p(X_n, \mu_n)$ in $L_p(X, \mu)$ dicht ist, kann man den Beweis nun wie im Spezialfall zu Ende führen. $\square$

Nach 13.13 kann man für $1 \leq p < \infty$ den Dualraum von L_p mit L_q, $q := \frac{p}{p-1}$, identifizieren. Daher gilt analog zu 7.10:

13.14 Corollar: *Für $p \in \,]1, \infty[$ ist L_p reflexiv.*

Zum Abschluß dieses Abschnitts betrachten wir noch einige metrische Vektorräume, die i. a. nicht lokalkonvex sind.

Definition: Seien X und μ wie in der Generalvoraussetzung dieses Abschnitts, und sei $0 < p < 1$. Wir definieren

$$\mathcal{L}_p := \{f \in \mathcal{M} : |f|^p \in \mathcal{L}_1\}$$

und setzen für $f \in \mathcal{L}_p$

$$\|f\|_p := \int |f|^p d\mu.$$

13.15 Lemma: *Für $0 < p < 1$ ist $\mathcal{L}_p$ ein $\mathbb{K}$-Vektorraum, welcher $\mathcal{N}$ als linearen Teilraum enthält. Ferner gelten:*

(1) $\|\lambda f\|_p = |\lambda|^p \|f\|_p$ *für alle $\lambda \in \mathbb{K}$, $f \in \mathcal{L}_p$.*

(2) $\|f + g\|_p \leq \|f\|_p + \|g\|_p$ *für alle f, $g \in \mathcal{L}_p$.*

(3) $\|f + g\|_p = \|f\|_p$ *für alle $f \in \mathcal{L}_p$, $g \in \mathcal{N}$.*

Beweis: Wegen $(s+t)^p \leq s^p + t^p$ für alle $s, t \geq 0$ erhält man aus der Linearität des Integrals (vgl. A.31(2)) für $f, g \in \mathcal{L}_p$ und $\lambda \in \mathbb{K}$:

$$\int |f + g|^p d\mu \leq \int (|f|^p + |g|^p) d\mu = \|f\|_p + \|g\|_p,$$

$$\int |\lambda f|^p d\mu = |\lambda|^p \int |f|^p d\mu = |\lambda|^p \|f\|_p.$$

Daher ist $\mathcal{L}_p$ ein $\mathbb{K}$-Vektorraum, und es gelten (1) und (2). Für $f \in \mathcal{L}_p$ und $g \in \mathcal{N}$ ist $|f + g|^p - |f|^p$ nach A.20 eine Nullfunktion. Hieraus folgen $f + g \in \mathcal{L}_p$, (3) und $\mathcal{N} \subset \mathcal{L}_p$. $\qquad\square$

Aufgrund von Lemma 13.15 ist die folgende Definition sinnvoll:

Definition: Für $0 < p < 1$ setzen wir

$$L_p := \mathcal{L}_p / \mathcal{N} \quad \text{und} \quad \|f + \mathcal{N}\|_p := \|f\|_p.$$

Falls es zweckmäßig ist, schreiben wir $L_p(X, \mu)$ statt L_p.

Bemerkung: Wie für $p \in [1, \infty[$ sind auch für $p \in]0, 1[$ die Elemente von L_p Klassen von Funktionen in $\mathcal{L}_p$, die sich nur auf Nullmengen voneinander unterscheiden.

13.16 Satz: *Für jedes $p \in]0, 1[$ wird durch $d_p : (f, g) \mapsto \|f - g\|_p$ eine Metrik auf L_p definiert. (L_p, d_p) ist ein vollständiger metrischer Vektorraum.*

Beweis: Die Eigenschaften (M1) und (M2) einer Metrik sind nach Lemma 13.15 (1) und (2) erfüllt. Es gilt auch (M3), da aus $\|f\|_p = 0$ folgt, daß die Nebenklasse von f aus Nullfunktionen besteht. Aus 13.15 (1) und (2) folgert man leicht, daß (L_p, d_p) ein metrischer Vektorraum ist. Die Vollständigkeit beweist man analog wie im Satz von Riesz-Fischer 13.5. $\qquad\square$

Obwohl $\| \cdot \|_p$ nach 13.15 (1) und (2) nur wenig von einer Norm abweicht, ist L_p im allgemeinen kein lokalkonvexer Raum. Mehr noch, der Satz von Hahn-Banach verliert seine Gültigkeit auf drastische Weise, wie der folgende Satz zeigt.

13.17 Satz: *Ist λ das Lebesgue-Maß auf $[0,1]$, so ist $y \equiv 0$ die einzige stetige Linearform auf $L_p([0,1], \lambda)$ für $0 < p < 1$.*

Beweis: Nimmt man an, daß es eine stetige Linearform $y \neq 0$ auf L_p gibt, so existiert ein $f_0 \in L_p$ mit $|y(f_0)| \geq 1$. Für $s \in [0,1]$ setzen wir $g_s := \chi_{[0,s]} f_0$ und $\varphi(s) := \|g_s\|_p$. Nach dem Lebesgueschen Grenzwertsatz ist φ stetig auf $[0,1]$. Wegen $\varphi(0) = 0$ und $\varphi(1) = \|f_0\|_p$ gibt es daher nach dem Zwischenwertsatz ein $\sigma \in]0,1[$ mit $\|g_\sigma\|_p = \varphi(\sigma) = \frac{1}{2}\|f_0\|_p$. Setzt man $h_\sigma := \chi_{]\sigma,1]} f_0$, so gilt $f_0 = g_\sigma + h_\sigma$ und daher

$$\|f_0\|_p = \int_0^\sigma |f_0|^p d\lambda + \int_\sigma^1 |f_0|^p d\lambda = \|g_\sigma\|_p + \|h_\sigma\|_p,$$

also $\|g_\sigma\|_p = \frac{1}{2}\|f_0\|_p = \|h_\sigma\|_p$. Wegen

$$1 \leq |y(f_0)| = |y(g_\sigma + h_\sigma)| \leq |y(g_\sigma)| + |y(h_\sigma)|$$

kann man o. B. d. A. $|y(g_\sigma)| \geq \frac{1}{2}$ annehmen. Setzt man $f_1 := 2g_\sigma$, so gelten

$$|y(f_1)| \geq 1 \text{ und } \|f_1\|_p = \|2g_\sigma\|_p = 2^p \|g_\sigma\|_p = 2^{p-1}\|f_0\|_p.$$

Wendet man diese Argumentation induktiv an, so erhält man eine Folge $(f_n)_{n\in\mathbb{N}}$ in L_p, so daß für alle $n \in \mathbb{N}$ gelten:

$$|y(f_n)| \geq 1 \text{ und } \|f_n\|_p = 2^{n(p-1)}\|f_0\|_p.$$

Wegen $0 < p < 1$ folgt hieraus, daß $(f_n)_{n\in\mathbb{N}}$ eine Nullfolge ist. Weil y stetig ist, gilt $y(f_n) \to 0$, im Widerspruch zu $|y(f_n)| \geq 1$ für alle $n \in \mathbb{N}$. Also gibt es keine stetige Linearform auf L_p, welche nicht identisch verschwindet. $\qquad\square$

Aufgaben:

(1) Sei X ein lokalkompakter, σ-kompakter, metrischer Raum, μ ein Maß auf X. Zeigen Sie, daß für $1 \leq p < \infty$ die folgenden Unterräume in $L_p(X, \mu)$ dicht liegen:

    (a) $T(X) := \{f : f = \sum_{k=1}^n a_k \chi_{B_k}, \, a_k \in \mathbb{K}, \, B_k \in B(X), \, \mu(B_k) < \infty, \, n \in \mathbb{N}\}$.

    (b) $C_c(X)$.

    (c) Falls $X \subset \mathbb{R}^N$ offen und μ das Lebesgue–Maß ist

$$\mathcal{D}(X) := \{f \in C^\infty(X) : f \in C_c(X)\}.$$

(2) Sei λ das Lebesgue–Maß auf $\mathbb{R}^n$. Zeigen Sie, daß für jede offene Teilmenge X des $\mathbb{R}^n$ und $1 \leq p < \infty$ der Raum $L_p(X, \lambda)$ separabel ist.

(3) Seien X ein kompakter topologischer Raum, Y eine abgeschlossene Teilmenge von X und $R : C(X) \longrightarrow C(Y)$, $R(f) := f|_Y$ die Einschränkungsabbildung. Zeigen Sie:

   (a) $R' : C(Y)' \longrightarrow C(X)'$ ist eine Isometrie.

   (b) Zu jedem $g \in C(Y)$ gibt es ein $f \in C(X)$ mit $f|_Y = g$.

(4) Ist μ das Zählmaß auf $\mathbb{N}$, so setzt man für $0 < p < 1$:

$$l_p := L_p(\mathbb{N}, \mu) = \{x \in \mathbb{K}^{\mathbb{N}} : \|x\|_p := \sum_{j \in \mathbb{N}} |x_j|^p < \infty\}.$$

Zeigen Sie:

   (a) Zu $x_1, x_2 \in l_p$ mit $x_1 \neq x_2$ gibt es $y \in l_p'$ mit $y(x_1) \neq y(x_2)$.

   (b) Ist $A := \{(\delta_{j,n})_{j \in \mathbb{N}} : n \in \mathbb{N}\}$, so gelten $\sup_{x \in A} \|x\|_p = 1$
       und $\sup\{\|x\|_p : x \in \mathrm{conv}(A)\} = \infty$.

(5) Seien $\mathbb{D} = \{z \in \mathbb{C} : |z| < 1\}$, λ das Lebesgue-Maß auf $\mathbb{R}^2$ und

$$H_2(\mathbb{D}) := \{f : \mathbb{D} \to \mathbb{C} : f \text{ ist holomorph und } \int_{\mathbb{D}} |f(z)|^2 d\lambda(z) < \infty\}.$$

Zeigen Sie:

   (a) $H_2(\mathbb{D})$ ist ein abgeschlossener Unterraum von $L_2(\mathbb{D}, \lambda)$, also ein Hilbertraum.

   (b) $(\sqrt{\frac{k+1}{\pi}} z^k)_{k \in \mathbb{N}_0}$ ist eine Orthonormalbasis in $H_2(\mathbb{D})$.

(6) Beweisen Sie die folgenden Aussagen:

   (a) Die Familie $(e_k)_{k \in \mathbb{Z}}$ aus 12.13(1) ist eine Orthonormalbasis von $L_2([0, 2\pi], \lambda)$.

   (b) Die Tschebyscheffschen Polynome $(T_n)_{n \in \mathbb{N}_0}$ sind eine Orthonormalbasis von
       $L_2(]-1, 1[, (1 - x^2)^{-1/2} dx)$.

(7) Die Laguerre-Polynome $(L_n)_{n \in \mathbb{N}_0}$ seien definiert als

$$L_n(x) := \exp(x)(\frac{d}{dx})^n (x^n \exp(-x)).$$

Zeigen Sie, daß $(L_n)_{n \in \mathbb{N}_0}$ ein Orthogonalsystem in $L_2([0, \infty[, e^{-x} dx)$ ist, welches (bis auf Faktoren) durch Gram–Schmidt Orthonormalisierung aus den Monomen $(x^n)_{n \in \mathbb{N}_0}$ entsteht.

(8) Ist $n \in \mathbb{N}$, so gibt es eindeutig bestimmte Zahlen $m, k \in \mathbb{N}_0$ mit $k < 2^m$, so daß $n = 2^m + k$. Für diese setzt man

$$A_n := \left[\frac{k}{2^m}, \frac{k+1}{2^m}\right[\quad \text{und} \quad f_n := \chi_{A_n}.$$

Zeigen Sie:

   (a) Für $x \in [0, 1[$ gelten $\liminf_{n \to \infty} f_n(x) = 0$ und $\limsup_{n \to \infty} f_n(x) = 1$.

   (b) Für $1 \leq p < \infty$ ist $(f_n)_{n \in \mathbb{N}}$ eine Nullfolge in $L_p([0, 1[, \lambda)$, λ das Lebesgue–Maß
       auf $\mathbb{R}$.

§ 14 Fouriertransformation und Sobolevräume

In diesem Abschnitt behandeln wir die Fouriertransformation, die ein wichtiges Hilfsmittel der Analysis, insbesondere der Theorie der linearen partiellen Differentialgleichungen ist. In engem Zusammenhang damit befassen wir uns auch mit Hilberträumen differenzierbarer Funktionen.

Im weiteren bezeichne $L_p(\mathbb{R}^n)$ stets den Raum L_p bezüglich des Lebesgue–Maßes auf $\mathbb{R}^n$. Für Vektoren $x, \xi \in \mathbb{R}^n$ setzen wir $x\xi := \sum_{j=1}^n x_j \xi_j$ und $|x| := (xx)^{1/2}$. Ist f in $L_1(\mathbb{R}^n)$, so wird durch

$$\widehat{f}(\xi) := (2\pi)^{-n/2} \int f(x) e^{-ix\xi}\, dx \, , \; \xi \in \mathbb{R}^n,$$

eine Funktion $\widehat{f}$ auf $\mathbb{R}^n$ definiert, welche man die *Fouriertransformierte* von f nennt. Die Abbildung $f \longmapsto \widehat{f}$ heißt *Fouriertransformation*.

Bemerkung: Man sieht sofort, daß $\widehat{f}$ beschränkt ist, und daß $\|\widehat{f}\|_\infty \leq \|f\|_1$ gilt. Aus dem Lebesgueschen Grenzwertsatz folgt, daß $\widehat{f}$ stetig ist. Wir betrachten die Fouriertransformation daher zunächst als stetige lineare Abbildung von $L_1(\mathbb{R}^n)$ nach $L_\infty(\mathbb{R}^n) \cap C(\mathbb{R}^n)$.

Um einige grundlegende Eigenschaften der Fouriertransformation anzugeben, definieren wir für $f \in \mathbb{C}^{\mathbb{R}^n}$ die Funktion $\check{f}$ durch $\check{f}(x) := f(-x)$ und für $a \in \mathbb{R}^n$ die *Translation* von f um a durch $(T_a f)(x) = f(x-a)$. Offenbar ist T_a eine Isometrie von $L_p(\mathbb{R}^n)$ auf sich für jedes $p \in [1, \infty]$. Da $C_c(\mathbb{R}^n)$ für $p \in [1, \infty[$ in $L_p(\mathbb{R}^n)$ dicht ist, folgt aus dem Satz von Banach–Steinhaus 8.15, daß für jedes $f \in L_p(\mathbb{R}^n)$ die Abbildung $a \longmapsto T_a f$ stetig ist.

Für $f \in L_\infty(\mathbb{R}^n)$, $g \in L_1(\mathbb{R}^n)$ und $x \in \mathbb{R}^n$ definieren wir

$$(1) \qquad f * g(x) := \int f(y) g(x-y)\, dy = \int f(y)(T_x \check{g})(y)\, dy \, .$$

Die Funktion $f * g$ heißt die *Faltung* von f mit g. Nach der Vorbemerkung ist $f * g$ stetig und wegen

$$\|f * g\|_\infty \leq \|f\|_\infty \|g\|_1$$

auch beschränkt auf $\mathbb{R}^n$.

Um die Faltung auch für $f \in L_p(\mathbb{R}^n)$, $p \in [1, \infty[$, zu definieren, wählen wir zunächst $f \in L_p(\mathbb{R}^n) \cap L_\infty(\mathbb{R}^n)$ und $q \in]1, \infty]$ mit $\frac{1}{p} + \frac{1}{q} = 1$. Für $h \in L_q(\mathbb{R}^n)$

erhalten wir dann aus dem Satz von Fubini (vgl. Forster [F3]), der Hölderschen Ungleichung und der Vorbemerkung

(2)
$$\int |h(x)\, f * g(x)|\, dx \le \iint |h(x)|\, |f(x - y)|\, |g(y)|\, dx\, dy$$
$$\le \|h\|_q \int \|T_y f\|_p\, |g(y)|\, dy$$
$$\le \|h\|_q\, \|f\|_p\, \|g\|_1 .$$

Nach Satz 13.13 impliziert dies $f * g \in L_q(\mathbb{R}^n)' = L_p(\mathbb{R}^n)$ und

(3)
$$\|f * g\|_p \le \|f\|_p\, \|g\|_1 .$$

Ist nun $f \in L_p(\mathbb{R}^n)$ beliebig, so folgt aus (3), angewendet auf die Funktionen $\min(|f|, k)$, $k \in \mathbb{N}$, und $|g|$ mit dem Satz von Beppo Levi A.6, daß $f(\cdot)g(x - \cdot)$ fast überall bezüglich x in $L_1(\mathbb{R}^n)$ ist. Daher wird durch die Formel (1) fast überall auf $\mathbb{R}^n$ eine Funktion $f * g$ definiert, welche ebenfalls als die *Faltung* von f mit g bezeichnet wird. Um $f * g \in L_p(\mathbb{R}^n)$ nachzuweisen, wählen wir eine Folge $(f_k)_{k \in \mathbb{N}}$ in $L_p(\mathbb{R}^n) \cap L_\infty(\mathbb{R}^n)$ mit $|f_k| \le |f|$ für alle $k \in \mathbb{N}$, welche punktweise fast überall gegen f konvergiert. Nach dem Lebesgueschen Grenzwertsatz konvergiert $(f_k)_{k \in \mathbb{N}}$ in $L_p(\mathbb{R}^n)$ gegen f. Daher folgt aus (3), daß $(f_k * g)_{k \in \mathbb{N}}$ eine Cauchy–Folge in $L_p(\mathbb{R}^n)$ ist. Nach dem bisher Gezeigten konvergiert $(f_k * g)_{k \in \mathbb{N}}$ aber punktweise fast überall gegen $f * g$. Daher ist $f * g \in L_p(\mathbb{R}^n)$, und es gilt die Abschätzung (3).

14.1 Satz: *Für alle $f, g \in L_1(\mathbb{R}^n)$, x, $\xi \in \mathbb{R}^n$ und $\lambda > 0$ gelten:*

(1) $(T_x f)\widehat{\ }(\xi) = e^{-ix\xi}\, \widehat{f}(\xi)$.

(2) $\widehat{f * g}(\xi) = (2\pi)^{n/2}\, \widehat{f}(\xi)\, \widehat{g}(\xi)$.

(3) $\int \widehat{f}(\xi)\, g(\lambda \xi)\, d\xi = \int f(\lambda \xi)\, \widehat{g}(\xi)\, d\xi$.

Beweis: (1) Dies folgt mittels einer einfachen Variablentransformation.
(2) Nach dem Satz von Fubini gilt

$$\widehat{f * g}(\xi) = (2\pi)^{-n/2} \int e^{-ix\xi} \int f(y)\, g(x - y)\, dy\, dx$$
$$= (2\pi)^{-n/2} \iint e^{-i(x+y)\xi}\, f(y)\, g(x)\, dy\, dx = (2\pi)^{n/2}\, \widehat{f}(\xi)\, \widehat{g}(\xi) .$$

(3) Mittels der Variablentransformation $x' = \lambda^{-1}x$, $\xi' = \lambda \xi$ folgt aus dem Satz von Fubini

$$\int \Big\{ \int f(x)\, e^{-ix\xi}\, dx \Big\}\, g(\lambda \xi)\, d\xi = \int f(\lambda x')\, \Big\{ \int g(\xi')\, e^{-ix'\xi'}\, d\xi' \Big\}\, dx' .$$

Daher gilt (3). $\square$

Um die Umkehrformel für die Fouriertransformation zu beweisen, berechnen wir nun die Fouriertransformierte einer speziellen Funktion.

14.2 Lemma: *Die Funktion* $\varphi(x) = \exp\left(-\frac{1}{2}|x|^2\right)$ *ist in* $L_1(\mathbb{R}^n)$, *und es gilt* $\widehat{\varphi} = \varphi$.

Beweis: Offenbar ist φ in $L_1(\mathbb{R}^n)$. Die Aussage $\widehat{\varphi} = \varphi$ erhält man aus

$$\int \exp\left(-\frac{1}{2}|x|^2 - ix\xi\right) dx = \exp\left(-\frac{1}{2}|\xi|^2\right) \int \exp\left(-\frac{1}{2}\sum_{j=1}^{n}(x_j + i\xi_j)^2\right) dx$$

$$= \exp\left(-\frac{1}{2}|\xi|^2\right) \prod_{j=1}^{n} \int \exp\left(-\frac{1}{2}(x_j + i\xi_j)^2\right) dx_j$$

$$= \exp\left(-\frac{1}{2}|\xi|^2\right)(2\pi)^{n/2} .$$

Dabei folgt die letzte Gleichung daraus, daß aufgrund einer Standardanwendung des Cauchyschen Integralsatzes für jedes $\xi \in \mathbb{R}$ gilt:

$$\int \exp\left(-\frac{1}{2}(x + i\xi)^2\right) dx = \int \exp\left(-\frac{1}{2}x^2\right) dx = \sqrt{2\pi} .$$

$\square$

14.3 Fourierumkehrformel: *Seien* $f \in L_1(\mathbb{R}^n)$ *und* $\widehat{f} \in L_1(\mathbb{R}^n)$. *Dann besitzt* f *einen Repräsentanten in* $C_0(\mathbb{R}^n)$, *und für diesen gilt:*

$$f(x) = (2\pi)^{-n/2} \int \widehat{f}(\xi)\, e^{i\xi x}\, d\xi \quad \text{für alle } x \in \mathbb{R}^n.$$

Beweis: Wir beweisen zunächst, daß die Fourierumkehrformel punktweise gilt, wenn f zusätzlich stetig und beschränkt ist. Die allgemeine Aussage folgt dann aus Corollar 14.5(2). Zum Beweis der Umkehrformel beachten wir, daß für φ aus Lemma 14.2 gilt:

$$1 = \varphi(0) = \widehat{\varphi}(0) = (2\pi)^{-n/2} \int \varphi(x)\, dx .$$

Wenden wir nun Satz 14.1(3) auf f und φ an, so erhalten wir aus Lemma 14.2 für alle $\lambda > 0$:

$$\int \widehat{f}(\xi)\, \varphi(\lambda\xi)\, d\xi = \int f(\lambda x)\, \varphi(x)\, dx .$$

Weil f stetig und beschränkt ist, folgt hieraus mit dem Lebesgueschen Grenzwertsatz für $\lambda \to 0$:

$$\int \widehat{f}(\xi)\, d\xi = \int f(0)\, \varphi(x)\, dx = f(0)\, (2\pi)^{n/2} .$$

Daher gilt die Umkehrformel für $x = 0$. Hieraus erhält man die Umkehrformel für $x \in \mathbb{R}^n$, indem man den Fall $x = 0$ auf $T_{-x}f$ anwendet und $\widehat{T_{-x}f}(\xi) = e^{i\xi x}\widehat{f}(\xi)$ beachtet.

$\square$

Sei φ die Funktion aus Lemma 14.2. Für $\sigma > 0$ setzen wir

$$\varphi_\sigma(x) = (2\pi)^{-n/2}\,\sigma^{-n}\,\exp\Big(-\frac{|x|^2}{2\sigma^2}\Big) = (2\pi)^{-n/2}\,\sigma^{-n}\,\varphi\Big(\frac{x}{\sigma}\Big)\,,\ x \in \mathbb{R}^n\,.$$

Wie man leicht nachprüft, gelten dann:

(1) $\displaystyle\int \varphi_\sigma(x)\,dx = 1$.

(2) $\displaystyle\lim_{\sigma\to 0}\int_{|x|\geq\delta}\varphi_\sigma(x)\,dx = \lim_{\sigma\to 0}\int_{|x|\geq\delta/\sigma}(2\pi)^{-n/2}\,\varphi(x)\,dx = 0$ für alle $\delta > 0$.

(3) $\widehat{\varphi}_\sigma(\xi) = (2\pi)^{-n/2}\,\widehat{\varphi}(\sigma\xi) = (2\pi)^{-n/2}\,\varphi(\sigma\xi)$ für alle $\xi \in \mathbb{R}^n$.

Außerdem ist $\varphi_\sigma \in L_p(\mathbb{R}^n)$ für alle $p \in [1,\infty]$.

14.4 Lemma: *Für jedes $p \in [1,\infty[$ und jedes $f \in L_p(\mathbb{R}^n)$ gilt in $L_p(\mathbb{R}^n)$:*

$$\lim_{\sigma\to 0} f * \varphi_\sigma = f\,.$$

Beweis: Für jedes $y \in \mathbb{R}^n$ ist die Translation T_y eine Isometrie von $L_p(\mathbb{R}^n)$ auf sich. Insbesondere gilt $\|T_y\| = 1$. Für $f \in C_c(\mathbb{R}^n)$ gilt offenbar $\lim_{y\to 0} T_y f = f$ in $L_p(\mathbb{R}^n)$. Da $C_c(\mathbb{R}^n)$ in $L_p(\mathbb{R}^n)$ dicht ist, folgt hieraus mit 8.14:

(∗) $\qquad\qquad \lim_{y\to 0} T_y f = f$ in $L_p(\mathbb{R}^n)$ für alle $f \in L_p(\mathbb{R}^n)$.

Nun fixieren wir $f \in L_p(\mathbb{R}^n)$ und $\sigma > 0$. Nach der Bemerkung vor Lemma 14.1 ist $f * \varphi_\sigma \in L_p(\mathbb{R}^n)$, und nach (1) der Vorbemerkung gilt:

$$\|f * \varphi_\sigma - f\|_p = \Big\|\int \big(f(\cdot - y) - f(\cdot)\big)\,\varphi_\sigma(y)\,dy\Big\|_p$$

$$= \Big\|\int (T_y f - f)(\cdot)\,\varphi_\sigma(y)\,dy\Big\|_p$$

$$\leq \int \|T_y f - f\|_p\,\varphi_\sigma(y)\,dy\,.$$

Um weiter abzuschätzen, sei $\varepsilon > 0$ vorgegeben. Dann kann man nach (∗) ein $\delta > 0$ so wählen, daß $\|T_y f - f\|_p \leq \frac{\varepsilon}{2}$ für alle $y \in \mathbb{R}^n$ mit $|y| \leq \delta$. Nach (1) der Vorbemerkung impliziert dies

$$\int_{|y|\leq\delta}\|T_y f - f\|_p\,\varphi_\sigma(y)\,dy \leq \frac{\varepsilon}{2}\text{ für alle }\sigma > 0\,.$$

Wegen (2) der Vorbemerkung gibt es ein $\sigma_0 > 0$, so daß für alle $0 < \sigma \leq \sigma_0$ gilt

$$\int_{|y|\geq\delta}\|T_y f - f\|_p\,\varphi_\sigma(y)\,dy \leq 2\|f\|_p\int_{|y|\geq\delta}\varphi_\sigma(y)\,dy \leq \frac{\varepsilon}{2}$$

und daher $\|f * \varphi_\sigma - f\|_p \leq \varepsilon$ für alle $0 < \sigma \leq \sigma_0$. $\qquad\square$

14.5 Corollar: (1) *Für jedes $f \in L_1(\mathbb{R}^n)$ ist $\widehat{f} \in C_0(\mathbb{R}^n)$.*

(2) *Ist $f \in L_1(\mathbb{R}^n)$ und $\widehat{f} \in L_1(\mathbb{R}^n)$, so gelten $f \in C_0(\mathbb{R}^n)$ und $f(x) = \widehat{\widehat{f}}(-x)$.*

Beweis: (1) Nach 14.1(2) und der Bemerkung (3) vor 14.4 gilt

$$(*) \qquad \widehat{f * \varphi_\sigma}(\xi) = (2\pi)^{n/2}\, \widehat{f}(\xi)\, \widehat{\varphi}_\sigma(\xi) = \widehat{f}(\xi)\, \varphi(\sigma\xi) \text{ für alle } \xi \in \mathbb{R}^n \ ,$$

also $\widehat{f * \varphi_\sigma} \in C_0(\mathbb{R}^n)$ für alle $\sigma > 0$. Außerdem folgt, daß für $\sigma \to 0$ die Funktionen $\widehat{f * \varphi_\sigma}$ gleichmäßig auf $\mathbb{R}^n$ gegen $\widehat{f}$ konvergieren. Daher gilt $\widehat{f} \in C_0(\mathbb{R}^n)$.

(2) Ist $\widehat{f} \in L_1(\mathbb{R}^n)$, so erhält man aus $(*)$ und $0 \le \varphi \le 1$, daß $\widehat{f * \varphi_\sigma}$ in $L_1(\mathbb{R}^n)$ ist für alle $\sigma > 0$. Ferner folgt aus dem Lebesgueschen Grenzwertsatz $\widehat{f * \varphi_\sigma} \to \widehat{f}$ in $L_1(\mathbb{R}^n)$ für $\sigma \to 0$. Da $\widehat{f * \varphi_\sigma}$ stetig und beschränkt ist, erhält man aus der Fourierumkehrformel, daß $f * \varphi_\sigma$ für $\sigma \to 0$ gleichmäßig auf $\mathbb{R}^n$ gegen die Funktion

$$g(x) = (2\pi)^{-n/2} \int \widehat{f}(\xi)\, e^{i\xi x}\, d\xi = \widehat{\widehat{f}}(-x)$$

konvergiert. Wegen $\widehat{f} \in L_1(\mathbb{R}^n)$ folgt aus (1), daß g in $C_0(\mathbb{R}^n)$ ist. Da $f * \varphi_\sigma$ nach 14.4 in $L_1(\mathbb{R}^n)$ gegen f konvergiert, folgt $g = f$ in $L_1(\mathbb{R}^n)$, also $f = g \in C_0(\mathbb{R}^n)$. $\square$

Wir setzen nun
$$L := \left\{ f \in L_1(\mathbb{R}^n) : \widehat{f} \in L_1(\mathbb{R}^n) \right\} .$$

Aus Corollar 14.5(2) und der Fourierumkehrformel 14.3 folgt, daß die Fouriertransformation L bijektiv auf sich abbildet, und daß die Umkehrung durch die Umkehrformel gegeben wird. Ferner gilt:

14.6 Lemma: *Für jedes $p \in [1, \infty[$ ist L ein dichter Teilraum von $L_p(\mathbb{R}^n)$.*

Beweis: Nach 14.5(2) gilt $L \subset L_\infty(\mathbb{R}^n) \cap L_1(\mathbb{R}^n)$ und daher

$$\int |f(x)|^p\, dx \le \|f\|_\infty^{p-1}\, \|f\|_1 \text{ für jedes } f \in L \ .$$

Folglich ist L in $L_p(\mathbb{R}^n)$ enthalten.

Ist $f \in C_c(\mathbb{R}^n)$, so ist $f * \varphi_\sigma$ nach 14.4 und 14.1(2) in L. Nach 14.4 konvergiert $f * \varphi_\sigma$ in $L_p(\mathbb{R}^n)$ gegen f für $\sigma \to 0$. Mit $C_c(\mathbb{R}^n)$ ist daher auch L in $L_p(\mathbb{R}^n)$ dicht. $\square$

14.7 Satz von Plancherel: *Es gibt einen unitären Operator $\mathcal{F}$ in $L_2(\mathbb{R}^n)$, so daß $\mathcal{F}(f) = \widehat{f}$ gilt für jedes $f \in L_1(\mathbb{R}^n) \cap L_2(\mathbb{R}^n)$.*

Beweis: Wir bemerken zunächst, daß für jedes $g \in L$ gilt:

$$\widehat{\widehat{\overline{g}}}(x) = (2\pi)^{-n/2} \int \overline{\widehat{g}(\xi)}\, e^{-i\xi x}\, d\xi = (2\pi)^{-n/2} \int \overline{\widehat{g}(\xi)\, e^{i\xi x}}\, d\xi = \overline{g}(x) \ .$$

Hieraus folgt mit Satz 14.1(3) für $f \in L_1(\mathbb{R}^n)$ und $g \in L$:

(1) $$\int \widehat{f}(\xi) \, \overline{\widehat{g}(\xi)} \, d\xi = \int f(x) \, \overline{g(x)} \, dx \; .$$

Daher wird durch $f \longmapsto \widehat{f}$ eine Isometrie des in $L_2(\mathbb{R}^n)$ dichten Unterraumes L nach $L_2(\mathbb{R}^n)$ definiert. Diese setzt sich zu einer Isometrie $\mathcal{F} : L_2(\mathbb{R}^n) \longrightarrow L_2(\mathbb{R}^n)$ fort.

Setzt man $\mathcal{G}f : \xi \longmapsto \mathcal{F}f(-\xi)$, so ist auch $\mathcal{G}$ eine Isometrie, und auf L gilt $\mathcal{G} \circ \mathcal{F} = \mathrm{id}$ nach 14.5(2). Weil L in $L_2(\mathbb{R}^n)$ dicht ist, gilt $\mathcal{G} \circ \mathcal{F} = \mathrm{id}$ auf $L_2(\mathbb{R}^n)$. Daher ist $\mathcal{G}$ und damit auch $\mathcal{F}$ bijektiv. Folglich ist $\mathcal{F}$ unitär.

Um nachzuweisen, daß $\mathcal{F}$ auf $L_1(\mathbb{R}^n) \cap L_2(\mathbb{R}^n)$ mit der Fouriertransformation übereinstimmt, bemerken wir, daß nach (1) für $f \in L_1(\mathbb{R}^n) \cap L_2(\mathbb{R}^n)$ und jedes $g \in L$ gilt

$$\int \widehat{f}(\xi)\overline{\widehat{g}(\xi)} \, d\xi = \langle f, g \rangle = \langle \mathcal{F}f, \mathcal{F}g \rangle = \int \mathcal{F}f(\xi)\overline{\widehat{g}(\xi)} \, d\xi \; .$$

Weil $\{\overline{\widehat{g}} : g \in L\} = L$ in $L_2(\mathbb{R}^n)$ dicht ist, impliziert dies, daß $\mathcal{F}f$ und $\widehat{f}$ als Elemente von $L_2(\mathbb{R}^n)$ gleich sind. $\square$

Bemerkung: (a) Für jedes $f \in L_2(\mathbb{R}^n)$ gilt im Sinne der L_2–Konvergenz:

$$\mathcal{F}f(\xi) = \lim_{T \to \infty} (2\pi)^{-n/2} \int_{|x| \leq T} f(x)e^{-ix\xi} \, dx \; .$$

Denn die durch $f_T(x) = f(x)$ für $|x| \leq T$ und $f_T(x) = 0$ für $|x| > T$ definierte Funktion ist in $L_1(\mathbb{R}^n) \cap L_2(\mathbb{R}^n)$ und konvergiert für $T \longrightarrow \infty$ in $L_2(\mathbb{R}^n)$ gegen f.

(b) Für jedes $g \in L_2(\mathbb{R}^n)$ ist $\mathcal{F}^{-1}g(x) = \mathcal{F}g(-x)$, wie wir bereits im Beweis von Satz 14.7 gesehen haben. Nach (a) gilt daher im Sinne der L_2–Konvergenz

$$\mathcal{F}^{-1}g(x) = \lim_{T \to \infty} (2\pi)^{-n/2} \int_{|x| \leq T} g(\xi)e^{ix\xi} \, d\xi \; .$$

14.8 Corollar: *Ist $f \in L_2(\mathbb{R}^n)$ und $\mathcal{F}f \in L_1(\mathbb{R}^n)$, so ist $f \in C_0(\mathbb{R}^n)$, und es gilt:*

$$\|f\|_\infty \leq \|\mathcal{F}f\|_1 \; .$$

Beweis: Nach (b) der Vorbemerkung und Satz 14.7 gilt

$$f(x) = \mathcal{F}^{-1} \circ \mathcal{F}f(x) = \mathcal{F} \circ \mathcal{F}f(-x) = \widehat{\mathcal{F}f}(-x) \; .$$

Wegen $\mathcal{F}f \in L_1(\mathbb{R}^n)$ folgt hieraus mit 14.5(1) die Behauptung. $\square$

14.9 Corollar: *Die Hermiteschen Funktionen $(H_n)_{n \in \mathbb{N}_0}$ bilden eine Orthonormalbasis in $L_2(\mathbb{R})$, und für alle $f \in L_2(\mathbb{R})$ gilt:*

$$\mathcal{F}f = \sum_{n=0}^{\infty} (-i)^n \, \langle f, H_n \rangle \, H_n \; .$$

Beweis: Nach 12.13(2) ist $(H_n)_{n\in\mathbb{N}_0}$ ein Orthonormalsystem in $L_2(\mathbb{R})$. Um seine Vollständigkeit zu beweisen, sei $f \in \big(\text{span}\{H_n : n \in \mathbb{N}_0\}\big)^{\perp}$ gegeben. Dann folgt aus 12.13(2), daß f für alle $n \in \mathbb{N}_0$ zu $x^n\, e^{-x^2/2}$ orthogonal ist. Um hieraus $f = 0$ zu schließen, beachten wir, daß für alle $x, \xi \in \mathbb{R}$ und $m \in \mathbb{N}$ gilt:

$$\Big| \sum_{n=0}^{m} \frac{1}{n!}\, (-ix\xi)^n \Big|\, e^{-x^2/2} \leq e^{|x|\,|\xi| - x^2/2}\,.$$

Hieraus folgt mit dem Lebesgueschen Grenzwertsatz, daß für jedes $\xi \in \mathbb{R}$ die Reihe

$$\sum_{n=0}^{\infty} \frac{1}{n!}\, (-i\xi)^n\, x^n\, e^{-x^2/2} = e^{-ix\xi - x^2/2}$$

in $L_2(\mathbb{R})$ konvergiert. Weil $\overline{f}(x)\, e^{-x^2/2}$ in $L_1(\mathbb{R}) \cap L_2(\mathbb{R})$ ist, verschwindet daher die Fouriertransformierte der Funktion $\overline{f(x)}\, e^{-x^2/2}$. Nach 14.7 verschwindet $\overline{f(x)}\, e^{-x^2/2}$ dann fast überall. Folglich gilt $f = 0$ in $L_2(\mathbb{R})$. Also ist $(H_n)_{n\in\mathbb{N}_0}$ nach 12.4 eine Orthonormalbasis in $L_2(\mathbb{R})$.

Zum Beweis der zweiten Aussage beachten wir, daß man aus Lemma 14.2 mittels Induktion und partieller Integration erhält, daß es zu jedem $n \in \mathbb{N}_0$ ein Polynom q_{n-1} von Grad höchstens $n-1$ gibt, so daß für $g_n(x) := x^n e^{-x^2/2}$ gilt

$$\mathcal{F}g_n(\xi) = \Big((-i\xi)^n + q_{n-1}(\xi) \Big) e^{-\xi^2/2}.$$

Hieraus folgt

$$\mathcal{F}H_n \in \text{span}\{x^k e^{-x^2/2} : 0 \leq k \leq n\} = \text{span}\{H_k : 0 \leq k \leq n\} \quad \text{für alle } n \in \mathbb{N}_0.$$

Weil $\mathcal{F}$ unitär ist, erhalten wir daher aus der Bemerkung zur Gram–Schmidt Orthonormalisierung, daß es zu jedem $n \in \mathbb{N}_0$ ein $\lambda_n \in \mathbb{C}$ mit $|\lambda_n| = 1$ gibt, so daß $\mathcal{F}H_n = \lambda_n H_n$ gilt. Für $n \in \mathbb{N}_0$ und g_n wie oben impliziert dies

$$g_n = \sum_{k=0}^{n} \langle g_n, H_k \rangle H_k \quad \text{und} \quad \mathcal{F}g_n = \sum_{k=0}^{n} \langle g_n, H_k \rangle \lambda_k H_k.$$

Da in beiden Gleichungen die Koeffizienten von $x^n e^{-x^2/2}$ bzw. $\xi^n e^{-\xi^2/2}$ übereinstimmen und nur von H_n herrühren, gilt $\lambda_n = (-i)^n$. Aus 12.4 folgt dann für alle $f \in L_2(\mathbb{R})$:

$$\mathcal{F}(f) = \mathcal{F}\Big(\sum_{n=0}^{\infty} \langle f, H_n \rangle H_n \Big) = \sum_{n=0}^{\infty} \langle f, H_n \rangle \mathcal{F}H_n = \sum_{n=0}^{\infty} (-i)^n \langle f, H_n \rangle H_n\,. \qquad \square$$

Wir verwenden nun den Satz von Plancherel, um die folgende Familie von Hilberträumen einzuführen.

Definition: Für $s \in [0, \infty[$ sei

$$H^s := \left\{ f \in L_2(\mathbb{R}^n) : \left(1 + |\xi|^2\right)^{s/2} \mathcal{F}f(\xi) \in L_2(\mathbb{R}^n) \right\},$$

versehen mit der Norm

$$\|f\|_s := \left(\int \left(1 + |\xi|^2\right)^s \left|\mathcal{F}f(\xi)\right|^2 d\xi \right)^{1/2}.$$

Für $s \in \,]-\infty, 0[$ sei H^s die vollständige Hülle von $L_2(\mathbb{R}^n)$ bezüglich der Norm $\|\cdot\|_s$. Wir nennen H^s den *Sobolevraum* zum Exponenten $s \in \mathbb{R}$.

Bemerkung: Für $s \geq 0$ wird die Norm $\|\cdot\|_s$ offenbar durch das Skalarprodukt

$$\langle f, g \rangle_s := \int \left(1 + |\xi|^2\right)^s \mathcal{F}f(\xi) \, \overline{\mathcal{F}g(\xi)} \, d\xi$$

erzeugt. Daher folgt aus dem Satz von Plancherel, daß $\mathcal{F}$ den Raum H^s isometrisch auf den Raum

$$L_2^s := L_2\left(\mathbb{R}^n, \left(1 + |\xi|^2\right)^s d\xi\right)$$

abbildet. Folglich ist H^s ein Hilbertraum, und es gilt $H^0 = L_2(\mathbb{R}^n)$.

Für $s < 0$ setzt sich $\mathcal{F}$ zu einer Isometrie von H^s auf L_2^s fort, welche wir ebenfalls mit $\mathcal{F}$ bezeichnen. Daher ist H^s ein Hilbertraum.

14.10 Lemma: (1) *Für $0 \leq s < t$ gelten $H^t \subset H^s$ und $\|\cdot\|_s \leq \|\cdot\|_t$ auf H^t.*

(2) *Für $s < t \leq 0$ setzt sich die Identität von $L_2(\mathbb{R}^n)$ zu einer stetigen Einbettung $j_t^s : H^t \hookrightarrow H^s$ fort, und es gilt*

$$\|j_t^s f\|_s \leq \|f\|_t \text{ für alle } f \in H^t.$$

Beweis: (1) folgt unmittelbar aus der Definition.

(2) Wir bezeichnen mit $i_t^s : L_2^t \hookrightarrow L_2^s$ die offensichtliche Inklusion und setzen $j_t^s := \mathcal{F}^{-1} \circ i_t^s \circ \mathcal{F}$. Weil j_t^s auf $L_2(\mathbb{R}^n)$ die Identität ist, folgt nun die Behauptung.□

Wir betrachten die Einbettung j_t^s aus 14.10(2) als kanonisch und werden sie im weiteren nicht mehr angeben. In diesem Sinn ist dann $H^t \subset H^s$ für alle $s, t \in \mathbb{R}$ mit $s < t$, und es gilt $\|\cdot\|_s \leq \|\cdot\|_t$ auf H^t.

14.11 Lemma: (1) *Für $t \geq 0$ setzt sich das $L_2(\mathbb{R}^n)$–Skalarprodukt $\langle \cdot, \cdot \rangle$ auf $H^t \times L_2(\mathbb{R}^n)$ zu einer stetigen Sesquilinearform $\langle \cdot, \cdot \rangle : H^t \times H^{-t} \longrightarrow \mathbb{C}$ fort. Es gilt $\langle f, g \rangle = \int \mathcal{F}(f)\overline{\mathcal{F}(g)}d\xi$.*

(2) *Die Sesquilinearform aus (1) setzt H^t und H^{-t} in Dualität zueinander, d.h.*

$$\left(H^t\right)' = \left\{ f \longmapsto \langle f, g \rangle : g \in H^{-t} \right\}, \, \left(H^{-t}\right)' = \left\{ f \longmapsto \overline{\langle g, f \rangle} : g \in H^t \right\}.$$

(3) *Die durch (2) gegebenen Isomorphien $(H^t)' \cong H^{-t}$ und $(H^{-t})' \cong H^t$ sind isometrisch.*

Beweis: (1) Für $f \in H^t$ und $g \in L_2(\mathbb{R}^n)$ gilt nach dem Satz von Plancherel:

$$|\langle f, g \rangle| = |\langle \mathcal{F}f, \mathcal{F}g \rangle|$$
$$= \left| \int \left(1 + |\xi|^2\right)^{t/2} \mathcal{F}f(\xi) \left(1 + |\xi|^2\right)^{-t/2} \overline{\mathcal{F}g(\xi)} \, d\xi \right| \le \|f\|_t \, \|g\|_{-t} \ .$$

Nach Definition von H^{-t} folgt hieraus (1).

(2) Nach (1) ist $f \longmapsto \langle f, g \rangle$ für jedes $g \in H^{-t}$ ein Element von $(H^t)'$. Um nachzuweisen, daß man auf diese Weise ganz $(H^t)'$ erhält, sei $y \in (H^t)'$ vorgegeben. Weil H^t ein Hilbertraum ist, gibt es nach dem Rieszschen Darstellungssatz 11.9 ein $h \in H^t$ mit $\|h\|_t = \|y\|$, so daß

$$y(f) = \langle f, h \rangle_t \text{ für alle } f \in H^t \ .$$

Wir definieren $H \in L_2^{-t}$ durch $H(\xi) := \left(1 + |\xi|^2\right)^t \mathcal{F}h(\xi)$ und setzen $g := \mathcal{F}^{-1}H$. Dann ist $g \in H^{-t}$, und für alle $f \in H^t$ gilt

$$y(f) = \int \left(1 + |\xi|^2\right)^t \mathcal{F}f(\xi) \overline{\mathcal{F}h(\xi)} \, d\xi = \langle f, g \rangle \ .$$

Den zweiten Teil von (2) beweist man analog.

(3) Der Beweis von (2) liefert $\|y\| = \|h\|_t = \|H\|_{L_2^{-t}} = \|g\|_{-t}$. $\qquad \square$

Das in 14.10 und 14.11 Bewiesene kann man so zusammenfassen: Die Räume $(H^t)_{t \in \mathbb{R}}$ bilden eine fallende Skala von Hilberträumen, die zu sich selbst im Dualität steht, da man für jedes $t \in \mathbb{R}$ vermöge $\langle \cdot, \cdot \rangle$ den Raum $(H^t)'$ mit H^{-t} identifizieren kann.

14.12 Lemma: *Für $t_1 < t_2 < t_3$ und $f \in H^{t_3}$ gilt:*

$$\|f\|_{t_2} \le \|f\|_{t_1}^{\frac{t_3 - t_2}{t_3 - t_1}} \|f\|_{t_3}^{\frac{t_2 - t_1}{t_3 - t_1}} \ .$$

Beweis: Dies folgt aus der Hölderschen Ungleichung und der Definition der Norm in L_2^t, wenn man beachtet, daß für $p := \frac{t_3 - t_1}{t_3 - t_2}$, $q := \frac{t_3 - t_1}{t_2 - t_1}$ und $f \in L_2^{t_3}$ die Funktion $\left((1 + |\xi|^2)^{t_1} |f(\xi)|^2\right)^{1/p}$ in L_p und $\left((1 + |\xi|^2)^{t_3} |f(\xi)|^2\right)^{1/q}$ in L_q ist. $\qquad \square$

Eine Skala von Hilberträumen mit der in Lemma 14.12 genannten Eigenschaft nennt man *normal*. $(H^s)_{s \in \mathbb{R}}$ ist also eine normale Skala von Hilberträumen.

Wir beschäftigen uns nun mit den Differenzierbarkeitseigenschaften der Elemente von H^s. Dazu setzen wir für $f \in H^s$ und $1 \le j \le n$:

$$D_j f = \mathcal{F}^{-1} \xi_j \mathcal{F} f \in H^{s-1} ,$$

wobei ξ_j die Multiplikation mit der Variablen ξ_j bezeichnet. Ist $\alpha = (\alpha_1, \ldots, \alpha_n)$ $\in \mathbb{N}_0^n$ ein Multiindex und $|\alpha| = \sum_{j=1}^n \alpha_j$, so setzen wir $D^\alpha = D_1^{\alpha_1} \cdots D_n^{\alpha_n}$ und erhalten für $f \in H^s$

$$D^\alpha f = \mathcal{F}^{-1} \xi^\alpha \, \mathcal{F} f \in H^{s-|\alpha|} \, ,$$

wobei $\xi^\alpha = \xi_1^{\alpha_1} \cdots \xi_n^{\alpha_n}$. Hieraus erhält man:

14.13 Lemma: *Für jedes $\alpha \in \mathbb{N}_0^n$ ist D^α ein stetiger linearer Operator von H^s nach $H^{s-|\alpha|}$, welcher die Norm 1 hat.*

Wir interpretieren nun die Operatoren D_j und damit auch die D^α als Ableitungsoperatoren.

14.14 Lemma: *Für jedes $f \in H^s$ und $1 \le j \le n$ gilt in H^{s-1} $\left($mit $e_j = (\delta_{j,\nu})_{\nu=1}^n\right)$*

$$D_j f = \frac{1}{i} \lim_{h \to 0} \frac{1}{h} \big(f(\cdot + h e_j) - f \big) \, .$$

Beweis: Aus 14.1(1) folgt $\mathcal{F}(T_a f)[\xi] = e^{-ia\xi} \mathcal{F} f(\xi)$ für alle $a \in \mathbb{R}^n$ und alle $f \in H^s$. Daher gilt für alle $h \in \mathbb{R} \setminus \{0\}$

$$\mathcal{F}\Big(\frac{1}{ih} f(\cdot + h e_j) - f(\cdot) \Big)[\xi] = \frac{1}{ih}(e^{ih\xi_j} - 1) \mathcal{F} f(\xi) \, .$$

Wegen

$$\big| h^{-1} (e^{ih\xi_j} - 1) \big| \le |\xi_j| \text{ für alle } h \in \mathbb{R} \setminus \{0\}, \, \xi_j \in \mathbb{R}$$

folgt die Behauptung mit dem Lebesgueschen Grenzwertsatz aus der Definition der Norm in L_2^{s-1} . $\square$

Bemerkung: Für $s \ge 1$ konvergiert der Differenzenquotient in Lemma 14.14 in $L_2(\mathbb{R}^n)$. Aufgrund der Bemerkung im Anschluß an 13.5 gibt es dann eine Nullfolge $(h_n)_{n\in\mathbb{N}}$ in $\mathbb{R}$ und eine Lebesgue–Nullmenge $N \subset \mathbb{R}^n$, so daß für alle $x \in \mathbb{R}^n \setminus N$ die Folge $\big(i^{-1} h_n^{-1}(f(x + h_n e_j) - f(x)) \big)_{n\in\mathbb{N}}$ konvergiert. Ist f sogar in $H^s \cap C^1(\mathbb{R}^n)$, so stimmen daher $D_j f$ und $i^{-1}\frac{\partial f}{\partial x_j}$ fast überall überein. Also gilt $i^{-1}\frac{\partial f}{\partial x_j} = D_j f$ in $L_2(\mathbb{R}^n)$. Induktiv folgt:

14.15 Corollar: *Ist $k \in \mathbb{N}_0$, $k \le s$ und $f \in H^s \cap C^k(\mathbb{R}^n)$, so gilt für alle $|\alpha| \le k$ in $L_2(\mathbb{R}^n)$:*

$$D^\alpha f = i^{-|\alpha|} \frac{\partial^{|\alpha|} f}{\partial x_1^{\alpha_1} \cdots \partial x_n^{\alpha_n}} = i^{-|\alpha|} \, f^{(\alpha)} \, .$$

Wir wollen nun zeigen, daß die Elemente von H^s für hinreichend große s bis zu einer gegebenen Ordnung im üblichen Sinn differenzierbar sind. Dazu setzen wir für $k \in \mathbb{N}$:

$$C_0^k(\mathbb{R}^n) := \big\{ f \in C^k(\mathbb{R}^n) : f^{(\alpha)} \in C_0(\mathbb{R}^n) \text{ für alle } \alpha \in \mathbb{N}_0^n \text{ mit } |\alpha| \le k \big\} \, ,$$

versehen mit der Norm

$$\|f\|_k := \sup \big\{ |f^{(\alpha)}(x)| : x \in \mathbb{R}^n, \, |\alpha| \le k \big\} \, .$$

14.16 Einbettungssatz von Sobolev: *Für $k \in \mathbb{N}_0$ sei $s - k > \frac{n}{2}$. Dann ist H^s in $C_0^k(\mathbb{R}^n)$ enthalten, und die Einbettung ist stetig.*

Beweis: Für jedes $f \in H^s$ gilt nach 11.1(2):

$$(*) \quad \begin{aligned} \int \left(1 + |\xi|^2\right)^{\frac{k}{2}} |\mathcal{F}f(\xi)| \, d\xi &= \int \left(1 + |\xi|^2\right)^{\frac{k}{2} - \frac{s}{2}} \left(1 + |\xi|^2\right)^{\frac{s}{2}} |\mathcal{F}f(\xi)| \, d\xi \\ &\leq \|f\|_s \left(\int \left(1 + |\xi|^2\right)^{k-s} d\xi \right)^{1/2} =: C\|f\|_s \,. \end{aligned}$$

Für $k = 0$ folgt hieraus $\mathcal{F}f \in L_1(\mathbb{R}^n)$. Nach 14.8 gelten daher $f \in C_0(\mathbb{R}^n)$ und

$$\|f\|_0 = \|f\|_\infty \leq \|\mathcal{F}f\|_1 \leq C\|f\|_s \,.$$

Für $k \geq 1$ folgt aus $(*)$ und 14.1(1), daß in $L_1(\mathbb{R}^n)$ gilt

$$\xi_j \, \mathcal{F}f(\xi) = \lim_{h \to 0} \frac{1}{ih} \left(e^{ih\xi_j} - 1\right) \mathcal{F}f(\xi) = \lim_{h \to 0} \mathcal{F}\big(\frac{1}{ih}\left(T_{-he_j}f - f\right)\big)(\xi).$$

Nach 14.8 konvergiert daher $i^{-1}h^{-1}\left(T_{-he_j}f - f\right)$ gleichmäßig auf $\mathbb{R}^n$ gegen $D_j f$. Da wir bereits wissen, daß f, also auch $T_{-he_j}f$ in $C_0(\mathbb{R}^n)$ sind, ist $D_j f \in C_0(\mathbb{R}^n)$, und es gilt nach 14.8 und $(*)$

$$\|D_j f\|_\infty \leq \|\xi_j \mathcal{F}f\|_1 \leq C\|f\|_s \,.$$

Iteriert man diese Argumentation, so erhält man die Behauptung.   □

Um eine Beschreibung der ganzzahligen Sobolevräume zu geben, welche die Fouriertransformation nicht benutzt, beweisen wir das folgende Lemma.

14.17 Lemma: *Für jedes $s \in \mathbb{R}$ gelten:*

(1) $\|f\|_s^2 = \|f\|_{s-1}^2 + \sum_{j=1}^n \|D_j f\|_{s-1}^2$ *für alle $f \in H^s$.*

(2) $H^s = \left\{ g = g_0 + \sum_{j=1}^n D_j g_j \,:\, g_j \in H^{s+1} \text{ für } j = 0, \ldots, n \right\}$ *und $\| \cdot \|_s$ ist äquivalent zu $\| \cdot \|_s^{\frown}$, wobei*

$$\|g\|_s^{\frown} = \inf \left\{ \left(\|g_0\|_{s+1}^2 + \sum_{j=1}^n \|g_j\|_{s+1}^2\right)^{1/2} : g = g_0 + \sum_{j=1}^n D_j g_j, \right.$$
$$\left. g_j \in H^{s+1} \text{ für } j = 0, \ldots, n \right\}.$$

Beweis: (1) Dies folgt aus

$$\|f\|_s^2 = \int \left(1 + |\xi|^2\right)^{s-1} \left(1 + \sum_{j=1}^n \xi_j^2\right) |\mathcal{F}f(\xi)|^2 \, d\xi \,.$$

(2) Ist $g \in H^s$ gegeben, so setzen wir

$$h(\xi) := \left(1 + \|\xi\|_1\right)^{-1} \mathcal{F}g(\xi) \quad \text{und} \quad h_j(\xi) := h(\xi) \operatorname{sign} \xi_j, \; 1 \leq j \leq n \,.$$

Dann sind $g_0 := \mathcal{F}^{-1}h$, $g_j := \mathcal{F}^{-1}h_j$ in H^{s+1}, und es gelten $g = g_0 + \sum_{j=1}^{n} D_j\, g_j$ sowie

$$\|g_0\|_{s+1}^2 + \sum_{j=1}^{n} \|g_j\|_{s+1}^2 = \int \left(1 + |\xi|^2\right)^{s+1} \left(|h(\xi)|^2 + \sum_{j=1}^{n} |h_j(\xi)|^2\right) d\xi$$

$$= \int \left(1 + |\xi|^2\right)^{s+1} \left(1 + \|\xi\|_1\right)^{-2} (n+1) \left|\mathcal{F}g(\xi)\right|^2 d\xi$$

$$\leq (n+1)\, \|g\|_s^2 \, .$$

Also ist H^s in der angegebenen Menge enthalten, und es gilt $\| \cdot \|_s^{\wedge} \leq \sqrt{n+1}\, \| \cdot \|_s$.

Andererseits ist die angegebene Menge nach 14.10 und 14.13 in H^s enthalten, und mit Hilfe der Dreiecksungleichung und 14.13 folgt $\| \cdot \|_s \leq \sqrt{n+1}\, \| \cdot \|_s^{\wedge}$. $\square$

Ist $f \in L_2(\mathbb{R}^n)$ und existiert $\lim_{h\to 0} -i\, h^{-1}\left(f(\cdot + he_j) - f(\cdot)\right)$ in $L_2(\mathbb{R}^n)$ so bezeichnen wir diesen Grenzwert mit $D_j f$ und nennen ihn die L_2–Ableitung von f nach der Variablen ξ_j . Rekursiv erklärt man analog die L_2–Ableitungen $D^\alpha f$.

14.18 Satz: *Für jedes $k \in \mathbb{N}$ ist H^k die Menge aller L_2–Funktionen f, für welche alle L_2–Ableitungen $D^\alpha f$ bis zur Ordnung k existieren, und es gilt*

$$\|f\|_k^2 = \sum_{|\alpha| \leq k} B_{k,\alpha} \|D^\alpha f\|_{L_2}^2 \quad mit \quad B_{k,\alpha} := \frac{k!}{(k - |\alpha|)!\, \alpha_1! \dots \alpha_n!} \, .$$

Beweis: Aus Lemma 14.14 folgt rekursiv, daß für jedes $f \in H^k$ alle L_2–Ableitungen bis zur Ordnung k existieren. Den Beweis der Umkehrung führen wir für $k = 1$. Dazu sei f eine L_2–Funktion, deren erste Ableitungen $D_j f$ alle in $L_2(\mathbb{R}^n)$ sind. Dann sind $\mathcal{F}(D_j f)[\xi] = \xi_j \mathcal{F}f(\xi)$ für $1 \leq j \leq n$ und $\mathcal{F}f$ in $L_2(\mathbb{R}^n)$. Daher ist $\left(1 + |\xi|^2\right)\left|\mathcal{F}f(\xi)\right|^2$ in $L_1(\mathbb{R}^n)$, also $f \in H^1$. Aus

$$(1 + |\xi|^2)^k = \sum_{|\alpha'|=k} \binom{k}{\alpha'} 1^{\alpha_0} \xi_1^{2\alpha_1} \dots \xi_n^{2\alpha_n} = \sum_{|\alpha| \leq k} \frac{k!}{(k-|\alpha|)!\, \alpha_1! \dots \alpha_n!} \xi^{2\alpha}$$

$$= \sum_{|\alpha| \leq k} B_{k,\alpha} \xi^{2\alpha}$$

und der Definition von $\| \ \|_k$ folgt nun die angegebene Identität. $\square$

Aus dem Sobolevschen Einbettungssatz und Satz 14.18 folgt

$$\bigcap_{s>0} H^s = \left\{ f \in C^\infty(\mathbb{R}^n) : f^{(\alpha)} \in L_2(\mathbb{R}^n) \text{ für alle } \alpha \in \mathbb{N}_0^n \right\} \, .$$

Wir nennen diesen Raum $\mathcal{D}_{L_2}(\mathbb{R}^n)$. Er ist dicht in H^s für jedes $s \in \mathbb{R}$. Denn $C_c(\mathbb{R}^n)$ ist offenbar in $\bigcap_{t>0} L_2^t(\mathbb{R}^n)$ enthalten und dicht in $L_2^s(\mathbb{R}^n)$. Daher ist $\mathcal{F}^{-1}C_c(\mathbb{R}^n)$ in $\mathcal{D}_{L_2}(\mathbb{R}^n)$ enthalten und dicht in H^s.

Definition: Wir setzen

$$\mathcal{D}(\mathbb{R}^n) := \left\{ f \in C^\infty(\mathbb{R}^n) : \mathrm{Supp}(f) \text{ ist kompakt} \right\},$$

wobei $\mathrm{Supp}(f) = \overline{\{x \in \mathbb{R}^n : f(x) \neq 0\}}$.

Beispiel: Die folgende Funktion ist in $\mathcal{D}(\mathbb{R}^n)$:

$$\psi(x) := \begin{cases} \exp\left((|x|^2 - 1)^{-1}\right) & \text{für } |x| < 1 \\ 0 & \text{sonst} \end{cases}.$$

Es gilt $\mathrm{Supp}(\psi) = \{x \in \mathbb{R}^n : |x| \leq 1\}$.

14.19 Satz: $\mathcal{D}(\mathbb{R}^n)$ *liegt dicht in* H^s *für alle* $s \in \mathbb{R}$.

Beweis: Sei ψ wie in dem obigen Beispiel. Für $k \in \mathbb{N}$ setzen wir

$$\chi_k(x) := c^{-1} \int_{|y| \leq k+1} \psi(x - y)\, dy\,, \quad c := \int \psi(x)\, dx\,.$$

Dann ist $\chi_k \in \mathcal{D}(\mathbb{R}^n)$ mit $\mathrm{Supp}(\chi_k) \subset \{x \in \mathbb{R}^n : |x| \leq k + 2\}$, und es gelten $\chi_k(x) = 1$ für $|x| \leq k$ sowie

$$(*) \qquad \sup_{x \in \mathbb{R}^n} \left| \chi_k^{(\alpha)}(x) \right| \leq c^{-1} \int \left| \psi^{(\alpha)}(x) \right| dx \text{ für alle } \alpha \in \mathbb{N}_0^n\,.$$

Für $f \in \mathcal{D}_{L_2}(\mathbb{R}^n)$ und $k \in \mathbb{N}$ ist daher $f_k := f\chi_k$ in $\mathcal{D}(\mathbb{R}^n)$. Aufgrund der Leibniz–Formel gilt für alle $\alpha \in \mathbb{N}_0^n$:

$$f^{(\alpha)} - f_k^{(\alpha)} = \left(f(1 - \chi_k)\right)^{(\alpha)} = f^{(\alpha)}(1 - \chi_k) - \sum_{\beta \leq \alpha, \beta \neq \alpha} \binom{\alpha}{\beta} f^{(\beta)} \chi_k^{(\alpha - \beta)}\,,$$

mit $\binom{\alpha}{\beta} = \prod_{j=1}^n \binom{\alpha_j}{\beta_j}$. Hieraus folgt mit $(*)$, daß es zu jedem $\alpha \in \mathbb{N}_0^n$ ein $C_\alpha > 0$ gibt, mit

$$\| f^{(\alpha)} - f_k^{(\alpha)} \|_2 \leq C_\alpha \sum_{\beta \leq \alpha} \left(\int_{|x| \geq k} |f^{(\beta)}(x)|^2\, dx \right)^{1/2}\,.$$

Daher konvergiert $(f_k^{(\alpha)})_{k \in \mathbb{N}}$ in $L_2(\mathbb{R}^n)$ gegen $f^{(\alpha)}$ für jedes $\alpha \in \mathbb{N}_0^n$. Da $\mathcal{D}_{L_2}(\mathbb{R}^n)$ in H^s dicht ist für alle $s \in \mathbb{R}$, folgt hieraus die Behauptung. $\qquad \square$

Wir bemerken nun, daß man für alle $f, g \in \mathcal{D}(\mathbb{R}^n)$ und $\alpha \in \mathbb{N}_0^n$ durch partielle Integration für das L_2–Skalarprodukt erhält:

$$(*) \qquad\qquad \langle D^\alpha f, g \rangle = \langle f, D^\alpha g \rangle\,.$$

Da sich dieses Skalarprodukt nach Lemma 14.11 für jedes $s \in \mathbb{R}$ zu einer stetigen Sesquilinearform auf $H^{-s} \times H^s$ fortsetzt, folgt aus Lemma 14.13 und Satz 14.19, daß (∗) sogar für alle $f \in H^{-s+|\alpha|}$, $g \in H^s$ gilt. Ist $s \geq |\alpha|$, so ist $D^\alpha g$ in $L_2(\mathbb{R}^n)$. Weil $\mathcal{D}(\mathbb{R}^n)$ in $L_2(\mathbb{R}^n)$ dicht liegt, ist $D^\alpha g$ bereits dadurch eindeutig bestimmt, daß (∗) für alle $f \in \mathcal{D}(\mathbb{R}^n)$ gilt. Dies gilt auch, wenn man nur $g \in L_2(\mathbb{R}^n)$ voraussetzt; allerdings ist dann die Existenz von $D^\alpha g$ nicht mehr gesichert.

Falls zu $g \in L_2(\mathbb{R}^n)$ ein $D^\alpha g \in L_2(\mathbb{R}^n)$ existiert, so daß (∗) für alle $f \in \mathcal{D}(\mathbb{R}^n)$ gilt, so nennt man $D^\alpha g$ die α–te *schwache Ableitung* von g. Die Bedeutung der schwachen Ableitung klärt der folgende Satz:

14.20 Satz: *Für jedes $k \in \mathbb{N}_0$ ist*

$$H^k = \{ f \in L_2(\mathbb{R}^n) : f \text{ besitzt schwache Ableitungen } D^\alpha f \in L_2(\mathbb{R}^n)$$
$$\text{für alle } \alpha \in \mathbb{N}_0^n \text{ mit } |\alpha| \leq k \} \, ,$$

und es gilt $\|f\|_k^2 = \sum\limits_{|\alpha| \leq k} B_{k,\alpha} \|D^\alpha f\|_{L_2}^2$.

Beweis: Jedes $f \in H^k$ besitzt für $|\alpha| \leq k$ nach der Vorüberlegung schwache Ableitungen $D^\alpha f$ in $L_2(\mathbb{R}^n)$, und nach Satz 14.18 gilt die Aussage über $\|f\|_k$.

Besitzt umgekehrt $f \in L_2(\mathbb{R}^n)$ schwache Ableitungen $D^\alpha f$ in $L_2(\mathbb{R}^n)$ für $|\alpha| \leq k$, so gilt nach 14.15 und 14.7 für alle $\varphi \in \mathcal{D}(\mathbb{R}^n)$ und $|\alpha| \leq k$:

$$\left| \int \widehat{\varphi}(\xi) \, \xi^\alpha \, \overline{\mathcal{F}f(\xi)} \, d\xi \right| = |\langle D^\alpha \varphi \, , \, f \rangle| = |\langle \varphi \, , \, D^\alpha f \rangle|$$
$$\leq \|\varphi\|_{L_2} \|D^\alpha f\|_{L_2} = \|\widehat{\varphi}\|_{L_2} \|D^\alpha f\|_{L_2} \, .$$

Weil mit $\mathcal{D}(\mathbb{R}^n)$ auch $\mathcal{F}\big(\mathcal{D}(\mathbb{R}^n)\big)$ in $L_2(\mathbb{R}^n)$ dicht liegt, folgt hieraus, daß $\xi^\alpha \, \overline{\mathcal{F}f(\xi)}$ für $|\alpha| \leq k$ in $L_2(\mathbb{R}^n)$ ist. Da es ein $C > 0$ gibt mit

$$\left(1 + |\xi|^2 \right)^k = \left(1 + \sum_{j=1}^n |\xi_j|^2 \right)^k \leq C \sum_{|\alpha| \leq k} |\xi^\alpha|^2 \text{ für alle } \xi \in \mathbb{R}^n \, ,$$

erhalten wir

$$\int \left(1 + |\xi|^2 \right)^k \left| \mathcal{F}f(\xi) \right|^2 d\xi \leq C \sum_{|\alpha| \leq k} \int \left| \xi^\alpha \, \mathcal{F}f(\xi) \right|^2 d\xi < \infty \, .$$

Also ist $\mathcal{F}(f) \in L_2^k$ und daher $f \in H^k$.   □

Definition: Sei Ω eine offene Teilmenge von $\mathbb{R}^n$. Wir setzen

$$\mathcal{D}(\Omega) := \{ f \in \mathcal{D}(\mathbb{R}^n) : \mathrm{Supp}(f) \subset \Omega \}$$

und definieren für $s \in \mathbb{R}$ den Raum $H_0^s(\Omega)$ als die Abschließung von $\mathcal{D}(\Omega)$ in H^s.

Da $\mathcal{D}(\Omega)$ offenbar ein linearer Teilraum von H^s ist, ist $H_0^s(\Omega)$ ein Hilbertraum. Aus Lemma 14.10 folgt, daß für $s < t$ der Raum $H_0^t(\Omega)$ stetig in $H_0^s(\Omega)$ eingebettet ist. Für beschränktes Ω gilt darüber hinaus:

14.21 Lemma von Sobolev: *Für jede beschränkte, offene Menge Ω in $\mathbb{R}^n$ und alle $s, t \in \mathbb{R}$ mit $s < t$ ist die Einheitskugel von $H_0^t(\Omega)$ relativ kompakt in $H_0^s(\Omega)$.*

Beweis: Wir wählen $\varphi \in \mathcal{D}(\mathbb{R}^n)$ mit $\varphi|_\Omega \equiv 1$. Dann gilt für $f \in \mathcal{D}(\Omega)$:

$$(1) \qquad \widehat{f}(\xi) = \widehat{f\varphi}(\xi) = (2\pi)^{-n/2} \int f(x)\, \varphi(x)\, e^{-ix\xi}\, dx\, , \ \xi \in \mathbb{R}^n\, .$$

Aus der Umkehrformel folgt $\varphi(x)\, e^{-ix\xi} = \mathcal{F}^{-1}(T_{-\xi}\widehat{\varphi})[x]$. Daher gibt es zu jedem $r > 0$ ein $C > 0$, so daß für alle $\xi \in \mathbb{R}^n$ mit $|\xi| \leq r$ gilt:

$$\begin{aligned}
\|\varphi(\cdot)\, e^{-i\cdot\xi}\|_{-t}^2 &= \|T_{-\xi}\,\widehat{\varphi}\|_{L_2^{-t}}^2 = \int \left|\widehat{\varphi}(y+\xi)\right|^2 \left(1 + |y|^2\right)^{-t} dy \\
&= \int \left|\widehat{\varphi}(y)\right|^2 \left(1 + |y - \xi|^2\right)^{-t} dy \\
&\leq C^2 \int \left|\widehat{\varphi}(y)\right|^2 \left(1 + |y|^2\right)^{-t} dy = C^2 \|\varphi\|_{-t}^2\, .
\end{aligned}$$

Faßt man nun das Integral in (1) im Sinne von 14.11(1) auf, so folgt

$$(2) \qquad |\widehat{f}(\xi)| \leq C\|f\|_t\, \|\varphi\|_{-t} \text{ für } |\xi| \leq r\, .$$

Da für $1 \leq j \leq n$ gilt

$$\frac{\partial \widehat{f}}{\partial \xi_j}(\xi) = (2\pi)^{-n/2} \int f(x)\, \varphi(x)\, (-ix_j)\, e^{-ix\xi}\, dx$$

erhält man analog zu jedem $r > 0$ ein $D > 0$ mit

$$(3) \qquad \left|\frac{\partial \widehat{f}}{\partial \xi_j}(\xi)\right| \leq D\|f\|_t \text{ für } |\xi| \leq r\, , \ 1 \leq j \leq n\, .$$

Aus (2) und (3) folgt, daß für jedes $f \in H_0^t(\Omega)$ die Funktion $\widehat{f}$ in $C^1(\mathbb{R}^n)$ ist, und daß (2) und (3) für alle $f \in H_0^t(\Omega)$ gelten.

Ist nun $(f_k)_{k \in \mathbb{N}}$ eine Folge in der Einheitskugel U von $H_0^t(\Omega)$, so folgt hieraus, daß $(\widehat{f}_n)_{n \in \mathbb{N}}$ auf jedem Kompaktum in $\mathbb{R}^n$ die Voraussetzungen des Satzes von Arzelà–Ascoli 4.12 erfüllen. Nach dem bekannten Diagonalfolgenargument gibt es daher eine Teilfolge $(\widehat{f}_{n_k})_{k \in \mathbb{N}}$, welche auf jedem Kompaktum in $\mathbb{R}^n$ gleichmäßig konvergiert. Um nachzuweisen, daß $(f_{n_k})_{k \in \mathbb{N}}$ in $H_0^s(\Omega)$ konvergiert, seien $f \in \mathcal{D}(\Omega)$ und $R > 0$ fixiert. Dann gilt

$$\begin{aligned}
\|f\|_s &\leq \left(\int_{|\xi| \leq R} |\widehat{f}(\xi)|^2 \left(1 + |\xi|^2\right)^s d\xi\right)^{1/2} + \left(\int_{|\xi| \geq R} |\widehat{f}(\xi)|^2 \left(1 + |\xi|^2\right)^s d\xi\right)^{1/2} \\
&\leq M(R) \sup_{|\xi| \leq R} |\widehat{f}(\xi)| + (1 + R^2)^{(s-t)/2} \|f\|_t\, .
\end{aligned}$$

Diese Abschätzung gilt wegen (2) für alle $f \in H_0^t(\Omega)$. Wendet man sie für großes R in dieser Form auf $f_{n_k} - f_{n_l}$ an, so folgt, daß $(f_{n_k})_{k \in \mathbb{N}}$ eine Cauchy–Folge in $H_0^s(\Omega)$ ist. Daher ist U nach 4.10 in $H_0^s(\Omega)$ relativ kompakt. $\qquad\square$

Aus dem Sobolevschen Einbettungssatz 14.16 folgt, daß für offene Mengen Ω in $\mathbb{R}^n$, die von $\mathbb{R}^n$ verschieden sind, der Raum $H_0^k(\Omega)$ für $k > n/2$ nur Funktionen enthält, welche samt allen Ableitungen, deren Ordnung kleiner als $k - n/2$ ist, am Rand von Ω verschwinden. Hieraus folgert man (vgl. Aufgabe (5)), daß im allgemeinen weder die Selbstdualität der Skala $(H_0^s(\Omega))_{s \in \mathbb{R}}$ noch die Beschreibung von $H^k(\Omega)$, $k \in \mathbb{N}$, analog zu Satz 14.20 richtig bleibt. Vielmehr sind zwei sinnvolle Definitionen naheliegend. Die erste ist:

Definition: Für jede offene Teilmenge Ω von $\mathbb{R}^n$ und $s \in \mathbb{R}$ setzen wir

$$H_\bullet^s(\Omega) := H_0^{-s}(\Omega)'.$$

Für $s < t$ ist die Einbettung $j : H_0^{-s}(\Omega) \hookrightarrow H_0^{-t}(\Omega)$ stetig und hat dichtes Bild, da $\mathcal{D}(\Omega)$ in allen Räumen $H_0^s(\Omega)$ dicht liegt. Daher ist $j' : H_\bullet^t(\Omega) \longrightarrow H_\bullet^s(\Omega)$ stetig und injektiv. Wir fassen $H_\bullet^t(\Omega)$ vermöge j' als Unterraum von $H_\bullet^s(\Omega)$ auf und erhalten so eine fallende Skala $\left(H_\bullet^s(\Omega)\right)_{s \in \mathbb{R}}$ von Hilberträumen. Wegen $H_0^0(\Omega) = L_2(\Omega)$ können wir $H_\bullet^0(\Omega) = H_0^0(\Omega)'$ mittels des $L_2(\Omega)$–Skalarprodukts mit $L_2(\Omega)$ identifizieren. In diesem Sinn ist dann $H_\bullet^s(\Omega)$ für $s \geq 0$ ein Unterraum von $L_2(\Omega)$.

Für $\alpha \in \mathbb{N}_0^n$ mit $|\alpha| \leq k$ definiert der Ableitungsoperator D^α eine stetige lineare Abbildung von $H_0^{-s}(\Omega)$ nach $H_0^{-s-k}(\Omega)$. Die ebenfalls mit D^α bezeichnete duale Abbildung ist daher eine stetige lineare Abbildung von $H_\bullet^{s+k}(\Omega)$ nach $H_\bullet^s(\Omega)$.

Um die zweite sinnvolle Definition anzugeben, bezeichnen wir wie früher eine Funktion $D^\alpha f \in L_2(\Omega)$ als α–te *schwache Ableitung* von $f \in L_2(\Omega)$, falls

$$\langle D^\alpha f, \varphi \rangle = \langle f, D^\alpha \varphi \rangle \text{ für alle } \varphi \in \mathcal{D}(\Omega).$$

Weil $\mathcal{D}(\Omega)$ in $L_2(\Omega)$ dicht liegt, ist $D^\alpha f$ durch f eindeutig bestimmt.

Definition: Für jede offene Teilmenge Ω von $\mathbb{R}^n$ und $k \in \mathbb{N}_0$ setzen wir

$$H^k(\Omega) := \{f \in L_2(\Omega) : f \text{ besitzt schwache Ableitungen } D^\alpha f \in L_2(\Omega)$$
$$\text{für alle } \alpha \in \mathbb{N}_0^n \text{ mit } |\alpha| \leq k\}$$

und versehen $H^k(\Omega)$ mit der Norm

$$\|f\|_k = \Big(\sum_{|\alpha| \leq k} B_{k,\alpha} \|D^\alpha f\|_{L_2(\Omega)}^2 \Big)^{1/2}.$$

Wie man leicht sieht, ist $H^k(\Omega)$ ein Hilbertraum, der für $\Omega = \mathbb{R}^n$ nach 14.20 mit H^k übereinstimmt.

Die Beziehung zwischen $H_\bullet^k(\Omega)$ und $H^k(\Omega)$ klärt das folgende Lemma:

14.22 Lemma: *Für jede offene Menge Ω in $\mathbb{R}^n$ und jedes $k \in \mathbb{N}$ gelten:*

(1) $H_\bullet^k(\Omega) \subset H^k(\Omega)$ *und* $\|f\|_k \leq \|f\|_k^\bullet$ *für alle* $f \in H_\bullet^k(\Omega)$.

(2) Die Einschränkungsabbildung $\rho : f \longmapsto f|_\Omega$ ist eine stetige Surjektion von H^k auf $H^k_\bullet(\Omega)$.

(3) $H^k_\bullet(\Omega) = H^k(\Omega)$ gilt genau dann, wenn jedes $f \in H^k(\Omega)$ sich zu einem $F \in H^k$ ausdehnen läßt. Ist dies der Fall, so existiert ein $E \in L\big(H^k(\Omega), H^k\big)$ mit $(Ef)|_\Omega = f$ für alle $f \in H^k(\Omega)$.

Beweis: (1) Für $f \in H^k_\bullet(\Omega)$ und $\alpha \in \mathbb{N}^n_0$ mit $|\alpha| \leq k$ ist $D^\alpha f$ in $H^{k-|\alpha|}_\bullet(\Omega) \subset L_2(\Omega)$. Daher gilt für jedes $\varphi \in \mathcal{D}(\Omega) \subset H^{k+|\alpha|}_0(\Omega) \subset L_2(\Omega)$:

$$\langle D^\alpha f, \varphi \rangle = \langle f, D^\alpha \varphi \rangle .$$

Also ist $f \in H^k(\Omega)$. Um die Normabschätzung zu beweisen, wählen wir nach Hahn–Banach (6.9) ein $F \in (H^{-k})' = H^k$ mit $F|_{H_0^{-k}(\Omega)} = f$ und $\|F\|_k = \|f\|^\bullet_k$. Nach 14.20 gilt für alle $\varphi \in \mathcal{D}(\Omega)$ und $|\alpha| \leq k$:

$$\langle D^\alpha F, \varphi \rangle = \langle F, D^\alpha \varphi \rangle = \langle f, D^\alpha \varphi \rangle = \langle D^\alpha f, \varphi \rangle ,$$

also $D^\alpha F|_\Omega = D^\alpha f$. Hieraus folgt mit 14.20

$$\|f\|^\bullet_k = \|F\|_k = \Big(\sum_{|\alpha| \leq k} B_{k,\alpha} \|D^\alpha F\|^2_{L_2(\mathbb{R}^n)} \Big)^{1/2}$$
$$\geq \Big(\sum_{|\alpha| \leq k} B_{k,\alpha} \|D^\alpha f\|^2_{L_2(\Omega)} \Big)^{1/2} = \|f\|_k.$$

(2) Dies wurde im Beweis von Teil (1) bereits gezeigt.

(3) Dies folgt aus (2) und (1) sowie daraus, daß H^k ein Hilbertraum ist. $\qquad \square$

Die Bedingung (3) aus 14.22 ist erfüllt, wenn Ω einen genügend glatten Rand hat. Denn es gilt (siehe E.M. Stein [St], VI, § 3, Thm. 5):

14.23 Satz: *Ist Ω eine beschränkte offene Teilmenge von $\mathbb{R}^n$ mit C^1–Rand, so gibt es ein $E \in L\big(H^k(\Omega), H^k\big)$ mit $(Ef)|_\Omega = f$ für alle $f \in H^k(\Omega)$.*

Aus 14.22(3) folgt daher unmittelbar:

14.24 Corollar: *Ist Ω eine beschränkte offene Teilmenge von $\mathbb{R}^n$ mit C^1–Rand, so gilt $H^k_\bullet(\Omega) = H^k(\Omega)$ für jedes $k \in \mathbb{N}$.*

14.25 Satz: *Für jede beschränkte offene Teilmenge Ω des $\mathbb{R}^n$ und alle $s, t \in \mathbb{R}$ mit $s < t$ ist die Einheitskugel von $H^t_\bullet(\Omega)$ relativ kompakt in $H^s_\bullet(\Omega)$.*

Beweis: Nach dem Lemma von Sobolev 14.21 ist die Einheitskugel von $H_0^{-s}(\Omega)$ in $H_0^{-t}(\Omega)$ relativ kompakt. Dies bedeutet, daß die Einbettungsabbildung $j : H_0^{-s}(\Omega) \longrightarrow H_0^{-t}(\Omega)$ kompakt ist (siehe §15). Daher folgt aus dem Satz von Schauder 15.3, daß auch $j' : H^t_\bullet(\Omega) \longrightarrow H^s_\bullet(\Omega)$ kompakt ist. Dies ist äquivalent zur Behauptung. $\qquad \square$

Aus 14.25 und 14.23 folgt nun:

14.26 Corollar: *Für jede beschränkte offene Teilmenge Ω des $\mathbb{R}^n$ mit C^1–Rand und jedes $k \in \mathbb{N}_0$ ist die Einheitskugel von $H^{k+1}(\Omega)$ relativ kompakt in $H^k(\Omega)$.*

14.27 Satz: *Für jede beschränkte offene Teilmenge Ω des $\mathbb{R}^n$ mit C^1–Rand und $m < k - n/2$ gilt $H^k(\Omega) \subset C^m(\overline{\Omega})$.*

Beweis: Zu jedem $f \in H^k(\Omega)$ gibt es nach 14.23 ein $F \in H^k$ mit $F|_\Omega = f$. Nach dem Sobolevschen Einbettungssatz ist $F \in C^m(\mathbb{R}^n)$, also $f = F|_\Omega \in C^m(\overline{\Omega})$. $\square$

Aufgaben:

(1) Beweisen Sie, daß für alle $\xi \in \mathbb{R}$ gilt $\int \exp\left(-\frac{1}{2}(x + i\xi)^2\right) dx = \sqrt{2\pi}$.

(2) Sei $\mathcal{S}(\mathbb{R}^n)$ der Vektorraum aller $f \in \mathbb{R}^n$ für welche

$$\|f\|_k := \sup_{x \in \mathbb{R}^n} \sup_{|\alpha| \leq k} |f^{(\alpha)}(x)| \left(1 + |x|^2\right)^k$$

endlich ist für alle $k \in \mathbb{N}_0$. Zeigen Sie:

(a) $\left(\mathcal{S}(\mathbb{R}^n), d\right)$, $d(f,g) := \sum_{k=0}^{\infty} 2^{-k} \|f - g\|_k \left(1 + \|f - g\|_k\right)^{-1}$, ist ein Fréchetraum.

(b) $\mathcal{D}(\mathbb{R}^n)$ ist dicht in $\mathcal{S}(\mathbb{R}^n)$.

(c) Die Fouriertransformation ist ein Isomorphismus von $\mathcal{S}(\mathbb{R}^n)$ auf sich.

(3) Zeigen Sie, daß eine Funktion $\varphi \in C_c(\mathbb{R})$ genau dann in $\mathcal{D}(\mathbb{R})$ ist, wenn es eine ganze Funktion f auf $\mathbb{C}$ gibt mit $f|_\mathbb{R} = \widehat{\varphi}$, welche den folgenden Abschätzungen genügt: Es gibt ein $a > 0$, so daß zu jedem $k \in \mathbb{N}$ ein $C_k > 0$ existiert mit

$$|f(z)| \leq C_k \exp\left(a|\operatorname{Im} z| - k \log\left(1 + |z|^2\right)\right) \text{ für alle } z \in \mathbb{C}.$$

(4) Sei $\Omega = \{(x,y) \in \mathbb{R}^2 : 0 < x < 1, \, -1 < y < 0 \text{ für } 2^{-2k-2} \leq x \leq 2^{-2k-1} \text{ und}$
$$-1 < y < 1 \text{ für } 2^{-2k-1} < x < 2^{-2k}, \, k \in \mathbb{N}\}.$$
Für $n \in \mathbb{N}$ sei die Funktion $\varphi_n(x,y)$ definiert durch $\varphi_n(x,y) = 2^{n-1/2} \exp(-y^{-1})$ für $2^{-2n-1} < x < 2^{-2n}$ und $\varphi_n(x,y) = 0$ sonst. Zeigen Sie:

(a) $\varphi_n \in H^k_\bullet(\Omega)$ für alle $n, k \in \mathbb{N}$.

(b) $\{\varphi_n : n \in \mathbb{N}\}$ ist beschränkt in $H^k_\bullet(\Omega)$ für alle $k \in \mathbb{N}$ und hat in keinem $H^k(\Omega)$ eine konvergente Teilfolge.

(c) Für alle $k \in \mathbb{N}$ ist die Einheitskugel von $H^{k+1}(\Omega)$ nicht relativ kompakt in $H^k(\Omega)$.

(d) Für alle $k \in \mathbb{N}$ ist $H^k_\bullet(\Omega) \underset{\neq}{\subseteq} H^k(\Omega)$ und $\| \ \|^\bullet_k$ ist auf $H^k_\bullet(\Omega)$ nicht äquivalent zu $\| \ \|_k$.

(5) Sei $\Omega := \{(x,y) \in \mathbb{R}^2 : y < \sin(\exp x)\}$. Zeigen Sie unter Verwendung des Sobolevschen Einbettungssatzes, daß $H^k_\bullet(\Omega) \underset{\neq}{\subseteq} H^k(\Omega)$ für alle $k \geq 2$ gilt. Orientieren Sie sich dabei an Aufgabe (4).

(6) Berechnen Sie $\widehat{f}$ für $f = \chi_{[-1,1]}$ und zeigen Sie, daß $\widehat{f}$ nicht in $L_1(\mathbb{R})$ ist. Zeigen Sie ferner, daß für $g := f * f$ gilt $\widehat{g}(\xi) = 2\sqrt{2/\pi}\left(\frac{\sin x}{x}\right)^2$ und folgern Sie hieraus $\int_{-\infty}^{+\infty} \left(\frac{\sin x}{x}\right)^2 dx = \pi$.

(7) Sei $f \in L_1(\mathbb{R}^n)$ und $A : \mathbb{R}^n \longrightarrow \mathbb{R}^n$ ein Isomorphismus. Zeigen Sie, daß $\widehat{f \circ A} = |\det A|^{-1} \hat{f} \circ (A^t)^{-1}$ gilt.

(8) Zeigen Sie, daß span$\{T_a \varphi : a \in \mathbb{R}^n\}$ in $L_2(\mathbb{R}^n)$ dicht ist für die Funktion $\varphi(x) = \exp(-|x|^2)$.

(9) Sei $f : \mathbb{R} \longrightarrow \mathbb{R}$ die Funktion $f(x) = \exp(-|x|)$. Berechnen Sie die Fouriertransformierte von f, zeigen Sie $f \in H^1(\mathbb{R}) \setminus H^2(\mathbb{R})$ und berechnen Sie Df.

(10) Seien $l \in \mathbb{N}$ und eine offene, beschränkte Teilmenge Ω des $\mathbb{R}^n$ gegeben. Zeigen Sie, daß es eine nur vom Durchmesser $d\,(= \sup_{x,y \in \Omega} \|x - y\|)$ abhängende Konstante $C > 0$ gibt, so daß für alle $f \in H_0^l(\Omega)$ gilt

$$\|f\|_l^2 \leq C \sum_{|\alpha|=l} \int_\Omega |D^\alpha f(x)|^2 dx.$$

Folgern Sie hieraus $H_0^l(\Omega) \neq H^l(\Omega)$.

(11) Für $s > 0$ sei $j_s : H^s \longrightarrow L_2(\mathbb{R})$ die kanonische Einbettung und B die abgeschlossene Einheitskugel in H^s. Zeigen Sie, daß $j_s(B)$ in $L_2(\mathbb{R})$ nicht relativ kompakt ist.

(12) Nach dem Sobolevschen Einbettungssatz ist $\delta : f \longmapsto f(0)$ in $H^1(\mathbb{R})'$. Stellen Sie δ nach dem Rieszschen Darstellungssatz 11.9 durch ein $f \in H^1(\mathbb{R})$ dar. Bestimmen Sie zunächst $\mathcal{F}f$ und dann f, indem Sie Aufgabe (9) verwenden.

(13) Für $\Omega = \,]a,b[$ mit $-\infty \leq a < b \leq +\infty$ und $f \in H^1(\Omega)$ beweisen Sie die folgenden Aussagen:

(a) Ist $\varphi \in \mathcal{D}(\Omega)$, so ist $\varphi f \in H^1(\Omega)$ und daher in $H^1(\mathbb{R})$.

(b) f ist stetig in Ω.

(c) Sei $\varphi \in \mathcal{D}(\Omega)$ mit Supp$(\varphi) \subset [-1,1]$ und $\int \varphi dx = 1$. Für $\varepsilon > 0$ seien $\varphi_\varepsilon(x) := \varepsilon^{-1} \varphi(x/\varepsilon)$ und $\Omega_\varepsilon := \{x \in \Omega : \text{dist}(x, \partial\Omega) > \varepsilon\}$. Dann ist $F := f * \varphi_\varepsilon$ in $C^\infty(\Omega_\varepsilon)$, und es gilt $F' = f' * \varphi_\varepsilon$.

(d) Für beliebige $a < c < d < b$ und φ_ε wie in (c) konvergiert $f * \varphi_\varepsilon$ in $H^1(]c,d[)$ gegen f und es gilt $\int_c^d f'(x)dx = f(d) - f(c)$.

(e) f läßt sich stetig in die (endlichen) Randpunkte von Ω fortsetzen und die Formel in (d) gilt auch wenn c bzw. d Randpunkte von Ω sind.

(f) Ist $f \in H^1(\Omega)$, $g \in H^1(\mathbb{R} \setminus \Omega)$ und gilt $f|_{\partial\Omega} = g|_{\partial\Omega}$, so ist die durch $h|_{\overline\Omega} = f|_{\overline\Omega}$ und $h|_{\mathbb{R} \setminus \Omega} = g|_{\mathbb{R} \setminus \Omega}$ definierte Funktion in $H^1(\mathbb{R})$. Insbesondere gilt $H_\bullet^1(\Omega) = H^1(\Omega)$.

(g) $H_0^1(\Omega) = \{f \in H^1(\Omega) : f|_{\partial\Omega} = 0\}$. Dazu beachte man im Fall $]a, \infty[$, daß aus $f(a) = 0$ folgt, daß für die durch Null fortgesetzte Funktion $\tilde{f} \in H^1(\mathbb{R})$ die Funktion $T_\varepsilon \tilde{f}$ in $H^1(\mathbb{R})$ ist und $\lim_{\varepsilon \to 0} T_\varepsilon \tilde{f} = \tilde{f}$ gilt.

§ 15 Kompakte Operatoren und Fredholmoperatoren

Das Kapitel über Spektraltheorie beginnen wir mit einem Abschnitt über kompakte Operatoren. Diese Operatoren liefern den abstrakten Rahmen zur Behandlung von Integralgleichungen. Wie F. Riesz gezeigt hat, ist ihr Spektralverhalten ähnlich dem der Operatoren auf endlichdimensionalen Räumen.

Definition: Seien E und F normierte Räume und $U := \{x \in E : \|x\| \leq 1\}$ die abgeschlossene Einheitskugel von E. Eine lineare Abbildung $A\colon E \longrightarrow F$ heißt *kompakt*, falls $A(U)$ in F relativ kompakt ist. Wir setzen

$$K(E,F) := \{A : E \longrightarrow F : A \text{ ist kompakt}\}, \quad K(E) := K(E,E).$$

Ist F ein Banachraum, so ist eine lineare Abbildung $A\colon E \longrightarrow F$ nach 4.10 genau dann kompakt, wenn für jede beschränkte Folge $(x_n)_{n\in\mathbb{N}}$ in E die Folge $(Ax_n)_{n\in\mathbb{N}}$ eine konvergente Teilfolge besitzt.

Für jedes $A \in K(E,F)$ und jede beschränkte Teilmenge M von E ist $A(M)$ relativ kompakt in F.

15.1 Satz: *Seien D, E, F, G Banachräume. Dann gelten:*

(1) $K(E,F)$ *ist ein abgeschlossener Unterraum von $L(E,F)$.*

(2) *Für $A \in K(E,F)$, $S \in L(D,E)$ und $T \in L(F,G)$ ist $T \circ A \circ S \in K(D,G)$.*

Beweis: (1) Für jedes $A \in K(E,F)$ gilt

$$\|A\| = \sup_{\|x\|\leq 1} \|Ax\| = \sup\{\|y\| \ : \ y \in A(U)\} < \infty\,.$$

Daher ist $K(E,F)$ in $L(E,F)$ enthalten.

$K(E,F)$ ist ein linearer Teilraum von $L(E,F)$, da nach 5.1(1),(2) und 4.2(1) für kompakte Mengen K und L in F sowie $\lambda \in \mathbb{K}$ die Mengen $K + L$ und λK ebenfalls kompakt sind.

Zu $A \in \overline{K(E,F)} \subset L(E,F)$ und $\varepsilon > 0$ gibt es ein $B \in K(E,F)$ mit $\|A-B\| < \varepsilon$. Da $B(U)$ relativ kompakt ist, gibt es $y_1, \ldots, y_n \in B(U)$ mit $B(U) \subset \bigcup_{j=1}^n U_\varepsilon(y_j)$. Dann gilt

$$A(U) \subset B(U) + (A-B)(U) \subset \bigcup_{j=1}^n U_\varepsilon(y_j) + U_\varepsilon(0) \subset \bigcup_{j=1}^n U_{2\varepsilon}(y_j)\,.$$

Also ist $A(U)$ präkompakt nach 4.4(a) und daher relativ kompakt nach 4.10.

(2) Ist U die Einheitskugel von D, so ist $S(U)$ beschränkt in E. Nach der Vorbemerkung sind dann $A \circ S(U)$ und $T \circ A \circ S(U)$ relativ kompakt. $\qquad\square$

Bemerkung: Die Aussage in 15.1(2) formuliert man kurz so: Die kompakten Operatoren haben die *Idealeigenschaft*.

Definition: Sind E und G Banachräume, so bezeichnet man mit

$$F(E,G) := \{A \in L(E,G) : \dim \mathrm{R}(A) < \infty\}$$

die Menge der *Operatoren von endlichem Rang* von E nach G. Die Abschließung von $F(E,G)$ in $L(E,G)$ bezeichnet man mit $K_0(E,G)$. Die Elemente von $K_0(E,G)$ heißen *approximierbare Operatoren*.

Bemerkung: Wie man leicht nachprüft, haben diese beiden Klassen von Operatoren die Idealeigenschaft, und es gilt

$$F(E,G) \subset K_0(E,G) \subset K(E,G).$$

15.2 Beispiel: (1) Die Inklusion $A_n \colon C^{n+1}[0,1] \longrightarrow C^n[0,1]$ ist kompakt für jedes $n \in \mathbb{N}_0$.

$n = 0$: Eine einfache Anwendung des Mittelwertsatzes zeigt:

$$|f(x) - f(y)| \leq \|f\| \, |x - y| \quad \text{für alle } f \in C^1[0,1],\ x,y \in [0,1].$$

Daher folgt die Behauptung aus dem Satz von Arzelà-Ascoli 4.12.

$n > 0$: Setzt man $J(f) := (f^{(0)}, \ldots, f^{(n)})$ für $f \in C^n[0,1]$, so ist das folgende Diagramm kommutativ:

$$
\begin{array}{ccc}
C^{n+1}[0,1] & \xrightarrow{\ A_n\ } & C^n[0,1] \\
J \downarrow & & \downarrow J \\
(C^1[0,1])^{n+1} & \xrightarrow{\ (A_0)^{n+1}\ } & (C^0[0,1])^{n+1}.
\end{array}
$$

Nach 15.1(2) und dem gerade bewiesenen Fall $n = 0$ ist $(A_0)^{n+1} \circ J$ kompakt. Da $J \colon C^n[0,1] \longrightarrow (C^0[0,1])^{n+1}$ isometrisch ist, ist A_n kompakt.

(2) Für $k \in C([0,1] \times [0,1])$ und $f \in L_1[0,1]$ setze

$$Kf \,:\, x \longmapsto \int_0^1 k(x,y) f(y)\, dy, \quad x \in [0,1].$$

Dann gelten

$$|(Kf)x - (Kf)\xi| \leq \|f\| \sup_{y \in [0,1]} |k(x,y) - k(\xi,y)|$$

und

$$\sup_{x \in [0,1]} |(Kf)x| \leq \|k\| \, \|f\|.$$

Hieraus folgt mit dem Satz von Arzelà-Ascoli 4.12, daß die Abbildung $K \colon L_1[0,1] \longrightarrow C[0,1]$ und nach 15.1(2) auch die entsprechenden Abbildungen $K \colon L_1[0,1] \longrightarrow L_1[0,1]$ und $K \colon C[0,1] \longrightarrow C[0,1]$ kompakt sind.

(3) Ist k wie in (2), und definiert man $K: C[0,1] \longrightarrow C[0,1]$ durch

$$Kf \,:\, x \longmapsto \int_0^x k(x,y)f(y)\,dy\,,$$

so ist K kompakt. Dies beweist man ähnlich wie in (2) mit Hilfe des Satzes von Arzelà-Ascoli 4.12.

(4) Seien Ω eine beschränkte, offene Teilmenge von $\mathbb{R}^n$ und $s, t \in \mathbb{R}$ mit $s < t$. Dann sind die Einbettungen $H_0^t(\Omega) \hookrightarrow H_0^s(\Omega)$ und $H_\bullet^t(\Omega) \hookrightarrow H_\bullet^s(\Omega)$ nach dem Einbettungssatz von Sobolev 14.21 und 14.25 kompakt.

Besitzt Ω einen C^1-Rand, so ist nach 14.26 für jedes $k \in \mathbb{N}_0$ die Einbettung $H^{k+1}(\Omega) \hookrightarrow H^k(\Omega)$ kompakt.

15.3 Satz von Schauder: *Seien E und F Banachräume und $A \in L(E, F)$. Dann ist $A \in K(E, F)$ genau dann, wenn $A' \in K(F', E')$.*

Beweis: Ist $A \in K(E, F)$, so ist $\overline{A(U)}$ kompakt. Dann ist

$$M := \{ y|_{\overline{A(U)}} \,:\, y \in F', \|y\| \leq 1 \} \subset C\big(\overline{A(U)}\big)$$

beschränkt und gleichgradig stetig, also relativ kompakt nach dem Satz von Arzelà-Ascoli 4.12. Für $y, z \in F'$ mit $A'y = A'z$ gilt

$$y(Ax) = (A'y)x = (A'z)x = z(Ax) \quad \text{für alle } x \in E.$$

Daher wird durch $R\colon A'y \longmapsto y|_{\overline{A(U)}}$ eine lineare Abbildung $R\colon A'(F') \longrightarrow C\big(\overline{A(U)}\big)$ definiert. R ist eine Isometrie, da für alle $y \in F'$ gilt:

$$\|A'y\| = \sup_{\|x\| \leq 1} |y(Ax)| = \sup_{\xi \in A(U)} |y(\xi)| = \sup_{\xi \in \overline{A(U)}} |y(\xi)| = \|R(A'y)\|.$$

Setzt man $V := \{ y \in F' \,:\, \|y\| \leq 1 \}$, so gilt $R(A'(V)) = M$. Mit M ist dann auch $A'(V)$ relativ kompakt, da R eine Isometrie ist. Folglich gilt $A' \in K(F', E')$.

Ist andererseits $A' \in K(F', E')$, so ist A'' nach dem eben Gezeigten kompakt. Daher ist $A'' \circ J_E = J_F \circ A$ kompakt (vgl. 9.1(e)). Da die kanonische Abbildung $J_F\colon F \longrightarrow F''$ eine Isometrie ist, folgt $A \in K(E, F)$. $\qquad\square$

15.4 Corollar: *Sind E und F Hilberträume, so ist $A \in L(E, F)$ kompakt genau dann, wenn A^* kompakt ist.*

15.5 Satz: *Ein normierter Raum E ist genau dann endlichdimensional, wenn seine abgeschlossene Einheitskugel U kompakt ist.*

Beweis: Ist E endlichdimensional, so folgt die Behauptung mit 5.15 aus dem Satz von Heine-Borel.

Ist andererseits U kompakt, so auch $S := \{x \in E \ : \ \|x\| = 1\}$. Für $y \in E'$ ist $E \backslash N(y)$ offen, und es gilt

$$S \subset \bigcup_{y \in E'} (E \backslash N(y))\,.$$

$\square$

Also gibt es $y_1, \ldots, y_n \in E'$ mit $S \subset \bigcup_{j=1}^{n}(E \backslash N(y_j))$. Dies impliziert, daß durch $A(x) := \big(y_j(x)\big)_{j=1}^{n}$ eine injektive lineare Abbildung von E in $\mathbb{K}^n$ definiert wird. Folglich gilt $\dim E \leq n$.

15.6 Corollar: *Seien E ein Banachraum und $A \in K(E)$. Dann ist $N(I - A)$ endlichdimensional.*

Beweis: Für die abgeschlossene Einheitskugel U des Raumes $N(I - A)$ gilt $A(U) = U$. Wegen $A \in K(E)$ ist daher U relativ kompakt und folglich kompakt. Aus 15.5 folgt nun die Behauptung.

$\square$

15.7 Lemma: *Seien E ein Banachraum und $A \in K(E)$. Dann ist $R(I - A)$ abgeschlossen.*

Beweis: Sei $q : E \longrightarrow E/N(I-A)$ die Quotientenabbildung. Dann können wir $I - A$ gemäß 5.13 faktorisieren als $I - A = (\overline{I - A}) \circ q$. Gilt

(1)   es gibt ein $c > 0$ mit $\|x - Ax\| = \|(\overline{I - A})q(x)\| \geq c\|q(x)\|$ für alle $x \in E$,

so folgt aus 8.7, daß $R(\overline{I - A}) = R(I - A)$ abgeschlossen ist. Nimmt man an, daß (1) nicht gilt, so gibt es eine Folge $(x_n)_{n \in \mathbb{N}}$ in E mit

(2) $\displaystyle\lim_{n \to \infty} \|x_n - Ax_n\| = 0$ und $\|q(x_n)\| = 1$ für alle $n \in \mathbb{N}$.

Dabei können wir nach Definition der Quotientennorm $1 \leq \|x_n\| \leq 2$ für alle $n \in \mathbb{N}$ annehmen. Wegen $A \in K(E)$ gibt es dann eine Teilfolge $(x_{n_j})_{j \in \mathbb{N}}$, für welche $(Ax_{n_j})_{j \in \mathbb{N}}$ gegen ein $y \in E$ konvergiert. Nach (2) gilt daher $\lim_{j \to \infty} x_{n_j} = y$ und folglich $y \in N(I - A)$. Hieraus folgt mit (2) der Widerspruch

$$1 = \|q(x_{n_j})\| \leq \|x_{n_j} - y\| \to 0\,.$$

$\square$

15.8 Satz: *Seien E ein Banachraum und $A \in K(E)$. Dann gelten:*

(1) $N(I - A)$ *ist endlichdimensional*

(2) $R(I - A)$ *ist endlichcodimensional und abgeschlossen.*

Beweis: Nach 15.6 und 15.7 ist nur noch $\operatorname{codim} R(I - A) < \infty$ zu zeigen. Da $R(I - A)$ abgeschlossen ist, gilt nach 6.14 und 9.3

$$\big(E/R(I - A)\big)' \cong \big(R(I - A)\big)^{\circ} = N(I' - A')\,.$$

Nach 15.3 ist $A' \in K(E')$. Also ist $N(I' - A')$ und damit $\big(E/R(I - A)\big)'$ endlichdimensional. Daher gilt:

$$\operatorname{codim} R(I - A) = \dim E/R(I - A) < \infty\,.$$

$\square$

Ist E ein Banachraum, $A \in K(E)$ und $T := I - A$, so gilt für $n \in \mathbb{N}$:

$$T^n = (I - A)^n = I - \sum_{j=1}^{n} \binom{n}{j}(-1)^{j-1}A^j =: I - A_n \,.$$

Nach 15.1(2) ist A_n kompakt. Daher gilt für alle $n \in \mathbb{N}$:

$N(T^n)$ ist endlichdimensional, $N(T^n) \subset N(T^{n+1})$;
$R(T^n)$ ist endlichcodimensional und abgeschlossen, $R(T^n) \supset R(T^{n+1})$.

15.9 Lemma: *Seien E ein Banachraum und $A \in K(E)$. Dann gibt es ein $n \in \mathbb{N}$, so daß für $T := I - A$ gilt: $N(T^n) = N(T^{n+1})$.*

Beweis: Nimmt man $N(T^n) \subsetneq N(T^{n+1})$ für alle $n \in \mathbb{N}$ an, so gibt es eine Folge $(x_n)_{n\in\mathbb{N}}$ in E, so daß für alle $n \in \mathbb{N}$ gelten:

$$x_n \in N(T^{n+1}) \setminus N(T^n) \quad \text{und} \quad 1 = \inf\left\{\|x_n - y\| : y \in N(T^n)\right\} \le \|x_n\| \le 2.$$

Für $m, n \in \mathbb{N}$ mit $m < n$ gilt dann

$$T^n(Tx_n + x_m - Tx_m) = 0, \text{ d.h. } Tx_n + x_m - Tx_m \in N(T^n)\,.$$

Wegen $A = I - T$ folgt hieraus

$$\|Ax_n - Ax_m\| = \|x_n - (Tx_n + x_m - Tx_m)\| \ge 1. \qquad \square$$

Die Folge $(Ax_n)_{n\in\mathbb{N}}$ kann daher keine konvergente Teilfolge besitzen. Wegen $\sup_{n\in\mathbb{N}}\|x_n\| \le 2$ steht dies im Widerspruch zu $A \in K(E)$.

15.10 Lemma: *Seien E ein Banachraum, $A \in K(E)$ und $T := I - A$. Dann gibt es ein $n \in \mathbb{N}$, so daß für die abgeschlossenen Unterräume $N := N(T^n)$ und $R := R(T^n)$ folgendes gilt: $\dim N < \infty$, $\operatorname{codim} R < \infty$, $N \cap R = \{0\}$, $N + R = E$, $TN \subset N$, $TR \subset R$ sowie*

(1) $T_R := T|_R \in L(R)$ *ist invertierbar.*

(2) $T_N := T|_N \in L(N)$ *erfüllt $T_N^n = 0$.*

Beweis: Wegen 15.3 folgt aus 15.9, daß es ein $n \in \mathbb{N}$ gibt mit

$$N(T^n) = N(T^k),\ N(T'^n) = N(T'^k) \text{ und } N(T''^n) = N(T''^k) \quad \text{für alle } k \ge n\,.$$

Da $R(T^k)$ abgeschlossen ist, folgt aus 9.4

$$R(T^n) = N(T'^n)^{\circ} = N(T'^k)^{\circ} = R(T^k) \quad \text{für alle } k \ge n\,.$$

Wir setzen $N := N(T^n)$ und $R := R(T^n)$. Dann sind N und R abgeschlossene Unterräume von E mit $\dim N < \infty$ und $\operatorname{codim} R < \infty$. Ferner gelten

$$TN = TN(T^{n+1}) \subset N(T^n) = N$$

und
$$TR = TR(T^n) = R(T^{n+1}) = R.$$

Nach Wahl von n ist $T_N^n = 0$. Wie gerade gezeigt, ist T_R surjektiv. Ist $T_R(T^n x) = 0$, so ist $x \in N(T^{n+1}) = N(T^n)$, d.h. $T^n x = 0$. Also ist T_R injektiv und daher bijektiv. Hieraus folgt $N \cap R = \{0\}$. Daher gilt $\operatorname{codim} R \geq \dim N$. Wendet man die bisherige Argumentation auf T' anstelle von T an, so folgt $\operatorname{codim} R(T'^n) \geq \dim N(T'^n)$. Analog wie im Beweis von 15.8 zeigt man

$$\operatorname{codim} R = \operatorname{codim} R(T^n) = \dim N(T'^n).$$

Da $R(T'^n)$ abgeschlossen ist, folgt aus 6.14 und 9.4

$$N(T^n)' \cong E'/N(T^n)^\circ = E'/R((T^n)') = E'/R(T'^n)$$

und daher
$$\dim N = \dim N(T^n) = \dim N(T^n)' = \operatorname{codim} R(T'^n).$$

Insgesamt folgt nun

$$\dim N = \operatorname{codim} R(T'^n) \geq \dim N(T'^n) = \operatorname{codim} R.$$

Daher gilt $\dim N = \operatorname{codim} R$, was $E = N + R$ impliziert. □

Um das Hauptergebnis dieses Abschnitts zu formulieren, führen wir die folgenden Begriffe ein:

Definition: Seien E ein Banachraum und $A \in L(E)$.
(a) Die Menge

$$\sigma(A) := \{\lambda \in \mathbb{K} : \lambda I - A \text{ ist kein Isomorphismus von } E\}$$

bezeichnet man als das *Spektrum des Operators* A. Ihr Komplement $\rho(A) := \mathbb{K} \setminus \sigma(A)$ nennt man die *Resolventenmenge* von A.
(b) Eine Zahl $\lambda \in \mathbb{K}$ heißt *Eigenwert* von A, falls

$$E_\lambda := \{x \in E : Ax = \lambda x\} = N(\lambda I - A) \neq \{0\}.$$

E_λ heißt dann *Eigenraum* von A zum Eigenwert λ. Die Elemente von $E_\lambda \setminus \{0\}$ heißen *Eigenvektoren* von A zum Eigenwert λ.

Bemerkung: Jeder Eigenwert eines Operators $A \in L(E)$ ist offenbar ein Element von $\sigma(A)$. Ist E endlichdimensional, so gilt für jedes $A \in L(E)$

$$\sigma(A) = \{\lambda \in \mathbb{K} : \lambda \text{ ist Eigenwert von } A\}.$$

Für unendlichdimensionale Banachräume gilt dies nicht. Denn $A : l_2 \longrightarrow l_2$, $Ax = \left(\frac{1}{j} x_j\right)_{j \in \mathbb{N}}$, ist injektiv, aber nicht surjektiv. Folglich ist 0 kein Eigenwert von A, aber $0 \in \sigma(A)$.

15.11 Lemma: *Seien E ein unendlichdimensionaler Banachraum und $A \in K(E)$. Dann gibt es zu jedem $\lambda \in \sigma(A) \setminus \{0\}$ topologisch komplementäre Unterräume N_λ und R_λ von E, die von $\lambda I - A$ in sich abgebildet werden, und für die gelten:*

(1) *$(\lambda I - A)|_{R_\lambda}$ ist ein Isomorphismus von R_λ.*

(2) *es gibt ein $n = n_\lambda \in \mathbb{N}$ mit $(\lambda I - A)^n|_{N_\lambda} \equiv 0$ (d.h. $(\lambda I - A)|_{N_\lambda}$ ist nilpotent).*

(3) *$\{0\} \neq N(\lambda I - A) \subset N_\lambda$ und $\dim N_\lambda < \infty$.*

Außerdem ist $\sigma(A)$ abgeschlossen, und es gelten:

$$0 \in \sigma(A) \quad \text{und} \quad \sigma(A) \subset \{\lambda \in \mathbb{K} : |\lambda| \leq \|A\|\}.$$

Beweis: Für $\lambda \in \sigma(A) \setminus \{0\}$ ist $\frac{1}{\lambda} A$ kompakt. Daher können wir 15.10 mit $T_\lambda = I - \frac{1}{\lambda} A = \frac{1}{\lambda}(\lambda I - A)$ anwenden, um n_λ, N_λ, R_λ, T_{N_λ} und T_{R_λ} mit den dort angegebenen Eigenschaften zu erhalten. Nach 10.2 sind dann R_λ und N_λ topologisch komplementär, und es gelten (1) und (2).

Wegen (1) und $\lambda \in \sigma(A) \setminus \{0\}$ ist $N_\lambda \neq \{0\}$. Da T_{N_λ} nilpotent ist, gibt es ein $x_0 \in N_\lambda$ mit $x_0 \neq 0$ und $0 = T_\lambda x_0 = \left(I - \frac{1}{\lambda} A\right) x_0$. Also ist $x_0 \in N(\lambda I - A)$. Zusammen mit 15.10 folgt daher (3).

Nimmt man $0 \notin \sigma(A)$ an, so ist $I = A \circ A^{-1} \in K(E)$. Aus 15.5 folgt dann $\dim E < \infty$, im Widerspruch zur Voraussetzung. Also reicht es zu zeigen, daß $\overline{\sigma(A)} \setminus \{0\}$ in $\sigma(A)$ enthalten ist. Um dies zu beweisen, sei $(\lambda_n)_{n \in \mathbb{N}}$ eine Folge in $\sigma(A) \setminus \{0\}$, die gegen $\lambda \in \overline{\sigma(A)} \setminus \{0\}$ konvergiert. Dann gibt es nach (3) eine Folge $(x_n)_{n \in \mathbb{N}}$ in E mit

$$A x_n = \lambda_n x_n \quad \text{und} \quad \|x_n\| = 1 \quad \text{für alle } n \in \mathbb{N}.$$

Da A kompakt ist, kann man o.B.d.A. annehmen, daß $(A x_n)_{n \in \mathbb{N}}$ konvergiert. Wegen $x_n = \lambda_n^{-1} A x_n$ ist auch $(x_n)_{n \in \mathbb{N}}$ konvergent, und für $x_0 = \lim_{n \to \infty} x_n$ gelten

$$A x_0 = \lim_{n \to \infty} A x_n = \lim_{n \to \infty} \lambda_n x_n = \lambda x_0 \quad \text{und} \quad \|x_0\| = \lim_{n \to \infty} \|x_n\| = 1.$$

Also ist λ Eigenwert von A, d.h. $\lambda \in \sigma(A)$.

Um die angegebene Inklusion zu beweisen, sei $\lambda \in \sigma(A)$ gegeben, o.B.d.A. $\lambda \neq 0$. Wählt man in (3) ein $x_0 \in N(\lambda I - A)$ mit $\|x_0\| = 1$, so gilt

$$|\lambda| = \|\lambda x_0\| = \|A x_0\| \leq \|A\| \, \|x_0\| = \|A\|. \qquad \square$$

15.12 Satz: *Seien E ein unendlichdimensionaler Banachraum und $A \in K(E)$. Dann gelten:*

(1) *$0 \in \sigma(A)$.*

(2) *Jedes $\lambda \in \sigma(A) \setminus \{0\}$ ist Eigenwert von A, und der zugehörige Eigenraum E_λ ist endlichdimensional.*

(3) *Es gibt eine Nullfolge* $(\lambda_n)_{n \in \mathbb{N}}$ *in* $\mathbb{K}$, *so daß* $\sigma(A) = \{0\} \cup \{\lambda_n \,:\, n \in \mathbb{N}\}$.

(4) *Für jedes* $\lambda \in \mathbb{K} \backslash \{0\}$ *gilt* $\dim N(\lambda I - A) = \operatorname{codim} R(\lambda I - A)$ *und damit insbesondere die* Fredholmsche Alternative:

$$\lambda I - A \text{ ist genau dann surjektiv, wenn } \lambda I - A \text{ injektiv ist.}$$

Beweis: (1) und (2) wurden in 15.11 gezeigt.

(3) Nach 15.11 ist für jedes $\varepsilon > 0$ die Menge

$$M_\varepsilon = \{\lambda \in \sigma(A) \,:\, |\lambda| \geq \varepsilon\} = \sigma(A) \cap \{\lambda \in \mathbb{K} \,:\, \varepsilon \leq |\lambda| \leq \|A\|\}$$

kompakt. Daher folgt (3) mit einem Kompaktheitsschluß aus

(∗)   Zu jedem $\lambda \in \mathbb{K} \backslash \{0\}$ gibt es eine offene Umgebung U_λ von λ, so daß $zI - A$ für alle $z \in U_\lambda \backslash \{\lambda\}$ ein Isomorphismus von E ist.

Für $\lambda \in \mathbb{K} \backslash \sigma(A)$ kann man U_λ wie in (∗) finden, da $\sigma(A)$ nach 15.11 abgeschlossen ist. Für $\lambda \in \sigma(A) \backslash \{0\}$ und R_λ, N_λ wie in 15.11 ist $(\lambda I - A)|_{R_\lambda} = \lambda I_{R_\lambda} - A|_{R_\lambda}$ ein Isomorphismus von R_λ, d.h. $\lambda \notin \sigma(A|_{R_\lambda})$. Da mit A auch $A|_{R_\lambda}$ kompakt ist, gibt es nach 15.11 eine offene Umgebung von λ, so daß $(zI - A)|_{R_\lambda}$ für alle $z \in U_\lambda$ ein Isomorphismus von R_λ ist. Weil $(\lambda I - A)|_{N_\lambda} = T_{N_\lambda}$ nilpotent ist, gilt $\sigma(T_{N_\lambda}) = \{0\}$, d.h. $(zI - A)|_{N_\lambda}$ ist invertierbar in $L(N_\lambda)$ für alle $z \neq \lambda$. Da N_λ und R_λ topologisch komplementär sind, gilt (∗) auch in diesem Fall.

(4) Für $\lambda \in \mathbb{K} \backslash \sigma(A)$ gilt die Aussage trivialerweise. Ist $\lambda \in \sigma(A) \backslash \{0\}$, so ist $(\lambda I - A)|_{R_\lambda}$ nach 15.11 ein Isomorphismus von R_λ und $\dim N_\lambda < \infty$. Aus 15.11 und einem bekannten Satz der linearen Algebra folgt daher

$$\dim N(\lambda I - A) = \dim N((\lambda I - A)|_{N_\lambda})$$
$$= \operatorname{codim} R((\lambda I - A)|_{N_\lambda}) = \operatorname{codim} R(\lambda I - A). \qquad \square$$

Definition: Seien E ein unendlichdimensionaler Banachraum und $A \in K(E)$. Nach 15.10 ist für jedes $\lambda \in \sigma(A) \backslash \{0\}$ der Raum $N_\lambda = \bigcup_{k \in \mathbb{N}} N((\lambda I - A)^k)$ endlichdimensional. Man bezeichnet N_λ als den *Hauptraum* zum Eigenwert λ. Die *algebraische Vielfachheit* von λ definiert man als $\dim N_\lambda$. Die *geometrische Vielfachheit* von λ definiert man als $\dim N(\lambda I - A)$.

Als *Eigenwertfolge* $(\lambda_j(A))_{j \in \mathbb{N}_0}$ von A bezeichnet man jede Folge in $\mathbb{K}$, die dadurch entsteht, daß man die von Null verschiedenen Eigenwerte von A nach fallenden Beträgen anordnet und jeden Eigenwert so oft aufführt, wie es seine algebraische Vielfachheit angibt. Falls $\sigma(A)$ endlich ist, wird die Folge durch Nullen aufgefüllt.

Bemerkung: (a) Aus der linearen Algebra ist bekannt, daß für endlichdimensionale Räume E die algebraische Vielfachheit eines Eigenwertes λ von $A \in L(E)$ gleich der Nullstellenordnung des Polynoms $z \longmapsto \det(zI - A)$ in λ ist und daß $N(\lambda I - A)$ eine echte Teilmenge von N_λ sein kann. Außerdem zeigt man dort, daß die Haupträume N_λ von A den Raum E aufspannen und man durch Wahl geeigneter Basen in den N_λ die Jordansche Normalform für A erhält.

(b) Im allgemeinen gibt es zu einem kompakten Operator A viele verschiedene Eigenwertfolgen $\left(\lambda_j(A)\right)_{j\in\mathbb{N}_0}$, aber $\left(|\lambda_j(A)|\right)_{j\in\mathbb{N}_0}$ ist eindeutig bestimmt.

Nach Satz 15.8 haben Operatoren der Form $T = I - A$, A kompakt, die Eigenschaft, daß ihr Kern endlichdimensional und ihr Bild endlichcodimensional sind. Operatoren dieser Art heißen Fredholmoperatoren und spielen eine bedeutende Rolle in der Analysis. Zum Abschluß dieses Abschnitts gehen wir auf ihre grundlegenden Eigenschaften ein.

Definition: Seien E, G Banachräume und $T \in L(E,G)$. T heißt *Fredholmoperator*, falls der Kern von T endlichdimensional und das Bild von T endlichcodimensional ist. Für einen Fredholmoperator definiert man seinen *Index* durch

$$\operatorname{ind} T := \dim N(T) + \operatorname{codim} R(T).$$

Ferner setzt man

$$\Phi(E,G) := \{T \in L(E,G) : T \text{ ist Fredholmoperator}\}$$

und $\Phi(E) := \Phi(E,E)$.

15.13 Satz: *Für jeden Banachraum E und jeden kompakten Operator A in E ist $T := I - A$ ein Fredholmoperator mit $\operatorname{ind} T = 0$.*

Beweis: Nach 15.8 ist T ein Fredholmoperator. Nach 15.10 gilt, in den dortigen Bezeichnungen,

$$\dim N(T) = \dim N(T_N) = \operatorname{codim} R(T_N) = \operatorname{codim} R(T).$$

Die mittlere Gleichung folgt dabei aus der Tatsache, daß der Raum N endlichdimensional ist und einem Satz der linearen Algebra. □

Für unsere weiteren Überlegungen benötigen wir den folgenden Satz.

15.14 Satz: *Seien E, G Banachräume und $T \in L(E,G)$. Hat dann $R(T)$ endliche Codimension, so ist $R(T)$ abgeschlossen in G. Insbesondere ist $R(S)$ abgeschlossen für jeden Fredholmoperator $S \in \Phi(E,G)$.*

Beweis: Faßt man T als Abbildung von E nach $R(T)$ auf, so gibt es nach 5.13 genau eine stetige lineare Abbildung $\overline{T} : E/N(T) \to R(T)$ mit $T = \overline{T} \circ q$, wobei $q : E \to E/N(T)$ die Quotientenabbildung bezeichnet. Wegen $\operatorname{codim} R(T) < \infty$ kann man einen endlichdimensionalen Unterraum G_1 von G so wählen, daß G_1 und $R(T)$ algebraisch komplementär sind. Die Abbildung

$$T_1 : (E/N(T)) \times G_1 \to G, \quad T_1(\overline{x},y) := \overline{T}(\overline{x}) + y$$

ist linear, stetig und bijektiv. Weil $(E/N(T)) \times G_1$ und G Banachräume sind, ist T_1 nach dem Banachschen Isomorphiesatz 8.6 ein Isomorphismus. Daher ist $R(T) = T_1(E/N(T))$ abgeschlossen in G. □

Der folgende Satz liefert eine wichtige Charakterisierung der Fredholmoperatoren, vgl. dazu auch §17, Aufgabe 13.

15.15 Satz: *Seien E und G Banachräume. Für $T \in L(E, G)$ sind äquivalent:*

(1) $T \in \Phi(E, G)$.

(2) *Es gibt $L \in \Phi(G, E)$, so daß $I - LT \in F(E)$ und $I - TL \in F(G)$.*

(3) *Es gibt $L \in \Phi(G, E)$, so daß $I - LT \in F(E)$ oder $I - TL \in F(G)$.*

(4) *Es gibt $U, V \in L(G, E)$, so daß $I - UT \in K(E)$ und $I - TV \in K(G)$.*

Beweis: (1)$\Rightarrow$(2): Ist $T \in \Phi(E, G)$, so besitzt $N(T)$ nach 10.6 ein topologisches Komplement E_1. Nach 15.14 und 10.4 besitzt $R(T)$ ein topologisches Komplement G_1. Wir bezeichnen mit P die Projektion von E auf E_1 längs $N(T)$ und mit Q die Projektion von G auf $R(T)$ längs G_1. Dann sind P und Q stetig und sowohl $I - P$ als auch $I - Q$ sind Operatoren von endlichem Rang. Nach Wahl von E_1 ist $T_1 := T|_{E_1} : E_1 \to R(T)$ linear, stetig und bijektiv, also nach 8.6 ein Isomorphismus. Daher ist $L := T_1^{-1}Q$ in $L(G, E)$. Offenbar gelten

$$N(L) = N(Q) = G_1 \text{ und } R(L) = T_1^{-1}(R(T)) = E_1.$$

Daher ist $L \in \Phi(G, E)$. Aus

$$TL = TT_1^{-1}Q = Q = I - (I - Q) \text{ und } LT = T_1^{-1}T = P = I - (I - P)$$

folgt nun (2).

(2)$\Rightarrow$(4): Da für jeden Banachraum X gilt $F(X) \subset K(X)$, folgt diese Implikation unmittelbar.

(4)$\Rightarrow$(1): Nach 15.13 sind $UT = I - (I - UT)$ und $TV = I - (I - TV)$ Fredholmoperatoren. Wegen

$$N(T) \subset N(UT) \text{ und } R(TV) \subset R(T)$$

ist $T \in \Phi(E, G)$.

(2)$\Rightarrow$(3) ist trivial.

(3)$\Rightarrow$(1): Im ersten Fall ist $LT = I - K$, wo $K \in F(E) \subset K(E)$. Also ist nach 15.13 LT ein Fredholmoperator. Da $N(T) \subset N(LT)$ ist $\dim N(T) < \infty$.

Es bleibt zu zeigen, daß $\operatorname{codim} R(T) < \infty$. Sei dazu G_1 ein algebraisches Komplement zu $R(T) + N(L)$ in G. Dann ist $L(R(T) + N(L)) \cap L(G_1) = \{0\}$, denn für $x \in R(T) + N(L)$ und $y \in G_1$ mit $Lx = Ly$ ist $y - x \in N(L)$, also $y = x + (y - x) \in R(T) + N(L)$. Damit ist $y = 0$, also $Lx = Ly = 0$. Da $L(R(T) + N(L)) \supset R(LT)$ und $R(LT)$ endlichcodimensional ist, ist $L(G_1)$ und damit G_1 endlichdimensional, denn L ist auf G_1 injektiv. Wir haben gezeigt, daß $G = R(T) + (N(L) + G_1)$. Der Raum $N(L) + G_1$ ist endlichdimensional, also $R(T)$ endlichcodimensional.

Im zweiten Fall verfährt man analog. $\square$

Der folgende Satz ist rein algebraischer Natur. Er gilt, mit einer entsprechenden Definition des Index, für lineare Abbildungen, deren Kern endlichdimensional und deren Bild endlichcodimensional ist.

15.16 Satz: *Seien E, G, H Banachräume und $T \in \Phi(E,G)$, $S \in \Phi(G,H)$. Dann ist $ST \in \Phi(E,H)$ und es gilt*

$$\operatorname{ind} ST = \operatorname{ind} S + \operatorname{ind} T.$$

Beweis: Wir wählen algebraische Komplemente G_1 von $R(T)$ in G, G_2 von $N(S) \cap R(T)$ in $R(T)$ und G_3 von $N(S) \cap G_1$ in G_1. Auf Grund dieser Wahlen ist $N(S)$ die algebraisch direkte Summe von $N(S) \cap R(T)$ und $N(S) \cap G_1$, während $G_2 + G_3$ algebraisch direkt und ein Komplement von $N(S)$ ist. Daher ist S auf $G_2 + G_3$ injektiv. Dies impliziert

$$\dim N(S) \cap R(T) = \dim N(S) - \dim N(S) \cap G_1$$

$$\dim S(G_3) = \dim(G_3) = \dim G_1 - \dim N(S) \cap G_1 = \operatorname{codim} R(T) - \dim N(S) \cap G_1$$

und daher

$$\dim N(S) \cap R(T) - \dim S(G_3) = \dim N(S) - \operatorname{codim} R(T).$$

Ferner folgt, daß $R(S) = S(G_2) + S(G_3) = R(ST) + S(G_3)$. Daher gilt

$$\operatorname{codim} R(ST) = \dim S(G_3) + \operatorname{codim} R(S) < \infty.$$

Da weiter

$$\dim N(ST) = \dim N(T) + \operatorname{codim} N(S) \cap R(T) < \infty,$$

ist ST ein Fredholmoperator, und es gilt

$$\begin{aligned}
\operatorname{ind} ST &= \dim N(ST) - \operatorname{codim} R(ST) \\
&= \dim N(T) + \operatorname{codim} N(S) \cap R(T) - \dim S(G_3) - \operatorname{codim} R(S) \\
&= \dim N(T) + \dim N(S) - \operatorname{codim} R(T) - \operatorname{codim} R(S) \\
&= \operatorname{ind} S + \operatorname{ind} T
\end{aligned}$$

und damit die Behauptung. $\qquad\qquad\qquad\qquad\qquad\qquad\qquad\qquad\qquad\qquad\qquad\qquad$ $\square$

15.17 Satz: (Stabilität des Index) *Seien E und G Banachräume. Dann ist*

$$\Phi_n(E,G) := \{ T \in \Phi(E,G) : \operatorname{ind} T = n \}$$

für jedes $n \in \mathbb{Z}$ offen in $L(E,G)$.

Beweis: Sei $T \in \Phi_n(E, G)$. Gemäß 15.15 finden wir $L \in \Phi(G, E)$, so daß $I - LT :=$
$K \in F(E)$. Wir wählen $\varepsilon > 0$, so daß $\varepsilon \|L\| < 1$. Sei $S \in L(E, G)$ mit $\|S\| \leq \varepsilon$. Wir
zeigen, daß $T + S \in \Phi(E, G)$ und $\operatorname{ind}(T + S) = \operatorname{ind} T = n$.

Es ist $L(T + S) = I + LS - K$. Wegen $\|LS\| \leq \|L\|\|S\| \leq \varepsilon\|S\| < 1$ ist $W :=$
$I + LS$ in $L(E)$ invertierbar, denn man rechnet leicht nach, daß $\sum_{k=0}^{\infty}(-1)^k(LS)^k$
in $L(E)$ konvergiert und eine Inverse von W ist (siehe Beweis von 17.2). Also ist
$(W^{-1}L)(T+S) = I - (W^{-1}K)$. Hierbei ist der Isomorpismus W^{-1} und damit nach
15.16 auch $W^{-1}L$ ein Fredholmoperator und $W^{-1}K \in F(E)$. Nach 15.15 ist also
$T + S \in \Phi(E, G)$.

Nach 15.13 ist $\operatorname{ind}(I - K) = \operatorname{ind}(I + W^{-1}K) = 0$, offenbar ist $\operatorname{ind} W^{-1} = 0$.
Also gilt nach 15.16

$$\operatorname{ind} L + \operatorname{ind} T = \operatorname{ind} LT = \operatorname{ind}(I - K) = 0$$

und

$$\operatorname{ind} L + \operatorname{ind}(T + S) = \operatorname{ind} W^{-1}L(T + S) = \operatorname{ind}(I - W^{-1}K) = 0.$$

Damit ist $\operatorname{ind}(T + S) = \operatorname{ind} T = n$ und der Satz ist bewiesen. $\qquad\square$

Aus 15.17 folgt unmittelbar:

15.18 Corollar: *Sind E und G Banachräume, so ist $\Phi(E, G)$ offen in $L(E, G)$ und
die Abbildung* $\operatorname{ind} : \Phi(E, G) \to \mathbb{Z}$ *ist stetig.*

Zusammen mit 15.15 erhalten wir:

15.19 Corollar: *Seien E und G Banachräume, $A \in K(E, G)$, $T \in \Phi(E, G)$. Dann
ist $T + A \in \Phi(E, G)$ und $\operatorname{ind}(T + A) = \operatorname{ind} T$.*

Beweis: Die Abbildung $f : [0, 1] \to L(E, G)$, $f(t) := T + tA$ ist offenbar stetig, und
nach 15.15 gilt $f([0, 1]) \subset \Phi(E, G)$. Weil der Index nach 15.17 stetig ist, ist $\operatorname{ind} \circ f$
konstant auf $[0, 1]$, woraus die Behauptung folgt. $\qquad\square$

15.20 Satz: *Seien E, G Banachräume und $T \in L(E, G)$. Dann gilt:*

(1) $T \in \Phi(E, G)$ *genau dann, wenn $T' \in \Phi(G', E')$.*

(2) *In diesem Falle ist* $\operatorname{ind} T' = -\operatorname{ind} T$ *und* $\operatorname{ind} T = \dim N(T) - \dim N(T') =$
$\operatorname{codim} R(T') - \operatorname{codim} R(T)$.

Beweis: (1) In beiden Fällen sind $R(T)$ und $R(T')$ abgeschlossen. Dies folgt aus
15.14 und dem Satz vom abgeschlossenen Wertebereich 9.4. Ferner gelten nach 9.4
und 9.3

$$R(T') = N(T)^\circ \quad \text{und} \quad N(T') = R(T)^\circ.$$

Daher gelten nach 6.14 die folgenden Isomorphien

$$E'/R(T') = E'/N(T)^\circ \cong N(T)' \quad \text{und} \quad (E/R(T))' \cong R(T)^\circ = N(T').$$

Ist nun T ein Fredholmoperator, so sind die Räume $N(T)$ und $E/R(T)$ endlich-dimensional, also auch $E'/R(T') \cong N(T)'$ und $N(T') \cong (E/R(T))'$. Ist T' ein Fredholmoperator, so sind mit gleicher Schlussweise $(E/R(T))'$ und $N(T)'$ endlich-dimensional, also auch $E/R(T)$ und $N(T)$.

(2) Dies folgt direkt aus dem in (1) Gezeigten. $\square$

Aufgaben:

(1) Zeigen Sie, daß für $1 \leq p < \infty$ eine Teilmenge $M \neq \emptyset$ von l_p genau dann präkompakt ist, wenn M beschränkt ist, und wenn es zu jedem $\varepsilon > 0$ ein $n \in \mathbb{N}$ gibt, so daß

$$\sup_{x \in M} \sum_{j=n}^{\infty} |x_j|^p \leq \varepsilon^p .$$

(2) Zeigen Sie, daß eine Teilmenge $M \neq \emptyset$ von c_0 genau dann präkompakt ist, wenn M beschränkt ist, und wenn es zu jedem $\varepsilon > 0$ ein $n \in \mathbb{N}$ gibt mit $\sup_{x \in M} \sup_{j \geq n} |x_j| \leq \varepsilon$.

(3) Sei E ein Unterraum von $C^1[0,1]$, welcher in $C[0,1]$ abgeschlossen ist. Zeigen Sie, daß E endlichdimensional ist.

(4) Für $1 \leq p < \infty$ und $d = (d_j)_{j \in \mathbb{N}}$ in $\mathbb{K}^{\mathbb{N}}$ definiere $D : \varphi \longrightarrow l_p$ durch $Dx = (d_j x_j)_{j \in \mathbb{N}}$. Zeigen Sie:

   (a) D besitzt eine stetige Fortsetzung $\widehat{D}$ auf l_p genau dann, wenn d in l_∞ ist.

   (b) $\widehat{D}$ ist kompakt genau dann, wenn d in c_0 ist.

(5) Beweisen Sie die Aussage von 15.2(4).

(6) Zeigen Sie, daß für jedes $k \in C([0,1] \times [0,1])$ durch

$$K(f) : x \longmapsto \int_0^1 k(x,y) f(y)\, dy , \quad f \in L_2[0,1],$$

ein kompakter Operator in $L_2[0,1]$ definiert wird.

(7) Seien X_1, X_2, X_3 Banachräume, $K \in K(X_1, X_2)$ und $T \in L(X_2, X_3)$ injektiv. Zeigen Sie, daß es zu jedem $\varepsilon > 0$ eine Konstante $C_\varepsilon > 0$ gibt, so daß

$$\|Kx\|_2 \leq \varepsilon \|x\|_1 + C_\varepsilon \|TKx\|_3 \quad \text{für alle } x \in X_1.$$

(8) Zeigen Sie, daß es für $1 \leq p \leq \infty$ auf dem Raum l_p zu jedem $n \in \mathbb{Z}$ einen Fredholmoperator mit Index n gibt.

(9) Seien E ein $\mathbb{K}$-Vektorraum und A eine lineare Abbildung von E in sich, welche endlichdimensionales Bild hat. Zeigen Sie, daß die folgenden Aussagen gelten:

   (a) $\dim N(I - A) < \infty$ und $\operatorname{codim} R(I - A) < \infty$.

   (b) $\dim N(I - A) = \operatorname{codim} R(I - A)$.

§ 16 Kompakte Operatoren in Hilberträumen

In diesem Abschnitt zeigen wir, daß kompakte Operatoren zwischen Hilberträumen eine gewisse Normaldarstellung besitzen. Diese erlaubt es, spezielle Klassen kompakter Operatoren einzuführen. Von besonderem Interesse sind dabei die Hilbert-Schmidt Operatoren und die Operatoren der Spurklasse.

Im weiteren bezeichne H, G, F etc. stets einen unendlichdimensionalen Hilbertraum über dem Körper $\mathbb{K}$. Um die erwähnte Normaldarstellung herzuleiten, beweisen wir die folgende Hilfsaussage.

16.1 Lemma: *Sei $A \in L(H)$ kompakt und selbstadjungiert. Dann ist $\|A\|$ oder $-\|A\|$ ein Eigenwert von A.*

Beweis: Ohne Einschränkung sei $\|A\| > 0$. Nach 11.13 kann man annehmen

$$\|A\| = \sup\{\langle Ax, x \rangle : \|x\| \le 1\};$$

sonst betrachte man $-A$. Dann gibt es eine Folge $(x_n)_{n \in \mathbb{N}}$ in H mit

$$\|A\| = \lim_{n \to \infty} \langle Ax_n, x_n \rangle \text{ und } \|x_n\| \le 1 \text{ für alle } n \in \mathbb{N}.$$

Da A kompakt ist, können wir $(x_n)_{n \in \mathbb{N}}$ so wählen, daß $(Ax_n)_{n \in \mathbb{N}}$ konvergiert. Dann ist $\left(Ax_n - \|A\|x_n\right)_{n \in \mathbb{N}}$ eine Nullfolge, da

$$\begin{aligned}
\|Ax_n - \|A\|x_n\|^2 &= \|Ax_n\|^2 - 2\|A\|\langle Ax_n, x_n \rangle + \|A\|^2\|x_n\|^2 \\
&\le 2\|A\|^2 - 2\|A\|\langle Ax_n, x_n \rangle.
\end{aligned}$$

Daher existiert $x_0 := \lim_{n \to \infty} x_n$, und es gilt

$$Ax_0 = A(\lim_{n \to \infty} x_n) = \lim_{n \to \infty} Ax_n = \lim_{n \to \infty} \|A\|x_n = \|A\|x_0.$$

Wegen $\langle Ax_0, x_0 \rangle = \|A\| > 0$ ist $x_0 \ne 0$. Folglich ist $\|A\|$ Eigenwert von A. $\qquad \square$

16.2 Satz: *Sei $A \in L(H)$ kompakt und selbstadjungiert, und sei $(\lambda_n)_{n \in \mathbb{N}_0}$ eine Eigenwertfolge von A. Dann ist $(\lambda_n)_{n \in \mathbb{N}_0}$ eine reelle Nullfolge, und es gibt ein Orthonormalsystem $(e_n)_{n \in \mathbb{N}_0}$, so daß $A = \sum_{n=0}^{\infty} \lambda_n \langle \cdot, e_n \rangle e_n$, wobei die Reihe in der Operatornorm konvergiert.*

Beweis: Nach 15.12 ist jedes $\lambda \in \sigma(A) \setminus \{0\}$ Eigenwert von A. Wählt man x in $N(\lambda I - A)$ mit $\|x\| = 1$, so ist $\lambda = \langle \lambda x, x \rangle = \langle Ax, x \rangle$ nach 11.13(a) reell. Daher gilt $\sigma(A) \subset \mathbb{R}$, d.h. $(\lambda_n)_{n\in\mathbb{N}_0}$ ist eine reelle Nullfolge. Für $\lambda, \mu \in \sigma(A)\setminus\{0\}$ und $x \in N(\lambda I - A)$, $y \in N(\mu I - A)$ gilt

$$\lambda\langle x, y\rangle = \langle \lambda x, y\rangle = \langle Ax, y\rangle = \langle x, A^*y\rangle = \langle x, Ay\rangle = \mu\langle x, y\rangle.$$

Folglich ist $N(\lambda I - A) \perp N(\mu I - A)$ für $\lambda \neq \mu$.

Da A selbstadjungiert ist, stimmt für jedes $\lambda \in \sigma(A)\setminus\{0\}$ die geometrische Vielfachheit von λ mit der algebraischen überein. Denn für $x \in N\big((\lambda I - A)^2\big)$ gilt

$$\|(\lambda I - A)x\|^2 = \langle(\lambda I - A)x, (\lambda I - A)x\rangle = \langle x, (\lambda I - A)^2 x\rangle = 0 .$$

Hieraus folgt $N\big((\lambda I - A)^2\big) = N(\lambda I - A)$, also $N_\lambda = N(\lambda I - A)$.

Wählt man nun endliche Orthonormalbasen von $N(\lambda I - A) = N_\lambda$, und zählt man diese nach fallenden $|\lambda|$ ab, so erhält man ein Orthonormalsystem $(e_n)_{n\in N}$, wobei $N = \{0, ..., n_0\}$ oder $N = \mathbb{N}_0$ gilt, je nachdem ob $\sigma(A)$ endlich oder unendlich ist. Außerdem gilt $Ae_n = \lambda_n e_n$ für jedes $n \in N$.

Definiert man $Px = \sum_{n\in N}\langle x, e_n\rangle e_n$, so ist P die orthogonale Projektion von H auf $H_0 := \overline{\operatorname{span}\{e_n : n \in N\}}$. Für $x \in H_0^\perp$ gilt

$$\langle Ax, e_n\rangle = \langle x, Ae_n\rangle = \lambda_n\langle x, e_n\rangle = 0 \text{ für alle } n \in N ,$$

und daher $Ax \in H_0^\perp$. Also ist $A|_{H_0^\perp}$ ein kompakter selbstadjungierter Operator in $H_0^\perp$, der höchstens Null als Eigenwert hat. Nach Lemma 16.1 gilt daher $\|A|_{H_0^\perp}\| = 0$ und folglich $H_0^\perp \subset N(A)$. Hieraus folgt

$$Ax = APx = \sum_{n\in N} \lambda_n\langle x, e_n\rangle e_n \text{ für alle } x \in H .$$

Für $N = \mathbb{N}_0$ ist dies die gewünschte Darstellung. Ist $N = \{0, \ldots, n_0\}$, so ist $\lambda_n = 0$ für $n > n_0$ und wir erhalten diese Darstellung auf triviale Weise aus 12.6.

Aus dem Satz von Pythagoras und der Besselschen Ungleichung folgt dann für jedes $x \in H$ und $k \in \mathbb{N}$

$$\Big\|Ax - \sum_{n=0}^{k} \lambda_n\langle x, e_n\rangle e_n\Big\|^2 = \sum_{n=k+1}^{\infty} |\lambda_n\langle x, e_n\rangle|^2 \leq \Big(\|x\| \sup_{n>k} |\lambda_n|\Big)^2 .$$

Da $(\lambda_n)_{n\in\mathbb{N}_0}$ eine Nullfolge ist, konvergiert die Reihe daher bezüglich der Operatornorm gegen A. $\square$

16.3 Satz: *Zu jedem $A \in K(H, G)$ gibt es eine fallende Nullfolge $(s_n)_{n\in\mathbb{N}_0}$ in $[0, \infty[$ und Orthonormalsysteme $(e_n)_{n\in\mathbb{N}_0}$ in H und $(f_n)_{n\in\mathbb{N}_0}$ in G, so daß*

$$A = \sum_{n=0}^{\infty} s_n\langle\cdot, e_n\rangle f_n ,$$

wobei die Reihe bezüglich der Operatornorm konvergiert.

Beweis: A^*A ist kompakt und selbstadjungiert. Für $\lambda \in \sigma(A^*A)\backslash\{0\}$ und x in $N(\lambda I - A^*A)$ mit $\|x\| = 1$ gilt

$$\lambda = \langle \lambda x, x \rangle = \langle A^*Ax, x \rangle = \langle Ax, Ax \rangle \geq 0.$$

Daher folgt aus 15.11, daß $\sigma(A^*A)$ in $[0, \|A\|^2]$ enthalten ist. Nach 16.2 gibt es eine fallende Nullfolge $(s_n)_{n \in \mathbb{N}_0}$ und ein Orthonormalsystem $(e_n)_{n \in \mathbb{N}_0}$ in H, so daß

$$(1) \qquad A^*A = \sum_{n=0}^{\infty} s_n^2 \langle \cdot\,, e_n \rangle e_n\,.$$

Für $n \in \mathbb{N}_0$ mit $s_n > 0$ setzen wir $f_n := s_n^{-1} A e_n$. Dann gilt für $n, m \in \mathbb{N}_0$ mit $s_n > 0$, $s_m > 0$:

$$\langle f_n, f_m \rangle = \frac{1}{s_n}\frac{1}{s_m}\langle Ae_n, Ae_m \rangle = \frac{1}{s_n s_m}\langle A^*Ae_n, e_m \rangle = \frac{s_n^2}{s_n s_m}\langle e_n, e_m \rangle = \delta_{n,m}\,.$$

Ist $N = \{n \in \mathbb{N}_0 : s_n > 0\}$ eine endliche Menge, so erweitern wir das Orthonormalsystem $(f_n)_{n \in N}$ zu einem Orthonormalsystem $(f_n)_{n \in \mathbb{N}_0}$ in G. Für $y \in H$ mit $y \perp e_n$ für alle $n \in \mathbb{N}_0$ gilt nach (1)

$$\|Ay\|^2 = \langle Ay, Ay \rangle = \langle A^*Ay, y \rangle = 0.$$

Aufgrund der Definition von $(f_n)_{n \in \mathbb{N}_0}$ gilt daher in jedem Fall für jedes $x \in H$

$$Ax = A\Big(x - \sum_{n=0}^{\infty}\langle x, e_n \rangle e_n\Big) + A\Big(\sum_{n=0}^{\infty}\langle x, e_n \rangle e_n\Big)$$

$$= \sum_{n=0}^{\infty}\langle x, e_n \rangle Ae_n = \sum_{n=0}^{\infty} s_n \langle x, e_n \rangle f_n.$$

Analog wie im Beweis von 16.2 erhält man hieraus, daß die Reihe $\sum_{n=0}^{\infty} s_n \langle \cdot\,, e_n \rangle f_n$ bezüglich der Operatornorm gegen A konvergiert. $\qquad\square$

Definition: Ist $A \in K(H, G)$, so bezeichnet man eine Darstellung von A, welche die in 16.3 angegebenen Eigenschaften hat, als eine *Schmidt-Darstellung* von A.

Aus 16.3 folgt unmittelbar:

16.4 Corollar: *Jeder kompakte Operator* $A : H \longrightarrow G$ *ist in* $L(H, G)$ *Grenzwert einer Folge von Operatoren von endlichem Rang, d.h.* $K(H, G) = \overline{F(H, G)}$.

Bemerkung: In Banachräumen gilt die Aussage von 16.4 im allgemeinen nicht. Wie Enflo [E] 1973 gezeigt hat, gibt es Banachräume E mit $\overline{F(E)} \neq K(E)$.

Definition: Ist $A = \sum_{n=0}^{\infty} s_n \langle \cdot\,, e_n \rangle f_n$ eine Schmidt–Darstellung für $A \in K(H, G)$, so sind die Orthonormalsysteme $(e_n)_{n \in \mathbb{N}_0}$ und $(f_n)_{n \in \mathbb{N}_0}$ nicht eindeutig bestimmt. Die Folge $(s_n)_{n \in \mathbb{N}_0}$ ist hingegen eindeutig durch A festgelegt, denn $(s_n^2)_{n \in \mathbb{N}_0}$ ist die monoton fallende Eigenwertfolge des Operators $A^*A = \sum_{n \in \mathbb{N}_0} s_n^2 \langle \cdot\,, e_n \rangle e_n$. Wir bezeichnen $(s_n)_{n \in \mathbb{N}_0}$ als die Folge der *singulären Zahlen* des kompakten Operators A und schreiben $\big(s_n(A)\big)_{n \in \mathbb{N}_0}$.

Die Folge der singulären Zahlen eines kompakten Operators hat über die obige Bemerkung hinaus auch die folgende Interpretation:

16.5 Lemma: *Für jedes $A \in K(H,G)$ und alle $n \in \mathbb{N}_0$ gilt:*

$$s_n(A) = \inf\{\|A - B\| : B \in L(H,G),\ \dim R(B) \le n\} =: \alpha_n(A)\ .$$

Beweis: Nach der Besselschen Ungleichung gilt für jedes $n \in \mathbb{N}_0$ und $x \in H$

$$\|Ax - \sum_{j=0}^{n-1} s_j\langle x, e_j\rangle f_j\|^2 \le \sum_{j=n}^{\infty} s_j^2 |\langle x, e_j\rangle|^2 \le s_n^2 \|x\|^2.$$

Hieraus folgt $\alpha_n(A) \le s_n$.

Um $s_n \le \alpha_n(A)$ zu zeigen, sei $B \in L(H,G)$ mit $\dim R(B) \le n$ gegeben. Dann hat die Einschränkung von B auf $\mathrm{span}\{e_0, \ldots, e_n\}$ einen nicht–trivialen Kern. Daher gibt es ein $y = \sum_{j=0}^{n} \xi_j e_j$ mit $\|y\| = 1$ und $By = 0$. Hieraus folgt mit dem Satz von Pythagoras

$$\|A - B\|^2 \ge \|(A - B)y\|^2 = \|Ay\|^2 = \|\sum_{j=0}^{n} s_j\xi_j f_j\|^2 = \sum_{j=0}^{n} s_j^2 |\xi_j|^2 \ge s_n^2\ . \qquad \square$$

16.6 Lemma: *Die singulären Zahlen für kompakte Operatoren zwischen Hilbert-räumen haben folgende Eigenschaften:*

(1) $(s_n(A))_{n\in\mathbb{N}_0}$ *ist eine fallende Nullfolge mit* $s_0(A) = \|A\|$ *für jedes A in* $K(H,G)$.

(2) $(s_n(\lambda A))_{n\in\mathbb{N}_0} = (|\lambda| s_n(A))_{n\in\mathbb{N}_0}$ *für jedes $\lambda \in \mathbb{K}$ und $A \in K(H,G)$.*

(3) $s_m(A) = 0$ *für jedes $A \in L(H,G)$ mit $\dim R(A) \le m$.*

(4) $(s_n(A^*))_{n\in\mathbb{N}_0} = (s_n(A))_{n\in\mathbb{N}_0}$ *für jedes $A \in K(H,G)$.*

(5) $s_{m+n}(A + B) \le s_m(A) + s_n(B)$ *für alle $n, m \in \mathbb{N}_0$, $A, B \in K(H,G)$.*

(6) $s_n(SAT) \le \|S\| s_n(A) \|T\|$ *für alle $n \in \mathbb{N}_0$ und alle $S \in L(G,H)$, $A \in K(F,G)$, $T \in L(E,F)$.*

(7) $s_{2n}(AB) \le s_n(A) s_n(B)$ *für alle $n \in \mathbb{N}_0$, $A \in K(F,G), B \in K(E,F)$.*

Beweis: (1)–(3) folgen sofort aus der Definition der singulären Zahlen.

(4) Ist $A = \sum_{n=0}^{\infty} s_n\langle \cdot, e_n\rangle f_n$ eine Schmidt-Darstellung von A, so gilt $A^* = \sum_{n=0}^{\infty} s_n\langle \cdot, f_n\rangle e_n$. Dies ist eine Schmidt-Darstellung von A^*.

(5) Sind $A, B \in K(H,G)$, $m, n \in \mathbb{N}_0$ und $\varepsilon > 0$ gegeben, so folgt aus 16.5 die Existenz von $A_0, B_0 \in L(H,G)$ mit $\dim R(A_0) \le m$, $\dim R(B_0) \le n$, so daß

$$\|A - A_0\| \le s_m(A) + \varepsilon/2 \text{ und } \|B - B_0\| \le s_n(B) + \varepsilon/2\ .$$

Wegen $\dim R(A_0 + B_0) \le m + n$ folgt hieraus mit 16.5:

$$s_{m+n}(A + B) \le \|A + B - (A_0 + B_0)\| \le s_m(A) + s_n(B) + \varepsilon.$$

Daher gilt (5).

(6) Zu $m \in \mathbb{N}_0$ und $\varepsilon > 0$ wähle man A_0 wie im Beweis von (5). Dann gilt $\dim R(SA_0T) \le m$, also nach 16.5:

$$s_m(SAT) \le \|SAT - SA_0T\| \le \|S\| \|A - A_0\| \|T\| \le \|S\| \, (s_m(A) + \varepsilon) \, \|T\|.$$

Hieraus folgt (6).

(7) Seien $A \in K(F, G), B \in K(E, F)$ und $n \in \mathbb{N}_0$ gegeben. Zu $\varepsilon > 0$ existieren $A_0 \in L(F, G)$ mit $\dim R(A_0) \le n$ und $\|A - A_0\| \le s_n(A) + \varepsilon$ sowie $B_0 \in L(E, F)$ mit $\dim R(B_0) \le n$ und $\|B - B_0\| \le s_n(B) + \varepsilon$. Aus

$$(A - A_0)(B - B_0) = AB - A_0(B - B_0) - AB_0$$

und $\dim(A_0(B - A_0) + AB_0) \le 2n$ folgt daher

$$s_{2n}(AB) \le \|A - A_0\| \, \|B - B_0\| \le (s_n(A) + \varepsilon)(s_n(B) + \varepsilon).$$

Da $\varepsilon > 0$ beliebig gewählt war, folgt hieraus die Behauptung. $\qquad \square$

Nach 16.5 beschreibt die Folge $(s_n(A))_{n \in \mathbb{N}_0}$ für einen kompakten Operator A, wie gut man A durch Operatoren von gegebenem endlichen Rang approximieren kann. Durch Bedingungen an die Approximationsgeschwindigkeit definiert man Klassen von Operatoren auf folgende Weise:

Definition: Sind H und G Hilberträume, so definiert man für $0 < p < \infty$ die *Schatten p-Klasse* als

$$S_p(H, G) := \{A \in K(H, G) : (s_n(A))_{n \in \mathbb{N}_0} \in l_p\}$$

und setzt $\nu_p(A) := \left(\sum_{n=0}^{\infty} s_n(A)^p\right)^{1/p}$ für $A \in S_p(H, G)$.

Die Elemente von $S_2(H, G)$ bzw. $S_1(H, G)$ heißen *Hilbert-Schmidt Operatoren* bzw. *nukleare Operatoren*. Wir setzen $S_p(H) := S_p(H, H)$. Die Elemente von $S_1(H)$ bezeichnet man auch als Operatoren der *Spurklasse*.

16.7 Lemma: Für $p, q, r > 0$ gelten:

(1) $S_p(H, G)$ ist ein linearer Teilraum von $K(H, G)$.

(2) Für $A \in S_p(H, G)$ ist $A^* \in S_p(G, H)$, und es gilt $\nu_p(A) = \nu_p(A^*)$.

(3) Für $A \in S_p(F, G), T \in L(E, F)$ und $S \in L(G, H)$ ist $SAT \in S_p(E, H)$.

(4) Für $A \in S_p(F, G), B \in S_q(E, F)$ ist $AB \in S_r(E, G)$, sofern $\frac{1}{r} = \frac{1}{p} + \frac{1}{q}$.

Beweis: (1) Für $A, B \in S_p(H,G)$ gilt nach 16.6 (1) und (5) für $n \in \mathbb{N}_0$:

$$s_{2n+1}(A+B) \le s_{2n}(A+B) \le s_n(A) + s_n(B).$$

Hieraus folgt $(s_n(A+B))_{n\in\mathbb{N}_0} \in l_p$, d.h. $A + B \in S_p(H,G)$. Nach 16.6(2) ist $\lambda A \in S_p(H,G)$ für jedes $\lambda \in \mathbb{K}$.

(2) und (3) folgen sofort aus 16.6(4) und (6).

(4) Wegen $(s_n(A)^r)_{n\in\mathbb{N}_0} \in l_{p/r}$ und $(s_n(B)^r)_{n\in\mathbb{N}_0} \in l_{q/r}$ folgt aus der Hölder-schen Ungleichung 7.6 mit 16.6(1) und 16.6(7):

$$\sum_{n\in\mathbb{N}_0} s_n(AB)^r \le 2 \sum_{n\in\mathbb{N}_0} s_{2n}(AB)^r \le 2 \sum_{n\in\mathbb{N}_0} s_n(A)^r s_n(B)^r$$

$$\le 2 \Big(\sum_{n\in\mathbb{N}_0} s_n(A)^p \Big)^{r/p} \Big(\sum_{n\in\mathbb{N}_0} s_n(B)^q \Big)^{r/q}. \qquad \square$$

Eine interessante Charakterisierung der Hilbert-Schmidt Operatoren liefert der folgende Satz.

16.8 Satz: *Für jede stetige lineare Abbildung $A : H \longrightarrow G$ sind äquivalent:*

(1) *Es gibt eine Orthonormalbasis $(e_i)_{i\in I}$ von H, so daß $\sum_{i\in I} \|Ae_i\|^2 < \infty$.*

(2) *Für jede Orthonormalbasis $(\xi_j)_{j\in J}$ von H gilt $\sum_{j\in J} \|A\xi_j\|^2 < \infty$.*

(3) *A ist Hilbert-Schmidt Operator.*

Beweis: (1) $\Rightarrow$ (2): Sei $(e_i)_{i\in I}$ wie in (1) und sei $(f_l)_{l\in L}$ eine Orthonormalbasis von G. Dann gilt nach 12.4(3):

$$\sum_{l\in L} \|A^* f_l\|^2 = \sum_{l\in L} \sum_{i\in I} |\langle A^* f_l, e_i\rangle|^2 = \sum_{i\in I} \sum_{l\in L} |\langle f_l, Ae_i\rangle|^2 = \sum_{i\in I} \|Ae_i\|^2 < \infty.$$

Ist $(\xi_j)_{j\in J}$ eine beliebige Orthonormalbasis von H, so folgt analog

$$(4) \qquad \sum_{j\in J} \|A\xi_j\|^2 = \sum_{l\in L} \|A^* f_l\|^2 = \sum_{i\in I} \|Ae_i\|^2 < \infty.$$

(2) $\Rightarrow$ (3): Ist $(e_i)_{i\in I}$ eine Orthonormalbasis von H und M eine endliche Teilmenge von I, so setzen wir $P_M := \sum_{i\in M}\langle\cdot, e_i\rangle e_i$. Nach 12.4(2), 7.6 und 12.2 gilt dann:

$$\|(A - AP_M)x\| = \|A(I - P_M)x\| = \Big\| \sum_{i\in I\setminus M} \langle x, e_i\rangle Ae_i \Big\|$$

$$(5) \qquad \le \Big(\sum_{i\in I\setminus M} \|Ae_i\|^2 \Big)^{1/2} \Big(\sum_{i\in I\setminus M} |\langle x, e_i\rangle|^2 \Big)^{1/2}$$

$$\le \Big(\sum_{i\in I\setminus M} \|Ae_i\|^2 \Big)^{1/2} \|x\|.$$

Wegen $\sum_{i \in I} \|Ae_i\|^2 < \infty$ zeigt dies, daß A in $\overline{F(H,G)}$ ist. Also ist A kompakt und besitzt daher eine Schmidt-Darstellung

$$(6) \qquad A = \sum_{n=0}^{\infty} s_n \langle \cdot, x_n \rangle f_n.$$

Nach 12.6 gibt es eine Orthonormalbasis $(\xi_j)_{j \in J}$ von H, welche das Orthonormalsystem $(x_n)_{n \in \mathbb{N}_0}$ umfaßt. Dann gilt

$$(7) \qquad \sum_{j \in J} \|A\xi_j\|^2 = \sum_{j \in J} \|\sum_{n=0}^{\infty} s_n \langle \xi_j, x_n \rangle f_n\|^2 = \sum_{n=0}^{\infty} s_n^2 \,.$$

Also ist $s_n(A) \in l_2$, und daher $A \in S_2(H,G)$.

(3) $\Rightarrow$ (1): Ist $A \in S_2(H,G)$, so besitzt A eine Schmidt-Darstellung wie in (6). Wie oben folgt dann (1) aus (7). $\qquad \square$

16.9 Corollar: *Ist $A : H \longrightarrow G$ ein Hilbert-Schmidt Operator, so gilt für jede Orthonormalbasis $(e_i)_{i \in I}$ von H:*

$$\nu_2(A)^2 = \sum_{n=0}^{\infty} s_n(A)^2 = \sum_{i \in I} \|Ae_i\|^2 \geq \|A\|^2 \,.$$

Insbesondere ist ν_2 eine Norm auf $S_2(H,G)$.

Beweis: Aus 16.8(4) und (7) erhält man die angegebenen Identitäten. Die Ungleichung folgt mit $M = \emptyset$ aus 16.8(5). Wie man leicht nachprüft, ist $A \longmapsto \left(\sum_{i \in I} \|Ae_i\|^2 \right)^{1/2}$ eine Norm. $\qquad \square$

Seien H und G separabel und $(e_k)_{k \in \mathbb{N}}$ bzw. $(f_j)_{j \in \mathbb{N}}$ Orthonormalbasen in H bzw. G. Ist $A \in L(H,G)$, so gilt nach 12.4

$$Ax = \sum_{k \in \mathbb{N}} \langle x, e_k \rangle Ae_k \quad \text{für alle } x \in H$$

und daher

$$\langle Ax, f_j \rangle = \sum_{k \in \mathbb{N}} \langle x, e_k \rangle \langle Ae_k, f_j \rangle \quad \text{für alle } j \in \mathbb{N}, x \in H.$$

Die Koeffizienten von Ax bezüglich $(f_j)_{j \in \mathbb{N}}$ berechnen sich also aus den Koeffizienten von x bezüglich $(e_k)_{k \in \mathbb{N}}$ mittels der unendlichen Matrix

$$a_{j,k} = \langle Ae_k, f_j \rangle \,, \quad j, k \in \mathbb{N}.$$

Wir nennen $(a_{j,k})_{j,k \in \mathbb{N}}$ die *Matrix der Abbildung A* bezüglich der Orthonormalbasen $(e_k)_{k \in \mathbb{N}}$ und $(f_j)_{j \in \mathbb{N}}$.

Weil für die Matrix von A nach 12.4

$$\sum_{j,k \in \mathbb{N}} |a_{j,k}|^2 = \sum_{j,k \in \mathbb{N}} |\langle Ae_k, f_j \rangle|^2 = \sum_{k \in \mathbb{N}} \|Ae_k\|^2$$

gilt, erhalten wir aus Corollar 16.9:

16.10 Satz: *Sind H und G separabel, so ist $A \in L(H, G)$ genau dann ein Hilbert-Schmidt Operator, wenn die Matrix $(a_{j,k})_{j,k\in\mathbb{N}}$ von A bezüglich beliebiger Orthonormalbasen quadratisch summierbar ist, d.h. wenn $\sum_{j,k\in\mathbb{N}} |a_{j,k}|^2$ konvergiert. Ist dies der Fall, so gilt*

$$\nu_2(A) = \Big(\sum_{j,k\in\mathbb{N}} |a_{j,k}|^2 \Big)^{1/2}.$$

16.11 Corollar: *Eine lineare Abbildung $A : l_2 \to l_2$ ist genau dann ein Hilbert-Schmidt Operator, wenn es eine Matrix $(a_{j,k})_{j,k\in\mathbb{N}}$ gibt mit $\sum_{j,k\in\mathbb{N}} |a_{j,k}|^2 < \infty$, so daß*

$$Ax = \Big(\sum_{k=1}^{\infty} a_{j,k}x_k \Big)_{j\in\mathbb{N}} \quad \text{für alle } x = (x_k)_{k\in\mathbb{N}} \in l_2.$$

Beweis: Hat A die angegebene Form, so ist $A \in L(l_2)$. Denn nach der Cauchy-Schwarzschen Ungleichung gilt:

$$\|Ax\|^2 \le \Big(\sum_{j,k\in\mathbb{N}} |a_{j,k}|^2 \Big)\Big(\sum_{k\in\mathbb{N}} |x_n|^2 \Big) \quad \text{für alle } x \in l_2.$$

Daher folgt die Behauptung aus 16.10.   □

16.12 Satz: *Seien $S \subset \mathbb{R}^n$ und $T \subset \mathbb{R}^m$ offene Mengen und $L_2(S)$ bzw. $L_2(T)$ die zugehörigen L_2-Räume bezüglich des Lebesgue-Maßes. Eine lineare Abbildung $A : L_2(T) \to L_2(S)$ ist genau dann ein Hilbert-Schmidt Operator, wenn ein (quadratisch integrierbarer Kern) $a \in L_2(S \times T)$ existiert, so daß*

$$Ax = \int_T a(\cdot, t)x(t)dt \quad \text{für alle } x \in L_2(T).$$

Ist dies der Fall, so gilt $\nu_2(A) = (\int_{S\times T} |a(s,t)|^2 ds dt)^{1/2}$.

Beweis: Seien $(g_k)_{k\in\mathbb{N}}$ bzw. $(f_j)_{j\in\mathbb{N}}$ Orthonormalbasen in $L_2(T)$ bzw. $L_2(S)$. Dann ist $(h_{j,k})_{j,k\in\mathbb{N}}$, definiert durch

$$h_{j,k}(s,t) = f_j(s)\overline{g_k(t)} \,, \ (s,t) \in S \times T$$

eine Orthonormalbasis in $L_2(S \times T)$. Denn für $f \in L_2(S \times T)$ ist $f(s,\cdot)f_j(s)$ fast überall in $L_2(T)$. Aus $f \perp h_{j,k}$ für alle $j, k \in \mathbb{N}$ folgt daher mit 12.4, daß $f(s,\cdot)f_j(s)$ für alle $j \in \mathbb{N}$ fast überall bezüglich s in $L_2(T)$ verschwindet. Dies impliziert $f = 0$.

Ist nun A ein Hilbert-Schmidt Operator und $(a_{j,k})_{j,k\in\mathbb{N}}$ seine Matrix bezüglich $(g_k)_{k\in\mathbb{N}}$ und $(f_j)_{j\in\mathbb{N}}$, so ist nach 16.10 die folgende Funktion

$$a(s,t) := \sum_{j,k\in\mathbb{N}} a_{j,k}h_{j,k}(s,t) = \sum_{j,k} a_{j,k}f_j(s)\overline{g_k(t)}$$

in $L_2(S \times T)$ und $\|a\|_{L_2(S\times T)} = \sum_{j,k\in\mathbb{N}} |a_{j,k}|^2 = \nu_2(A)$. Für $x \in L_2(T)$ gilt:

$$Ax = \sum_{j,k} a_{j,k}\langle x, g_k\rangle f_j = \int_T \sum_{j,k} a_{j,k} f_j(\cdot)\overline{g_k(t)}x(t)dt = \int_T a(\cdot,t)x(t)dt.$$

Ist umgekehrt A durch einen quadratisch integrierbaren Kern a gegeben, so ist A stetig, da

$$\|Ax\|^2 \le \Big(\int_{S\times T} |a(s,t)|^2 dsdt\Big)\Big(\int_T |x(t)|^2 dt\Big).$$

Für die Matrix $(a_{j,k})_{j,k\in\mathbb{N}}$ von A gilt für alle $j,k \in \mathbb{N}$:

$$a_{j,k} = \langle Ag_k, f_j\rangle = \int_S \Big(\int_T a(s,t)g_k(t)dt\Big)\overline{f_j(s)}ds = \langle a, h_{j,k}\rangle.$$

Aus der Besselschen Ungleichung und 16.10 folgt daher, daß A ein Hilbert-Schmidt Operator ist. □

Wir beschäftigen uns nun mit nuklearen Operatoren.

16.13 Lemma: *Ein Operator $A \in L(H,G)$ ist nuklear genau dann, wenn es Folgen $(x_j)_{j\in\mathbb{N}_0}$ in H und $(y_j)_{j\in\mathbb{N}_0}$ in G gibt, so daß*

$$\sum_{j=0}^{\infty} \|x_j\|\|y_j\| < \infty \quad\text{und}\quad A = \sum_{j=0}^{\infty}\langle\cdot, x_j\rangle y_j\,.$$

Beweis: Ist A nuklear, so ist $(s_n(A))_{n\in\mathbb{N}_0}$ in l_1. Daher hat jede Schmidt-Darstellung von A die angegebenen Eigenschaften.

Hat andererseits A die angegebene Darstellung, so gilt für jedes $m \in \mathbb{N}$

$$\Big\|A - \sum_{j=0}^{m}\langle\cdot, x_j\rangle y_j\Big\| \le \sum_{j=m+1}^{\infty} \|x_j\|\|y_j\|.$$

Also ist A in $\overline{F(H,G)} \subset K(H,G)$ und besitzt daher nach 16.3 eine Schmidt-Darstellung

$$A = \sum_{n=0}^{\infty} s_n(A)\langle\cdot, e_n\rangle f_n.$$

Für jedes $n \in \mathbb{N}_0$ gilt dann nach 7.6 und 12.3

(1)
$$\sum_{j=0}^{n} s_j(A) = \sum_{j=0}^{n}\langle Ae_j, f_j\rangle = \sum_{j=0}^{n}\Big|\sum_{k=0}^{\infty}\langle e_j, x_k\rangle\langle y_k, f_j\rangle\Big|$$
$$\le \sum_{k=0}^{\infty}\Big(\sum_{j=0}^{n} |\langle e_j, x_k\rangle|^2\Big)^{1/2}\Big(\sum_{j=0}^{n} |\langle y_k, f_j\rangle|^2\Big)^{1/2} \le \sum_{k=0}^{\infty} \|x_k\|\|y_k\|.$$

Dies impliziert $(s_n(A))_{n\in\mathbb{N}_0} \in l_1$. □

Definition: Eine *nukleare Darstellung* $A = \sum_{j=0}^{\infty} \langle \cdot, x_j \rangle y_j$ eines Operators A in $L(H,G)$ ist eine Darstellung, welche die in 16.13 genannten Eigenschaften hat.

16.14 Lemma: *Für jedes $A \in S_1(H,G)$ gilt*

$$\nu_1(A) = \inf \left\{ \sum_{j=0}^{\infty} \|x_j\|\,\|y_j\| : \sum_{j=0}^{\infty} \langle \cdot, x_j \rangle y_j \text{ ist eine nukleare Darstellung von } A \right\}$$

Beweis: Wie 16.13(1) zeigt, ist $\nu_1(A)$ höchstens so groß wie das Infimum. Um einzusehen, daß $\nu_1(A)$ mindestens so groß ist, sei $A = \sum_{n \in \mathbb{N}_0} s_n \langle \cdot, e_n \rangle f_n$ eine Schmidt-Darstellung. Wegen $A \in S_1(H,G)$ ist diese eine nukleare Darstellung, und es gilt

$$\sum_{n=0}^{\infty} \|e_n\|\,\|s_n(A)f_n\| = \sum_{n=0}^{\infty} s_n(A) = \nu_1(A) \; . \qquad \square$$

16.15 Corollar: ν_1 *ist eine Norm auf $S_1(H,G)$.*

Beweis: Die Eigenschaften (N1) und (N3) einer Norm gelten nach 16.6(1),(2). Die Dreiecksungleichung folgt leicht aus 16.14. $\qquad \square$

Der folgende Satz rechtfertigt die Bezeichnung "Spurklasse" für $S_1(H)$.

16.16 Satz: *Für jedes $A \in S_1(H)$ gelten:*

(1) *Für jede Orthonormalbasis $(e_i)_{i \in I}$ in H ist $(\langle Ae_i, e_i \rangle)_{i \in I}$ summierbar.*

(2) *Für jede nukleare Darstellung $A = \sum_{j=0}^{\infty} \langle \cdot, x_j \rangle y_j$ und jede Orthonormalbasis $(e_i)_{i \in I}$ in H gilt*

$$\sum_{j=0}^{\infty} \langle y_j, x_j \rangle = \sum_{i \in I} \langle Ae_i, e_i \rangle.$$

Beweis: Seien $A = \sum_{j=0}^{\infty} \langle \cdot, x_j \rangle y_j$ eine beliebige nukleare Darstellung von A und $(e_i)_{i \in I}$ eine beliebige Orthonormalbasis von H. Dann gilt für jede endliche Teilmenge J von I nach 7.6 und 12.2

$$\sum_{i \in J} |\langle Ae_i, e_i \rangle| = \sum_{i \in J} | \sum_{k \in \mathbb{N}_0} \langle e_i, x_k \rangle \langle y_k, e_i \rangle |$$

$$\leq \sum_{k \in \mathbb{N}_0} \sum_{i \in J} |\langle e_i, x_k \rangle \langle e_i, y_k \rangle| \leq \sum_{k \in \mathbb{N}_0} \|x_k\|\,\|y_k\|.$$

Daher ist $(\langle Ae_i, e_i \rangle)_{i \in I}$ summierbar, d.h. es gilt (1). Aus der Parsevalschen Gleichung und dem Umordnungssatz erhält man ferner

$$\sum_{i \in I} \langle Ae_i, e_i \rangle = \sum_{i \in I} \sum_{j \in \mathbb{N}_0} \langle e_i, x_j \rangle \langle y_j, e_i \rangle$$

$$= \sum_{j \in \mathbb{N}_0} \sum_{i \in I} \langle y_j, e_i \rangle \langle e_i, x_j \rangle = \sum_{j \in \mathbb{N}_0} \langle y_j, x_j \rangle. \qquad \square$$

Um nachzuweisen, daß für komplexe Hilberträume H die Eigenschaft 16.16(1) zu $A \in S_1(H)$ äquivalent ist, beweisen wir :

16.17 Lemma: *Für jeden selbstadjungierten Operator $A \in L(H)$ sind äquivalent:*

(1) *A ist kompakt.*

(2) *Für jedes abzählbare Orthonormalsystem $(e_j)_{j \in \mathbb{N}}$ in H gilt*

$$\lim_{j \to \infty} \langle Ae_j , e_j \rangle = 0.$$

(3) *Zu jedem $\varepsilon > 0$ gibt es eine orthogonale Projektion P in H mit endlich codimensionalem Bild, so daß $\|PAP\| \leq \varepsilon$.*

Beweis: (1) $\Rightarrow$ (2): Für $U := \{x \in H : \|x\| \leq 1\}$ ist $\overline{A(U)}$ nach (1) kompakt. Ist $(e_j)_{j \in \mathbb{N}}$ ein Orthonormalsystem in H, so ist $\{\widetilde{e}_j : j \in \mathbb{N}\}$, $\widetilde{e}_j : x \longmapsto \langle x, e_j \rangle$, in $C(\overline{A(U)})$ und erfüllt die Voraussetzungen des Satzes von Arzelà-Ascoli 4.12. Da $(\widetilde{e}_j)_{j \in \mathbb{N}}$ nach 12.3 punktweise gegen Null konvergiert, ist daher $(\widetilde{e}_j)_{j \in \mathbb{N}}$ eine Nullfolge in $C(\overline{A(U)})$. Folglich gilt $\lim_{j \to \infty} \langle Ae_j, e_j \rangle = \lim_{j \to \infty} \widetilde{e}_j(Ae_j) = 0$.

(2) $\Rightarrow$ (3): Wenn (3) nicht gilt, so existiert $\varepsilon_0 > 0$, so daß für jede orthogonale Projektion P in H mit codim $R(P) < \infty$ gilt $\|PAP\| > \varepsilon_0$. Hieraus erhält man rekursiv ein Orthonormalsystem $(e_j)_{j \in \mathbb{N}}$ in H mit $|\langle Ae_j, e_j \rangle| > \varepsilon_0$ für alle $j \in \mathbb{N}$ auf folgende Weise: Wegen $\|A\| > \varepsilon_0$ gibt es nach 11.13 ein $e_1 \in H$ mit $\|e_1\| = 1$ und $|\langle Ae_1, e_1 \rangle| > \varepsilon_0$. Hat man bereits ein Orthonormalsystem $\{e_1, \ldots, e_n\}$ in H mit $|\langle Ae_j, e_j \rangle| > \varepsilon_0$ für $1 \leq j \leq n$ gefunden, so bezeichne man mit P die orthogonale Projektion von H auf $(\text{span}\{e_1, \ldots, e_n\})^\perp$. Dann ist codim $R(P) < \infty$. Daher gilt $\|PAP\| > \varepsilon_0$. Nach 11.14 ist PAP selbstadjungiert und bildet $R(P)$ in sich ab. Daher gibt es nach 11.13 ein $e_{n+1} \in R(P)$ mit $\|e_{n+1}\| = 1$, so daß

$$|\langle Ae_{n+1}, e_{n+1} \rangle| = |\langle APe_{n+1}, Pe_{n+1} \rangle| = |\langle PAPe_{n+1}, e_{n+1} \rangle| > \varepsilon_0.$$

Dann ist $\{e_1, \ldots, e_{n+1}\}$ ein Orthonormalsystem in H mit $|\langle Ae_j, e_j \rangle| > \varepsilon_0$ für $1 \leq j \leq n+1$.

(3) $\Rightarrow$ (1): Ist $\varepsilon > 0$ gegeben, so wähle man P gemäß (3). Dann ist $Q := I - P$ in $F(H)$, und es gilt

$$A = (P+Q)A(P+Q) = PA(P+Q) + QA(P+Q) = PAP + PAQ + QA(P+Q).$$

Nach Wahl von P ist daher

$$\|A - (PAQ + QA(P+Q))\| = \|PAP\| \leq \varepsilon.$$

Da $PAQ + QA(P+Q)$ in $F(H)$ ist, gilt $A \in \overline{F(H)} = K(H)$.   □

Wir zeigen jetzt, dass in einem komplexen Hilbertraum die Aussage (1) aus Satz 16.16 auch hinreichend für die Nuklearität des Operators ist, diese also charakterisiert.

16.18 Satz: *Ist H ein komplexer Hilbertraum, so sind für $A \in L(H)$ äquivalent:*

(1) *Für jede Orthonormalbasis $(e_i)_{i \in I}$ in H ist $((\langle Ae_i, e_i \rangle))_{i \in I}$ summierbar.*

(2) *A ist nuklear.*

Beweis: Nach 16.16 ist nur zu zeigen, daß (2) aus (1) folgt. Hat $A \in L(H)$ die Eigenschaft (1), so auch A^*. Daher haben auch die selbstadjungierten Operatoren $S := \frac{1}{2}(A + A^*)$ und $T := \frac{1}{2i}(A - A^*)$ diese Eigenschaft. Für jedes Orthonormalsystem $(e_j)_{j \in \mathbb{N}}$ in H erhält man daher aus 12.6, daß $((\langle Se_j, e_j \rangle))_{j \in \mathbb{N}}$ summierbar ist. Dies impliziert $\lim_{j \to \infty} \langle Se_j, e_j \rangle = 0$. Also ist S nach 16.17 kompakt. Daher gibt es nach 16.2 ein Orthonormalsystem $(x_n)_{n \in \mathbb{N}_0}$ in H, so daß

$$(*) \qquad S = \sum_{n=0}^{\infty} \lambda_n(S) \langle \cdot, x_n \rangle x_n \, .$$

Da S die Eigenschaft (1) hat, gilt

$$\sum_{n \in \mathbb{N}_0} |\lambda_n(S)| = \sum_{n \in \mathbb{N}_0} |\langle Sx_n, x_n \rangle| < \infty \, .$$

Aus $(*)$ und 16.13 folgt daher $S \in S_1(H)$. Analog zeigt man $T \in S_1(H)$. Nach 16.7(1) ist daher $A = S + iT$ nuklear. $\qquad \square$

Das folgende Beispiel zeigt, daß Lemma 16.17 und Satz 16.18 für reelle Hilberträume nicht gelten.

16.19 Beispiel: Definiert man $A : l_2 \longrightarrow l_2$ durch

$$A(x_j)_{j \in \mathbb{N}} := (-x_2, x_1, -x_4, x_3, -x_6, x_5, ...) \, ,$$

so ist $A \in L(l_2)$, und es gelten $A^2 = -I$ und $A^* = -A$. Daher ist A nicht kompakt. Ist $\mathbb{K} = \mathbb{R}$, so gilt für jedes $x \in l_2$:

$$\langle Ax, x \rangle = \langle x, A^*x \rangle = -\langle x, Ax \rangle = -\langle Ax, x \rangle, \text{ also } \langle Ax, x \rangle = 0 \, .$$

Wir wollen nun Satz 16.16 dazu benutzen, um für Operatoren der Spurklasse eine Spur zu definieren. Dazu bemerken wir, daß für $A \in S_1(H)$ und Orthonormalbasen $(e_i)_{i \in I}$ und $(f_j)_{j \in J}$ von H aus 16.16(2) folgt

$$\sum_{i \in I} \langle Ae_i, e_i \rangle = \sum_{j \in J} \langle Af_j, f_j \rangle \, .$$

Daher ist die folgende Definition sinnvoll :

Definition: Für $A \in S_1(H)$ definiert man die *Spur von A* durch

$$\text{Spur}(A) := \sum_{i \in I} \langle Ae_i, e_i \rangle \,,$$

wobei $(e_i)_{i \in I}$ eine Orthonormalbasis von H ist.

16.20 Lemma: Spur : $(S_1(H), \nu_1) \longrightarrow \mathbb{K}$ *ist eine stetige Linearform mit folgenden Eigenschaften:*

(1) $\text{Spur}(A^*) = \overline{\text{Spur}(A)}$ *für alle* $A \in S_1(H)$.

(2) *Sind* $A \in K(H)$ *und* $B \in L(H)$ *mit* $AB, BA \in S_1(H)$ *und ist* $A = \sum_{n=0}^{\infty} s_n \langle \cdot, e_n \rangle f_n$ *eine Schmidt-Darstellung von A, so gilt*

$$\text{Spur}(AB) = \text{Spur}(BA) = \sum_{n \in \mathbb{N}_0} s_n \langle Bf_n, e_n \rangle \,.$$

Beweis: Die Linearität der Spur folgt unmittelbar. Ist $\sum_{n=0}^{\infty} s_n \langle \cdot, e_n \rangle f_n$ eine Schmidt-Darstellung für $A \in S_1(H)$, so gilt nach 16.16(2):

$$|\text{Spur}(A)| = | \sum_{n \in \mathbb{N}_0} s_n \langle f_n, e_n \rangle | \le \sum_{n \in \mathbb{N}_0} s_n = \nu_1(A) \,.$$

Also ist Spur eine stetige Linearform auf $S_1(H)$.

(1) Nach 16.7(2) ist mit A auch A^* in $S_1(H)$. Daher gilt

$$\text{Spur}(A^*) = \sum_{i \in I} \langle A^* e_i, e_i \rangle = \sum_{i \in I} \langle e_i, Ae_i \rangle = \overline{\text{Spur}(A)} \,.$$

(2) Aus $BA = \sum_{n=0}^{\infty} s_n \langle \cdot, e_n \rangle Bf_n$ und $(AB)^* = B^* A^* = \sum_{n=0}^{\infty} s_n \langle \cdot, f_n \rangle B^* e_n$ erhält man mit (1):

$$\text{Spur}(BA) = \sum_{n \in \mathbb{N}_0} s_n \langle Bf_n, e_n \rangle = \overline{\sum_{n \in \mathbb{N}_0} s_n \langle B^* e_n, f_n \rangle}$$

$$= \overline{\text{Spur}((AB)^*)} = \text{Spur}(AB) \,. \qquad \square$$

16.21 Lemma: (1) *Für* $A \in S_2(G, H)$ *und* $B \in S_2(F, G)$ *ist* $A \circ B \in S_1(F, H)$, *und es gilt* $\nu_1(A \circ B) \le \nu_2(A)\nu_2(B)$.
(2) *Zu jedem* $T \in S_1(F, H)$ *gibt es ein* $A \in S_2(F, H)$ *und ein* $B \in S_2(F)$, *so daß* $T = A \circ B$ *gilt.*

Beweis: (1) Sei $\sum_{n=0}^{\infty} s_n \langle \cdot, e_n \rangle f_n$ eine Schmidt-Darstellung von B. Dann gilt

$$A \circ B = \sum_{n=0}^{\infty} s_n \langle \cdot, e_n \rangle Af_n \,.$$

Dies ist eine nukleare Darstellung von $A \circ B$, da nach 7.6 gilt

$$\sum_{n=0}^{\infty} \|s_n e_n\| \|A f_n\| \le \Big(\sum_{n=0}^{\infty} s_n^2 \Big)^{1/2} \Big(\sum_{n=0}^{\infty} \|A f_n\|^2 \Big)^{1/2} \le \nu_2(A)\nu_2(B) \,.$$

Nach 16.14 folgt hieraus $\nu_1(A \circ B) \le \nu_2(A)\nu_2(B)$.

(2) Ist $T = \sum_{n=0}^{\infty} t_n \langle \cdot, e_n \rangle f_n$ eine Schmidt-Darstellung von T, so ist $(t_n)_{n \in \mathbb{N}_0}$ in l_1. Daher ist $A := \sum_{n=0}^{\infty} \sqrt{t_n} \langle \cdot, e_n \rangle f_n$ in $S_2(F, H)$, $B := \sum_{n=0}^{\infty} \sqrt{t_n} \langle \cdot, e_n \rangle e_n$ in $S_2(F)$, und es gilt $T = A \circ B$. $\qquad\square$

16.22 Satz: $(S_2(H, G), \nu_2)$ *ist ein Hilbertraum unter dem Skalarprodukt*

$$\langle A, B \rangle := \mathrm{Spur}(B^* A) \quad , \quad A, B \in S_2(H, G) \,.$$

Beweis: Nach 16.7(2) und 16.21 ist $B^* A \in S_1(H)$ für alle $A, B \in S_2(H, G)$. Nach 16.20 wird daher für jedes $B \in S_2(H, G)$ durch $A \longmapsto \mathrm{Spur}(B^* A)$ eine Linearform auf $S_2(H, G)$ definiert. Nach 16.20(1) und 11.11(1) gilt

$$\langle A, B \rangle = \mathrm{Spur}(B^* A) = \mathrm{Spur}((A^* B)^*) = \overline{\mathrm{Spur}(A^* B)} = \overline{\langle B, A \rangle} \,.$$

Außerdem gilt nach 16.9 für jedes $A \in S_2(H, G)$

$$\langle A, A \rangle = \mathrm{Spur}(A^* A) = \sum_{i \in I} \langle A^* A e_i, e_i \rangle = \sum_{i \in I} \|A e_i\|^2 = \nu_2(A)^2 \,,$$

wenn $(e_i)_{i \in I}$ eine Orthonormalbasis von H ist. Also ist $\langle \cdot, \cdot \rangle$ ein Skalarprodukt auf $S_2(H, G)$, welches die Norm ν_2 induziert.

Um die Vollständigkeit von $(S_2(H, G), \nu_2)$ zu zeigen, sei $(A_n)_{n \in \mathbb{N}}$ eine Cauchy-Folge in $S_2(H, G)$. Nach 16.9 und 5.6 existiert $A = \lim_{n \to \infty} A_n$ in $L(H, G)$. Ist $\varepsilon > 0$ gegeben, so gibt es ein $N \in \mathbb{N}$ mit $\nu_2(A_n - A_m) \le \varepsilon$ für alle $n, m \ge N$. Für $(e_i)_{i \in I}$ wie oben und jede endliche Teilmenge J von I gilt dann nach 16.9

$$\sum_{i \in J} \|(A - A_m) e_i\|^2 = \lim_{n \to \infty} \sum_{i \in J} \|(A_n - A_m) e_i\|^2 \le \sup_{n \ge N} \nu_2(A_n - A_m)^2 \le \varepsilon^2 \,.$$

Hieraus folgt

$$\sum_{i \in I} \|(A - A_m) e_i\|^2 \le \varepsilon^2 \quad \text{für alle } m \ge N \,.$$

Nach 16.8 ist daher $A - A_m$ in $S_2(H, G)$, also auch $A = A_m + (A - A_m)$. Außerdem folgt $\lim_{m \to \infty} \nu_2(A - A_m) = 0$. $\qquad\square$

Um 16.22 zur Bestimmung von $K(H, G)'$ zu benutzen, bemerken wir :

16.23 Lemma: *Für jedes $B \in S_1(G, H)$ und jedes $A \in L(H, G)$ gilt*

$$|\mathrm{Spur}(BA)| \le \nu_1(B) \|A\| \,.$$

Beweis: Ist $B = \sum_{j=1}^{\infty} \langle \cdot, x_j \rangle y_j$ eine nukleare Darstellung für $B \in S_1(G,H)$, so ist $BA = \sum_{j=1}^{\infty} \langle \cdot, A^* x_j \rangle y_j$ eine nukleare Darstellung von $BA \in S_1(H)$. Daher gilt nach 16.16(2)

$$|\operatorname{Spur}(BA)| = |\sum_{j=1}^{\infty} \langle y_j, A^* x_j \rangle| = |\sum_{j=1}^{\infty} \langle Ay_j, x_j \rangle| \leq \|A\| \sum_{j=1}^{\infty} \|x_j\| \|y_j\| \, .$$

Da dies für jede nukleare Darstellung von B gilt, folgt die Behauptung aus 16.14.$\square$

16.24 Satz: $K(H,G)'$ *ist isometrisch isomorph zu* $S_1(G,H)$ *vermöge der Abbildung* $\varphi : S_1(G,H) \longrightarrow K(H,G)'$, $\varphi : B \longmapsto \varphi_B$, *wobei*

$$\varphi_B(A) := \operatorname{Spur}(BA) \quad \text{für alle } A \in K(H,G) \, .$$

Beweis: Nach 16.23 ist $\varphi_B \in K(H,G)'$ für jedes $B \in S_1(G,H)$, und es gilt $\|\varphi_B\| \leq \nu_1(B)$.

Ist andererseits $\psi \in K(H,G)'$, so ist $\psi \mid_{S_2(H,G)}$ nach 16.9 in $S_2(H,G)'$. Daher gibt es nach 16.22 und 16.7(2) ein $B \in S_2(G,H)$ mit

$$(*) \qquad \psi(A) = \operatorname{Spur}(BA) \quad \text{für alle } A \in S_2(H,G) \, .$$

Sei nun $B = \sum_{n=0}^{\infty} s_n \langle \cdot, e_n \rangle f_n$ eine Schmidt-Darstellung von B. Für $m \in \mathbb{N}_0$ ist

$$A_m := \sum_{n=0}^{m} \langle \cdot, f_n \rangle e_n \in F(H,G) \, ,$$

und es gilt $\|A_m\| = 1$. Aus $(*)$ und 16.16(2) folgt daher

$$\|\psi\| \geq |\psi(A_m)| = |\operatorname{Spur}(BA_m)| = \sum_{n=0}^{m} s_n$$

für jedes $m \in \mathbb{N}$. Dies impliziert $\nu_1(B) = \sum_{n=0}^{\infty} s_n \leq \|\psi\|$. Also ist $B \in S_1(G,H)$. Da $F(H,G)$ nach 16.4 in $K(H,G)$ dicht ist, folgt aus $(*)$ und dem oben Gezeigten, daß $\psi = \varphi_B$ gilt. Dies impliziert

$$\|\psi\| = \|\varphi_B\| \leq \nu_1(B) \leq \|\psi\| \, .$$

Also ist φ eine Isometrie. Die Linearität von φ folgt aus 16.20. $\qquad \square$

Aus 5.6 und 16.24 folgt unmittelbar:

16.25 Corollar: $(S_1(H,G), \nu_1)$ *ist ein Banachraum.*

16.26 Satz: $S_1(G,H)'$ *ist isometrisch isomorph zu* $L(H,G)$ *vermöge der Abbildung* $\psi : L(H,G) \longrightarrow S_1(G,H)'$, $\psi : A \longmapsto \psi_A$, *wobei*

$$\psi_A(B) := \operatorname{Spur}(BA) \quad \text{für alle } B \in S_1(G,H) \, .$$

Beweis: Nach 16.23 ist $\psi_A \in S_1(G, H)'$ für jedes $A \in L(H, G)$, und es gilt $\|\psi_A\| \leq \|A\|$.

Ist andererseits $\chi \in S_1(G, H)'$, so definieren wir

$$b : H \times G \longrightarrow \mathbb{K} \quad , \quad b(h, g) := \chi((\langle \cdot, g \rangle h)) .$$

Dann ist b eine Sesquilinearform, für welche nach 16.14 gilt:

$$|b(h, g)| \leq \|\chi\| \nu_1((\langle \cdot, g \rangle h)) \leq \|\chi\| \|h\| \|g\| .$$

Daher gibt es nach 11.15 ein $A \in L(H, G)$ mit $\|A\| \leq \|\chi\|$, so daß

$$\chi((\langle \cdot, g \rangle h)) = b(h, g) = \langle Ah, g \rangle \quad \text{für alle } (h, g) \in H \times G .$$

Ist $B \in F(G, H)$, so kann man B darstellen als $B = \sum_{j=1}^n \langle \cdot, g_j \rangle h_j$. Dann gilt $BA = \sum_{j=1}^n \langle \cdot, A^* g_j \rangle h_j$. Aus 16.16(2) folgt daher

$$\chi(B) = \sum_{j=1}^n \chi((\langle \cdot, g_j \rangle h_j)) = \sum_{j=1}^n \langle Ah_j, g_j \rangle = \sum_{j=1}^n \langle h_j, A^* g_j \rangle = \text{Spur}(BA) = \psi_A(B) .$$

Da $F(G, H)$ nach 16.13 in $S_1(G, H)$ dicht liegt, folgt hieraus $\chi = \psi_A$. Dies impliziert

$$\|\chi\| = \|\psi_A\| \leq \|A\| \leq \|\chi\| .$$

Also ist ψ eine Isometrie. Die Linearität von ψ folgt aus 16.20. $\square$

16.27 Corollar: *Sind H und G unendlichdimensionale Hilberträume, so sind die Banachräume $K(H, G)$, $S_1(H, G)$ und $L(H, G)$ nicht reflexiv.*

Satz 16.2 verallgemeinert offensichtlich die aus der linearen Algebra bekannte Tatsache, daß man jede hermitesche Matrix durch eine orthogonale Transformation diagonalisieren kann. Wir wollen nun Lemma 15.11 dazu benutzen, um für beliebige kompakte Operatoren in Hilberträumen ein Analogon zur Jordanschen Normalform herzuleiten.

16.28 Lemma: *Seien $A \in L(H)$ kompakt, $(\lambda_j(A))_{j \in \mathbb{N}_0}$ eine Eigenwertfolge von A und $N = \{j \in \mathbb{N}_0 : \lambda_j(A) \neq 0\}$. Dann gibt es eine orthogonale Zerlegung $H = H_0 \oplus H_1$ von H und eine Orthonormalbasis $(e_j)_{j \in N}$ von H_0, so daß für die orthogonale Projektion P_j von H auf H_j und $A_{j,k} := P_j A P_k, j, k = 0, 1$, gilt:*

(1) *$A_{1,0} = 0$, d.h. $AH_0 \subset H_0$.*

(2) *$A_{0,0}|_{H_0} = A|_{H_0} \in L(H_0)$ hat bezüglich $(e_j)_{j \in N}$ eine Matrix von oberer Dreiecksgestalt mit $\langle Ae_j, e_j \rangle = \lambda_j(A)$ für alle $j \in N$.*

(3) *$\sigma(A_{1,1}) = \{0\}$.*

Beweis: Nach Definition einer Eigenwertfolge gibt es eine Teilmenge M von N, so daß $(\lambda_j(A))_{j \in M}$ die Elemente von $\sigma(A) \setminus \{0\}$ abzählt. Im weiteren schreiben wir λ_j statt $\lambda_j(A)$. Für $j \in M$ sei N_j der Hauptraum zum Eigenwert λ_j. Wir setzen

$$H_0 := \overline{\mathrm{span}\{N_j : j \in M\}} \,, \quad H_1 := H_0^{\perp} \,.$$

Nach Lemma 15.11 gilt $AN_j \subset N_j$ für alle $j \in M$ und daher $AH_0 \subset H_0$. Dies beweist (1).

Da N_j nach 15.11(3) endlichdimensional ist, und $AN_j \subset N_j$ für jedes $j \in M$ gilt, können wir nach dem Satz über die Jordansche Normalform eine Basis $\{x_{j,1}, ..., x_{j,d(j)}\}$ von N_j wählen, so daß die Matrix von $A|_{N_j}$ bezüglich dieser Basis obere Dreiecksgestalt hat. Die Diagonalelemente dieser Matrix sind alle gleich λ_j. Indem wir die Folge $x_{1,1}, ..., x_{1,d(1)}, x_{2,1}, ..., x_{2,d(2)}, ...$ nach Gram-Schmidt orthonormalisieren, erhalten wir eine Orthonormalbasis $(e_j)_{j \in N}$ von H_0, für welche (2) gilt.

Nach 15.11 gibt es zu jedem $j \in M$ ein $n(j) \in \mathbb{N}$ mit $N_j = N((\lambda_j I - A)^{n(j)})$. Da mit A auch A^* kompakt ist, folgt aus 15.8 und 11.12:

$$R_j^* := R((\overline{\lambda}_j I - A^*)^{n(j)}) = N((\lambda_j I - A)^{n(j)})^{\perp} = N_j^{\perp}$$

für alle $j \in M$ und daher

$$H_1 = H_0^{\perp} = \bigcap_{j \in M} N_j^{\perp} = \bigcap_{j \in M} R_j^*.$$

Also gilt $A^* H_1 \subset H_1$ und damit $P_1 A^* P_1|_{H_1} = A^*|_{H_1}$. Wir bemerken nun, daß aus der Fredholmschen Alternative mit 15.8 und 11.12 folgt:

$$\overline{\sigma(A)} = \{0\} \cup \{\overline{\lambda} \in \mathbb{C} \setminus \{0\} : H \neq N(\lambda I - A)^{\perp} = R(\overline{\lambda}I - A^*)\} = \sigma(A^*).$$

Weil $\overline{\lambda}_j I - A^*$ nach 15.11 auf R_j^* injektiv ist für jedes $j \in M$, impliziert dies, daß $\lambda I - A^*$ für alle $\lambda \in \mathbb{C} \setminus \{0\}$ auf H_1 injektiv ist. Aus der Fredholmschen Alternative folgt daher $\sigma(A^*|_{H_1}) = \{0\}$ und damit (3), da

$$\sigma(A_{1,1}) = \sigma(P_1 A P_1) = \overline{\sigma(P_1 A^* P_1)} = \overline{\sigma(A^*|_{H_1})} = \{0\}. \qquad \square$$

Bezeichnung: Unter den Voraussetzungen von 16.28 nennt man $H = H_0 \oplus H_1$ die *Schur-Zerlegung* von H und $(e_j)_{j \in N}$ eine *Schur-Basis* zu der Eigenwertfolge $(\lambda_j(A))_{j \in \mathbb{N}_0}$ des kompakten Operators A. Der Operator $A_{1,1}$ heißt der *Volterra-Anteil* von A.

Wir verwenden nun Lemma 16.28, um für kompakte Operatoren A eine interessante Beziehung zwischen den Folgen $(\lambda_j(A))_{j \in \mathbb{N}_0}$ und $(s_j(A))_{j \in \mathbb{N}_0}$ herzuleiten.

16.29 Weylsche Ungleichungen: *Für jedes $A \in K(H)$ gilt:*

$$\prod_{j=0}^{n} |\lambda_j(A)| \leq \prod_{j=0}^{n} s_j(A) \text{ für alle } n \in \mathbb{N}_0.$$

Beweis: Wir verwenden die Schur-Zerlegung und eine Schur-Basis $(e_j)_{j \in N}$ zu gegebener Eigenwertfolge $(\lambda_j(A))_{j \in \mathbb{N}_0}$ und setzen für $n \in N$

$$P_n x = \sum_{k=0}^{n} \langle x, e_k \rangle e_k.$$

Dann ist P_n die orthogonale Projektion von H auf $E_n := \mathrm{span}\{e_j : 0 \le j \le n\}$. Weil die Matrix von $A|_{H_0}$ bezüglich $(e_j)_{j \in \mathbb{N}}$ obere Dreiecksgestalt hat, gilt $a_{j,k} = \langle Ae_k, e_j \rangle = 0$ für $j > k$ und daher $AE_n \subset E_n$. Für $A_n := A|_{E_n}$ gilt nach 16.6(6):

$$s_j(A_n) = s_j(P_n A P_n) \le s_j(A) \text{ für } 0 \le j \le n.$$

Aus 16.28(2) und der Definition der singulären Zahlen erhalten wir daher:

$$\prod_{j=0}^{n} |\lambda_j(A)| = \prod_{j=0}^{n} |a_{j,j}| = |\det A_n| = (\det A_n^* A_n)^{1/2}$$
$$= (\prod_{j=0}^{n} s_j(A_n)^2)^{1/2} \le \prod_{j=0}^{n} s_j(A)$$

für alle $n \in N$. Ist N endlich, so gilt dies für die übrigen $n \in \mathbb{N}_0$ trivialerweise. □

Um aus den Weylschen Ungleichungen 16.29 weitere Ungleichungen zwischen $(\lambda_j(A))_{j \in \mathbb{N}_0}$ und $(s_j(A))_{j \in \mathbb{N}_0}$ herzuleiten, beweisen wir den folgenden Hilfssatz.

16.30 Lemma: *Für $(x_j)_{j=0}^{m} = x$ und $(y_j)_{j=0}^{m} = y$ in $\mathbb{R}_+^{m+1}$ gelte $x_0 \ge \dots \ge x_m, y_0 \ge \dots \ge y_m$ und $\sum_{j=0}^{n} x_j \le \sum_{j=0}^{n} y_j$ für $0 \le n \le m$. Ferner sei $\varphi : \mathbb{R} \to \mathbb{R}$ eine konvexe Funktion mit $\varphi(t) \le \varphi(|t|)$ für alle $t \in \mathbb{R}$. Dann gilt*

$$\sum_{j=0}^{m} \varphi(x_j) \le \sum_{j=0}^{m} \varphi(y_j).$$

Beweis: Sei B die konvexe Hülle der folgenden Teilmenge des $\mathbb{R}^{m+1}$:

$$\{(\varepsilon_j y_{\pi(j)})_{j=0}^{m} : \varepsilon_j = \pm 1 \text{ für } 0 \le j \le m, \ \pi \text{ eine Permutation von } \{0, \dots, m\}\}.$$

Nimmt man an, daß $x = (x_j)_{j=0}^{m}$ nicht in B liegt, so folgt aus 6.3 (ähnlich wie im Beweis von 6.8), daß es eine Linearform z auf $\mathbb{R}^{m+1}$ gibt mit $z(x) > 1$ und $z(\xi) \le 1$ für alle $\xi \in B$. Weil B unter Vorzeichenwechsel und Vertauschung von Koordinaten invariant ist, kann man annehmen, daß es $z_0 \ge \dots \ge z_m \ge 0$ gibt, so daß

$$z(\xi) = \sum_{j=0}^{m} z_j \xi_j \quad \text{für alle } \xi \in \mathbb{R}^{m+1}.$$

Nun erhält man aus der Voraussetzung den folgenden Widerspruch:

$$1 < z(x) = \sum_{j=0}^{m} z_j x_j = \sum_{k=0}^{m-1} (z_k - z_{k+1}) \sum_{j=0}^{k} x_j + z_m \sum_{j=0}^{m} x_j$$

$$\leq \sum_{k=0}^{m-1} (z_k - z_{k+1}) \sum_{j=0}^{k} y_j + z_m \sum_{j=0}^{m} y_j = \sum_{j=0}^{m} z_j y_j = z(y) \leq 1.$$

Daher gilt $x \in B$, d. h. es gibt $M \in \mathbb{N}, \lambda \in [0,1]^M$ mit $\sum_{\mu=1}^{M} \lambda_\mu = 1$ und $\xi^{(\mu)} \in B$, $\xi^{(\mu)} = (\varepsilon_j^{(\mu)} y_{\pi_\mu(j)})_{j=0}^{m}, 1 \leq \mu \leq M$, so daß $x = \sum_{\mu=1}^{M} \lambda_\mu \xi^{(\mu)}$. Aufgrund der Eigenschaften von φ folgt nun:

$$\sum_{j=0}^{m} \varphi(x_j) = \sum_{j=0}^{m} \varphi\Big(\sum_{\mu=1}^{M} \lambda_\mu \varepsilon_j^{(\mu)} y_{\pi_\mu(j)}\Big) \leq \sum_{j=0}^{m} \sum_{\mu=1}^{M} \lambda_\mu \varphi(\varepsilon_j^{(\mu)} y_{\pi_\mu(j)})$$

$$\leq \sum_{\mu=1}^{M} \lambda_\mu \sum_{j=0}^{m} \varphi(y_{\pi_\mu(j)}) = \sum_{\mu=1}^{M} \lambda_\mu \sum_{j=0}^{m} \varphi(y_j) = \sum_{j=0}^{m} \varphi(y_j). \qquad \square$$

16.31 Satz: *Für jedes* $A \in K(H)$ *und jedes* $p \in]0, \infty[$ *gilt:*

$$\sum_{j=0}^{n} |\lambda_j(A)|^p \leq \sum_{j=0}^{n} s_j(A)^p \quad \textit{für alle } n \in \mathbb{N}_0.$$

Beweis: Ist $\lambda_n(A) \neq 0$, so ist nach 16.29 auch $s_n(A) \neq 0$. Daher kann man o. B. d. A. $|\lambda_n(A)| \geq 1$ und $s_n(A) \geq 1$ annehmen. Setzt man $x_j := p \log |\lambda_j(A)|, y_j := p \log s_j(A)$ für $0 \leq j \leq n$ und $\varphi = \exp$, so folgt die angegebene Ungleichung mit 16.29 aus 16.30. Hieraus folgt die Behauptung mittels Induktion. $\qquad \square$

Ist H endlichdimensional und $A \in L(H)$, so ist Spur(A) der zweithöchste Koeffizient des charakteristischen Polynoms von A und daher gleich der Summe der Eigenwerte von A nach algebraischer Vielfachheit. Wir wollen nun zeigen, daß dies auch für nukleare Operatoren gilt und beweisen dies zunächst in dem folgenden Spezialfall:

16.32 Lemma: *Für jedes* $A \in S_1(H)$ *mit* $\sigma(A) = \{0\}$ *gilt* Spur$(A) = 0$.

Beweis: Wir können ohne Einschränkung H als separabel annehmen. Ist nämlich $A = \sum_{k \in \mathbb{N}_0} s_n \langle \,.\, , e_n \rangle f_n$ eine Schmidt–Darstellung von A, so setzen wir $H_A := \overline{\text{span}\{e_n, f_n : n \in \mathbb{N}_0\}}$. Dann ist H_A separabel, und es gelten $AH_A \subset H_A$ und $AH_A^\perp = \{0\}$. Hieraus folgen $\sigma(A|_{H_A}) = \sigma(A) = \{0\}$ und Spur$(A|_{H_A}) = $ Spur(A).

Sei also H separabel und $(e_j)_{j \in \mathbb{N}_0}$ eine Orthonormalbasis von H. Für $n \in \mathbb{N}_0$ setzen wir

$$P_n x := \sum_{j=0}^{n} \langle x, e_j \rangle e_j, \quad A_n := P_n A P_n,$$

und fixieren eine Eigenwertfolge $(\lambda_j^{(n)})_{j \in \mathbb{N}_0}$ von A_n. Ferner setzen wir

$$D_n(z) := \prod_{j=0}^{n}(1 - \lambda_j^{(n)}z) \quad \text{für } z \in \mathbb{C}.$$

Für alle $z \in \mathbb{C}$ mit $|z| < |\lambda_0^{(n)}|^{-1}$ gilt dann

(1)
$$\frac{D_n'(z)}{D_n(z)} = -\sum_{j=0}^{n}\frac{\lambda_j^{(n)}}{1 - \lambda_j^{(n)}z} = -\sum_{j=0}^{n}\lambda_j^{(n)}\sum_{k=0}^{\infty}(\lambda_j^{(n)}z)^k$$

$$= -\sum_{k=0}^{\infty}\sum_{j=0}^{n}(\lambda_j^{(n)})^{k+1}z^k =: -\sum_{k=0}^{\infty}S_k^{(n)}z^k.$$

Nach 16.6 gilt $s_j(A_n) \leq s_j(A)$ für alle $j \in \mathbb{N}_0$ und daher nach 16.31 für $k \in \mathbb{N}_0$:

$$|S_k^{(n)}| \leq \sum_{j=0}^{n}|\lambda_j^{(n)}|^{k+1} \leq |\lambda_0^{(n)}|^k\sum_{j=0}^{n}|\lambda_j^{(n)}| \leq |\lambda_0^{(n)}|^k\sum_{j=0}^{n}s_j(A_n) \leq |\lambda_0^{(n)}|^k\nu_1(A) \,.$$

Hieraus folgt mit (1) für alle $z \in \mathbb{C}$ mit $|z| < |\lambda_0^{(n)}|^{-1}$:

(2)
$$\left|\text{Spur}(A) + \frac{D_n'(z)}{D_n(z)}\right| \leq |\,\text{Spur}(A) - S_0^{(n)}| + \sum_{k \in \mathbb{N}}|S_k^{(n)}z^k|$$

$$\leq |\,\text{Spur}(A) - S_0^{(n)}| + \nu_1(A)\,|\lambda_0^{(n)}z|\,(1 - |\lambda_0^{(n)}z|)^{-1} \,.$$

Um (2) weiter auszuwerten, zeigen wir nun $\lim_{n \to \infty}\lambda_0^{(n)} = 0$. Dazu bemerken wir zunächst, daß wegen $A, A^* \in K(H)$ für $U = \{x \in H : \|x\| \leq 1\}$ die Mengen $\overline{A(U)}$ und $\overline{A^*(U)}$ in H kompakt sind. Daher gilt für jedes $n \in \mathbb{N}_0$:

$$\|A - A_n\| \leq \|(I - P_n)A\| + \|P_nA(I - P_n)\|$$

$$\leq \|(I - P_n)A\| + \|(I - P_n)A^*\|$$

$$= \sup_{x \in \overline{A(U)}}\|(I - P_n)x\| + \sup_{x \in \overline{A^*(U)}}\|(I - P_n)x\| \,.$$

Weil $\|(I - P_n)x\| = (\sum_{j>n}|\langle x, e_j\rangle|^2)^{\frac{1}{2}}$ nach 12.4 punktweise monoton fallend gegen Null konvergiert, ist die Konvergenz nach dem Satz von Dini (siehe Aufgabe 4.(4)) sogar gleichmäßig. Es gilt also $\lim_{n \to \infty}\|A - A_n\| = 0$.

Wir wählen nun zu jedem $n \in \mathbb{N}_0$ ein $z_n \in N(\lambda_0^{(n)}I - A_n)$ mit $\|z_n\| = 1$. Dann gilt $(\lambda_0^{(n)}I - A)z_n = (A_n - A)z_n$ und folglich

$$z_n = (\lambda_0^{(n)}I - A)^{-1}(A_n - A)z_n \quad \text{für alle } n \in \mathbb{N}_0 \,.$$

Wegen $\sigma(A) = \{0\}$ ist die Abbildung $\lambda \longmapsto (\lambda I - A)^{-1}$ auf $\mathbb{C} \setminus \{0\}$ stetig, wie wir in 17.4 zeigen werden. Nach 16.31 gilt $|\lambda_0^{(n)}| \leq s_0(A_n) \leq s_0(A)$ für alle $n \in \mathbb{N}_0$. Hieraus folgt für alle $n \in \mathbb{N}_0$ mit $|\lambda_0^{(n)}| \geq \varepsilon > 0$:

$$1 = \|z_n\| \leq \|A_n - A\| \sup\{\|(\lambda I - A)^{-1}\| : \varepsilon \leq \lambda \leq s_0(A)\}\,.$$

Wegen $\lim_{n\to\infty} \|A_n - A\| = 0$ kann $|\lambda_0^{(n)}| \geq \varepsilon$ daher nur für endlich viele $n \in \mathbb{N}_0$ gelten. Also ist $(\lambda_0^{(n)})_{n \in \mathbb{N}_0}$ eine Nullfolge.

Wir bemerken nun, daß $S_0^{(n)} = \sum_{j=0}^{n} \lambda_j^{(n)}$ die Summe der Eigenwerte des Operators $A_n|_{R(P_n)}$ ist. Wie man aus 16.16 leicht folgert, gilt daher

$$S_0^{(n)} = \mathrm{Spur}(A_n|_{R(P_n)}) = \mathrm{Spur}(A_n) = \sum_{j=0}^{\infty} \langle A_n e_j\,,\,e_j \rangle = \sum_{j=0}^{n} \langle A e_j\,,\,e_j \rangle,$$

also $\mathrm{Spur}(A) = \lim_{n\to\infty} S_0^{(n)}$. Weil $(\lambda_0^{(n)})_{n \in \mathbb{N}_0}$ eine Nullfolge ist, folgt aus (2):

$$\lim_{n\to\infty} \frac{D_n'(z)}{D_n(z)} = -\mathrm{Spur}(A) =: a\,,$$

gleichmäßig auf kompakten Teilmengen von $\mathbb{C}$. Wegen $D_n(0) = 1$ gilt

$$D_n(z) = \exp\left(\int_0^z \frac{D_n'(\zeta)}{D_n(\zeta)} d\zeta\right) \text{ für } |z| < |\lambda_0^{(n)}|^{-1},\ n \in \mathbb{N}_0,$$

und daher

(3)
$$\lim_{n\to\infty} D_n(z) = e^{az}\,,$$

gleichmäßig auf den kompakten Teilmengen von $\mathbb{C}$.

Wir fixieren nun $n \in \mathbb{N}_0$ und bemerken, daß $(\lambda_j^{(n)} z)_{j \in \mathbb{N}_0}$ für $z \in \mathbb{C}$ eine Eigenwertfolge von zA_n ist. Für $m \in \mathbb{N}_0$ mit $|\lambda_m^{(n)}| > 0$ gilt nach 16.29 auch $s_m(A_n) > 0$. Daher gibt es zu $z \in \mathbb{C} \setminus \{0\}$ ein $p \in \mathbb{N}$ mit $p|z| \min\left(|\lambda_m^{(n)}|, s_m(A_n)\right) \geq 1$. Aufgrund der Weylschen Ungleichung 16.29 erfüllen dann $x_j := \log p|\lambda_j^{(n)} z|$, $y_j := \log p|s_j(A_n) z|$, $0 \leq j \leq m$, und $\varphi(x) = \log\left(1 + \frac{1}{p} e^x\right)$ die Voraussetzungen von Lemma 16.30. Daher gilt

$$\prod_{j=0}^{m} \left(1 + |\lambda_j^{(n)} z|\right) \leq \prod_{j=0}^{m} \left(1 + |s_j(A_n) z|\right)\,.$$

Hieraus folgt mit 16.6(6) für alle $n \in \mathbb{N}_0$:

$$|D_n(z)| \leq \prod_{j=0}^{n} (1 + |\lambda_j^{(n)} z|) \leq \prod_{j=0}^{n} (1 + s_j(A_n)|z|) \leq \prod_{j=0}^{n} (1 + s_j(A)|z|).$$

Für jedes $N \in \mathbb{N}$ erhalten wir durch Grenzübergang aus (3) für alle $z \in \mathbb{C}$:

$$|e^{az}| = |\lim_{n \to \infty} D_n(z)| \leq \prod_{j=0}^{N} \left(1 + s_j(A)\,|z|\right) \prod_{j>N} \left(1 + s_j(A)\,|z|\right)$$

(4)

$$\leq \left(\prod_{j=0}^{N} \left(1 + s_j(A)\,|z|\right) \right) \exp\left(|z| \sum_{j>N} s_j(A) \right),$$

da $1 + t \leq \exp(t)$ für alle $t \geq 0$ gilt.

Nimmt man nun $a \neq 0$ an, so kann man wegen $A \in S_1(H)$ ein $N \in \mathbb{N}$ so wählen, daß $\sum_{j>N} s_j(A) < |a|/2$ ist. Für jedes $\rho > 0$ und $z = \rho \cdot \overline{a}|a|^{-1}$ folgt dann aus (4):

$$\exp\left(\rho|a|\right) \leq \left(\prod_{j=0}^{N} \left(1 + s_j(A)\rho\right) \right) \exp\left(\rho\,|a|/2 \right).$$

Da dies im Widerspruch zum Wachstumsverhalten der Exponentialfunktion steht, gilt $\operatorname{Spur}(A) = -a = 0$. $\square$

16.33 Satz von Lidskii: *Ist $A \in S_1(H)$ und $(\lambda_j(A))_{j \in \mathbb{N}_0}$ eine Eigenwertfolge von A, so ist $(\lambda_j(A))_{j \in \mathbb{N}_0}$ in l_1, und es gilt*

$$\operatorname{Spur}(A) = \sum_{j=0}^{\infty} \lambda_j(A).$$

Beweis: Sei $H = H_0 \oplus H_1$ eine Schur–Zerlegung von H, P_j die orthogonale Projektion von H auf H_j für $j = 0, 1$ und $(e_j)_{j \in \mathbb{N}}$ eine Schur–Basis von H_0 zu $(\lambda_j(A))_{j \in \mathbb{N}_0}$. Nach 16.7 ist dann $A_{j,k} := P_j A P_k$ in $S_1(H)$ für $j, k = 0, 1$. Wegen $P_j P_k = 0$ für $j \neq k$ gilt $\operatorname{Spur}(A_{1,0}) = \operatorname{Spur}(A_{0,1}) = 0$ nach 16.20. Aus 16.31 folgt $(\lambda_j(A))_{j \in \mathbb{N}_0} \in l_1$, und aus 16.28(2) erhält man mit der Definition der Spur

$$\operatorname{Spur}(A_{0,0}) = \sum_{j \in \mathbb{N}} \langle A e_j, e_j \rangle = \sum_{j \in \mathbb{N}} \lambda_j(A) = \sum_{j \in \mathbb{N}_0} \lambda_j(A).$$

Nach Lemma 16.28(3) und Lemma 16.32 gilt $\operatorname{Spur}(A_{1,1}) = 0$ und daher nach 16.20:

$$\operatorname{Spur}(A) = \operatorname{Spur}(A_{0,0} + A_{1,0} + A_{0,1} + A_{1,1}) = \operatorname{Spur}(A_{0,0}) = \sum_{j \in \mathbb{N}_0} \lambda_j(A).$$ $\square$

16.34 Corollar: *Für jedes $p \in [1, \infty[$ ist $(S_p(H), \nu_p)$ ein Banachraum.*

Beweis: Nach 16.7(1) ist $S_p(H)$ ein linearer Teilraum von $K(H)$. Um nachzuweisen, daß ν_p eine Norm auf $S_p(H)$ ist, brauchen wir nach 16.6(1), (2) nur noch die Gültigkeit der Dreiecksungleichung für ν_p zu zeigen. Dazu seien $A, B \in S_p(H)$, eine Schmidt–Darstellung

$$A + B = \sum_{j=0}^{\infty} s_j(A + B) \langle \cdot, e_j \rangle f_j$$

von $A+B$ und $n \in \mathbb{N}_0$ gegeben. Dann setzen wir $U_n := \sum_{k=0}^n \langle \cdot, e_k \rangle f_k$, und erhalten $U_n^* = \sum_{k=0}^n \langle \cdot, f_k \rangle e_k$. Daher folgt aus 16.20, 16.33, 16.31 und 16.6:

$$\sum_{j=0}^n s_j(A + B) = \sum_{j=0}^\infty s_j(A + B) \langle U_n^* f_j, e_j \rangle = \operatorname{Spur}\left(U_n^*(A + B) \right)$$

$$= |\operatorname{Spur}(U_n^* A) + \operatorname{Spur}(U_n^* B)| \leq \sum_{j=0}^\infty \left(|\lambda_j(U_n^* A)| + |\lambda_j(U_n^* B)| \right)$$

$$\leq \sum_{j=0}^\infty \left(s_j(U_n^* A) + s_j(U_n^* B) \right) \leq \sum_{j=0}^n \|U_n^*\| \left(s_j(A) + s_j(B) \right)$$

$$\leq \sum_{j=0}^n \left(s_j(A) + s_j(B) \right).$$

Da diese Ungleichung für alle $n \in \mathbb{N}_0$ gilt, erhält man wie im Beweis von Lemma 16.31 aus ihr durch Anwendung von Lemma 16.30 mit $\varphi(t) = |t|^p$:

$$\sum_{j=0}^n s_j(A + B)^p \leq \sum_{j=0}^n \left(s_j(A) + s_j(B) \right)^p \text{ für alle } n \in \mathbb{N}_0 .$$

Mit 7.8 folgt hieraus $\nu_p(A + B) \leq \nu_p(A) + \nu_p(B)$.

Um die Vollständigkeit von $(S_p(H), \nu_p)$ zu beweisen, sei $(A_n)_{n \in \mathbb{N}}$ eine beliebige Cauchy–Folge in $(S_p(H), \nu_p)$. Nach 16.6(1) gilt für alle $n, m \in \mathbb{N}$

$$\|A_n - A_m\| = s_0(A_n - A_m) \leq \nu_p(A_n - A_m) .$$

Daher gibt es nach 15.1(1) ein $A \in K(H)$, so daß $(A_n)_{n \in \mathbb{N}}$ in $L(H)$ gegen A konvergiert. Um nachzuweisen, daß $(A_n)_{n \in \mathbb{N}}$ bezüglich ν_p gegen A konvergiert, bemerken wir, daß aus 16.6(5) für $A, B \in K(H)$ folgt:

$$|s_j(A) - s_j(B)| \leq s_0(A - B) = \|A - B\| \text{ für alle } j \in \mathbb{N}_0$$

Daher kann man den Beweis wie in 16.22 beenden.   □

Zum Abschluß dieses Abschnitts wollen wir noch einige Integraloperatoren als nuklear nachweisen und ihre Spur berechnen. Dazu setzen wir $I = \,]0, 1[$ und erinnern an den in §14 eingeführten Sobolevraum $H^1(I)$ aller $f \in L_2(I)$, welche eine schwache Ableitung $f' := iDf$ in $L_2(I)$ besitzen. Das Skalarprodukt auf $H^1(I)$ wird gegeben durch

$$\langle f, g \rangle_{H^1(I)} := \langle f, g \rangle + \langle f', g' \rangle, \quad f, g \in H^1(I),$$

wobei $\langle \cdot, \cdot \rangle$ das Skalarprodukt in $L_2(I)$ bezeichnet.

Wir benötigen das folgende Lemma.

16.35 Lemma: (1) *Ist $f \in H^1(I)$ und gilt $f' = 0$, so ist f konstant.*

(2) *Jedes $f \in H^1(I)$ besitzt eine eindeutige Fortsetzung $\widetilde{f} \in C(\overline{I})$. Für diese gilt*
$$\|\widetilde{f}\|_{C(\overline{I})} \leq \sqrt{5}\|f\|_{H^1(I)}.$$

(3) $C^1(\overline{I})$ *ist dicht in* $H^1(I)$.

(4) *Für $f, g \in H^1(I)$ gilt*

$$\int_0^1 (fg')(t)\, dt = (fg)(1) - (fg)(0) - \int_0^1 (f'g)(t)\, dt.$$

Beweis: (1) Fixiere $\varphi_0 \in \mathcal{D}(I)$ mit $\int_0^1 \varphi_0(t)\, dt = 1$. Ist $\varphi \in \mathcal{D}(I)$ beliebig gegeben, so setze $\lambda := \int_0^1 \varphi(t)\, dt$ und beachte, daß $\varphi - \lambda\varphi_0$ eine Stammfunktion in $\mathcal{D}(I)$ besitzt, nämlich

$$\psi : t \longmapsto \int_0^t (\varphi - \lambda\varphi_0)(s)\, ds.$$

Für f wie in (1) gilt daher

$$0 = \langle f', \psi \rangle = -\langle f, \psi' \rangle = -\langle f, \varphi \rangle + \langle f, \lambda\varphi_0 \rangle$$

und folglich mit $C := \langle f, \varphi_0 \rangle$:

$$\langle f, \varphi \rangle = \overline{\lambda}\langle f, \varphi_0 \rangle = \langle C, \varphi \rangle \quad \text{für alle } \varphi \in \mathcal{D}(I).$$

Da $\mathcal{D}(I)$ in $L_2(I)$ dicht liegt (vgl. Aufgabe 13.(1)(c)), folgt hieraus $f = C$.

(2), (3) Sei $f \in H^1(I)$ vorgegeben. Da $C(\overline{I})$ in $L_2(I)$ dicht liegt, gibt es eine Folge $(g_n)_{n \in \mathbb{N}}$ in $C(\overline{I})$, die in $L_2(I)$ gegen f' konvergiert. Definiert man

$$h_n : t \longmapsto \int_0^t g_n(s)\, ds, \quad t \in [0,1]\,, \, n \in \mathbb{N},$$

so ist $h_n \in C^1(\overline{I})$ eine Stammfunktion von g_n. Aus der Hölderschen Ungleichung 13.2 für $p = 2$ folgt für $k, n \in \mathbb{N}$ und $t \in \overline{I}$:

$$|h_k(t) - h_n(t)| \leq \int_0^1 |g_k(s) - g_n(s)|\, ds \leq \|g_k - g_n\|_{L_2(I)}.$$

Da $(g_n)_{n \in \mathbb{N}}$ in $L_2(I)$ konvergiert, erhält man hieraus, daß $(h_n)_{n \in \mathbb{N}}$ eine Cauchy-Folge in $C(\overline{I})$ ist und daher gegen ein $h \in C(\overline{I})$ konvergiert. Um $h \in H^1(I)$ zu zeigen, beachten wir

$$\langle h_n, \varphi' \rangle = -\langle g_n, \varphi \rangle, \quad \varphi \in \mathcal{D}(I)\,, \, n \in \mathbb{N},$$

da bei der partiellen Integration die Randterme verschwinden. Aufgrund der Konvergenz der Folgen $(h_n)_{n \in \mathbb{N}}$ und $(g_n)_{n \in \mathbb{N}}$ erhält man hieraus

$$\langle h, \varphi' \rangle = -\langle f', \varphi \rangle \quad \text{für alle } \varphi \in \mathcal{D}(I).$$

Dies zeigt $h \in H^1(I)$ und $h' = f'$. Nach (1) gibt es daher ein $C \in \mathbb{C}$, so daß $f = h + C$ gilt. Wegen $h \in C(\overline{I})$ beweist dies die Existenz von $\widetilde{f} \in C(\overline{I})$ mit $\widetilde{f}|_I = f$. Die Eindeutigkeit von $\widetilde{f}$ ist evident. Nach dem bisher Gezeigten gelten

$$\|h\|_{C(\overline{I})} \le \|f'\|_{L_2(I)} \quad \text{und} \quad |C| \le \|f\|_{L_2(I)} + \|h\|_{L_2(I)} \le \|f\|_{L_2(I)} + \|h\|_{C(\overline{I})}.$$

Hieraus folgt

$$\|f\|_{C(\overline{I})} \le \|h\|_{C(\overline{I})} + |C| \le \sqrt{5}\|f\|_{H^1(I)}.$$

Damit ist (2) bewiesen.

Die Folge $(f_n)_{n \in \mathbb{N}}$, $f_n := h_n + C$, ist in $C^1(\overline{I})$ und konvergiert in $C(\overline{I})$, also auch in $L_2(I)$ gegen f. Wegen $f_n' = g_n$ konvergiert $(f_n')_{n \in \mathbb{N}}$ in $L_2(I)$ gegen f' und daher $(f_n)_{n \in \mathbb{N}}$ in $H^1(I)$ gegen f. Also gilt (3).

(4) Sind f, $g \in H^1(I)$ gegeben, so gibt es nach (3) Folgen $(f_n)_{n \in \mathbb{N}}$ und $(g_n)_{n \in \mathbb{N}}$ in $C^1(\overline{I})$, die in $H^1(I)$ gegen f bzw. g konvergieren. Für jedes $n \in \mathbb{N}$ gilt nach partieller Integration

$$\int_0^1 (f_n g_n')(t)\, dt = (f_n g_n)(1) - (f_n g_n)(0) - \int_0^1 (f_n' g_n)(t)\, dt.$$

Da das Skalarprodukt in $L_2(I)$ stetig ist und $(f_n g_n)_{n \in \mathbb{N}}$ nach (2) in $C(\overline{I})$ konvergiert, folgt hieraus (4) durch Grenzübergang $n \to \infty$. $\qquad\square$

16.36 Corollar: *Die Funktionen* $\{e_*, e_n : n \in \mathbb{Z}\}$, *definiert durch*

$$e_n(t) := \frac{1}{\sqrt{1 + 4\pi^2 n^2}}\, e^{2\pi i n t}, \quad e_*(t) := \sqrt{\frac{2e}{e^2 - 1}}\, \sinh\!\left(t - \frac{1}{2}\right)$$

bilden eine Orthonormalbasis von $H^1(I)$.

Beweis: Wie man leicht nachrechnet, ist $\{e_*, e_n : n \in \mathbb{Z}\}$ ein Orthonormalsystem in $H^1(I)$. Ist $f \in H^1(I)$, so kann man die Identität 16.35(4) auf den zweiten Summanden in dem Skalarprodukt von $H^1(I)$ anwenden, um folgendes zu zeigen:

(1) $$\langle f, e_* \rangle_{H^1(I)} = \sqrt{\frac{e+1}{2(e-1)}}\, \big(f(1) - f(0)\big),$$

(2) $$\langle f, e_n \rangle_{H^1(I)} = \sqrt{1 + 4\pi^2 n^2} \int_0^1 f(t)\, e^{-2\pi i n t}\, dt - \frac{2\pi i n}{\sqrt{1 + 4\pi^2 n^2}}\big(f(1) - f(0)\big).$$

Ist nun $f \in \{e_*, e_n : n \in \mathbb{Z}\}^\perp$, so folgt $f(1) = f(0)$ aus (1). Daher verschwindet der zweite Summand in (2). Folglich ist f in $L_2(I)$ orthogonal zu allen Funktionen $t \longmapsto e^{2\pi i n t}$, $n \in \mathbb{Z}$. Nach 16.35(2) und 12.13(1) gilt dann $f = 0$. Dies impliziert nach 12.4 die Behauptung. $\qquad\square$

16.37 Corollar: *Die Einbettung* $J : H^1(I) \longrightarrow L_2(I)$ *ist ein Hilbert–Schmidt Operator.*

Beweis: Dies erhält man aus 16.36 und 16.8 aufgrund der folgenden Abschätzung:

$$\|Je_*\|^2_{L_2(I)} + \sum_{n\in\mathbb{Z}} \|Je_n\|^2_{L_2(I)} = \|Je_*\|^2_{L_2(I)} + \sum_{n\in\mathbb{Z}} \frac{1}{1+4\pi^2 n^2} < \infty.$$

$\square$

Sei nun a ein Element von $L_2(I \times I)$, welches bezüglich der ersten Variablen eine schwache Ableitung $a_s \in L_2(I \times I)$ besitzt. Dann gilt für alle $\varphi \in \mathcal{D}(I \times I)$

$$(*) \qquad \iint a(s,t)\frac{\partial\varphi}{\partial s}(s,t)\,ds\,dt = -\iint a_s(s,t)\,\varphi(s,t)\,ds\,dt.$$

Wegen $a, a_s \in L_2(I \times I)$ sind nach 16.12 die Abbildungen $A, A_s : L_2(I) \longrightarrow L_2(I)$, definiert durch

$$(Af)(s) := \int_0^1 a(s,t)f(t)\,dt, \quad (A_sf)(s) := \int_0^1 a_s(s,t)f(t)\,dt,$$

Hilbert–Schmidt Operatoren. Sind $\psi, f \in \mathcal{D}(I)$ beliebig gewählt, so ist $\varphi : (s,t) \longmapsto \psi(s)f(t)$ in $\mathcal{D}(I \times I)$. Daher folgt mit dem Satz von Fubini aus $(*)$

$$\int_0^1 (Af)(s)\,\psi'(s)\,ds = \iint a(s,t)\frac{\partial\varphi}{\partial s}(s,t)\,ds\,dt = -\iint a_s(s,t)\,\varphi(s,t)\,ds\,dt$$

$$= -\int_0^1 (A_sf)(s)\,\psi(s)\,ds.$$

Dies zeigt: Für jedes $f \in \mathcal{D}(I)$ ist Af in $H^1(I)$, A_sf ist die schwache Ableitung von Af, und es gilt

$$\|Af\|^2_{H^1(I)} = \|Af\|^2_{L_2(I)} + \|A_sf\|^2_{L_2(I)} \le (\|A\|^2 + \|A_s\|^2)\|f\|^2_{L_2(I)}.$$

Da $\mathcal{D}(I)$ in $L_2(I)$ dicht liegt, folgt hieraus, daß A den Raum $L_2(I)$ stetig nach $H^1(I)$ abbildet und A_sf für jedes $f \in L_2(I)$ die schwache Ableitung von Af ist. Da die Funktionen

$$f_n : t \longmapsto e^{2\pi i n t}, \quad t \in I, n \in \mathbb{Z},$$

nach 12.13(1) eine Orthonormalbasis in $L_2(I)$ sind, erhält man aus $A, A_2 \in S_2(L_2(I))$ und 16.8

$$\sum_{n\in\mathbb{Z}} \|Af_n\|^2_{H^1(S)} = \sum_{n\in\mathbb{Z}} \left(\|Af_n\|^2_{L_2(I)} + \|A_sf_n\|^2_{L_2(I)}\right) < \infty.$$

Folglich ist A nach 16.18 in $S_2(L_2(I), H^1(I))$. Weil die Einbettung von $H^1(I)$ in $L_2(I)$ nach 16.37 in $S_2(H^1(I), L_2(I))$ ist, folgt aus 16.21 die Nuklearität der Abbildung $A : L_2(I) \longrightarrow L_2(I)$. Ferner gilt nach 16.16

$$\text{Spur } A = \sum_{n\in\mathbb{Z}} \langle Af_n, f_n \rangle = \sum_{n\in\mathbb{Z}} \int_0^1 (Af_n)(s)\,e^{-2\pi i n s}\,ds.$$

Um diese Identität weiter auszuwerten, beachten wir, daß für die Funktionen $g_n : (s,t) \longmapsto (Af_n)(s)\overline{f_n(t)}$, $n \in \mathbb{Z}$, gelten:

$$\|g_n\|_{L_2(I \times I)}^2 = \|Af_n\|^2 \text{ und } \langle g_k, g_n \rangle = 0 \text{ für } k \neq n.$$

Daher konvergiert die Reihe $\sum_{n \in \mathbb{Z}} g_n$ in $L_2(I \times I)$ und zwar gegen a. Dies folgt aus dem Satz von Fubini, da $(f_n)_{n \in \mathbb{Z}}$ eine Orthonormalbasis von $L_2(I)$ ist. Um eine Gleichmäßigkeitsaussage über die Konvergenz der Reihe zu erhalten, wählen wir eine Zerlegung $(J_m)_{m \in \mathbb{N}_0}$ von $\mathbb{Z}$ in paarweise disjunkte Mengen, so daß gilt

$$\sum_{n \in J_m} \|Af_n\|_{H^1(I)}^2 \leq 2^{-2m} \text{ für } m \in \mathbb{N}.$$

Dann setzen wir für $m \in \mathbb{N}_0$

$$h_m(s,t) := \sum_{n \in J_m} g_n(s,t) = \sum_{n \in J_m} (Af_n)(s)\overline{f_n(t)} = \sum_{n \in J_m} (Af_n)(s)e^{-2\pi i n t}.$$

Aus der Hölderschen Ungleichung 13.2 für $p = 2$, der Abschätzung 16.35(2) und dem Satz von Fubini erhalten wir für $m \in \mathbb{N}_0$:

$$\left(\int_0^1 \sup_{s \in I} |h_m(s,t)| \, dt \right)^2 \leq \int_0^1 \sup_{s \in I} |h_m(s,t)|^2 \, dt \leq 5 \int_0^1 \|h_m(\cdot,t)\|_{H^1(I)}^2 \, dt$$

$$= 5 \int_0^1 \int_0^1 \left(\left| \sum_{n \in J_m} (Af_n)(s)\overline{f_n(t)} \right|^2 + \left| \sum_{n \in J_m} (A_s f_n)(s)\overline{f_n(t)} \right|^2 \right) dt \, ds$$

$$= 5 \int_0^1 \left(\sum_{n \in J_m} |(Af_n)(s)|^2 + \sum_{n \in J_m} |(A_s f_n)(s)|^2 \right) ds = 5 \sum_{n \in J_m} \|Af_n\|_{H^1(I)}^2.$$

Nach Wahl von $(J_m)_{m \in \mathbb{N}_0}$ impliziert dies

$$\sum_{m \in \mathbb{N}_0} \int_0^1 \sup_{s \in I} |h_m(s,t)| \, dt < \infty.$$

Daher konvergiert $\sum_{m \in \mathbb{N}_0} \sup_{s \in I} |h_m(s,t)|$ fast überall bezüglich t. Dies impliziert, daß die Reihe

$$\sum_{m \in \mathbb{N}_0} h_m(s,t) =: h(s,t)$$

fast überall bezüglich t gleichmäßig in s konvergiert. Sie definiert folglich eine Funktion h, welche ein Repräsentant von a ist, für welchen $h(\cdot,t)$ fast überall in t stetig ist. Ferner ist $t \longmapsto h(t,t)$ eine fast überall auf I definierte Funktion in $L_1(I)$, für welche in $L_1(I)$ gilt

$$h(t,t) = \sum_{m \in \mathbb{N}} h_m(t,t).$$

Hieraus folgt

$$\text{Spur } A = \sum_{n \in \mathbb{Z}} \int_0^1 g_n(s,s) \, ds = \sum_{m \in \mathbb{Z}} \int_0^1 h_m(s,s) \, ds = \int_0^1 h(s,s) \, ds.$$

Damit haben wir den folgenden Satz bewiesen:

16.38 Satz: *Ist $a \in L_2(I \times I)$ und besitzt a eine schwache Ableitung $\frac{\partial}{\partial s}a = a_s$ in $L_2(I \times I)$, so ist der Operator $A : L_2(I) \longrightarrow L_2(I)$,*

$$(Af)(s) := \int_0^1 a(s,t)\, f(t)\, dt,$$

nuklear. Ferner besitzt a einen Repräsentanten h, für welchen $h(\cdot,t)$ fast überall in t auf I stetig ist. Für diesen ist $t \longmapsto h(t,t)$ eine fast überall definierte Funktion in $L_1(I)$, und es gilt

$$\operatorname{Spur} A = \int_0^1 h(t,t)\, dt.$$

16.39 Corollar: *Ist $a \in L_2(I \times I)$ und besitzt a eine schwache Ableitung $\frac{\partial}{\partial t}a = a_t$ in $L_2(I \times I)$, so gilt die Aussage von Satz 16.38 ebenfalls.*

Beweis: Wie man leicht nachprüft, gilt $A = B^*$, wenn man B definiert als

$$(Bg)(t) := \int_0^1 \overline{a(s,t)}\, g(s)\, ds. \qquad\qquad \square$$

Aufgaben:

(1) Zeigen Sie, daß es $A \in S_1(l_2)$ gibt, für deren Matrix $(a_{j,k})_{j,k\in\mathbb{N}}$ bezüglich der kanonischen Basis des l_2 gilt $\sum_{j,k\in\mathbb{N}} |a_{j,k}| = \infty$. Betrachten Sie dazu Operatoren der Form $Ax = \langle x, a\rangle a$ für geeignetes $a \in l_2$.

(2) Sei G eine beschränkte, offene Teilmenge von $\mathbb{C}$ und

$$H_2(G) := \left\{ f \in A(G) : \int |f(z)|^2\, d\lambda(z) < \infty \right\} \subset L_2(G, \lambda).$$

Zeigen Sie, daß für jede relativ kompakte, offene Teilmenge G_0 von G die Einschränkungsabbildung $R : H_2(G) \longrightarrow H_2(G_0)$ ein Hilbert–Schmidt Operator ist.

(3) Ist $d = (d_n)_{n\in\mathbb{N}_0}$ eine Nullfolge, so ist $D : l_2 \longrightarrow l_2, D(x)_{n\in\mathbb{N}_0} := (d_n x_n)_{n\in\mathbb{N}_0}$ nach Aufgabe 15.(4) kompakt. Bestimmen Sie die Folge der singulären Zahlen von D.

(4) Die Funktion $k : [0,1] \times [0,1] \longrightarrow \mathbb{R}$ sei definiert durch $k(x,y) := (1-x)y$ für $y \leq x$ und $k(x,y) := (1-y)x$ für $x \leq y$. Zeigen Sie, daß

$$K : L_2[0,1] \longrightarrow L_2[0,1], \quad (Kf)(x) := \int_0^1 k(x,y)f(y)dy,$$

ein nuklearer Operator ist, für welchen $s_n(K) = (\pi(n+1))^{-2}$ für alle $n \in \mathbb{N}_0$ gilt. Beachten Sie dabei, daß $f \in N(\lambda I - K)$ eine Lösung der Differentialgleichung $\lambda f'' + f = 0$ ist, welche $f(0) = 0 = f(1)$ erfüllt.

(5) Sei $K : L_2[0,2\pi] \longrightarrow L_2[0,2\pi]$ der durch

$$(Kf)(x) := \int_0^x f(t)dt$$

definierte Operator. Zeigen Sie:

(a) $R(K) \subset C[0, 2\pi]$.

(b) $\sigma(K) = \{0\}$.

(c) K ist ein Hilbert–Schmidt Operator, aber nicht nuklear.

(d) Berechnen Sie die singulären Zahlen von K.

(6) Für $k \in C^1([0, 2\pi] \times [0, 2\pi])$ definiere man

$$K : L_2[0, 2\pi] \longrightarrow L_2[0, 2\pi], (Kf)(x) := \int_0^{2\pi} k(x, t)f(t)dt.$$

Zeigen Sie, daß K wenigstens einen positiven Eigenwert hat, wenn $k(x, y) > 0$ für alle $x, y \in [0, 2\pi]$ gilt.

(7) Seien $\alpha, \beta \in l_2$ und $T : l_2 \longrightarrow l_2$ derjenige Operator, der bezüglich der kanonischen Orthonormalbasis von l_2 durch die Matrix $(\alpha_i \beta_j)_{(i,j) \in \mathbb{N}}$ gegeben wird. Berechnen Sie die singulären Zahlen von T.

(8) Für $T \in L(H)$ mit $\|T\| < 1$ definiert man $\log(I - T) := -\sum_{k=1}^{\infty} k^{-1} T^k$. Beweisen Sie die folgenden Aussagen:

(a) Ist $T \in S_1(H)$ mit $\|T\| < 1$, so ist $\log(I - T) \in S_1(H)$, und es gilt $\nu_1(\log(I - T)) \leq \nu_1(T)(1 - \|T\|)^{-1}$.

(b) Ist T wie in (a), so gilt

$$\det(I - T) := \exp(\mathrm{Spur}(\log(I - T))) = \prod_{j \in \mathbb{N}_0} (1 - \lambda_j(T)),$$

wobei $(\lambda_j(T))_{j \in \mathbb{N}_0}$ eine Eigenwertfolge von T ist.

(9) Sei $g : \mathbb{R}^2 \longrightarrow \mathbb{R}$ definiert durch

$$g(s, t) := \begin{cases} \frac{\cosh(1-t)\cosh(s)}{\sinh(1)} & \text{für} \quad s \leq t \\ \frac{\cosh(t)\cosh(1-s)}{\sinh(1)} & \text{für} \quad s > t \end{cases}.$$

Beweisen Sie die folgenden Aussagen:

(a) Für jedes $t \in [0, 1]$ ist $g(\cdot, t) \in H^1(]0, 1[)$.

(b) Für jedes $t \in [0, 1]$ und jedes $f \in H^1(]0, 1[)$ gilt

$$f(t) = \langle f, g(\cdot, t) \rangle_{H^1}.$$

(c) Für die Einbettung $J : H^1(]0, 1[) \longrightarrow C[0, 1]$ gilt $\|J\| = \sqrt{\frac{\cosh(1)}{\sinh(1)}}$.

(10) Seien $I :=]0, 1[$ und $A : L_2(I) \longrightarrow H^1(I)$ sowie $B : H^1(I) \longrightarrow L_2(I)$ lineare Abbildungen. Benutzen Sie Satz 16.12, um die folgenden Aussagen zu beweisen:

(a) A ist genau dann in $S_2(L_2(I), H^1(I))$, wenn es ein $a \in L_2(I \times I)$ gibt, welches bezüglich s eine schwache Ableitung $a_s \in L_2(I \times I)$ besitzt, so daß

$$(Af)(s) = \int_0^1 a(s, t) f(t) \, dt, \quad f \in H^1(I)$$

gilt. Ist diese Bedingung erfüllt, so hat man

$$\nu_2(A)^2 = \|a\|_{L_2(I \times I)}^2 + \|a_s\|_{L_2(I \times I)}^2.$$

(b) Folgern Sie aus (a), daß B genau dann in $S_2(H^1(I), L_2(I))$ ist, wenn es ein a mit den in (a) genannten Eigenschaften gibt, so daß

$$(Bf)(t) = \int_0^1 a(s,t)\, f(s)\, ds, \quad f \in L_2(I).$$

(11) Die folgenden Teilaufgaben geben einen alternativen Beweis für Satz 16.38. Dabei ist $I :=]0, 1[$.

(a) Verwenden Sie die Aufgaben (9) und (10), um einen anderen Beweis dafür zu geben, daß die Einbettung $j : H^1(I) \longrightarrow L_2(I)$ ein Hilbert–Schmidt Operator ist. Berechnen Sie $\nu_2(j)$ und bestimmen Sie j^*.

(b) Zeigen Sie, daß für A, $B \in S_2(L_2(I), H^1(I))$ gilt

$$\operatorname{Spur} B^* A = \int_0^1 \langle a(\cdot,t)\,,\, b(\cdot,t)\rangle_{H^1(I)}\, dt.$$

(c) Ist $a \in L_2(I \times I)$ wie in Teil (a) von Aufgabe (10), $A \in S_2(L_2(I), H^1(I))$ der durch a definierte Operator und j wie in Teil (a), so ist $j \circ A \in S_1(L_2(I), L_2(I))$, und es gilt

$$\operatorname{Spur}(j \circ A) = \int_0^1 \langle a(\cdot,t)\,,\, g(\cdot,t)\rangle_{H^1(I)}\, dt,$$

wobei g die in Aufgabe (9) definierte Funktion ist.

§ 17 Banachalgebren

In diesem Abschnitt geben wir eine Einführung in die Theorie der Banachalgebren, da sich wichtige Aussagen der Spektraltheorie in ihrem Rahmen einfach und elegant herleiten lassen. Wir erinnern zunächst an den Begriff der $\mathbb{C}$-Algebra:

Eine $\mathbb{C}$-*Algebra* ist ein $\mathbb{C}$-Vektorraum A, in dem eine Multiplikation $\cdot : A \times A \longrightarrow A$ erklärt ist, so daß $(A, +, \cdot)$ ein Ring mit Einselement e ist, und so daß
$$\lambda(ab) = (\lambda a)b = a(\lambda b) \quad \text{für alle } a, b \in A, \quad \lambda \in \mathbb{C}.$$

Ein linearer Teilraum B einer $\mathbb{C}$-Algebra A heißt *Unteralgebra* von A, falls B das Einselement enthält und mit a und b auch ab zu B gehört. Eine $\mathbb{C}$-Algebra A heißt kommutativ, falls $ab = ba$ gilt für alle $a, b \in A$.

Definition: Eine *normierte Algebra* ist eine $\mathbb{C}$-Algebra A, versehen mit einer Norm $\| \cdot \|$, welche folgende Eigenschaften hat:

(1) $\|ab\| \leq \|a\| \cdot \|b\|$ für alle $a, b \in A$ (Submultiplikativität der Norm).

(2) $\|e\| = 1$.

Eine *Banachalgebra* ist eine normierte Algebra, welche vollständig ist.

Sind A und B $\mathbb{C}$-Algebren, so heißt eine lineare Abbildung $\varphi : A \to B$ ein *Algebrenhomomorphismus*, falls
$$\varphi(ab) = \varphi(a)\varphi(b) \quad \text{für alle } a, b \in A \quad \text{und} \quad \varphi(e_A) = e_B.$$

In jeder normierten Algebra A ist die Multiplikation stetig. Denn für alle (a, b), $(c, d) \in A \times A$ gilt
$$\|ab - cd\| = \|a(b - d) + (a - c)d\| \leq \|a\| \, \|b - d\| + \|a - c\| \, \|d\|.$$

Bemerkung: Wir haben in der Definition einer Banachalgebra die Existenz eines Einselementes gefordert, da wir hauptsächlich an der Spektraltheorie interessiert sind. Dies ist keine wesentliche Einschränkung, da man jede Banachalgebra ohne Eins in eine mit Eins einbetten kann.

17.1 Beispiel: (1) Sei E ein Banachraum über $\mathbb{C}$. Dann ist $L(E)$ mit der Verknüpfung als Multiplikation nach 5.6 und 5.7 eine Banachalgebra. $L(E)$ ist nicht kommutativ, falls $\dim E > 1$.

(2) Sei $K \neq \emptyset$ ein kompakter topologischer Raum. Dann ist $C(K, \mathbb{C})$ mit punktweise definierter Multiplikation eine kommutative Banachalgebra unter der üblichen Supremumsnorm.

(3) Sei $\mathbb{D} := \{z \in \mathbb{C} : |z| < 1\}$. Dann ist die sogenannte *Disk-Algebra*

$$A(\overline{\mathbb{D}}) := \{f \in C(\overline{\mathbb{D}}, \mathbb{C}) : f|_{\mathbb{D}} \text{ ist holomorph}\}$$

eine abgeschlossene Unteralgebra von $C(\overline{\mathbb{D}}, \mathbb{C})$, also eine kommutative Banachalgebra.

Definition: Ein Element a einer Banachalgebra A heißt *invertierbar*, falls ein $b \in A$ existiert mit $ab = ba = e$. Das Element b ist hierdurch eindeutig bestimmt und wird als das *Inverse* von a bezeichnet; statt b schreibt man a^{-1}. Man bezeichnet

$$\mathcal{G}_A := \{a \in A : a \text{ ist invertierbar}\}$$

als die *Gruppe der invertierbaren Elemente* von A. Denn für $x, y \in \mathcal{G}_A$ ist $xy \in \mathcal{G}_A$, und es gilt $(xy)^{-1} = y^{-1}x^{-1}$.

17.2 Lemma: (Neumannsche Reihe) *Seien A eine Banachalgebra und $x \in A$ mit $\|x\| < 1$. Dann ist $e - x$ invertierbar, und es gelten:*

$$\|(e - x)^{-1}\| \leq \frac{1}{1 - \|x\|}\,, \qquad \|e - (e - x)^{-1}\| \leq \frac{\|x\|}{1 - \|x\|}\,.$$

Beweis: Da die Norm von A submultiplikativ ist, gilt

$$\sum_{n=0}^{\infty} \|x^n\| \leq \sum_{n=0}^{\infty} \|x\|^n = \frac{1}{1 - \|x\|}\,.$$

Daher konvergiert die Reihe $y := \sum_{n=0}^{\infty} x^n$, und es gilt $\|y\| \leq \frac{1}{1-\|x\|}$. Aus

$$(e - x)\sum_{n=0}^{m} x^n = \Big(\sum_{n=0}^{m} x^n\Big)(e - x) = e - x^{m+1} \quad \text{für alle } m \in \mathbb{N}$$

und der Stetigkeit der Multiplikation folgt $(e - x)y = y(e - x) = e$. Daher gelten $(e - x)^{-1} = y$ und $e - y = -xy$. $\square$

17.3 Satz: *In jeder Banachalgebra A ist die Gruppe $\mathcal{G}_A$ der invertierbaren Elemente offen, und die Inversion $x \longmapsto x^{-1}$ ist stetig auf $\mathcal{G}_A$.*

Beweis: Seien $a \in \mathcal{G}_A$ und $b \in A$ mit $\|b - a\| < \|a^{-1}\|^{-1}$ gegeben. Dann gelten

$$b = a - (a - b) = (e - (a - b)a^{-1})a \quad \text{und} \quad \|(a - b)a^{-1}\| \leq \|a - b\|\,\|a^{-1}\| < 1\,.$$

Nach 17.2 gilt daher $e - (a - b)a^{-1} \in \mathcal{G}_A$, also auch $b \in \mathcal{G}_A$. Die zweite Ungleichung in 17.2 zeigt, daß die Inversion in e stetig ist. Wegen $x^{-1} = a^{-1}(xa^{-1})^{-1}$ folgt hieraus die Stetigkeit der Inversion in $a \in \mathcal{G}_A$. $\square$

Definition: Seien A eine Banachalgebra und $a \in A$. Dann heißt

$$\rho(a) := \{z \in \mathbb{C} : ze - a \in \mathcal{G}_A\}$$

die *Resolventenmenge* von a. Die Funktion

$$R(\cdot, a) : \rho(a) \longrightarrow A, \qquad R(z, a) := (ze - a)^{-1}$$

heißt die *Resolvente* von a. Die Menge $\sigma(a) := \mathbb{C} \setminus \rho(a)$ bezeichnet man als das *Spektrum* von a.

Ist $E \neq \{0\}$ ein komplexer Banachraum, so stimmt für $A \in L(E)$ das Spektrum von A in der Banachalgebra $L(E)$ mit dem in Abschnitt 15 definierten Spektrum eines Operators überein.

17.4 Bemerkung: Da $z \longmapsto ze - a$ eine stetige Abbildung von $\mathbb{C}$ nach A ist, folgt aus 17.3: $\rho(a)$ ist offen, $\sigma(a)$ ist abgeschlossen, und $R(\cdot, a)$: $\rho(a) \longrightarrow A$ ist stetig. Für $z \in \mathbb{C}$ mit $|z| > \|a\|$ folgt aus 17.2

$$R(z, a) = (ze - a)^{-1} = \frac{1}{z}(e - \frac{a}{z})^{-1} = \sum_{n=0}^{\infty} \frac{a^n}{z^{n+1}} \,.$$

Daher gilt $\sigma(a) \subset \{z \in \mathbb{C} : |z| \leq \|a\|\}$, d.h. $\sigma(a)$ ist kompakt. Um $\sigma(a) \neq \emptyset$ zu beweisen, benötigen wir das folgende Lemma.

17.5 Lemma: *Seien A eine Banachalgebra, $a \in A$ und $z, \zeta \in \rho(a)$. Dann gelten:*

(1) $R(z, a) - R(\zeta, a) = (\zeta - z)R(z, a)R(\zeta, a)$ (Resolventengleichung).

(2) $\lim_{\zeta \to z} \frac{1}{z - \zeta}(R(z, a) - R(\zeta, a)) = -R(z, a)^2$.

Beweis: (1) Dies erhält man unmittelbar aus der Identität:

$$R(z, a) = R(z, a)(\zeta e - a)R(\zeta, a) = R(z, a)(ze - a + (\zeta - z)e)R(\zeta, a)$$
$$= R(\zeta, a) + (\zeta - z)R(z, a)R(\zeta, a).$$

(2) Dies folgt aus (1) und der Stetigkeit der Resolvente. $\qquad\qquad\square$

17.6 Satz: *Sei A eine Banachalgebra. Dann ist für jedes $a \in A$ das Spektrum $\sigma(a)$ eine kompakte, nicht-leere Teilmenge von $\mathbb{C}$.*

Beweis: Nach 17.4 ist $\sigma(a) \neq \emptyset$ für jedes $a \in A$ zu zeigen. Nimmt man an, daß es ein $a \in A$ gibt mit $\sigma(a) = \emptyset$, so folgt $\rho(a) = \mathbb{C}$. Dann ist $R(0, a) = (-a)^{-1} \neq 0$, und nach 6.10 gibt es ein $y \in A'$ mit $y(R(0, a)) \neq 0$. Aus 17.5(2) folgt, daß

$$f : \mathbb{C} \longrightarrow \mathbb{C}, \qquad f(z) := y(R(z, a)),$$

eine holomorphe Funktion ist. Für $z \in \mathbb{C}$ mit $|z| > \|a\|$ gilt nach 17.4:

$$\|R(z, a)\| \leq \frac{1}{|z|}(1 - \|\frac{a}{z}\|)^{-1} = (|z| - \|a\|)^{-1}$$

was $\lim_{z \to \infty} f(z) = 0$ impliziert. Nach dem Satz von Liouville gilt daher $f \equiv 0$, im Widerspruch zu $f(0) = y(R(0, a)) \neq 0$. $\qquad\qquad\square$

17.7 Satz von Gelfand–Mazur: *Sei A eine Banachalgebra, die ein Schiefkörper ist (d.h. $\mathcal{G}_A = A \backslash \{0\}$). Dann ist $A = \mathbb{C} \cdot e$.*

Beweis: Nach 17.6 gibt es zu jedem $a \in A$ ein $z \in \sigma(a)$. Nach Voraussetzung gilt $ze - a \in A \backslash \mathcal{G}_A = \{0\}$, d.h. $a = ze$. $\square$

17.8 Bemerkung: Seien A eine Banachalgebra und $a \in A$. Ist p ein komplexes Polynom vom Grad n, so gilt nach dem Fundamentalsatz der Algebra

$$p(z) = \sum_{j=0}^{n} \lambda_j z^j = \lambda_n \prod_{j=1}^{n} (z - z_j).$$

Wir setzen

$$p(a) := \sum_{j=0}^{n} \lambda_j a^j = \lambda_n \prod_{j=1}^{n} (a - z_j e).$$

Da ein Produkt vertauschbarer Elemente von A genau dann invertierbar ist, wenn jeder Faktor invertierbar ist, erhält man hieraus: $p(a)$ ist invertierbar genau dann, wenn alle Nullstellen von p außerhalb von $\sigma(a)$ liegen.

17.9 Lemma: *Seien A eine Banachalgebra und $a \in A$. Dann gilt $\sigma(p(a)) = p(\sigma(a))$ für jedes komplexe Polynom p.*

Beweis: Für $\lambda \in \mathbb{C}$ gilt $\lambda e - p(a) = (\lambda - p)(a)$. Nach 17.8 ist daher $\lambda e - p(a) \in \mathcal{G}_A$ genau dann, wenn $\lambda \notin p(\sigma(a))$. $\square$

Definition: Sei A eine Banachalgebra. Für $a \in A$ bezeichnet man

$$r(a) := \sup\{|z| \,:\, z \in \sigma(a)\}$$

als den *Spektralradius* von a.

17.10 Satz: *Ist A eine Banachalgebra, so gilt für jedes $a \in A$:*

$$r(a) = \lim_{n \to \infty} \|a^n\|^{1/n} \qquad \text{(Spektralradiusformel)}.$$

Beweis: Nach 17.9 gilt $\sigma(a^n) = \{z^n \,:\, z \in \sigma(a)\}$ für jedes $n \in \mathbb{N}$. Mit 17.4 folgt hieraus $r(a)^n = r(a^n) \leq \|a^n\|$. Dies impliziert

$$r(a) \leq \liminf_{n \to \infty} \|a^n\|^{1/n}.$$

Um $r(a) \geq \limsup_{n \to \infty} \|a^n\|^{1/n}$ zu zeigen, fixieren wir $y \in A'$. Dann ist

$$f : \rho(a) \longrightarrow \mathbb{C}, \qquad f(z) := y(R(z, a)).$$

nach 17.5(2) holomorph. Nach 17.4 gilt

$$f(z) = \sum_{n=0}^{\infty} y(a^n) \frac{1}{z^{n+1}} \quad \text{für } |z| > \|a\|.$$

Die rechte Seite dieser Identität ist folglich die Laurententwicklung von f um Null und konvergiert daher absolut für alle $z \in \mathbb{C}$ mit $|z| > r(a)$. Daher gilt für jedes $r > r(a)$ und jedes $y \in A'$:

$$\sup_{n \in \mathbb{N}} \left| y\left(\frac{a^n}{r^n} \right) \right| = \sup_{n \in \mathbb{N}} \frac{1}{r^n} |y(a^n)| < \infty .$$

Nach 8.11 gibt es dann für jedes $r > r(a)$ ein $C(r) > 0$ mit

$$\sup_{n \in \mathbb{N}} \left\| \frac{a^n}{r^n} \right\| \leq C(r) .$$

Dies impliziert $\limsup_{n \to \infty} \|a^n\|^{1/n} \leq r$ für jedes $r > r(a)$ und daher die gewünschte Abschätzung. $\qquad \square$

Für kommutative Banachalgebren A und $a \in A$ wollen wir nun eine andere Interpretation von $\sigma(a)$ herleiten. Dazu erinnern wir an die folgenden Begriffe aus der Algebra.

Definition: Sei A eine $\mathbb{C}$-Algebra. Ein *Ideal I* in A ist ein linearer Teilraum von A mit $I \neq A$, für den gilt

$$aI \subset I \quad \text{und} \quad Ia \subset I \quad \text{für jedes } a \in A.$$

Ein *maximales Ideal I* in A ist ein Ideal, welches in keinem echt größeren Ideal enthalten ist.

Bemerkung: Ist I ein Ideal in einer $\mathbb{C}$-Algebra A, so wird auf dem Quotienten-vektorraum A/I durch

$$(a + I)(b + I) := ab + I \quad \text{für alle } a, b \in A$$

eine Multiplikation definiert, welche A/I zu einer $\mathbb{C}$-Algebra macht.

17.11 Lemma: *Sei A eine Banachalgebra. Dann gelten:*

(1) $\operatorname{dist}(e, I) = 1$ *für jedes Ideal I in A.*

(2) *A/I ist eine Banachalgebra für jedes abgeschlossene Ideal I in A.*

(3) *$\overline{I}$ ist ein Ideal für jedes Ideal I in A.*

(4) *Jedes maximale Ideal in A ist abgeschlossen.*

(5) *Jedes Ideal in A ist in einem maximalen Ideal enthalten.*

Beweis: (1) Wir bemerken zunächst, daß ein Ideal I in A keine invertierbaren Elemente enthält. Denn ist $b \in I$ invertierbar, so ist für jedes $a \in A$ auch $a = (ab^{-1})b \in I$, im Widerspruch zu $I \neq A$.

Da nach 17.2 $e - x$ invertierbar ist für jedes $x \in A$ mit $\|x\| < 1$, gilt also $\text{dist}(e, I) \geq 1$. Wegen $0 \in I$ gilt andererseits $\text{dist}(e, I) \leq \|e - 0\| = 1$.

(2) Nach der Vorbemerkung ist A/I eine $\mathbb{C}$-Algebra. Versieht man A/I mit der Quotientennorm $\|a + I\| = \inf_{x \in I} \|a + x\| = \text{dist}(a, I)$, so ist A/I nach 5.12 ein Banachraum. Für das Einselement $e + I$ von A/I gilt $\|e + I\| = 1$ nach (1). Sind $a, b \in A$ und $x, y \in I$ so ist $ay + xb + xy \in I$. Daher gilt

$$\|a+x\| \, \|b+y\| \geq \|(a+x)(b+y)\| = \|ab+(ay+xb+xy)\| \geq \|ab+I\| = \|(a+I)(b+I)\| \, .$$

Hieraus folgt

$$\|(a + I)(b + I)\| \leq \|a + I\| \, \|b + I\| \, .$$

Also ist A/I eine Banachalgebra.

(3) Aus (1) folgt $e \notin \overline{I}$. Daher folgt die Behauptung unmittelbar aus der Stetigkeit der Multiplikation in A.

(4) Aus $I \subset \overline{I}$ und (3) folgt $I = \overline{I}$, falls I ein maximales Ideal ist.

(5) Sei I ein Ideal in A. Wir setzen

$$\mathcal{Z} := \{J \subset A : J \text{ ist ein Ideal in } A, \ J \supset I\} \, .$$

Versieht man $\mathcal{Z}$ mit der Inklusion als Ordnungsrelation, so ist $(\mathcal{Z}, \subset)$ induktiv geordnet. Denn ist $\mathcal{K}$ eine Kette in $\mathcal{Z}$, so ist $J_\mathcal{K} := \bigcup_{J \in \mathcal{K}} J$ ein Ideal in A, wie man leicht nachprüft. Offenbar gilt $J \subset J_\mathcal{K}$ für jedes $J \in \mathcal{K}$. Daher besitzt $\mathcal{Z}$ nach dem Zornschen Lemma 1.1 ein maximales Element J_0. Offenbar ist J_0 ein maximales Ideal in A, welches I enhält.   □

Bemerkung: Seien A eine Banachalgebra und $\varphi \colon A \longrightarrow \mathbb{C}$ ein Algebrenhomomorphismus. Dann ist φ stetig mit $\|\varphi\| = 1$.

Denn für jedes $a \in A$ und $\lambda \in \rho(a)$ gilt

$$1 = \varphi\left((\lambda e - a)(\lambda e - a)^{-1}\right) = (\lambda - \varphi(a)) \, \varphi\left((\lambda e - a)^{-1}\right) .$$

Also ist $\varphi(a) \neq \lambda$ für jedes $\lambda \in \rho(a)$, d.h. $\varphi(a) \in \sigma(a)$. Daher gilt

$$|\varphi(a)| \leq r(a) \leq \|a\| \quad \text{für jedes } a \in A \, .$$

Aus $\varphi(e) = 1$ folgt $\|\varphi\| = 1$.

Definition: Ist A eine Banachalgebra, so bezeichnet man die Menge

$$\text{Sp}(A) := \{\varphi \in A' : \varphi \text{ ist ein Algebrenhomomorphismus }\}$$

als das *Spektrum von A*.

17.12 Lemma: *Sei A eine kommutative Banachalgebra. $M \subset A$ ist ein maximales Ideal genau dann, wenn ein $\varphi \in \mathrm{Sp}(A)$ existiert mit $M = N(\varphi)$.*

Beweis: Für jedes $\varphi \in \mathrm{Sp}(A)$ ist $N(\varphi)$ ein Ideal in A mit $\mathrm{codim}\, N(\varphi) = 1$. Daher ist $N(\varphi)$ ein maximales Ideal.

Ist andererseits M ein maximales Ideal in A, so ist M abgeschlossen nach 17.11(4). Daher ist A/M nach 17.11(2) eine Banachalgebra. Mit A ist auch A/M kommutativ. Bezeichnet $\pi\colon A \longrightarrow A/M$ die Quotientenabbildung, so ist für jedes Ideal J in A/M das Urbild $\pi^{-1}(J)$ ein Ideal in A, welches M enthält. Da M maximal ist, gilt $M = \pi^{-1}(J)$, d.h. $J = \{0\}$. Also besitzt die kommutative Algebra A/M nur das Ideal $\{0\}$. Für jedes $b \in A/M$, $b \neq 0$, gilt daher $b \cdot A/M = A/M$. Also ist A/M ein Körper. Nach 17.7 gilt daher $A/M = \mathbb{C} \cdot e$. Folglich induziert $\pi\colon A \longrightarrow A/M = \mathbb{C} \cdot e$ ein $\varphi \in \mathrm{Sp}(A)$ mit $N(\varphi) = M$. $\qquad\square$

17.13 Satz: *Sei A eine kommutative Banachalgebra. Dann gilt für jedes $a \in A$:*

(1) *a ist invertierbar genau dann, wenn $\varphi(a) \neq 0$ für alle $\varphi \in \mathrm{Sp}(A)$.*

(2) *$\sigma(a) = \{\varphi(a) : \varphi \in \mathrm{Sp}(A)\}$.*

Beweis: (1) Für $a \in \mathcal{G}_A$ und $\varphi \in \mathrm{Sp}(A)$ gilt

$$1 = \varphi(e) = \varphi(aa^{-1}) = \varphi(a)\varphi(a^{-1}).$$

Hieraus folgt $\varphi(a) \neq 0$.

Ist andererseits $a \notin \mathcal{G}_A$, so ist $I := \{ab : b \in A\}$ ein Ideal in A, da A kommutativ ist. Nach 17.11 ist I in einem maximalen Ideal M enthalten. Nach 17.12 gibt es ein $\varphi \in \mathrm{Sp}(A)$ mit $M = N(\varphi)$. Wegen $a \in I \subset M$ gilt also $\varphi(a) = 0$.

(2) Nach (1) ist $z \in \sigma(a)$ genau dann, wenn es ein $\varphi \in \mathrm{Sp}(A)$ gibt mit $0 = \varphi(ze - a) = z - \varphi(a)$. Hieraus folgt (2). $\qquad\square$

Für weitere Anwendungen von 17.13(2) führen wir nun eine spezielle Klasse von Banachalgebren ein.

Definition: Eine C^*-*Algebra* ist eine Banachalgebra A zusammen mit einer Abbildung $*\colon a \longmapsto a^*$ von A in sich, welche folgende Eigenschaften hat:

(1) $*$ ist eine Involution, d.h., für alle $a, b \in A$ und $\lambda \in \mathbb{C}$ gelten:

$$(a + b)^* = a^* + b^*, \ (\lambda a)^* = \overline{\lambda} a^*, \ (ab)^* = b^* a^*, \ (a^*)^* = a.$$

(2) $\|a^* a\| = \|a\|^2$ für alle $a \in A$.

Eine C^*-*Unteralgebra* B einer C^*-Algebra A ist eine abgeschlossene Unteralgebra B von A, welche $*$–invariant ist.

17.14 Lemma: *Ist A eine C^*-Algebra, so gelten:*

(1) $\|a^*\| = \|a\|$ für jedes $a \in A$.

(2) $e^* = e$.

(3) Ist $a \in A$ invertierbar, so auch a^*, und es gilt $(a^*)^{-1} = (a^{-1})^*$.

Beweis: (1) Aus $\|a\|^2 = \|a^*a\| \leq \|a^*\|\|a\|$ folgt $\|a\| \leq \|a^*\|$. Wendet man dies auf a^* statt auf a an, so folgt $\|a^*\| \leq \|(a^*)^*\| = \|a\|$. Also gilt (1).

(2) $e^* = ee^* = (e^*)^*e^* = (ee^*)^* = (e^*)^* = e$.

(3) Aus $aa^{-1} = e = a^{-1}a$ und (2) folgt

$$(a^{-1})^*a^* = (aa^{-1})^* = e^* = e = e^* = (a^{-1}a)^* = a^*(a^{-1})^*. \qquad \square$$

17.15 Beispiel: (1) $(\mathbb{C}, |\cdot|)$ zusammen mit $*: \lambda \longmapsto \overline{\lambda}$ ist eine C^*-Algebra.

(2) Ist $X \neq \emptyset$ eine Menge, so ist $l_\infty(X)$ eine C^*-Algebra, falls man f^* durch $f^*: x \longmapsto \overline{f(x)}$ definiert.

(3) Ist K ein kompakter topologischer Raum, so ist $C(K)$ eine C^*-Algebra, falls man f^* wie in (2) definiert.

(4) Ist $H \neq \{0\}$ ein komplexer Hilbertraum, so ist $L(H)$ nach 11.11 eine C^*-Algebra, wobei A^* für $A \in L(H)$ den zu A adjungierten Operator bezeichnet.

Definition: Sei A eine C^*-Algebra. Man nennt $a \in A$ *selbstadjungiert*, falls $a^* = a$, *unitär*, falls $a^* = a^{-1}$, und *normal*, falls $a^*a = aa^*$.

Offensichtlich sind selbstadjungierte und unitäre Elemente normal.

Bezeichnung: Ist $M \neq \emptyset$ eine Teilmenge einer C^*-Algebra A, so bezeichnet man

$$M' := \{x \in A : xm = mx \text{ für alle } m \in M\}$$

als den *Kommutanten* von M und $(M')'$ als den *Bikommutanten* von M.

Wie man leicht nachprüft, ist M' eine abgeschlossene Unteralgebra von A. Aus $M^* = M$ folgt $M'^* = M'$. In diesem Fall ist M' also eine C^*-Unteralgebra von A.

17.16 Lemma: *Sei A eine C^*-Algebra. Ist $a \in A$ normal, so ist $B := (\{a, a^*\}')'$ eine kommutative C^*-Unteralgebra von A, welche a und a^* enthält, und es gilt $\sigma_A(b) = \sigma_B(b)$ für jedes $b \in B$.*

Beweis: Nach der Vorbemerkung ist B eine C^*-Unteralgebra von A. Da a normal ist, gilt $\{a, a^*\} \subset \{a, a^*\}'$ und daher $B \subset \{a, a^*\}'$. Nach Definition von B kommutiert jedes $b \in B$ mit allen $x \in \{a, a^*\}'$, wegen $B \subset \{a, a^*\}'$ also mit allen $x \in B$. Daher ist B kommutativ.

Ist $b \in B$ gegeben, so gilt $bx = xb$ für jedes $x \in \{a, a^*\}'$. Für $z \in \rho_A(b)$ gilt daher

$$(ze - b)x = x(ze - b) \quad \text{für jedes } x \in \{a, a^*\}'.$$

Hieraus folgt $(ze - b)^{-1} \in (\{a, a^*\}')' = B$. Also gilt $z \in \rho_B(b)$ und daher $\rho_A(b) \subset \rho_B(b)$. Da die umgekehrte Inklusion trivialerweise richtig ist, gilt $\rho_A(b) = \rho_B(b)$ und daher $\sigma_A(b) = \sigma_B(b)$. $\qquad \square$

17.17 Lemma: *Sei A eine C^*-Algebra. Dann gelten für $a \in A$:*

(1) $\sigma(a) \subset \mathbb{R}$, *wenn a selbstadjungiert ist.*

(2) $\sigma(a) \subset S := \{z \in \mathbb{C} : |z| = 1\}$, *wenn a unitär ist.*

Beweis: Setzt man $B := (\{a, a^*\}')'$, so ist B in beiden Fällen eine kommutative C^*-Algebra, für welche nach 17.16 und 17.13(2) gilt

$$\sigma(a) = \sigma_B(a) = \{\varphi(a) : \varphi \in \mathrm{Sp}(B)\}.$$

Um (1) zu beweisen, brauchen wir daher nur zu zeigen, daß $\varphi(a)$ reell ist für jedes $\varphi \in \mathrm{Sp}(B)$. Dazu fixieren wir $\varphi \in \mathrm{Sp}(B)$ und setzen $\alpha := \mathrm{Re}\,\varphi(a)$, $\beta := \mathrm{Im}\,\varphi(a)$. Außerdem setzen wir $b := a + ite$ für $t \in \mathbb{R}$. Dann gelten

$$\varphi(b) = \alpha + i(\beta + t) \quad \text{und} \quad b^*b = (a - ite)(a + ite) = a^2 + t^2 e.$$

Wegen $\|\varphi\| = 1$ folgt hieraus

$$\alpha^2 + (\beta + t)^2 = |\varphi(b)|^2 \leq \|b\|^2 = \|b^*b\| \leq \|a\|^2 + t^2$$

und daher $\alpha^2 + \beta^2 + 2\beta t \leq \|a\|^2$ für jedes $t \in \mathbb{R}$. Also gilt $\beta = 0$.

Um (2) zu beweisen, beachten wir, daß $\|a\|^2 = \|a^*a\| = \|e\| = 1$ gilt. Nach 17.14 impliziert dies $1 = \|a^*\| = \|a\|$. Hieraus folgt für alle $\varphi \in \mathrm{Sp}(B)$:

$$|\varphi(a)| \leq 1 \quad \text{und} \quad |\varphi(a)|^{-1} = |\varphi(a^{-1})| = |\varphi(a^*)| \leq 1.$$

Nach der Bemerkung am Anfang impliziert dies $\sigma(a) \subset S$. $\qquad\square$

17.18 Corollar: *Ist A eine C^*-Algebra, so gilt $\varphi(a^*) = \overline{\varphi(a)}$ für jedes $\varphi \in \mathrm{Sp}(A)$ und jedes $a \in A$.*

Beweis: Für $a \in A$ setzen wir $b := \frac{1}{2}(a + a^*)$ und $c := \frac{1}{2i}(a - a^*)$. Dann sind b und c selbstadjungiert, und es gelten $a = b + ic$, $a^* = b - ic$. Für $\varphi \in \mathrm{Sp}(A)$ ist $\varphi(b)e - b \in N(\varphi)$, also $\varphi(b) \in \sigma(b)$. Daher folgt aus 17.17(1):

$$\varphi(a^*) = \varphi(b - ic) = \varphi(b) - i\varphi(c) = \overline{\varphi(b) + i\varphi(c)} = \overline{\varphi(a)}. \qquad\square$$

17.19 Lemma: *Sei A eine C^*-Algebra. Für jedes normale Element $a \in A$ gilt:*

$$r(a) = \|a\|.$$

Beweis: Da A eine C^*-Algebra ist, gilt für jedes normale Element $a \in A$

$$\|a^2\|^2 = \|(a^2)^* a^2\| = \|(a^*a)^*(a^*a)\| = \|a^*a\|^2 = \|a\|^4$$

und daher $\|a^2\| = \|a\|^2$. Da mit a auch a^k normal ist für jedes $k \in \mathbb{N}$, folgt hieraus $\|a^{2^n}\| = \|a\|^{2^n}$ für jedes $n \in \mathbb{N}$. Daher gilt nach 17.10

$$r(a) = \lim_{n \to \infty} \|a^{2^n}\|^{1/2^n} = \|a\|. \qquad\square$$

Definition: Ein Algebrenhomomorphismus $\Phi : A \to B$ zwischen C^*–Algebren A und B heißt *–Homomorphismus*, falls $\Phi(a^*) = \Phi(a)^*$ für alle $a \in A$.

17.20 Satz: *Seien A und B C^*–Algebren und $\Phi : A \longrightarrow B$ ein *–Homomorphismus. Ist A kommutativ, so ist Φ stetig mit $\|\Phi\| = 1$.*

Beweis: Für jeden *–Homomorphismus Φ ist $\overline{R(\Phi)}$ eine kommutative C^*-Unteralgebra von B. Daher können wir o. B. d. A. annehmen, daß B kommutativ ist. Aus 17.19 und $\psi \circ \Phi \in \mathrm{Sp}(A)$ für alle $\psi \in \mathrm{Sp}(B)$ erhalten wir nun für alle $a \in A$:

$$\|\Phi(a)\| = r(\Phi(a)) = \sup_{\psi \in \mathrm{Sp}(B)} |\psi(\Phi(a))| \leq \sup_{\varphi \in \mathrm{Sp}(A)} |\varphi(a)| = r(a) = \|a\|.$$

Wegen $\|\Phi(e)\| = \|e\| = 1$ gilt daher $\|\Phi\| = 1$. $\square$

17.21 Satz: *Seien A eine C^*-Algebra und a ein normales Element von A. Dann gibt es genau einen *–Homomorphismus $\Phi : C(\sigma(a)) \to A$, für welchen $\Phi(z) = a$ gilt. Φ ist sogar eine Isometrie.*

Beweis: Nach 17.16 ist $B := (\{a, a^*\}')'$ eine kommutative C^*-Unteralgebra von A, die a und a^* enthält. Ist $q: z \longmapsto \sum_{j,k=0}^{n} \alpha_{j,k} z^j \bar{z}^k$ ein Polynom in z und $\bar{z}$ mit komplexen Koeffizienten, so ist

$$q(a) := \sum_{j,k=0}^{n} \alpha_{j,k} a^j (a^*)^k$$

in B. Für jedes $\varphi \in \mathrm{Sp}(B)$ gilt nach 17.18:

$$(1) \qquad \varphi\big(q(a)\big) = \sum_{j,k=0}^{n} \alpha_{j,k} \varphi\big(a^j(a^*)^k\big) = \sum_{j,k=0}^{n} \alpha_{j,k} \varphi(a)^j \overline{\varphi(a)}^k = q\big(\varphi(a)\big).$$

Hieraus folgt mit 17.13(2) und 17.16:

$$\sigma_B\big(q(a)\big) = \{\varphi(q(a)) : \varphi \in \mathrm{Sp}(B)\} = \{q(\varphi(a)) : \varphi \in \mathrm{Sp}(B)\}$$
$$= \{q(z) : z \in \sigma(a)\}.$$

Nach 17.19 gilt daher

$$(2) \qquad\qquad \|q(a)\| = r_B\big(q(a)\big) = \sup_{z \in \sigma(a)} |q(z)|.$$

Sind p und q komplexe Polynome in z und $\bar{z}$ mit $p|_{\sigma(a)} = q|_{\sigma(a)}$, so folgt aus (2), angewendet auf $p - q$, daß $q(a) = p(a)$ gilt. Setzt man

$$Q[\sigma(a)] := \{f \in C\big(\sigma(a)\big) : \text{ es gibt ein komplexes Polynom } q$$
$$\text{in } z \text{ und } \bar{z} \text{ mit } f = q|_{\sigma(a)}\},$$

so folgt aus (1), (2) und der Definition von $q(a)$, daß durch $q \mapsto q(a)$ ein isometrischer Algebrenhomomorphismus $\widetilde{\Phi} \colon Q[\sigma(a)] \longrightarrow A$ definiert wird, für den gilt:

$$\widetilde{\Phi}(\overline{q}) = \widetilde{\Phi}(q)^* \quad \text{für alle } q \in Q[\sigma(a)].$$

Da $Q[\sigma(a)]$ nach der Bemerkung (1) zum Approximationssatz von Weierstraß in $C(\sigma(a))$ dicht liegt, folgt hieraus, daß $\widetilde{\Phi}$ eine stetige Fortsetzung Φ auf $C(\sigma(a))$ besitzt, welche ein $*$–Homomorphismus ist und $\Phi(z) = a$ erfüllt.

Ist $\Psi \colon C(\sigma(a)) \longrightarrow A$ ein weiterer $*$–Homomorphismus, welcher $\Psi(z) = a$ erfüllt, so stimmt Ψ auf $Q[\sigma(a)]$ mit Φ überein. Weil Ψ nach 17.20 stetig und $Q[\sigma(a)]$ in $C(\sigma(a))$ dicht ist, gilt $\Psi = \Phi$. $\qquad\qquad\square$

17.22 Spektralabbildungssatz: *Seien A eine C^*-Algebra und $a \in A$ normal. Für den $*$–Homomorphismus $\Phi \colon C(\sigma(a)) \longrightarrow A$ aus 17.21 gilt:*

$$\sigma(\Phi(f)) = f(\sigma(a)) \quad \text{für jedes } f \in C(\sigma(a)).$$

Beweis: Nach 17.16 ist $B := (\{a, a^*\}')'$ eine kommutative C^*-Unteralgebra von A, die a und a^* enthält. Ist $f \in C(\sigma(a))$, so gibt es nach dem Beweis von 17.21 eine Folge $(q_n)_{n \in \mathbb{N}}$ in $Q[\sigma(a)]$, die in $C(\sigma(a))$ gegen f konvergiert. Daher ist $\Phi(f) = \lim_{n \to \infty} \Phi(q_n)$ in B, und für $\varphi \in \mathrm{Sp}(B)$ gilt nach 17.21:

$$\varphi(\Phi(f)) = \lim_{n \to \infty} \varphi(\Phi(q_n)) = \lim_{n \to \infty} \varphi(q_n(a)) = \lim_{n \to \infty} q_n(\varphi(a)) = f(\varphi(a)).$$

Nach 17.13(2) und 17.16 erhält man hieraus

$$\begin{aligned}
\sigma(\Phi(f)) = \sigma_B(\Phi(f)) &= \{\varphi(\Phi(f)) \ : \ \varphi \in \mathrm{Sp}(B)\} \\
&= \{f(\varphi(a)) \ : \ \varphi \in \mathrm{Sp}(B)\} = f(\sigma_B(a)) = f(\sigma(a)). \qquad \square
\end{aligned}$$

Bemerkung: Für selbstadjungierte Elemente a einer C^*-Algebra A sind 17.21 und 17.22 einfacher zu erhalten. Wegen $\sigma(a) \subset \mathbb{R}$ kommt man dann nämlich mit dem Weierstraßschen Approximationssatz für kompakte Intervalle aus und kann statt 17.13(2) den elementaren Spektralabbildungssatz 17.9 verwenden, um $\widetilde{\Phi}(p) = p(a)$ zu definieren.

Den folgenden Satz werden wir im nächsten Abschnitt benötigen.

17.23 Satz von Fuglede: *Seien A eine C^*-Algebra und $a, b \in A$. Ist a normal und gilt $ab = ba$, so folgt $a^*b = ba^*$.*

Beweis: Setzt man für $x \in A$

$$e^x := \exp(x) := \sum_{k=0}^{\infty} \frac{1}{k!} x^k,$$

so gelten $(e^x)^* = e^{x^*}$ und $e^{x+y} = e^x e^y$ für $x, y \in A$ mit $xy = yx$. Insbesondere ist $(e^x)^{-1} = e^{-x}$. Für $a, b \in A$ mit $ab = ba$ und alle $\mu \in \mathbb{C}$ gilt

$$e^{\mu a} b = \sum_{k=0}^{\infty} \frac{(\mu a)^k}{k!} b = b \sum_{k=0}^{\infty} \frac{(\mu a)^k}{k!} = b e^{\mu a}$$

und folglich $e^{\mu a} b e^{-\mu a} = b$. Definiert man $f \colon \mathbb{C} \longrightarrow A$ durch

$$(1) \qquad f(\lambda) := e^{\lambda a^*} b e^{-\lambda a^*} = \sum_{n=0}^{\infty} \left(\sum_{k=0}^{n} \frac{(a^*)^k b (-a^*)^{n-k}}{k!(n-k)!} \right) \lambda^n \,,$$

so gilt daher $f(\lambda) = e^{\lambda a^* - \overline{\lambda} a} b e^{\overline{\lambda} a - \lambda a^*}$. Setzt man $u_\lambda := e^{\lambda a^* - \overline{\lambda} a}$, so erhält man $u_\lambda^* = e^{\overline{\lambda} a - \lambda a^*} = u_\lambda^{-1}$. Also ist u_λ unitär. Daher gilt $\|u_\lambda\| = \|u_\lambda^{-1}\| = 1$ und folglich

$$(2) \qquad \|f(\lambda)\| = \|u_\lambda b u_\lambda^*\| \le \|u_\lambda\| \, \|b\| \, \|u_\lambda^*\| = \|b\| \,.$$

Ist $y \in A'$, so ist $y \circ f$ nach (1) und (2) eine auf $\mathbb{C}$ holomorphe beschränkte Funktion, also konstant nach dem Satz von Liouville. Aus dem Satz von Hahn - Banach 6.10 folgt daher, daß f konstant ist. Also gilt

$$e^{\lambda a^*} b e^{-\lambda a^*} = f(\lambda) = b \quad \text{für alle } \lambda \in \mathbb{C}\,.$$

Hieraus folgt für alle $\lambda \in \mathbb{C}$:

$$\sum_{k=0}^{\infty} \frac{(a^*)^k b}{k!} \lambda^k = e^{\lambda a^*} b = b e^{\lambda a^*} = \sum_{k=0}^{\infty} \frac{b(a^*)^k}{k!} \lambda^k \,.$$

Nach dem Identitätsatz für Potenzreihen impliziert dies $a^* b = b a^*$. $\qquad\qquad \square$

Bemerkung: Aus 17.21 folgt leicht, daß unter den dort angegebenen Voraussetzungen $\Phi \colon C\big(\sigma(a)\big) \longrightarrow A$ ein isometrischer $*$-Isomorphismus zwischen $C\big(\sigma(a)\big)$ und der von a und a^* erzeugten (kommutativen) C^*-Unteralgebra von A ist. Allgemeiner gilt, daß jede kommutative C^*-Algebra $*$-isomorph zu $C(K_A)$ ist, wobei K_A ein geeignetes Kompaktum ist. Um dies zu beweisen, beschäftigen wir uns nun mit der Gelfand - Darstellung kommutativer Banachalgebren.

Definition: Sei A kommutative Banachalgebra. Für $a \in A$ definiert man die *Gelfand–Transformierte* $\widehat{a}$ von a durch

$$\widehat{a} \; : \; \mathrm{Sp}(A) \longrightarrow \mathbb{C}, \quad \widehat{a}(\varphi) := \varphi(a)\,.$$

17.24 Lemma: *Sei A eine kommutative Banachalgebra. Dann gibt es genau eine Topologie τ auf $\mathrm{Sp}(A)$ mit folgenden Eigenschaften:*

(1) *$(\mathrm{Sp}(A), \tau)$ ist kompakt.*

(2) *$\widehat{a} \colon \mathrm{Sp}(A) \longrightarrow \mathbb{C}$ ist τ-stetig für jedes $a \in A$.*

Beweis: Wir verwenden die in Anhang B bereitgestellten Mittel.

Existenz: Auf Grund des Satzes von Alaoglu B.5 ist die Einheitskugel U^* von A' schwach*-kompakt. Ferner ist

$$\mathrm{Sp}(A) = \{y \in U^* : y(e) = 1,\ y(ab) = y(a)y(b)\ \text{für alle}\ a, b \in A\}.$$

Hieraus folgt, daß $\mathrm{Sp}(A)$ schwach*-abgeschlossen ist in U^* und daher auch schwach*-kompakt. Die Enschränkung τ der schwach*-Topologie auf $\mathrm{Sp}(A)$ erfüllt also (1). Sie erfüllt auch (2), da $\hat{a} = J(a)|_{\mathrm{Sp}(A)}$ und $J(a) \in E''$ nach B.7 für alle $a \in A$.

Eindeutigkeit: Sei σ eine weitere Topologie auf $\mathrm{Sp}(A)$, welche (1) und (2) erfüllt. Wegen (2) folgt aus der Definition der schwach*-Topologie, daß $\mathrm{id}_{\mathrm{Sp}(A)}\colon (\mathrm{Sp}(A), \sigma) \longrightarrow (\mathrm{Sp}(A), \tau)$ stetig ist. Da $(\mathrm{Sp}(A), \sigma)$ nach Voraussetzung kompakt ist, folgt aus 4.2, daß $\tau = \sigma$. $\qquad\square$

Definition: Sei A eine kommutative Banachalgebra. Die durch 17.24(1) und (2) eindeutig bestimmte Topologie auf $\mathrm{Sp}(A)$ heißt *Gelfand - Topologie*. Sie ist die Einschränkung der schwachen Topologie $\sigma(A', A)$ auf $\mathrm{Sp}(A)$ und wird in § 23 systematisch behandelt. Im weiteren sei $\mathrm{Sp}(A)$ stets der mit dieser Topologie versehene kompakte topologische Raum. Die Abbildung $\hat{\ }\colon A \longrightarrow C\big(\mathrm{Sp}(A)\big)$ heißt die *Gelfand - Darstellung* von A.

17.25 Satz: *Für jede kommutative Banachalgebra A ist die Gelfand - Darstellung ein Algebrenhomomorphismus mit folgenden Eigenschaften:*

(1) $\hat{a}\big(\mathrm{Sp}(A)\big) = \sigma(a)$ *für jedes* $a \in A$.

(2) $\|\hat{a}\| = r(a) \leq \|a\|$ *für jedes* $a \in A$.

(3) *Sind* $\varphi, \psi \in \mathrm{Sp}(A)$ *mit* $\varphi \neq \psi$, *so gibt es ein* $a \in A$ *mit* $\hat{a}(\varphi) \neq \hat{a}(\psi)$.

Beweis: Für alle $a, b \in A$, $\lambda, \mu \in \mathbb{C}$ und $\varphi \in \mathrm{Sp}(A)$ gelten

$$(\lambda a + \mu b)\hat{\ }(\varphi) = \varphi(\lambda a + \mu b) = \lambda\varphi(a) + \mu\varphi(b) = \lambda\hat{a}(\varphi) + \mu\hat{b}(\varphi),$$
$$\widehat{ab}(\varphi) = \varphi(ab) = \varphi(a)\varphi(b) = \hat{a}(\varphi)\hat{b}(\varphi),$$
$$\hat{e}(\varphi) = \varphi(e) = 1.$$

Also ist $\hat{\ }\colon A \to C\big(Sp(A)\big)$ ein Algebrenhomomorphismus. (1) ist nur eine Umformulierung von 17.13(2) und impliziert (2). (3) gilt trivialerweise. $\qquad\square$

17.26 Satz von Gelfand–Neumark: *Sei A eine kommutative C^*-Algebra. Dann ist die Gelfand - Darstellung $\hat{\ }\colon A \longrightarrow C\big(\mathrm{Sp}(A)\big)$ ein isometrischer $*$-Isomorphismus.*

Beweis: In der kommutativen C^*-Algebra A ist jedes Element normal. Daher gilt nach 17.19:
$$\|\hat{a}\| = r(a) = \|a\| \quad \text{für jedes}\ a \in A.$$

Also ist $\widehat{}$ eine Isometrie. $\widehat{A}$ ist daher eine abgeschlossene Unteralgebra von $C\big(\mathrm{Sp}(A)\big)$, welche nach 17.25(3) die Punkte von $\mathrm{Sp}(A)$ trennt. Aus 17.18 folgt $\widehat{a^*} = \overline{\widehat{a}}$ für jedes $a \in A$. Nach dem Satz von Stone - Weierstraß 4.15 gilt daher $\widehat{A} = C\big(\mathrm{Sp}(A)\big)$. $\qquad\qquad\qquad\qquad\qquad\qquad\qquad\qquad\qquad\qquad\qquad\quad$ $\square$

Die kommutativen C^*-Algebren werden durch Satz 17.26 vollständig beschrieben. Allgemein kann man zeigen, daß es zu jeder C^*-Algebra A einen Hilbertraum H gibt, so daß A isomorph zu einer C^*-Unteralgebra von $L(H)$ ist (siehe Rudin [R], 12.41).

Zum Abschluß dieses Abschnitts beschäftigen wir uns noch mit einigen Beispielen zur Gelfand - Darstellung.

17.27 Beispiele: (1) Sei K ein kompakter topologischer Raum. Dann ist $\Delta\colon K \longrightarrow \mathrm{Sp}\big(C(K)\big)$, $\Delta(x)\colon f \longmapsto f(x)$, eine Homöomorphie, und es gilt:

$$\widehat{f} \circ \Delta = f \quad \text{für jedes } f \in C(K)\,.$$

Beweis: Offensichtlich ist $\Delta(x) \in \mathrm{Sp}\big(C(K)\big)$ für jedes $x \in K$. Aus dem Urysohn-Lemma 4.17 folgt die Injektivität von Δ. Um die Surjektivität von Δ zu zeigen, fixieren wir $\varphi \in \mathrm{Sp}\big(C(K)\big)$. Dann ist $I := N(\varphi)$ nach 17.12 ein maximales Ideal in $C(K)$. Nimmt man an, daß es zu jedem $x \in K$ ein $f_x \in I$ gibt mit $f_x(x) \neq 0$, so gibt es zu jedem $x \in K$ eine offene Umgebung U_x von x mit $f_x(y) \neq 0$ für alle $y \in U_x$. Da K kompakt ist, besitzt die offene Überdeckung $(U_x)_{x \in K}$ von K eine endliche Teilüberdeckung $(U_{x_j})_{j=1}^n$. Die Funktion $f := \sum_{j=1}^n \overline{f}_{x_j} f_{x_j} = \sum_{j=1}^n |f_{x_j}|^2$ ist in I. Da f keine Nullstelle hat, ist f in $C(K)$ invertierbar. Also enthält das Ideal I ein invertierbares Element, im Widerspruch zur Definition eines Ideals. Also war unsere Annahme falsch, d.h. es gibt ein $x_0 \in K$, so daß $f(x_0) = 0$ für alle $f \in I$. Hieraus folgt

$$N(\varphi) = I \subset N\big(\Delta(x_0)\big)\,.$$

Da I maximal ist, gilt $I = N\big(\Delta(x_0)\big)$. Wegen $\varphi(1) = \Delta(x_0)[1]$ folgt hieraus $\varphi = \Delta(x_0)$. Identifiziert man K mit $\mathrm{Sp}\big(C(K)\big)$ vermöge Δ, so sind 17.24(1) und (2) erfüllt. Also ist Δ eine Homöomorphie.

(2) Die Abbildung $\Delta\colon \overline{\mathbb{D}} \longrightarrow \mathrm{Sp}\big(A(\overline{\mathbb{D}})\big)$, $\Delta(x)\colon f \longmapsto f(x)$, ist eine Homöomorphie, und es gilt $\widehat{f} \circ \Delta = f$ für jedes $f \in A(\overline{\mathbb{D}})$.
Beweis: $\Delta(x) \in \mathrm{Sp}\big(A(\overline{\mathbb{D}})\big)$ für jedes $x \in \overline{\mathbb{D}}$ und die Injektivität von Δ sind leicht einzusehen. Um die Surjektivität von Δ zu zeigen, fixieren wir $\varphi \in \mathrm{Sp}\big(A(\overline{\mathbb{D}})\big)$ und setzen $w := \varphi(\mathrm{id}_{\overline{\mathbb{D}}})$. Da φ und $\mathrm{id}_{\overline{\mathbb{D}}}$ die Norm 1 haben, gilt $w \in \overline{\mathbb{D}}$. Für jedes komplexe Polynom $p\colon z \longmapsto \sum_{j=0}^n a_j z^j$ gilt daher

$$\varphi(p) = \sum_{j=0}^n a_j \varphi\big(\mathrm{id}_{\overline{\mathbb{D}}}^j\big) = \sum_{j=0}^n a_j w^j = p(w) = \Delta(w)p\,.$$

Also stimmen die stetigen Linearformen φ und $\Delta(w)$ auf allen komplexen Polynomen überein. Folglich gilt $\varphi = \Delta(w)$, wenn wir zeigen, daß die komplexen Polynome in $A(\overline{\mathbb{D}})$ dicht sind. Dies erhält man so:

Sind $f \in A(\overline{\mathbb{D}})$ und $\varepsilon > 0$ gegeben, so wählt man aufgrund der gleichmäßigen Stetigkeit von f auf $\overline{\mathbb{D}}$ ein $0 < r < 1$, so daß für $f_r : z \longmapsto f(rz)$ gilt $\|f - f_r\| \leq \frac{\varepsilon}{2}$. Da f_r in einer Umgebung von $\overline{\mathbb{D}}$ holomorph ist, konvergiert die Taylorreihe von f_r um Null gleichmäßig auf $\overline{\mathbb{D}}$. Daher gibt es ein Polynom p mit $\|f_r - p\| \leq \frac{\varepsilon}{2}$. Also gilt $\|f - p\| \leq \varepsilon$.

Nachdem wir gezeigt haben, daß $\Delta : \overline{\mathbb{D}} \to \mathrm{Sp}(A(\overline{\mathbb{D}}))$ bijektiv ist, kann man die Argumentation wie in (1) weiterführen.

(3) Wir setzen

$$A := \{f \in C(\overline{\mathbb{D}}) \ : \ \text{Es gibt ein } g \in A(\overline{\mathbb{D}}) \text{ mit } f|_{\partial\mathbb{D}} = g|_{\partial\mathbb{D}}\}.$$

Wie man leicht nachprüft, ist A eine abgeschlossene Unteralgebra von $C(\overline{\mathbb{D}})$, welche $A(\overline{\mathbb{D}})$ als abgeschlossene Unteralgebra enthält. Um $\mathrm{Sp}(A)$ zu beschreiben, beachten wir, daß aufgrund des Maximumsprinzips für holomorphe Funktionen jedes $g \in A(\overline{\mathbb{D}})$ durch $g|_{\partial\mathbb{D}}$ eindeutig bestimmt ist. Daher ist

$$P \ : \ A \longrightarrow A, \ P(f) := g \in A(\overline{\mathbb{D}}), \quad \text{falls } f|_{\partial\mathbb{D}} = g|_{\partial\mathbb{D}},$$

ein Algebrenhomomorphismus mit $P^2 = P$ und $P(A) = A(\overline{\mathbb{D}})$. Daher sind $N(P)$ und $R(P) = A(\overline{\mathbb{D}})$ topologisch komplementär. Wir definieren nun

$$\Delta_1 \ : \ \overline{\mathbb{D}} \longrightarrow \mathrm{Sp}(A) \ , \ \Delta_1(x) \ : \ f \longmapsto P(f)[x] \, ,$$
$$\Delta_2 \ : \ \overline{\mathbb{D}} \longrightarrow \mathrm{Sp}(A) \ , \ \Delta_2(x) \ : \ f \longmapsto f(x) \, .$$

Dann sind Δ_1 und Δ_2 injektiv und stetig, da f und $P(f)$ auf $\overline{\mathbb{D}}$ stetig sind.

Um $\mathrm{Sp}(A) = \Delta_1(\overline{\mathbb{D}}) \cup \Delta_2(\overline{\mathbb{D}})$ zu zeigen, setzen wir

$$B := \{f \in C(\overline{\mathbb{D}}) : f \text{ ist konstant auf } \partial\mathbb{D}\}.$$

Dann ist $B = C(K)$, wobei das Kompaktum K aus $\overline{\mathbb{D}}$ entsteht, indem man $\partial\mathbb{D}$ zu einem Punkt $*$ identifiziert. Ist nun $\varphi \in \mathrm{Sp}(A)$, so gibt es nach (1) ein $x \in K = \mathbb{D} \cup \{*\}$, so daß $\varphi(f) = f(x)$ für alle $f \in B$ gilt. Ist $x \in \mathbb{D}$, so wählen wir ein $f_0 \in B$ mit $f_0|_{\partial\mathbb{D}} = 0$ und $f_0(x) = 1$. Dann gilt für jedes $f \in A$

$$\varphi(f) = \varphi\big(f(1 - f_0)\big) + \varphi(f f_0) = \varphi(f)\big(1 - f_0(x)\big) + (f f_0)(x) = f(x).$$

Dies bedeutet $\varphi = \Delta_2(x)$.

Ist $x = *$, so verschwindet φ auf $N(P)$. Daher gibt es ein $\psi \in \mathrm{Sp}\big(A(\overline{\mathbb{D}})\big)$ mit $\varphi = \psi \circ P$. Nach (2) gibt es dann ein $y \in \overline{\mathbb{D}}$ mit $\varphi = \Delta_1(y)$.

Da $\Delta_1(x) = \Delta_2(y)$ genau dann gilt, wenn x und y in $\partial\mathbb{D}$ sind und $x = y$ gilt, ist $\mathrm{Sp}(A)$ homöomorph zu dem topologischen Raum, den man erhält, wenn man $\overline{\mathbb{D}} \cup \overline{\mathbb{D}}$ längs $\partial\mathbb{D}$ identifiziert. Dies ist aber eine zweidimensionale Sphäre.

(4) Aus $A(\overline{\mathbb{D}}) \subset A \subset C(\overline{\mathbb{D}})$ und (1) - (3) ergibt sich, daß beim Übergang zu abgeschlossenen Unteralgebren das Spektrum sich verkleinern aber auch vergrößern kann.

17.28 Beispiel: Die *Wiener-Algebra*

$$A := l_1(\mathbb{Z}) := \{x \in \mathbb{C}^{\mathbb{Z}} \ : \ \|x\| := \sum_{j \in \mathbb{Z}} |x_j| < \infty\}$$

ist eine kommutative Banachalgebra unter der Multiplikation

$$a * b := \left(\sum_{k \in \mathbb{Z}} a_{j-k} b_k\right)_{j \in \mathbb{Z}}, \quad a, b \in A.$$

Das Einselement von A ist $e = (\delta_{0,j})_{j \in \mathbb{Z}}$. Ferner gelten:

(1) $\Delta\colon S = \{z \in \mathbb{C} \ : \ |z| = 1\} \longrightarrow \mathrm{Sp}(A)$, $\Delta(z)\colon a \longmapsto \sum_{j \in \mathbb{Z}} a_j z^j$
    ist eine Homöomorphie.

(2) Identifiziert man $\mathrm{Sp}(A)$ vermöge Δ mit S, so gilt
    $\widehat{A} = \{f \in C(S) \ : \ f$ hat eine absolut konvergente Fourierreihe$\}$.

(3) Die Gelfand - Darstellung $\widehat{\ }\colon A \longrightarrow C\big(\mathrm{Sp}(A)\big)$ ist injektiv, aber nicht isometrisch.

(4) Satz von Wiener: Hat $f \in C(S)$ eine absolut konvergente Fourierreihe und ist $f(z) \neq 0$ für alle $z \in S$, so hat auch $\frac{1}{f}$ eine absolut konvergente Fourierreihe.

Beweis: (1) Für $z \in S$ und $a, b \in A$ gilt nach dem Umordnungssatz

$$\Delta(z)a * b = \sum_{j \in \mathbb{Z}}\left(\sum_{k \in \mathbb{Z}} a_{j-k} b_k\right) z^j = \sum_{j \in \mathbb{Z}}\sum_{k \in \mathbb{Z}} a_{j-k} z^{j-k} b_k z^k$$

$$= \big(\Delta(z)a\big)\big(\Delta(z)b\big).$$

Also ist $\Delta(z) \in \mathrm{Sp}(A)$. Um $\mathrm{Sp}(A) = \Delta(S)$ zu zeigen, fixieren wir $\varphi \in \mathrm{Sp}(A)$. Setzt man $b := (\delta_{1,j})_{j \in \mathbb{Z}}$, so gilt $b^k = (\delta_{k,j})_{j \in \mathbb{Z}}$ für $k \in \mathbb{Z}$. Wir setzen $z = \varphi(b)$. Da b, b^{-1} und φ die Norm 1 haben, gelten

$$|z| = |\varphi(b)| \leq 1 \text{ und } |z^{-1}| = |\varphi(b^{-1})| \leq 1.$$

Dies impliziert $z \in S$. Wegen

$$\varphi(b^k) = \big(\varphi(b)\big)^k = z^k = \big(\Delta(z)b\big)^k = \Delta(z)b^k \quad \text{für alle } k \in \mathbb{Z}$$

stimmen φ und $\Delta(z)$ auf der in A dichten Menge $\mathrm{span}\{b^k \ : \ k \in \mathbb{Z}\}$ überein. Also gilt $\varphi = \Delta(z)$. Folglich ist Δ surjektiv.

Da Δ offenbar injektiv ist, kann man S und $\mathrm{Sp}(A)$ vermöge Δ identifizieren. Tut man dies, so gilt

$$\widehat{a} \; : \; z \longmapsto \sum_{k \in \mathbb{Z}} a_k z^k \quad \text{für jedes } a = (a_k)_{k \in \mathbb{Z}} \text{ in } A \,.$$

Daher ist $\widehat{a} \in C(S)$. Also hat die Topologie von S die in 17.24(1) und (2) geforderten Eigenschaften. Also ist Δ eine Homöomorphie.

(2) Die eine Inklusion folgt aus (1), die andere daraus, daß unter den angegebenen Voraussetzungen die Fourierreihe von f gegen f konvergiert (was z.B. aus 12.13(1) folgt).

(3) Für $a = (a_k)_{k \in \mathbb{Z}}$ in A und $k \in \mathbb{Z}$ ist a_k der k-te Fourierkoeffizient von $\widehat{a}$. Ist $\widehat{a} \equiv 0$, so gilt $a_k = 0$ für alle $k \in \mathbb{Z}$. Also ist die Gelfand - Darstellung injektiv. Nach (2) und der Bemerkung (2) zum Approximationssatz von Weierstraß 4.16 ist $\widehat{A}$ dicht in $C(S)$. Nimmt man an, daß $\widehat{}$ eine Isometrie ist, so folgt $\widehat{A} = C(S)$. Dies steht aber im Widerspruch dazu, daß es nach 8.16 stetige Funktionen auf S gibt, deren Fourierreihe in einem Punkt divergiert.

(4) Nach (2) gibt es ein $a \in A$ mit $\widehat{a} = f$. Aus 17.25(2) und der Voraussetzung an f folgt

$$0 \notin f(S) = \widehat{a}\big(\mathrm{Sp}(A)\big) = \sigma(a) \,.$$

Also ist a invertierbar, und es gilt $\frac{1}{f} = \widehat{a^{-1}}$. Nach (2) folgt hieraus die Behauptung.

Aufgaben:

(1) Sei K ein kompakter topologischer Raum. Man zeige, daß es zu jedem abgeschlossenen Ideal I in $C(K)$ eine abgeschlossene Teilmenge A von K gibt, so daß

$$I := \{ f \in C(K) \; : \; f(x) = 0 \text{ für alle } x \in A \} \,.$$

(2) Zeigen Sie, daß es in $A(\overline{\mathbb{D}})$ abgeschlossene Ideale gibt, die nicht von der Form

$$I_M := \{ f \in A(\overline{\mathbb{D}}) \; : \; f(x) = 0 \text{ für alle } x \in M \}, \quad M \subset \overline{\mathbb{D}},$$

sind.

(3) Sei $CB(\mathbb{R}) := \{ f \in l_\infty(\mathbb{R}) \; : \; f \text{ ist stetig} \}$. Zeigen Sie, daß

$$\Delta \; : \; \mathbb{R} \longrightarrow \mathrm{Sp}\big(CB(\mathbb{R})\big), \quad \Delta(x) \; : \; f \longmapsto f(x),$$

zwar eine Homöomorphie auf Bild Δ, aber nicht surjektiv ist.

(4) Sei $a \in C\big([0,1] \times [0,1]\big)$. Für $f \in C[0,1]$ setze

$$A(f) \; : \; s \longmapsto \int_0^s a(s,t) f(t) \, dt, \quad s \in [0,1] \,.$$

Man zeige, daß A in $L\big(C[0,1]\big)$ ist und berechne den Spektralradius von A in der Banachalgebra $L\big(C[0,1]\big)$.

(5) Geben Sie eine kommutative Banachalgebra an, für welche die Gelfand–Darstellung nicht injektiv ist.

(6) Sei K eine beliebige kompakte Teilmenge von $\mathbb{C}$, $K \neq \emptyset$. Man zeige, daß es ein $A \in L(l_2)$ gibt mit $\sigma(A) = K$.

(7) Sei A eine $\mathbb{C}$–Algebra. Auf A sei eine Norm $\| \ \|$ gegeben, für welche $(A, \| \ \|)$ ein Banachraum ist. Ferner sei die Multiplikation $\cdot : A \times A \longrightarrow A$ stetig. Zeigen Sie, daß es eine zu $\| \ \|$ äquivalente Norm $\|\|\cdot\|\|$ auf A gibt, so daß $(A, \|\|\cdot\|\|)$ eine Banachalgebra ist. (Betrachten Sie $\Phi : A \longrightarrow L(A)$; $\Phi(a) : x \longmapsto ax$.)

(8) Seien A eine C^*–Algebra und $a \in A$ selbstadjungiert mit $\sigma(a) \subset [0, \infty[$. Zeigen Sie, daß es zu jedem $k \in \mathbb{N}$ ein $b \in A$ gibt mit $b^k = a$.

(9) Zeigen Sie, daß man die Aussage 17.17(1) aus 17.17(2) folgern kann, indem man nachweist, daß $e^{ia} := \sum_{k=0}^{\infty} \frac{1}{k!}(ia)^k$ unitär ist, wenn a selbstadjungiert ist.

(10) Seien A eine Banachalgebra und $a, b \in A$. Zeigen Sie

   (a) $\sigma(ab) \cup \{0\} = \sigma(ba) \cup \{0\}$.

   (b) Für alle $\lambda \in \mathbb{C} \setminus \{0\}$ gilt $ab - ba \neq \lambda e$.

   (c) Für geeignetes A und a, b gilt $\sigma(ab) \neq \sigma(ba)$.

(11) Sei A eine kommutative Banachalgebra. Das Radikal $\mathrm{rad}(A)$ von A definiert man als den Durchschnitt aller maximaler Ideale von A. Eine Derivation $D : A \longrightarrow A$ ist eine lineare Abbildung mit $D(ab) = D(a)b + aD(b)$ für alle $a, b \in A$. Zeigen Sie:

   (a) $\mathrm{rad}(A)$ ist der Kern der Gelfand-Darstellung von A.

   (b) Ist $D \in L(A)$ eine Derivation, so ist für jedes $f \in \mathrm{Sp}(A)$ die Abbildung

$$F : \mathbb{C} \times A \longrightarrow \mathbb{C} \ , \ F(\lambda, a) := f\Big(\sum_{n=0}^{\infty} \frac{\lambda^n D^n}{n!} a \Big),$$

   für $a \in A$ holomorph auf $\mathbb{C}$ und für $\lambda \in \mathbb{C}$ ein Algebrenhomomorphismus von A nach $\mathbb{C}$.

   (c) Folgern Sie aus (b), daß $F(\lambda, a) \equiv 0$ ist und daher $R(D) \subset \mathrm{rad}(A)$ gilt.

(12) Bestimmen Sie Spektrum und Eigenwerte der Operatoren

$$S_+ \, , \, S_- : l_2 \longrightarrow l_2 \, , \, S_+ x := (x_{n-1})_{n \in \mathbb{N}}, \ x_0 := 0, \ S_- x := (x_{n+1})_{n \in \mathbb{N}} \, .$$

(13) Sei E ein Banachraum. Beweisen Sie folgende Aussagen:

   (a) Die Menge $K(E)$ der kompakten Operatoren in E ist ein abgeschlossenes zweiseitiges Ideal in der Banachalgebra $L(E)$.

   (b) Sei $\pi : L(E) \longrightarrow L(E)/K(E)$ die Quotientenabbildung. Dann gilt $\Phi(E) = \pi^{-1}(\mathcal{G}_{L(E)/K(E)})$.

Folgern Sie: Die Menge $\Phi(E)$ aller Fredholmoperatoren in E ist offen in $L(E)$.

§ 18 Der Spektralsatz für normale Operatoren

In diesem Abschnitt bezeichne H stets einen nicht-trivialen komplexen Hilbertraum. Dann ist $L(H)$ nach 17.15(4) eine C^*-Algebra. Wir können daher die Begriffe und Aussagen aus § 17 auf $L(H)$ anwenden. Insbesondere ist klar, was selbstadjungierte, normale und unitäre Operatoren in $L(H)$ sind. Ferner wissen wir nach 17.21, daß es zu jedem normalen Operator $A \in L(H)$ einen isometrischen $*$–Homomorphismus

$$\Phi : C\big(\sigma(A)\big) \longrightarrow L(H)$$

gibt, für den $\Phi(z) = A$ ist. Wir wollen nun Φ auf eine $C\big(\sigma(A)\big)$ umfassende C^*-Algebra von Funktionen auf $\sigma(A)$ fortsetzen. Um dies vorzubereiten, führen wir die folgenden Bezeichnungen ein.

Definition: Sei X ein lokalkompakter, σ-kompakter, topologischer Raum. Wir setzen

$$\mathcal{M}_\infty(X) := \{f : X \longrightarrow \mathbb{C} : f \text{ ist Borel-meßbar und beschränkt}\}$$

und definieren $\|f\| := \sup_{x \in X} |f(x)|$ für $f \in \mathcal{M}_\infty(X)$. Außerdem definieren wir $* : \mathcal{M}_\infty(X) \longrightarrow \mathcal{M}_\infty(X)$ durch $* : f \longmapsto \overline{f}$. Aus A.16 folgt, daß $\mathcal{M}_\infty(X)$ eine kommutative C^*-Algebra ist.

Definition: Sei X eine Menge. Eine Folge $(f_n)_{n \in \mathbb{N}}$ in $\mathbb{C}^X$ heißt *beschränkt punktweise konvergent* gegen $f \in \mathbb{C}^X$, falls $(f_n)_{n \in \mathbb{N}}$ punktweise gegen f konvergiert und $\sup_{n \in \mathbb{N}} \sup_{x \in X} |f_n(x)| < \infty$ gilt.

18.1 Lemma: *Für einen kompakten metrischen Raum X ist $\mathcal{M}_\infty(X)$ die kleinste Teilmenge M von $\mathbb{C}^X$ mit folgenden Eigenschaften:*

(1) $C(X) \subset M$.

(2) M *ist abgeschlossen unter beschränkt punktweiser Konvergenz.*

Beweis: Da $\mathcal{M}_\infty(X)$ nach A.16 die Eigenschaften (1) und (2) hat, gilt $M \subset \mathcal{M}_\infty(X)$. Um $M = \mathcal{M}_\infty(X)$ zu beweisen, setzen wir für $f \in \mathbb{C}^X$

$$M_f := \{g \in \mathbb{C}^X : f + g \in M\}$$

Ist $f \in C(X)$, so hat M_f offenbar die Eigenschaften (1) und (2). Daher gilt $M_f \supset M$ d.h. $f + M \subset M$. Dies impliziert $C(X) + M \subset M$. Hieraus folgert man analog $M + M \subset M$. Wie man leicht einsieht, ist $\lambda M \subset M$ für alle $\lambda \in \mathbb{C}$. Also ist M ein $\mathbb{C}$-Vektorraum. Ist $f \in M$, so ist auch $|f| \in M$, da die Menge $\{g \in \mathbb{C}^X : |g| \in M\}$

(1) und (2) erfüllt. Daher sind für reellwertige $f, g \in M$ auch $\min(f, g)$ und $\max(f, g)$ in M. Dies impliziert, daß

$$\mathcal{G} := \{A \subset X : \chi_A \in M\}$$

eine σ-Algebra ist. Da jede offene Teilmenge von X lokalkompakt und σ-kompakt ist, folgt aus 4.17, (1) und (2), daß $\mathcal{G}$ alle offenen Mengen und daher alle Borelmengen enthält. Weil jedes $f \in \mathcal{M}_\infty(X)$ Grenzfunktion einer beschränkt punktweise konvergenten Folge Borel-meßbarer Treppenfunktionen ist (siehe Beweis von A.13), folgt nun $\mathcal{M}_\infty(X) \subset M$. □

Definition: Sei X ein kompakter metrischer Raum. Eine Abbildung Ψ : $\mathcal{M}_\infty(X) \longrightarrow L(H)$ heißt *w-stetig*, falls für alle $x, y \in H$ und jede Folge $(f_n)_{n \in \mathbb{N}}$ in $\mathcal{M}_\infty(X)$, die beschränkt punktweise gegen f konvergiert, $\lim_{n \to \infty} \langle \Psi(f_n)x, y \rangle = \langle \Psi(f)x, y \rangle$ gilt. Wegen $L(\mathbb{C}) = \mathbb{C}$ ist damit auch die w-Stetigkeit von Abbildungen von $\mathcal{M}_\infty(X)$ nach $\mathbb{C}$ erklärt.

18.2 Corollar: *Sei X ein kompakter metrischer Raum. Dann ist jede w-stetige Abbildung $\Psi : \mathcal{M}_\infty(X) \longrightarrow L(H)$ durch $\Psi|_{C(X)}$ eindeutig bestimmt.*

Beweis: Sei $\Phi : \mathcal{M}_\infty(X) \longrightarrow L(H)$ w-stetig mit $\Phi|_{C(X)} = \Psi|_{C(X)}$. Dann hat

$$M := \{f \in \mathcal{M}_\infty(X) : \langle \Phi(f)x, y \rangle = \langle \Psi(f)x, y \rangle \quad \text{für alle } x, y \in H\}$$

die Eigenschaften (1) und (2) aus 18.1. Daher gilt $M = \mathcal{M}_\infty(X)$, d.h. $\Phi = \Psi$. □

18.3 Satz: *Ist $A \in L(H)$ normal, so gibt es genau einen w-stetigen $*$-Homomorphismus $\Psi : \mathcal{M}_\infty(\sigma(A)) \longrightarrow L(H)$, für welchen $\Psi(z) = A$ gilt. Ferner ist Ψ stetig mit $\|\Psi\| = 1$.*

Beweis: Eindeutigkeit: Hat Ψ die angegebenen Eigenschaften, so gilt $\Psi|_{C(\sigma(A))} = \Phi$, wobei Φ der nach 17.21 eindeutig bestimmte $*$-Homomorphismus ist, für welchen $\Phi(z) = A$ gilt. Da Ψ w-stetig ist, folgt die Eindeutigkeit von Ψ aus 18.2.
    Existenz: Sei $\Phi : C(\sigma(A)) \to L(H)$ der $*$-Homomorphismus aus 17.21. Für $x, y \in H$ und $f \in C(\sigma(A))$ setzen wir

$$\mu_{x,y}(f) := \langle \Phi(f)x, y \rangle.$$

Dann ist $\mu_{x,y} \in C(\sigma(A))'$ mit $\|\mu_{x,y}\| \leq \|x\|\|y\|$. Nach 13.10 gibt es ein $\varphi_{x,y} \in \mathcal{M}_\infty(\sigma(A))$ mit $|\varphi_{x,y}| = 1$ und ein Maß $\nu_{x,y}$ auf $\sigma(A)$ mit $\nu_{x,y}(\sigma(A)) = \|\mu_{x,y}\|$, so daß

$$\widehat{\mu}_{x,y} : \mathcal{M}_\infty(\sigma(A)) \longrightarrow \mathbb{C}, \quad \widehat{\mu}_{x,y}(f) := \int f \varphi_{x,y} \, d\nu_{x,y},$$

auf $C(\sigma(A)) \subset \mathcal{M}_\infty(\sigma(A))$ mit $\mu_{x,y}$ übereinstimmt. Aus

(1) $$|\widehat{\mu}_{x,y}(g)| \leq \int |g \varphi_{x,y}| \, d\nu_{x,y} \leq \|g\| \nu_{x,y}(\sigma(A)) \leq \|g\| \|x\| \|y\|$$

folgt die Stetigkeit von $\widehat{\mu}_{x,y}$. Nach dem Lebesgueschen Grenzwertsatz gilt:

(2)   Konvergiert $(f_n)_{n \in \mathbb{N}}$ in $\mathcal{M}_\infty(\sigma(A))$ beschränkt punktweise gegen f, so gilt für alle $x, y \in H$: $\lim_{n \to \infty} \widehat{\mu}_{x,y}(f_n) = \widehat{\mu}_{x,y}(f)$.

Für $f \in \mathcal{M}_\infty(\sigma(A))$ definieren wir

$$B_f : H \times H \longrightarrow \mathbb{C}, \quad B_f(x,y) := \widehat{\mu}_{x,y}(f).$$

Dann ist B_f linear in der ersten Variablen. Denn für $\alpha, \beta \in \mathbb{C}$ und $x, y, z \in H$ stimmen die Funktionale $\widehat{\mu}_{\alpha x + \beta y, z}$ und $\alpha \widehat{\mu}_{x,z} + \beta \widehat{\mu}_{y,z}$ auf $C(\sigma(A))$ überein. Nach (2) sind beide w-stetig, so daß nach 18.2 gilt $\widehat{\mu}_{\alpha x + \beta y, z} = \alpha \widehat{\mu}_{x,z} + \beta \widehat{\mu}_{y,z}$. Analog zeigt man, daß B_f in der zweiten Variablen antilinear ist. Nach (1) gilt

$$|B_f(x,y)| \leq \|f\| \|x\| \|y\| \quad \text{für alle } x, y \in H \text{ und alle } f \in \mathcal{M}_\infty(\sigma(A)).$$

Daher gibt es nach 11.15 zu jedem $f \in \mathcal{M}_\infty(\sigma(A))$ genau ein $\Psi(f) \in L(H)$ mit

$$\widehat{\mu}_{x,y}(f) = B_f(x,y) = \langle \Psi(f)x, y \rangle \quad \text{für alle } x, y \in H,$$

und es gilt $\|\Psi(f)\| \leq \|f\|$. Die Eindeutigkeitsaussage in 11.15 impliziert die Linearität von Ψ. Offenbar stimmen Ψ und Φ auf $C(\sigma(A))$ überein. Daher gelten $\Psi(z) = \Phi(z) = A$ und $\|\Psi\| = 1$. Nach (2) ist Ψ w-stetig. Daher ist auch $P : f \longmapsto \Psi(\overline{f}) - \Psi(f)^*$ w-stetig auf $\mathcal{M}_\infty(\sigma(A))$. Nach 17.21 verschwindet P auf $C(\sigma(A))$, also auch auf $\mathcal{M}_\infty(\sigma(A))$ nach 18.2. Folglich gilt $\Psi(\overline{f}) = \Psi(f)^*$ für alle $f \in \mathcal{M}_\infty(\sigma(A))$.

Um Ψ als Algebrenhomomorphismus nachzuweisen, beachten wir, daß für jedes $f \in C(\sigma(A))$ die Abbildung

$$Q : g \longmapsto \Psi(fg) - \Psi(f)\Psi(g)$$

w-stetig auf $\mathcal{M}_\infty(\sigma(A))$ ist und auf $C(\sigma(A))$ verschwindet. Nach 18.2 gilt daher $\Psi(fg) = \Psi(f)\Psi(g)$ für alle $f \in C(\sigma(A))$ und $g \in \mathcal{M}_\infty(\sigma(A))$. Hieraus folgt analog die Multiplikativität von Ψ. Daher ist Ψ ein $*$–Homomorphismus. $\square$

Den Algebrenhomomorphismus $\Psi: \mathcal{M}_\infty(\sigma(A)) \longrightarrow L(H)$ aus 18.3 bezeichnet man als den *Funktionalkalkül* des normalen Operators $A \in L(H)$.

Ist $A \in L(H)$ normal, so enthält $\mathcal{M}_\infty(\sigma(A))$ i.a. wesentlich mehr idempotente Elemente als $C(\sigma(A))$. Wie wir nun zeigen werden, erhalten wir hieraus die Existenz vieler orthogonaler Projektoren in H, welche mit A kommutieren.

18.4 Bemerkung: Sei $A \in L(H)$ normal, und sei Ψ der Funktionalkalkül von A. Sind $f, g \in \mathcal{M}_\infty(\sigma(A))$, so gilt

$$\Psi(f)\Psi(g)^* = \Psi(f\overline{g}) = \Psi(\overline{g}f) = \Psi(g)^*\Psi(f).$$

Bild Ψ besteht also aus normalen Operatoren, die alle miteinander vertauschen. Ist $f \in \mathcal{M}_\infty(\sigma(A))$ reellwertig, so ist $\Psi(f)$ selbstadjungiert, da

$$\Psi(f)^* = \Psi(\overline{f}) = \Psi(f).$$

Daher ist für jede Borelmenge $M \subset \sigma(A)$ (d.h. $M \in B(\sigma(A))$)

$$\Psi(\chi_M) = \Psi(\chi_M^2) = \Psi(\chi_M)\Psi(\chi_M)$$

eine selbstadjungierte Projektion in H, also orthogonal nach 11.14.

18.5 Lemma: *Sei $A \in L(H)$ normal und sei $\Psi \colon \mathcal{M}_\infty(\sigma(A)) \longrightarrow L(H)$ der Funktionalkalkül von A. Setzt man $E(M) := \Psi(\chi_M)$ für $M \in B(\sigma(A))$, so gelten:*

(1) *$E(M)$ ist eine orthogonale Projektion in H mit $AE(M) = E(M)A$.*

(2) *$A_M := A|_{R(E(M))}$ ist in $L(R(E(M)))$, und es gilt $\sigma(A_M) \subset \overline{M}$.*

(3) *$E(M) \neq 0$, falls $M \neq \emptyset$ und offen in $\sigma(A)$.*

Beweis: (1) Dies ist klar nach 18.4.

(2) Nach (1) ist $H_M := R(E(M))$ invariant unter A, d.h. $A(H_M) \subset H_M$. Dies impliziert $A_M \in L(H_M)$. Um die Aussage über $\sigma(A_M)$ zu beweisen, fixieren wir $\lambda \in \mathbb{C} \setminus \overline{M}$. Wegen $\operatorname{dist}(\lambda, \overline{M}) > 0$ ist $f \colon z \longmapsto (\lambda - z)^{-1}\chi_M(z)$ in $\mathcal{M}_\infty(\sigma(A))$. Setzt man $B = \Psi(f)$, so vertauscht $E(M)$ nach 18.4 mit B und mit $\lambda I - A$. Aus

$$(\lambda I - A)B = \Psi(\chi_M) = E(M)$$

folgt daher $B|_{H_M} = (\lambda I_{H_M} - A_M)^{-1}$, d.h. $\lambda \notin \sigma(A_M)$. Also gilt $\sigma(A_M) \subset \overline{M}$.

(3) Ist M eine offene Teilmenge von $\sigma(A)$, so ist $N := \sigma(A) \setminus M$ abgeschlossen. Nimmt man $E(M) = 0$ an, so folgt $E(N) = I$. Nach (2) impliziert dies $\sigma(A) = \sigma(A_N) \subset \overline{N} = N$ und daher $M = \emptyset$. $\square$

18.6 Bemerkung: Ist $A \in L(H)$ normal, so gibt es nach 18.5 eine Familie $(E(M))_{M \in B(\sigma(A))}$ von orthogonalen Projektionen in H, welche mit A vertauschen. Aus dieser Familie kann man A folgendermaßen rekonstruieren:

Sind $M_1, ..., M_n$ paarweise disjunkte Mengen in $B(\sigma(A))$, so daß für gegebenes $\varepsilon > 0$ und geeignete $\lambda_1, ..., \lambda_n \in \mathbb{C}$

$$\| \operatorname{id}_{\sigma(A)} - \sum_{k=1}^{n} \lambda_k \chi_{M_k} \| \leq \varepsilon \quad \text{und} \quad \sigma(A) = \bigcup_{k=1}^{n} M_k$$

gelten, so folgt aus 18.3

$$\| A - \sum_{k=1}^{n} \lambda_k E(M_k) \| = \| \Psi(z) - \Psi(\sum_{k=1}^{n} \lambda_k \chi_{M_k}) \| \leq \|\Psi\| \| \operatorname{id}_{\sigma(A)} - \sum_{k=1}^{n} \lambda_k \chi_{M_k} \| \leq \varepsilon.$$

Man kann also A in der Operatornorm beliebig genau durch Operatoren der Form $\sum_{k=1}^{n} \lambda_k E(M_k)$ approximieren. Diese Operatoren sind von äußerst einfacher Struktur. Denn wegen

$$\sum_{k=1}^{n} E(M_k) = \Psi\left(\sum_{k=1}^{n} \chi_{M_k}\right) = I$$

und

$$E(M_k)E(M_j) = \Psi(\chi_{M_k}\chi_{M_j}) = 0 \quad \text{für } k \neq j$$

ist H die orthogonale direkte Summe der Unterräume $R(E(M_1)), ..., R(E(M_n))$, und der Operator $\sum_{k=1}^{n} \lambda_k E(M_k)$ ist auf jedem dieser Unterräume ein Vielfaches der Identität.

Um die wesentlichen Eigenschaften der Familie $(E(M))_{M \in B(\sigma(A))}$ festzuhalten, führen wir den folgenden Begriff ein.

Definition: Sei Y ein lokalkompakter, σ–kompakter topologischer Raum. Ein *Spektralmaß* auf Y ist eine Abbildung $E: B(Y) \longrightarrow L(H)$ mit folgenden Eigenschaften:

(1) $E(M)$ ist eine orthogonale Projektion für jedes $M \in B(Y)$; $E(\emptyset) = 0$, $E(Y) = I$.

(2) $E(M_1 \cap M_2) = E(M_1)E(M_2)$ für alle $M_1, M_2 \in B(Y)$.

(3) $E(M_1 \cup M_2) = E(M_1) + E(M_2)$ für alle $M_1, M_2 \in B(Y)$ mit $M_1 \cap M_2 = \emptyset$.

(4) Für jedes $x \in H$ ist $E_{x,x}: M \longmapsto \langle E(M)x, x \rangle$ ein Maß auf Y.

18.7 Satz: *Sei $A \in L(H)$ normal, und sei $\Psi: \mathcal{M}_\infty(\sigma(A)) \longrightarrow L(H)$ der Funktionalkalkül von A. Dann ist $E: B(\sigma(A)) \longrightarrow L(H)$, $E(M) := \Psi(\chi_M)$, ein Spektralmaß auf $\sigma(A)$, und es gilt*

$$\langle \Psi(f)x, x \rangle = \int f \, dE_{x,x} \quad \text{für jedes } f \in \mathcal{M}_\infty(\sigma(A)) \text{ und jedes } x \in H.$$

Beweis: Die Eigenschaften (1)–(3) eines Spektralmaßes sind nach 18.5 und 18.3 erfüllt. Um die restlichen Aussagen zu beweisen, sei $x \in H$ fixiert. Dann ist $\widehat{\mu}_{x,x} :$ $f \longmapsto \langle \Psi(f)x, x \rangle$ ein lineares Funktional auf $\mathcal{M}_\infty(\sigma(A))$, welches auf $C(\sigma(A))$ positiv ist. Denn für $f \in C(\sigma(A))$ mit $f \geq 0$ ist auch $\sqrt{f}$ in $C(\sigma(A))$, so daß nach 18.3 gilt

$$\widehat{\mu}_{x,x}(f) = \langle \Phi(\sqrt{f})x, \Phi(\sqrt{f})x \rangle = \|\Phi(\sqrt{f})x\|^2 \geq 0.$$

Daher ist $\widehat{\mu}_{x,x}$ ein Maß auf $\sigma(A)$. Weil $\widehat{\mu}_{x,x}$ nach 18.3 auf $\mathcal{M}_\infty(\sigma(A))$ w-stetig ist, gilt nach 18.2:

$$\langle \Psi(f)x, x \rangle = \int f \, d\widehat{\mu}_{x,x} \quad \text{für alle } f \in \mathcal{M}_\infty(\sigma(A)).$$

Hieraus folgt $\widehat{\mu}_{x,x} = E_{x,x}$, da für jedes $M \in B(\sigma(A))$ gilt

$$E_{x,x}(M) = \langle E(M)x, x \rangle = \langle \Psi(\chi_M)x, x \rangle = \int \chi_M \, d\widehat{\mu}_{x,x} = \widehat{\mu}_{x,x}(M). \qquad \square$$

Um nachzuweisen, daß das Spektralmaß aus 18.7 durch A eindeutig bestimmt ist, beweisen wir die folgenden beiden Hilfssätze :

18.8 Lemma: *Sind $A, B \in L(H)$ und gilt $\langle Ax, x \rangle = \langle Bx, x \rangle$ für alle $x \in H$, so folgt $A = B$.*

Beweis: Setzt man $D := A - B$, so gilt $\langle Dx, x \rangle = 0$ für alle $x \in H$. Folglich gilt

$$(*) \qquad 0 = \langle D(x+y), x+y \rangle = \langle Dx, y \rangle + \langle Dy, x \rangle \quad \text{für alle } x, y \in H.$$

Ersetzt man y in $(*)$ durch iy, so folgt $0 = -\langle Dx, y \rangle + \langle Dy, x \rangle$. Addiert man dies zur rechten Seite von $(*)$, so erhält man $0 = 2\langle Dy, x \rangle$ für alle $x, y \in H$. Also gilt $D = 0$. $\qquad \square$

Bemerkung: Wie 16.19 zeigt, ist 18.8 falsch für reelle Hilberträume.

18.9 Lemma: *Sei E ein Spektralmaß auf Y. Dann gibt es zu jedem $f \in \mathcal{M}_\infty(Y)$ einen eindeutig bestimmten Operator $\int f\, dE$ in $L(H)$ mit folgenden Eigenschaften:*

(1) *$\langle \int f\, dE x, x \rangle = \int f\, dE_{x,x}$ für jedes $x \in H$.*

(2) *$\| \int f\, dE x \|^2 = \int |f|^2\, dE_{x,x}$ für jedes $x \in H$.*

Die Abbildung $f \longmapsto \int f\, dE$ ist ein $*$–Homomorphismus von $\mathcal{M}_\infty(Y)$ in $L(H)$.

Beweis: Wir setzen $T := \mathrm{span}\{\chi_M : M \in B(Y)\} \subset \mathcal{M}_\infty(Y)$. Dann ist T ein dichter linearer Teilraum von $\mathcal{M}_\infty(Y)$, wie der Beweis von A.13 zeigt. Für $f = \sum_{j=1}^n \lambda_j \chi_{M_j}$ in T und $x \in H$ gilt

$$(3) \qquad \langle \sum_{j=1}^n \lambda_j E(M_j) x, x \rangle = \sum_{j=1}^n \lambda_j \langle E(M_j) x, x \rangle = \int f\, dE_{x,x}.$$

Da $\sum_{j=1}^n \lambda_j E(M_j)$ in $L(H)$ ist, hängt dieser Operator nach 18.8 und (3) nur von f und nicht von der gewählten Darstellung ab. Daher ist $\Psi \colon T \longrightarrow L(H)$

$$\Psi : \sum_{j=1}^n \lambda_j \chi_{M_j} \longmapsto \sum_{j=1}^n \lambda_j E(M_j), \quad \sum_{j=1}^n \lambda_j \chi_{M_j} \in T,$$

eine wohldefinierte Abbildung. Diese ist linear und erfüllt

$$(4) \qquad \Psi(\overline{f}) = \Psi(f)^* \quad \text{für alle } f \in T.$$

Sind $f, g \in T$, so kann man Darstellungen

$$f = \sum_{j=1}^n \lambda_j \chi_{M_j} \quad \text{und} \quad g = \sum_{j=1}^n \mu_j \chi_{M_j}$$

finden, wobei die Mengen $M_1, ..., M_n$ paarweise disjunkt sind. Dann gilt $fg = \sum_{j=1}^{n} \lambda_j \mu_j \chi_{M_j}$ und daher

$$(5) \qquad \Psi(f)\Psi(g) = \sum_{j=1}^{n} \sum_{k=1}^{n} \lambda_j \mu_k E(M_j) E(M_k) = \sum_{j=1}^{n} \lambda_j \mu_j E(M_j) = \Psi(fg).$$

Aus (3)–(5) folgt nun für $f \in T$ und $x \in H$

$$(6) \qquad \|\Psi(f)x\|^2 = \langle \Psi(f)^* \Psi(f)x,\, x \rangle = \langle \Psi(\overline{f}f)x,\, x \rangle = \int |f|^2 \, dE_{x,x}.$$

Wegen $E_{x,x}(Y) = \|x\|^2$ folgt hieraus

$$(7) \qquad \|\Psi(f)x\|^2 = \int |f|^2 \, dE_{x,x} \leq \|f\|_{\mathcal{M}_\infty(Y)}^2 E_{x,x}(Y) = \|f\|_{\mathcal{M}_\infty(Y)}^2 \|x\|^2.$$

Also ist Ψ stetig und besitzt eine stetige lineare Fortsetzung $\widetilde{\Psi}$ auf $\mathcal{M}_\infty(Y)$. Setzt man $\int f \, dE := \widetilde{\Psi}(f)$, so erhält man aus (3)–(7) durch Grenzwertbetrachtungen die angegebenen Eigenschaften. Nach 18.8 ist $\int f \, dE$ durch (1) eindeutig bestimmt. $\square$

Definition: Sei E ein Spektralmaß auf Y. Für $f \in \mathcal{M}_\infty(Y)$ bezeichnen wir das nach 18.9 eindeutig bestimmte Element $\int f \, dE$ von $L(H)$ als das *Integral von f nach dem Spektralmaß E*.

In Analogie zu dem Spektralabbildungssatz 17.22 zeigen wir in Satz 20.11, wie man $\sigma(\int f \, dE)$ aus f erhalten kann.

Wir beweisen nun den Spektralsatz für normale Operatoren in Hilberträumen.

18.10 Satz: *Ist $A \in L(H)$ normal, so gibt es ein eindeutig bestimmtes Spektralmaß E auf $\sigma(A)$, für welches $A = \int z \, dE$ gilt.*

Beweis: Existenz: Nach 18.7 gibt es ein Spektralmaß E auf $\sigma(A)$ mit $A = \int z \, dE$. Eindeutigkeit: Sei F ein Spektralmaß auf $\sigma(A)$ mit $A = \int z \, dF$. Dann ist

$$\widetilde{\Psi} : \mathcal{M}_\infty(\sigma(A)) \longrightarrow L(H), \quad \widetilde{\Psi}(f) := \int f \, dF,$$

nach 18.9 ein $*$–Homomorphismus. Daher gilt für jedes Polynom q in z und $\overline{z}$, $q(z) = \sum_{j,k=0}^{m} a_{j,k} z^j \overline{z}^k$:

$$\widetilde{\Psi}(q) = \sum_{j,k=0}^{m} a_{j,k} A^j (A^*)^k = \Psi(q),$$

wobei Ψ den Funktionalkalkül für A bezeichnet. Da die Polynome in z und $\overline{z}$ nach Bemerkung (1) zum Approximationssatz von Weierstraß 4.16 in $C(\sigma(A))$ dicht liegen, und da $\widetilde{\Psi}$ und Ψ stetig sind, folgt $\Psi(f) = \widetilde{\Psi}(f)$ für alle $f \in C(\sigma(A))$.

Ist G offen in $\sigma(A)$, so gibt es nach 4.17 eine Folge $(g_n)_{n\in\mathbb{N}}$ in $C(\sigma(A))$, die beschränkt punktweise gegen χ_G konvergiert. Daher gilt nach 18.3 und dem Lebesgueschen Grenzwertsatz (A.8 und A.31(4)) für $x \in H$

$$F_{x,x}(G) = \int \chi_G \, dF_{x,x} = \lim_{n\to\infty} \int g_n \, dF_{x,x} = \lim_{n\to\infty} \langle \widetilde{\Psi}(g_n)x \, , \, x \rangle$$
$$= \lim_{n\to\infty} \langle \Psi(g_n)x \, , \, x \rangle = \langle \Psi(\chi_G)x \, , \, x \rangle = E_{x,x}(G) \, .$$

Nach A.25(4) folgt hieraus, daß die Maße $F_{x,x}$ und $E_{x,x}$ für jedes $x \in H$ übereinstimmen. Nach 18.8 impliziert dies $F = E$. $\square$

Das Spektralmaß $E: B(\sigma(A)) \longrightarrow L(H)$ aus 18.10 bezeichnet man als das *Spektralmaß des normalen Operators* $A \in L(H)$.

18.11 Beispiel: Sei m das Lebesgue–Maß auf $[0,1]$ und sei $H := L_2([0,1], m)$. Dann ist $A: H \longrightarrow H$, definiert durch

$$Ax : t \longmapsto tx(t),$$

ein selbstadjungierter Operator in $L(H)$. Um $\sigma(A) = [0,1]$ zu zeigen, bemerken wir, daß nach 17.17 gilt $\sigma(A) \subset \mathbb{R}$. Ist $\lambda \in \mathbb{R} \setminus [0,1]$, so ist $t \longmapsto (\lambda - t)^{-1}$ in $C[0,1]$. Hieraus folgt leicht, daß

$$R(\lambda) : H \longrightarrow H, \quad R(\lambda)x : t \longmapsto \frac{1}{\lambda - t}x(t), \quad t \in [0,1],$$

in $L(H)$ und invers zu $\lambda I - A$ ist. Folglich gilt $\sigma(A) \subset [0,1]$. Ist $\lambda \in \,]0,1[$, so definieren wir $x_n \in H$ durch

$$x_n : t \longmapsto \begin{cases} (\lambda - t)^{-1} & \text{für } |t - \lambda| \geq 1/n \\ 0 & \text{für } |t - \lambda| < 1/n \, . \end{cases}$$

Dann gilt

$$\|(\lambda I - A)x_n\|^2 \leq \int 1 \, dm = 1 \quad \text{für alle } n \in \mathbb{N}.$$

Andererseits gilt für hinreichend große $n \in \mathbb{N}$

$$\|x_n\|^2 = \int_{|\lambda - t| \geq \frac{1}{n}} |(\lambda - t)^{-1}|^2 dm \geq \int_{\frac{1}{n}}^{1-\lambda} \tau^{-2} dm = n - (1 - \lambda)^{-1} \longrightarrow \infty \, .$$

Also ist $\lambda \in \sigma(A)$ für jedes $\lambda \in \,]0,1[$. Dies impliziert $\sigma(A) = [0,1]$.

Definiert man $E: B([0,1]) \longrightarrow L(H)$ durch $E(M): x \longmapsto \chi_M x$, so prüft man leicht nach, daß E ein Spektralmaß auf $[0,1]$ ist. Insbesondere gilt für jedes $x \in H$ und jedes $M \in B([0,1])$:

$$E_{x,x}(M) = \langle E(M)x \, , \, x \rangle = \int \chi_M |x|^2 dm = \int_M |x|^2 dm \, .$$

Daher folgt aus A.34

$$\left\langle \int t\,dEx\,,\,x \right\rangle = \int t\,dE_{x,x} = \int_0^1 t|x(t)|^2 dm(t) = \langle Ax\,,\,x \rangle$$

für jedes $x \in H$. Nach 18.10 ist daher E das Spektralmaß von A.

Man beachte, daß der Operator A keinen Eigenwert besitzt.

Als erste Anwendung des Spektralsatzes notieren wir:

18.12 Satz: *Sei $A \in L(H)$ normal, und sei E das Spektralmaß von A. Ein Operator $B \in L(H)$ vertauscht mit A genau dann, wenn*

$$BE(M) = E(M)B \quad \text{für jedes } M \in B(\sigma(A))\,.$$

Beweis: $\Rightarrow$: Sei Ψ der Funktionalkalkül für A. Wir definieren

$$G: \mathcal{M}_\infty(\sigma(A)) \longrightarrow L(H) \quad , \quad G(f) := \Psi(f)B - B\Psi(f)\,.$$

Dann ist G stetig und w-stetig. Aus $AB = BA$ folgt $A^*B = BA^*$ nach 17.23. Daher verschwindet G auf allen Polynomen in z und $\overline{z}$, also nach Bemerkung (1) zum Approximationssatz von Weierstraß 4.16 auf $C(\sigma(A))$ und daher auf $\mathcal{M}_\infty(\sigma(A))$ nach 18.2. Wegen $E(M) = \Psi(\chi_M)$ folgt hieraus die Behauptung.

$\Leftarrow$: Nach 18.6 gibt es eine Folge $(A_k)_{k\in\mathbb{N}}$ in span$\{E(M) : M \in B(\sigma(A))\}$, die in $L(H)$ gegen A konvergiert. Die Voraussetzung impliziert $A_kB = BA_k$ für alle $k \in \mathbb{N}$. Hieraus folgt $AB = BA$, da die Multiplikation in $L(H)$ stetig ist. □

Um die Eigenwerte eines normalen Operators A durch sein Spektralmaß zu charakterisieren, bemerken wir :

18.13 Lemma: *Ist $A \in L(H)$ normal, so gilt für jedes $\lambda \in \mathbb{C}$:*

$$N(\lambda I - A) = N(\overline{\lambda}I - A^*)\,.$$

Beweis: Setzt man $T := \lambda I - A$, so gilt für jedes $x \in H$

$$\begin{aligned}
\|(\lambda I - A)x\|^2 &= \langle Tx\,,\,Tx \rangle = \langle x\,,\,T^*Tx \rangle = \langle x\,,\,TT^*x \rangle \\
&= \langle T^*x\,,\,T^*x \rangle = \|(\overline{\lambda}I - A^*)x\|^2\,.
\end{aligned}$$

□

18.14 Satz: *Sei $A \in L(H)$ normal, und sei E das Spektralmaß von A. Dann gelten für $\lambda \in \sigma(A)$:*

(1) *λ ist Eigenwert von A genau dann, wenn $E(\{\lambda\}) \neq 0$.*

(2) *Ist λ Eigenwert von A, so ist $E(\{\lambda\})$ die orthogonale Projektion von H auf den zugehörigen Eigenraum $H_\lambda = N(\lambda I - A)$.*

(3) *Ist λ isolierter Punkt von $\sigma(A)$, so ist λ Eigenwert von A.*

Beweis: (1) Ist λ Eigenwert von A, so gilt $H_\lambda \neq \{0\}$. Um $H_\lambda \subset R(E(\{\lambda\}))$ zu zeigen, setze $M_n := \{z \in \sigma(A) : |z - \lambda| \geq 1/n\}$ für $n \in \mathbb{N}$ und definiere f_n, $f : \sigma(A) \longrightarrow \mathbb{C}$ durch

$$f_n(z) := \chi_{M_n}(z)/(\lambda - z), \quad f(z) := \lambda - z.$$

Dann gilt $\chi_{M_n} = f_n f$ für alle $n \in \mathbb{N}$. Ist Ψ der Funktionalkalkül für A, so gilt daher für jedes $x \in H_\lambda$

$$E(M_n)x = \Psi(\chi_M)x = \Psi(f_n f)x = \Psi(f_n)\Psi(f)x = \Psi(f_n)(\lambda I - A)x = 0.$$

Aus $\sigma(A) \setminus \{\lambda\} = \bigcup_{n \in \mathbb{N}} M_n$ und der σ–Additivität von $M \longmapsto \langle E(M)x, x\rangle$ folgt

$$\|E(\sigma(A) \setminus \{\lambda\})x\|^2 = \lim_{n \to \infty} \langle E(M_n)x, x\rangle = 0, \quad x \in H_\lambda.$$

Wegen $I = E(\sigma(A) \setminus \{\lambda\}) + E(\{\lambda\})$ folgt daher $x = E(\{\lambda\})x$ für jedes $x \in H_\lambda$ und daher $H_\lambda \subset R(E(\{\lambda\}))$.

Ist andererseits $E(\{\lambda\}) \neq 0$, so gilt für $x \in R(E(\{\lambda\}))$

$$Ax = AE(\{\lambda\})x = \Psi(z\chi_{\{\lambda\}})x = \Psi(\lambda\chi_{\{\lambda\}})x = \lambda E(\{\lambda\})x = \lambda x.$$

Also ist λ Eigenwert von A, und es gilt $R(E(\{\lambda\})) \subset H_\lambda$.

(2) Nach dem Beweis von (1) gilt $H_\lambda = R(E(\{\lambda\}))$. Da $E(\{\lambda\})$ eine orthogonale Projektion ist, folgt hieraus (2).

(3) Nach Voraussetzung ist $\{\lambda\}$ eine offene Teilmenge von $\sigma(A)$. Also ist $E(\{\lambda\}) \neq 0$ nach 18.5(3), was nach (1) die Behauptung impliziert. $\qquad \square$

Für weitere Anwendungen des Spektralsatzes notieren wir :

18.15 Lemma: *Ein Operator $A \in L(H)$ ist selbstadjungiert genau dann, wenn $\langle Ax, x\rangle$ reell ist für alle $x \in H$.*

Beweis: Erfüllt A die angegebene Bedingung, so gilt für alle $x \in H$:

$$\langle A^*x, x\rangle = \langle x, Ax\rangle = \overline{\langle Ax, x\rangle} = \langle Ax, x\rangle.$$

Nach 18.8 impliziert dies $A^* = A$. Daher folgt die Behauptung aus 11.13. $\qquad \square$

Definition: $A \in L(H)$ heißt *positiv*, falls $\langle Ax, x\rangle \geq 0$ für alle $x \in H$.

18.16 Satz: *$A \in L(H)$ ist positiv genau dann, wenn A selbstadjungiert ist und $\sigma(A) \subset [0, \infty[$ gilt.*

Beweis: ⇒: Nach 18.15 ist A selbstadjungiert. Nach 17.17 gilt daher $\sigma(A) \subset \mathbb{R}$. Um $\sigma(A) \subset [0, \infty[$ zu zeigen, beachten wir, daß für $\lambda < 0$ gilt:

$$\|(A - \lambda I)x\|\|x\| \geq \langle (A - \lambda I)x, x \rangle = \langle Ax, x \rangle - \lambda\langle x, x \rangle \geq |\lambda|\,\|x\|^2.$$

Hieraus folgt, daß $A - \lambda I$ injektiv ist und nach 8.7 abgeschlossenes Bild hat. Daher gilt $R(A - \lambda I) = N((A - \lambda I)^*)^\circ = H$ nach 11.12 und damit $\lambda \notin \sigma(A)$.

⇐: Sei E das Spektralmaß von A. Wegen $\sigma(A) \subset [0, \infty[$ ist $B := \int \sqrt{z}\,dE$ nach 18.9(1) positiv, und es gilt $A = B^2 = B^*B$. Dies impliziert $\langle Ax, x \rangle = \|Bx\|^2 \geq 0$ für alle $x \in H$. $\qquad\square$

18.17 Lemma: *Ist $A \in L(H)$ positiv, so besitzt A genau eine positive Wurzel, d.h. es gibt genau einen positiven Operator $B \in L(H)$ mit $A = B^2$.*

Beweis: Die Existenz von B haben wir bereits im Beweis von 18.16 gezeigt. Um die Eindeutigkeit zu beweisen, seien B_1 und B_2 positive Wurzeln von A. Nach 17.9 und 18.16 gelten dann für $j = 1, 2$:

$$\sigma(A) = \{\lambda^2 : \lambda \in \sigma(B_j)\} \text{ und } \sigma(B_j) \subset [0, \infty[.$$

Hieraus folgt

$$K := \sigma(B_1) = \{\sqrt{\lambda} : \lambda \in \sigma(A)\} = \sigma(B_2) \subset [0, \infty[.$$

Daher ist

$$M := \{f \in C(K) : f(z) = \sum_{j=0}^{m} \alpha_j z^{2j}, \ \alpha_j \in \mathbb{C}, \ 0 \leq j \leq m, \ m \in \mathbb{N}_0\}$$

nach 4.15 dicht in $C(K)$. Bezeichnet Ψ_j den Funktionalkalkül von B_j für $j = 1, 2$, so gilt für $f \in M$, $f(z) = \sum_{j=0}^{m} \alpha_j z^{2j}$

$$\Psi_1(f) = \sum_{j=0}^{m} \alpha_j B_1^{2j} = \sum_{j=0}^{m} \alpha_j A^j = \sum_{j=0}^{m} \alpha_j B_2^{2j} = \Psi_2(f).$$

Da Ψ_1 und Ψ_2 stetig auf $C(K)$ sind, stimmen sie auf $C(K)$ überein. Daher gilt $B_1 = \Psi_1(z) = \Psi_2(z) = B_2$. $\qquad\square$

Den folgenden Begriff benötigen wir für eine wichtige Anwendung von 18.17.

Definition: Seien H und G komplexe Hilberträume. $H_0 \subset H$ und $G_0 \subset G$ seien abgeschlossene Unterräume. $U \in L(H, G)$ heißt *partielle Isometrie* von H_0 nach G_0, falls $U|_{H_0}$ eine Isometrie von H_0 auf G_0 ist und $U|_{H_0^\perp} \equiv 0$ gilt.

Bemerkung: Ist U wie in der obigen Definition, so gelten $U^*|_{G_0} = \left(U|_{H_0}\right)^{-1}$ und $U^*|_{G_0^\perp} = 0$, d.h. $U^* \in L(G, H)$ ist eine partielle Isometrie von G_0 nach H_0. Aus der Polarisationsgleichung 11.2(2) folgt nämlich

$$\langle Ux, Uy \rangle = \langle x, y \rangle \quad \text{für alle } x, y \in H_0.$$

Daher gilt $U^*|_{G_0} = \left(U|_{H_0}\right)^{-1}$. Wie man leicht sieht, gilt $U^*|_{G_0^\perp} = 0$. Insbesondere gelten also $U^*U = Q_{H_0}$ und $UU^* = Q_{G_0}$, wobei Q_{H_0} bzw. Q_{G_0} die orthogonale Projektion auf H_0 bzw. G_0 bezeichnen.

18.18 Satz: (Polarzerlegung) *Seien H und G komplexe Hilberträume. Dann gibt es zu jedem $A \in L(H, G)$ eine eindeutig bestimmte Darstellung $A = UP$, wobei $P \in L(H)$ positiv und $U \in L(H, G)$ eine partielle Isometrie von $\overline{R(P)}$ nach $\overline{R(A)}$ ist. Es gelten $P^2 = A^*A$ und $P = U^*A$.*

Beweis: Eindeutigkeit: Ist $A = UP$ eine Darstellung mit den o.g. Eigenschaften, so gilt nach der Vorbemerkung

$$A^*A = PU^*UP = PQ_{\overline{R(P)}}P = P^2.$$

Also ist P eine positive Wurzel des positiven Operators A^*A und ist daher nach 18.17 eindeutig bestimmt. Als partielle Isometrie von $\overline{R(P)}$ nach $\overline{R(A)}$ ist U durch seine Werte auf $R(P)$ eindeutig bestimmt. Diese sind aber durch die Relation $UP = A$ festgelegt.

Existenz: Da A^*A positiv ist, besitzt A^*A nach 18.17 eine positive Wurzel P. Für diese gilt

$$(*) \quad \|Px\|^2 = \langle Px, Px \rangle = \langle P^2 x, x \rangle = \langle A^*Ax, x \rangle = \|Ax\|^2 \quad \text{für alle } x \in H.$$

Da A und P linear sind, folgt aus $(*)$, daß $Px = Px'$ zu $Ax = Ax'$ äquivalent ist. Durch $U_0 \colon Px \longmapsto Ax$ wird daher eine lineare Abbildung $U_0 \colon R(P) \longrightarrow R(A)$ definiert. U_0 ist nach $(*)$ isometrisch und offenbar bijektiv. Daher ist die stetige Fortsetzung $\overline{U_0}$ von U_0 auf $\overline{R(P)}$ eine isometrische Bijektion zwischen $\overline{R(P)}$ und $\overline{R(A)}$. Bezeichnet Q die orthogonale Projektion von H auf $\overline{R(P)}$, so ist $U := \overline{U_0} \circ Q$ eine partielle Isometrie von $\overline{R(P)}$ nach $\overline{R(A)}$, und es gilt $A = UP$. Nach der Vorbemerkung gilt

$$U^*A = U^*UP = QP = P. \qquad \square$$

18.19 Corollar: *Jeder invertierbare Operator $A \in L(H)$ hat eine eindeutig bestimmte Darstellung $A = UP$, wobei $P \in L(H)$ positiv und invertierbar und $U \in L(H)$ unitär ist.*

Beweis: Sei $A = UP$ die Polarzerlegung von A gemäß 18.18. Da mit A auch A^* und A^*A invertierbar sind, gilt

$$0 \notin \{\sqrt{\lambda} : \lambda \in \sigma(A^*A)\} = \sigma(P).$$

Also ist P invertierbar. Dies impliziert $R(P) = H = R(A)$. Folglich ist U eine isometrische Bijektion von H und daher unitär. Dies beweist die Existenz der angegebenen Darstellung. Ihre Eindeutigkeit folgt aus 18.18, da jede solche Darstellung eine Polarzerlegung ist. □

Wir wollen nun noch eine interessante Darstellung für die unitären Operatoren in H herleiten. Dazu erinnern wir daran (siehe Beweis des Satzes von Fuglede 17.23), daß für jeden selbstadjungierten Operator $A \in L(H)$ der Operator e^{iA} unitär ist, da $(e^{iA})^* e^{iA} = e^{iA}(e^{iA})^* = I$. Umgekehrt gilt:

18.20 Satz: *Ist $U \in L(H)$ unitär, so gibt es einen eindeutig bestimmten injektiven positiven Operator $A \in L(H)$ mit $\sigma(A) \subset [0, 2\pi]$, so daß*

$$U = e^{iA}.$$

Beweis: Existenz: Da jeder unitäre Operator normal ist, besitzt U nach 18.3 einen Funktionalkalkül $\Psi \colon \mathcal{M}_\infty(\sigma(U)) \longrightarrow L(H)$. Nach 17.17 gilt

$$\sigma(U) \subset S = \{ z \in \mathbb{C} : |z| = 1 \}.$$

Wir definieren arg: $\sigma(U) \longrightarrow]0, 2\pi]$ durch $\exp(i \arg z) = z$. Dann ist arg $\in \mathcal{M}_\infty(\sigma(U))$. Wir setzen

$$A := \Psi(\arg) = \int \arg \, dE,$$

wobei E das Spektralmaß von U ist. Aus 18.9(1) folgt dann, daß A ein positiver Operator ist. Daher gilt $\sigma(A) \subset [0, \infty[$ nach 18.16. Für $\lambda \in \mathbb{R}$ mit $\lambda > 2\pi$ ist g: $z \longmapsto (\lambda - \arg(z))^{-1}$ in $\mathcal{M}_\infty(\sigma(U))$, und es gilt

$$\Psi(g)(\lambda I - A) = (\lambda I - A)\Psi(g) = \Psi((\lambda - \arg)g) = \Psi(1) = I.$$

Also ist $\lambda \in \rho(A)$. Daher gilt $\sigma(A) \subset [0, 2\pi]$. Die Stetigkeit von Ψ impliziert

$$U = \Psi(z) = \Psi(e^{i \arg}) = \Psi\left(\sum_{k=0}^{\infty} \frac{1}{k!} (i \arg)^k \right) = \sum_{k=0}^{\infty} \frac{1}{k!} (iA)^k = e^{iA}.$$

Ist nun $x \in N(A)$, so gilt

$$Ux = e^{iA}x = \sum_{k=0}^{\infty} \frac{i^k}{k!} A^k x = x,$$

und daher $E(\{1\})x = x$. Aus $\arg \chi_{\{1\}} = 2\pi \chi_{\{1\}}$ folgt dann

$$0 = Ax = AE(\{1\})x = \Psi(\arg \chi_{\{1\}})x = 2\pi\Psi(\chi_{\{1\}})x = 2\pi E(\{1\})x = 2\pi x.$$

Also ist A injektiv.

Eindeutigkeit: Seien A_1 und A_2 positive Operatoren, welche alle geforderten Eigenschaften haben. Bezeichnet man mit $\Psi_j : \mathcal{M}_\infty(\sigma(A_j)) \longrightarrow L(H)$ den Funktionalkalkül von A_j, so gilt

$$\Psi_1(\exp(ik\cdot)) = e^{ikA_1} = U^k = e^{ikA_2} = \Psi_2(\exp(ik\cdot)) \quad \text{für alle } k \in \mathbb{Z}.$$

Daher stimmen Ψ_1 und Ψ_2 auf den trigonometrischen Polynomen überein. Weil diese nach Bemerkung (3) zum Approximationssatz von Weierstraß 4.16 in $C_{2\pi}$ dicht liegen, gilt $\Psi_1(f|_{\sigma(A_1)}) = \Psi_2(f|_{\sigma(A_2)})$ für jedes $f \in C_{2\pi}$. Sei nun g diejenige 2π-periodische Funktion auf $\mathbb{R}$, für die $g(t) = t + 2\pi\chi_{\{0\}}(t)$ für $t \in [0, 2\pi[$. Da A_j injektiv ist, gilt $\Psi_j(\chi_{\{0\}}) = 0$ nach 18.14 und daher

$$\Psi_j(g|_{\sigma(A_j)}) = A_j + 2\pi\Psi_j(\chi_{\{0\}}) = A_j \,, \quad j = 1, 2 \,.$$

Offenbar gibt es eine Folge $(g_n)_{n\in\mathbb{N}}$ in $C_{2\pi}$, die beschränkt punktweise auf $\mathbb{R}$ gegen g konvergiert. Daher gilt für alle $x, y \in H$:

$$\langle A_1 x \,, y \rangle = \lim_{n\to\infty} \langle \Psi_1(g_n|_{\sigma(A_1)})x \,, y \rangle = \lim_{n\to\infty} \langle \Psi_2(g_n|_{\sigma(A_2)})x \,, y \rangle = \langle A_2 x \,, y \rangle \,. \quad \square$$

Aufgaben:

(1) Seien H ein komplexer Hilbertraum und $A \in L(H)$ normal. Zeigen Sie:

    (a) $\|A\| = \sup\{|\langle Ax \,, x \rangle| : \|x\| \le 1\}$.

    (b) Es gibt selbstadjungierte Operatoren P und Q, P positiv, so daß $PQ = QP$ und $A = Pe^{iQ}$ gelten.

    (c) Es gibt ein $B \in L(H)$ mit $B^2 = A$.

    (d) Ist A zusätzlich kompakt, so gibt es einen Eigenwert λ von A mit $|\lambda| = \|A\|$.

    (e) Für $H = l_2(\mathbb{Z})$ und $A : (x_n)_{n\in\mathbb{Z}} := ((-1)^n x_n)_{n\in\mathbb{Z}}$ bestimmen Sie A^z für $z \in \mathbb{C}$.

(2) Seien $(e_j)_{j\in\mathbb{N}}$ eine Orthonormalbasis in dem komplexen Hilbertraum H und $(\mu_j)_{j\in\mathbb{N}}$ eine beschränkte Folge in $\mathbb{C}$. Setze $Y := \overline{\{\mu_j : j \in \mathbb{N}\}}$ und definiere $J(M) := \{j \in \mathbb{N} : \mu_j \in M\}$ für $M \in B(Y)$. Zeigen Sie:

    (a) Durch $A : x \longmapsto \sum_{j=1}^\infty \mu_j \langle x \,, e_j \rangle e_j$ wird ein normaler Operator auf H definiert, für welchen $\sigma(A) = Y$ gilt.

    (b) $E : B(Y) \to L(H)$, $E(M) : x \longmapsto \sum_{j\in J(M)} \langle x \,, e_j \rangle e_j$, ist das Spektralmaß von A.

(3) Sei H ein komplexer Hilbertraum. Zeigen Sie:

    (a) Ist $A \in L(H)$ invertierbar, so gibt es selbstadjungierte Operatoren B und C in $L(H)$, so daß $A = e^B e^{iC}$.

    (b) Die Gruppe $G_{L(H)}$ ist wegzusammenhängend.

(4) Sei E ein Spektralmaß auf Y. Zeigen Sie, daß dann für jedes $x \in H$ und jede Folge $(M_j)_{j\in\mathbb{N}}$ von paarweise disjunkten Mengen in $B(Y)$ gilt $E\big(\bigcup_{j\in\mathbb{N}} M_j\big)x = \sum_{j=1}^\infty E(M_j)x$.

§ 19 Unbeschränkte Operatoren zwischen Hilberträumen

Die bisher behandelte Spektraltheorie normaler und selbstadjungierter Operatoren in Hilberträumen hat vielfältige schöne Anwendungen bei der Behandlung von Integralgleichungen. Sie ist aber für die Behandlung von (partiellen) Differentialgleichungen und als Rahmen für die klassische Quantenmechanik nicht geeignet. Die in den drei folgenden Abschnitten dargestellte Theorie wird dies leisten.

Im weiteren seien H und G stets Hilberträume über dem Körper $\mathbb{K}$. Dann ist auch $H \times G$ ein Hilbertraum unter dem Skalarprodukt

$$\langle (x,y), (s,t) \rangle := \langle x, s \rangle_H + \langle y, t \rangle_G, \quad x, s \in H, \ y, t \in G.$$

Es gilt $\|(x,y)\| = (\|x\|_H^2 + \|y\|_G^2)^{\frac{1}{2}}$ für alle $(x,y) \in H \times G$.

Definition: Ein *Operator* A von H nach G ist eine, auf einem linearen Teilraum $D(A)$ von H definierte, lineare Abbildung A mit Werten in G. $D(A)$ heißt *Definitionsbereich* von A, $R(A) := \{Ax : x \in D(A)\}$ heißt *Wertebereich* von A.

Ein Operator A von H nach G heißt *dicht definiert*, falls $D(A)$ in H dicht ist. Den linearen Teilraum $\mathcal{G}(A) := \{(x, Ax) : x \in D(A)\}$ von $H \times G$ bezeichnet man als den *Graphen von A*.

Sind A, B Operatoren von H nach G, so heißt B eine *Erweiterung* von A (oder A eine *Einschränkung* von B), falls $\mathcal{G}(A) \subset \mathcal{G}(B)$. Man schreibt dafür $A \subset B$.

Das folgende Lemma klärt, welche Unterräume von $H \times G$ Graphen eines Operators sind.

19.1 Lemma: *Ein linearer Teilraum L von $H \times G$ ist genau dann Graph eines Operators A von H nach G, wenn $\{(x,y) \in L : x = 0\} = \{(0,0)\}$ gilt.*

Beweis: Offensichtlich reicht es zu zeigen, daß die angegebene Bedingung die Existenz eines Operators A mit $\mathcal{G}(A) = L$ impliziert. Dazu sei π_H bzw. π_G die kanonische Abbildung von L nach H bzw. G. Dann sind π_H und π_G linear, und nach Voraussetzung gilt $\pi_H^{-1}(\{0\}) = \{(0,0)\}$. Also ist π_H injektiv. Definiert man $D(A) := \pi_H(L)$ und $A := \pi_G \circ \pi_H^{-1}$, so ist A ein linearer Operator von H nach G, für den $\mathcal{G}(A) = L$ gilt. $\qquad\square$

Bemerkung: Aus 19.1 folgt unmittelbar: Ist B ein Operator von H nach G und L ein linearer Teilraum von $\mathcal{G}(B)$, so gibt es einen Operator A von H nach G mit $L = \mathcal{G}(A)$.

19.2 Lemma: *Sei A ein dicht definierter Operator von H nach G. Dann gelten:*

(1) $D(A^*) := \{y \in G : x \longmapsto \langle Ax , y \rangle$ ist stetig auf $D(A)\}$ ist ein linearer Teilraum von G.

(2) Für jedes $y \in D(A^*)$ gibt es genau ein $A^*y \in H$ mit

$$\langle Ax , y \rangle = \langle x , A^*y \rangle \quad \text{für alle } x \in D(A).$$

(3) $A^* : D(A^*) \longrightarrow H$ ist linear.

Beweis: (1) Dies gilt, da Linearkombinationen stetiger Funktionen stetig sind.

(2) Die Dichtheit von $D(A)$ in H impliziert die Eindeutigkeit von A^*y. Die Existenz folgt so: Für $y \in D(A^*)$ ist $\varphi_y : D(A) \longrightarrow \mathbb{K}$, $\varphi_y(x) := \langle Ax , y \rangle$, linear und stetig, also gleichmäßig stetig nach 5.4. Daher besitzt φ_y nach 3.5 eine stetige Fortsetzung $\widehat{\varphi_y}$ auf $\overline{D(A)} = H$, welche linear ist. Nach 11.9 gibt es ein $A^*y \in H$, so daß $\widehat{\varphi_y}(x) = \langle x , A^*y \rangle$ für alle $x \in H$. Folglich gilt (2).

(3) Dies folgt mit (1) aus der Eindeutigkeitsaussage in (2). $\square$

Definition: Ist A ein dicht definierter Operator von H nach G, so bezeichnet man den in 19.2 definierten Operator A^* von G nach H als den zu A adjungierten Operator.

Bemerkung: Definiert man $U : H \times G \longrightarrow G \times H$ durch $U(x,y) = (y,-x)$, so ist $U \in L(H \times G, G \times H)$ ein Isomorphismus. Offenbar ist U unitär, und es gilt $U^* = U^{-1} : (y,x) \mapsto (-x,y)$.

19.3 Lemma: *Für jeden dicht definierten Operator A von H nach G gilt*

$$\mathcal{G}(A^*) = U(\mathcal{G}(A)^\perp) = (U\mathcal{G}(A))^\perp \,.$$

Beweis: Nach 19.2 ist $(y,z) \in \mathcal{G}(A^*)$ genau dann, wenn $\langle Ax , y \rangle = \langle x , z \rangle$ für alle $x \in D(A)$. Dies ist äquivalent zu

$$0 = \langle x , -z \rangle + \langle Ax , y \rangle = \langle (x,Ax) , (-z,y) \rangle \quad \text{für alle } x \in D(A),$$

was äquivalent ist zu $U^{-1}(y,z) = (-z,y) \in \mathcal{G}(A)^\perp$. Da U unitär ist, gilt $U(\mathcal{G}(A)^\perp) = (U\mathcal{G}(A))^\perp$. $\square$

Aus 19.3 erhält man unmittelbar, daß für dicht definierte Operatoren A und B in H aus $A \subset B$ folgt $B^* \subset A^*$.

Wir beschäftigen uns nun mit der Frage, wann A^* dicht definiert ist. Ihre Klärung steht in engem Zusammenhang mit dem folgenden Begriff.

Definition: Ein Operator A von H nach G heißt *abgeschlossen*, falls $\mathcal{G}(A)$ in $H \times G$ abgeschlossen ist. A heißt *abschließbar*, falls $\overline{\mathcal{G}(A)}$ Graph eines Operators B ist. Man nennt B dann die *Abschließung* von A und schreibt $\overline{A}$ statt B.

19.4 Bemerkung: Sei A ein Operator von H nach G.

(a) A ist genau dann abgeschlossen, wenn für jede Folge $(x_n)_{n\in\mathbb{N}}$ in $D(A)$, für welche $(x_n)_{n\in\mathbb{N}}$ gegen x und $(Ax_n)_{n\in\mathbb{N}}$ gegen y konvergiert, gilt $x \in D(A)$ und $Ax = y$.

(b) Ist A abgeschlossen mit $D(A) = H$, so ist A stetig. Dies folgt aus dem Satz vom abgeschlossenen Graphen 8.8.

(c) Ist A abschließbar, so ist $\overline{A}$ ein abgeschlossener Operator mit $A \subset \overline{A}$.

(d) A ist genau dann abschließbar, wenn A eine abgeschlossene Erweiterung besitzt. Dies folgt aus (c) und der Bemerkung nach 19.1.

(e) A ist genau dann abschließbar, wenn für jede Folge $(x_n)_{n\in\mathbb{N}}$ in $D(A)$, für welche $(x_n)_{n\in\mathbb{N}}$ gegen Null und $(Ax_n)_{n\in\mathbb{N}}$ gegen y konvergiert, $y = 0$ gilt. Denn nach 19.1 ist die angegebene Bedingung dazu äquivalent, daß $\overline{\mathcal{G}(A)}$ Graph eines Operators ist.

(f) Ist A abschließbar und dicht definiert, so gilt $\overline{A}^* = A^*$. Dies folgt aus 19.3.

19.5 Satz: *Für jeden dicht definierten Operator A von H nach G gelten:*

(1) *A^* ist ein abgeschlossener Operator mit $N(A^*) = R(A)^\perp$.*

(2) *A^* ist dicht definiert genau dann, wenn A abschließbar ist.*

(3) *Ist A abschließbar, so gilt $\overline{A} = (A^*)^* =: A^{**}$.*

Beweis: (1) Nach 19.3 gilt $\mathcal{G}(A^*) = (U\mathcal{G}(A))^\perp$, also ist $\mathcal{G}(A^*)$ abgeschlossen. $A^*y = 0$ ist äquivalent zu $\langle Ax, y\rangle = 0$ für alle $x \in D(A)$. Dies ist aber äquivalent zu $y \in R(A)^\perp$.

(2) und (3): Aus 19.3 folgt

$$\overline{\mathcal{G}(A)} = \mathcal{G}(A)^{\perp\perp} = (U^{-1}(\mathcal{G}(A^*)))^\perp .$$

Daher ist $(0, \eta) \in \overline{\mathcal{G}(A)}$ genau dann, wenn

$$\langle (0, \eta), (-z, y)\rangle = 0 \quad \text{für alle } (y, z) \in \mathcal{G}(A^*).$$

Dies ist äquivalent zu $\langle \eta, y\rangle = 0$ für alle $y \in D(A^*)$, also äquivalent zu $\eta \in D(A^*)^\perp$. Nach 19.1 folgt hieraus, daß $\overline{\mathcal{G}(A)}$ genau dann Graph eines Operators ist, wenn $D(A^*)$ in H dicht liegt. In diesem Fall gilt nach 19.3:

$$\mathcal{G}(\overline{A}) = \overline{\mathcal{G}(A)} = \mathcal{G}(A)^{\perp\perp} = (U^{-1}(\mathcal{G}(A^*)))^\perp = \mathcal{G}(A^{**}) ,$$

denn $-U^{-1}$ ist die zur Behandlung von Operatoren von G nach H gehörende, U entsprechende Abbildung.   □

19.6 Corollar: *Ist A ein abgeschlossener, dicht definierter Operator von H nach G, so ist A^* abgeschlossen und dicht definiert, und es gilt $A = A^{**}$.*

Definition: Sei A ein injektiver Operator von H nach G. Dann wird auf $D(A^{-1}) := R(A)$ durch A^{-1} ein Operator von G nach H definiert. A^{-1} heißt der zu A *inverse Operator.*

Bemerkung: Für injektive Operatoren gilt

$$\mathcal{G}(A^{-1}) = \{(y, A^{-1}y) : y \in D(A^{-1})\} = \{(Ax, x) : x \in D(A)\} \,.$$

Daher ist ein injektiver Operator A genau dann abgeschlossen, wenn A^{-1} abgeschlossen ist.

19.7 Lemma: *Sei A ein injektiver, dicht definierter Operator von H nach G, für welchen $R(A)$ in G dicht ist. Dann ist A^* injektiv, und es gilt $(A^*)^{-1} = (A^{-1})^*$.*

Beweis: Nach 19.5(1) gilt $N(A^*) = R(A)^\perp = \{0\}$.

Um die angegebene Identität zu beweisen, definieren wir $V : G \times H \longrightarrow H \times G$ durch $V(x, y) = (y, x)$. Dann ist V unitär, und es gilt $VU = U^{-1}V^{-1}$, wie man leicht nachprüft. Aufgrund der Vorbemerkung gelten $\mathcal{G}((A^*)^{-1}) = V\mathcal{G}(A^*)$ und $V^{-1}\mathcal{G}(A) = \mathcal{G}(A^{-1})$. Weil A^{-1} dicht definiert ist, erhält man daher aus 19.3 und dem Argument am Ende des Beweises von Satz 19.5:

$$\mathcal{G}((A^*)^{-1}) = VU(\mathcal{G}(A)^\perp) = U^{-1}V^{-1}(\mathcal{G}(A)^\perp) = U^{-1}(\mathcal{G}(A^{-1})^\perp) = \mathcal{G}((A^{-1})^*). \quad \square$$

Definition: Sind A, B Operatoren von H nach G, so bezeichnet man mit $A + B$ den auf $D(A + B) := D(A) \cap D(B)$ durch $(A + B)(x) := Ax + Bx$ definierten Operator.

19.8 Lemma: *Seien A, B Operatoren von H nach G. Dann gelten:*

(1) *Ist A abgeschlossen, $B \in L(H, G)$, so ist $A + B$ abgeschlossen.*

(2) *Ist $A + B$ dicht definiert, so gilt $A^* + B^* \subset (A + B)^*$.*

(3) *Ist A dicht definiert, $B \in L(H, G)$, so gilt $A^* + B^* = (A + B)^*$.*

Beweis: (1) Sei $(x_n)_{n \in \mathbb{N}}$ eine Folge in $D(A + B) = D(A)$, mit $x_n \longrightarrow x$ und $(A + B)x_n \longrightarrow y$. Weil B stetig ist, konvergiert $(Ax_n)_{n \in \mathbb{N}} = ((A + B)x_n - Bx_n)_{n \in \mathbb{N}}$ gegen $y - Bx$. Da A abgeschlossen ist, gelten $x \in D(A)$ und $Ax = y - Bx$, d.h. $(A + B)x = y$. Nach 19.4(a) ist $A + B$ daher abgeschlossen.

(2) Aus $D(A + B) = D(A) \cap D(B)$ folgt, daß mit $A + B$ auch A und B dicht definiert sind. Ist $y \in D(A^* + B^*) = D(A^*) \cap D(B^*)$, so gilt für alle $x \in D(A + B)$

$$\langle (A + B)x, y \rangle = \langle Ax, y \rangle + \langle Bx, y \rangle = \langle x, A^*y \rangle + \langle x, B^*y \rangle = \langle x, (A^* + B^*)y \rangle \,.$$

Nach 19.2 impliziert dies $y \in D((A + B)^*)$ und $(A + B)^*y = (A^* + B^*)y$, was (2) beweist.

(3) Ist $y \in D((A + B)^*)$, so gilt für alle $x \in D(A) = D(A + B)$

$$\langle Ax, y \rangle = \langle (A + B)x, y \rangle - \langle Bx, y \rangle = \langle x, (A + B)^*y \rangle - \langle x, B^*y \rangle \,.$$

Nach 19.2 impliziert dies $y \in D(A^*) = D(A^* + B^*)$. Mit (2) folgt hieraus die Gültigkeit von (3). $\square$

Definition: Seien A ein Operator von H nach G und B ein Operator von G nach F. Mit BA bezeichnet man den auf $D(BA) := \{x \in D(A) : Ax \in D(B)\}$ durch $(BA)(x) := B(Ax)$ definierten Operator.

19.9 Lemma: *Seien A bzw. B dicht definierte Operatoren von H nach G bzw. G nach F, und sei BA dicht definiert. Dann gelten:*

(1) $A^*B^* \subset (BA)^*$.

(2) *Für $B \in L(G, F)$ ist $A^*B^* = (BA)^*$.*

Beweis: (1) Für $x \in D(BA)$ und $y \in D(A^*B^*)$ gelten $x \in D(A)$ und $B^*y \in D(A^*)$, aber auch $y \in D(B^*)$ und $Ax \in D(B)$. Dies impliziert

$$\langle BAx, y \rangle = \langle Ax, B^*y \rangle = \langle x, A^*B^*y \rangle.$$

Hieraus folgt mit 19.2: $y \in D((BA)^*)$ und $(BA)^*y = A^*B^*y$.

(2) Wegen $D(B^*) = F$ gilt für $y \in D((BA)^*)$ und alle $x \in D(BA) = D(A)$

$$\langle Ax, B^*y \rangle = \langle BAx, y \rangle = \langle x, (BA)^*y \rangle.$$

Nach 19.2 impliziert dies $B^*y \in D(A^*)$ und $A^*B^*y = (BA)^*y$. Also gilt $(BA)^* \subset A^*B^*$. Daher folgt (2) aus (1). $\qquad\square$

Wir wollen nun noch einige Definitionen und Aussagen bereitstellen, welche für die Spektraltheorie unbeschränkter Operatoren benötigt werden. Daher sei im weiteren $\mathbb{K} = \mathbb{C}$ und $G = H$. Wir sprechen dann von Operatoren A in H statt von Operatoren von H nach H.

Definition: Sei A ein Operator in H. Man nennt

$$\rho(A) := \{z \in \mathbb{C} : (zI - A) \text{ ist injektiv und } R(zI - A) = H\}$$

die *Resolventenmenge* von A und $\sigma(A) := \mathbb{C} \setminus \rho(A)$ das *Spektrum* von A. Für $z \in \rho(A)$ heißt $R(z, A) := (zI - A)^{-1}$ die *Resolvente* von A in z.

19.10 Lemma: *Ist A ein abgeschlossener Operator in H, so ist $(zI - A)^{-1} = R(z, A)$ in $L(H)$ für jedes $z \in \rho(A)$.*

Beweis: Für $z \in \rho(A)$ ist $zI - A$ ein injektiver Operator mit $D(zI - A) = D(A)$. Nach 19.8(1) ist $zI - A$ abgeschlossen. Aufgrund der Bemerkung vor 19.7 ist daher auch $(zI - A)^{-1}$ abgeschlossen. Nach Definition von $\rho(A)$ gilt $D((zI - A)^{-1}) = R(zI - A) = H$. Also ist $(zI - A)^{-1}$ stetig nach 19.4(b). $\qquad\square$

19.11 Satz: *(a) Für jeden abgeschlossenen Operator A in H ist $\sigma(A)$ abgeschlossen.*
(b) Ist A ein abgeschlossener Operator in H mit leerem Spektrum, so gelten $A^{-1} \in L(H)$ und $\sigma(A^{-1}) = \{0\}$.

Beweis: (a) Um $\rho(A)$ als offen nachzuweisen, fixieren wir $z_0 \in \rho(A)$. Nach 19.10 ist $(z_0I - A)^{-1}$ in $L(H)$. Wir setzen $\varepsilon := \|(z_0I - A)^{-1}\|^{-1}$ und fixieren $z \in \mathbb{C}$ mit $|z - z_0| < \varepsilon$. Dann gilt

$$zI - A = (z - z_0)I + z_0I - A$$

und daher

$$zI - A = \big((z - z_0)(z_0I - A)^{-1} + I\big)(z_0I - A) \, .$$

Wegen $\|(z - z_0)(z_0I - A)^{-1}\| < 1$ ist der erste Operator auf der rechten Seite invertierbar. Folglich ist $zI - A$ surjektiv und injektiv.

(b) Nach 19.10 ist $A^{-1} \in L(H)$, also $\sigma(A^{-1}) \neq \emptyset$ nach 17.6. Daher reicht es $\sigma(A^{-1}) \subset \{0\}$ zu zeigen. Um dies zu tun, sei $z \in \mathbb{C}\backslash\{0\}$ fixiert. Ist $x \in N(zI - A^{-1})$, so gilt

$$0 = (zI - A^{-1})x = (zA - I)A^{-1}x = -z(\frac{1}{z}I - A)A^{-1}x.$$

Wegen $R(A^{-1}) \subset D(A) = D(\frac{1}{z}I - A)$ folgt hieraus $A^{-1}x \in N(\frac{1}{z}I - A)$. Da $\sigma(A) = \emptyset$, impliziert dies $x = 0$. Also ist $zI - A^{-1}$ injektiv. Um die Surjektivität von $zI - A^{-1}$ nachzuweisen, sei $y \in H$ beliebig gegeben. Weil $\frac{1}{z}I - A$ nach Voraussetzung surjektiv ist, existiert ein $\xi \in D(\frac{1}{z}I - A) = D(A)$ mit $(\frac{1}{z}I - A)\xi = -\frac{y}{z}$. Setzt man $x := A\xi$, so gilt

$$(zI - A^{-1})x = -z(\frac{1}{z}I - A)A^{-1}A\xi = -z(\frac{1}{z}I - A)\xi = y.$$

Daher ist $zI - A^{-1}$ auch surjektiv. Nach 8.6 ist $zI - A^{-1}$ ein Isomorphismus von H und folglich $\sigma(A^{-1}) \subset \{0\}$.   □

Bemerkung: Es gibt dicht definierte, abgeschlossene Operatoren mit leerem Spektrum (siehe Aufgabe (8) in §21).

19.12 Beispiel: Seien λ das Lebesgue–Maß auf $\mathbb{R}$ und $L_2(\mathbb{R}) := L_2(\mathbb{R}, \lambda)$.

(1) Wir definieren den Multiplikationsoperator M in $L_2(\mathbb{R})$ durch $(Mf)(t) := tf(t)$, $t \in \mathbb{R}$, auf

$$D(M) := \big\{f \in L_2(\mathbb{R}) : Mf \in L_2(\mathbb{R})\big\} \, .$$

M ist dicht definiert, da $C_c(\mathbb{R}) \subset D(M)$. Für $g \in D(M)$ und jedes $f \in D(M)$ gilt

$$\langle Mf , g \rangle = \int tf(t)\overline{g(t)} \, d\lambda(t) = \langle f , Mg \rangle \, .$$

Nach 19.2 impliziert dies $g \in D(M^*)$ und $M^*g = Mg$. Daher gilt $M \subset M^*$. Um $M^* = M$ zu zeigen, sei $g \in D(M^*)$ fixiert. Für $n \in \mathbb{N}$ setzen wir $h_n := M(g\chi_{[-n,n]})$. Wegen $h_n \in D(M)$ gilt für alle $n \in \mathbb{N}$:

$$\|h_n\|^2 = \int_{-n}^{n} |tg(t)|^2 \, d\lambda(t) = \langle Mh_n , g \rangle = \langle h_n , M^*g \rangle \le \|h_n\| \|M^*g\| \, .$$

Hieraus folgt $\sup_{n\in\mathbb{N}} \|h_n\| \le \|M^*g\|$, was $g \in D(M)$ impliziert. Wegen $M \subset M^*$ folgt nun $M^* = M$. Nach 19.5(1) ist $M = M^*$ abgeschlossen.

(2) Auf $D(A) = \mathcal{D}(\mathbb{R})$ definieren wir den Ableitungsoperator $A : f \longmapsto i^{-1}f'$. Dann ist A offenbar dicht definiert. Für $g \in D(A)$ und jedes $f \in D(A)$ gilt nach partieller Integration

$$\langle Af, g \rangle = i^{-1} \int f'(t)\overline{g(t)} \, d\lambda(t) = -i^{-1} \int f(t)\overline{g'(t)} \, d\lambda(t) = \langle f, Ag \rangle.$$

Nach 19.2 impliziert dies $g \in D(A^*)$ und $A^*g = Ag$. Folglich gilt $A \subset A^*$. Da A^* nach 19.5 abgeschlossen ist, folgt die Abschließbarkeit von A aus 19.4(d).

Die Abschließung $\overline{A}$ von A kennen wir bereits. Denn in Abschnitt 14 haben wir gesehen, daß für den auf $H^1 \subset L_2(\mathbb{R})$ definierten Ableitungsoperator D gilt $D = \mathcal{F}^{-1} \circ M \circ \mathcal{F}$. Aus dem Satz von Plancherel 14.7 und (1) folgt daher $D^* = D$. Nach 14.15 gilt $A \subset D$, und nach 14.19 gilt $\overline{A} = D$.

(3) Für die in (1) und (2) definierten Operatoren M und A zeigt man leicht, daß $D(MA) = D(A)$ und $D(AM) \supset D(A)$ gelten. Daher ist $D(AM - MA) = D(A)$. Es gilt: $i(AM - MA) \subset I$, da

$$i(AM - MA)f = (Mf)' - M(f') = f = If \quad \text{für jedes } f \in D(A).$$

Die Abschließung des Operators $i(AM - MA)$ ist daher die Identität von $L_2(\mathbb{R})$.

Der folgende Satz zeigt, daß eine derartige Beziehung in normierten Algebren nicht gelten kann.

19.13 Satz: *Sei A eine normierte Algebra mit Einselement e. Dann gilt $ab - ba \neq e$ für alle $a, b \in A$.*

Beweis: Nimmt man an, daß $a, b \in A$ existieren mit $ab - ba = e$, so folgt durch Induktion, daß

$$(*) \qquad\qquad a^n b - ba^n = na^{n-1} \neq 0$$

für alle $n \in \mathbb{N}$ gilt. Denn für $n = 1$ ist dies gerade die Annahme. Gilt aber $(*)$ für ein $n \in \mathbb{N}$, so folgen $a^n \neq 0$ und

$$\begin{aligned} a^{n+1}b - ba^{n+1} &= a^n(ab - ba) + (a^n b - ba^n)a \\ &= a^n e + na^{n-1}a = (n+1)a^n . \end{aligned}$$

Daher gilt $(*)$ für alle $n \in \mathbb{N}$. Hieraus folgt

$$n\|a^{n-1}\| = \|na^{n-1}\| = \|a^n b - ba^n\| \leq 2\|a^{n-1}\|\|a\|\|b\| ,$$

und daher $n \leq 2\|a\|\|b\|$ für alle $n \in \mathbb{N}$. Da dies nicht gelten kann, war die Annahme falsch. $\qquad\qquad\square$

Aufgaben:

(1) Seien A und B dicht definierte Operatoren von H nach G. Zeigen Sie, daß aus $A \subset B$ folgt $A^* \supset B^*$.

(2) Sei $(a_j)_{j \in \mathbb{N}}$ eine Folge in $\mathbb{C}$. Zeigen Sie:

    (a) Der auf $D(A) := \{x \in l_2 : (a_j x_j)_{j \in \mathbb{N}} \in l_2\}$ definierte Operator $A : x \longmapsto (a_j x_j)_{j \in \mathbb{N}}$ ist dicht definiert und abgeschlossen.

    (b) Für A aus (a) gelten $D(A^*) = D(A)$ und $A^* : y \longmapsto (\overline{a_j} y_j)_{j \in \mathbb{N}}$.

    (c) $\sigma(A) = \overline{\{a_j : j \in \mathbb{N}\}}^{\mathbb{C}}$.

(3) Zeigen Sie, daß es zu jeder abgeschlossenen Teilmenge $M \neq \emptyset$ von $\mathbb{C}$ einen dicht definierten, abgeschlossenen Operator A in l_2 gibt, für welchen $\sigma(A) = M$ gilt.

(4) Sei A ein abgeschlossener, dicht definierter Operator in dem komplexen Hilbertraum H. Zeigen Sie: $\sigma(A^*) = \{\overline{z} : z \in \sigma(A)\}$.

(5) Seien H ein Hilbertraum und A ein dicht definierter Operator in H, für welchen $A(D(A) \cap \{x \in H : \|x\| \leq 1\})$ in H dicht liegt. Zeigen Sie, daß dann $D(A^*) = 0$ gilt. Geben Sie einen Operator A in l_2 an, für welchen $D(A^*) = 0$ gilt.

(6) Sei A ein Operator von H nach G. Zeigen Sie:

    (a) $||| \cdot ||| : x \longmapsto (\|x\|^2 + \|Ax\|^2)^{\frac{1}{2}}$ ist eine Norm auf $D(A)$.

    (b) $(D(A), ||| \cdot |||)$ ist genau dann ein Banachraum, wenn A abgeschlossen ist.

§ 20 Der Spektralsatz für unbeschränkte selbstadjungierte Operatoren

In diesem Abschnitt beweisen wir den Spektralsatz für selbstadjungierte (unbeschränkte) Operatoren A in Hilberträumen. Er besagt, daß es zu A ein eindeutig bestimmtes Spektralmaß E auf $\sigma(A)$ gibt, so daß $A = \int t\, dE$ gilt. Im weiteren sei H stets ein komplexer Hilbertraum.

Definition: Ein dicht definierter Operator A in H heißt *symmetrisch*, falls $A \subset A^*$ und *selbstadjungiert*, falls $A = A^*$.

Nach 19.2 ist ein dicht definierter Operator A in H genau dann symmetrisch, wenn

$$\langle Ax\,,\, y \rangle = \langle x\,,\, Ay \rangle \quad \text{für alle } x, y \in D(A).$$

Insbesondere gilt für jeden symmetrischen Operator A in H:

$$\langle Ax\,,\, x \rangle = \langle x\,,\, Ax \rangle = \overline{\langle Ax\,,\, x \rangle} \quad \text{für alle } x \in D(A),$$

d.h. $\langle Ax\,,\, x \rangle$ ist reell für jedes $x \in D(A)$.

20.1 Lemma: *Sei A ein symmetrischer Operator in H. Dann ist A abschließbar, und $\overline{A}$ ist symmetrisch.*

Beweis: Nach 19.5(1) ist A^* abgeschlossen, nach Voraussetzung gilt $A \subset A^*$. Daher ist A nach 19.4(d) abschließbar, und nach 19.4(f) gilt $\overline{A} \subset A^* = \overline{A}^*$. Also ist $\overline{A}$ symmetrisch. □

20.2 Lemma: *Für jeden symmetrischen, abgeschlossenen Operator A in H und jedes $z \in \mathbb{C}\backslash\mathbb{R}$ gelten: $zI - A$ ist injektiv und $R(zI - A)$ ist abgeschlossen.*

Beweis: Da A symmetrisch ist, gilt nach 11.1(1) für $x \in D(A)$ und $\xi + i\eta \in \mathbb{C}\backslash\mathbb{R}$:

$$\|((\xi + i\eta)I - A)x\|^2 = (\xi^2 + \eta^2)\|x\|^2 - 2\,\mathrm{Re}\langle(\xi + i\eta)x\,,\, Ax\rangle + \|Ax\|^2$$
$$= \eta^2\|x\|^2 + \|(\xi I - A)x\|^2 \geq \eta^2\|x\|^2.$$

Hieraus folgt die Behauptung, da $(\xi + i\eta)I - A$ nach 19.8 abgeschlossen ist. □

20.3 Satz: *Für jeden selbstadjungierten Operator A in H ist $\sigma(A)$ eine nicht–leere Teilmenge von $\mathbb{R}$.*

Beweis: Nach 19.8(3) gilt $(zI - A)^* = \overline{z}I - A$ für jedes $z \in \mathbb{C}$. Für $z \in \mathbb{C} \setminus \mathbb{R}$ sind daher $zI - A$ und $\overline{z}I - A$ injektiv, und $R(zI - A)$ ist abgeschlossen in H nach 20.2. Aus 19.5(1) folgt dann

$$R(zI - A)^\perp = N((zI - A)^*) = N(\overline{z}I - A) = \{0\}.$$

Also ist $R(zI - A) = H$, und es folgt $\mathbb{C} \setminus \mathbb{R} \subset \rho(A)$.

Nimmt man $\sigma(A) = \emptyset$ an, so ist $A^{-1} \in L(H)$ und $\sigma(A^{-1}) = \{0\}$ nach 19.11(b). Da mit A auch A^{-1} selbstadjungiert ist, gilt $\|A^{-1}\| = r(A^{-1}) = 0$ nach 17.19. Also ist $A^{-1} = 0$, im Widerspruch zu $AA^{-1} = I$. Folglich gilt $\sigma(A) \neq \emptyset$. $\qquad \square$

20.4 Corollar: *Für jeden Operator A in H sind äquivalent:*

(1) *A ist selbstadjungiert.*

(2) *A ist symmetrisch und $\sigma(A) \subset \mathbb{R}$.*

(3) *A ist symmetrisch, und es gibt ein $z \in \mathbb{C} \setminus \mathbb{R}$ mit $z, \overline{z} \in \rho(A)$.*

Beweis: (1) $\Rightarrow$ (2): Dies folgt unmittelbar aus 20.3.

(2) $\Rightarrow$ (3): Dies gilt trivialerweise.

(3) $\Rightarrow$ (1): Nach Voraussetzung gilt $A \subset A^*$. Um $D(A^*) \subset D(A)$ zu zeigen, sei z wie in (3). Dann gilt nach 19.8(3):

$$(*) \qquad\qquad zI - A \subset zI - A^* = (\overline{z}I - A)^*.$$

Wegen $\overline{z} \in \rho(A)$ erhält man hieraus nach 19.5(1):

$$N(zI - A^*) = N((\overline{z}I - A)^*) = R(\overline{z}I - A)^\perp = H^\perp = \{0\},$$

d.h. $zI - A^*$ ist injektiv. Sei nun $x \in D(A^*)$ beliebig gegeben. Wegen $z \in \rho(A)$ ist dann $y := (zI - A)^{-1}(zI - A^*)x \in D(A)$. Aus $(*)$ folgt daher

$$(zI - A^*)y = (zI - A)y = (zI - A^*)x.$$

Da $zI - A^*$ injektiv ist, folgt hieraus $x = y \in D(A)$. $\qquad \square$

Definition: Sei A ein symmetrischer, abgeschlossener Operator in H. Dann ist $-iI - A$ nach 20.2 injektiv. Den Operator $U = U(A) := (iI - A)(-iI - A)^{-1}$ mit $D(U) := R(-iI - A)$ bezeichnen wir als die *Cayley-Transformierte* von A.

20.5 Lemma: *Für jeden symmetrischen, abgeschlossenen Operator A in H ist seine Cayley-Transformierte U eine unitäre Abbildung von $R(-iI - A)$ auf $R(iI - A)$.*

Beweis: Nach 20.2 ist $U : R(-iI - A) \longrightarrow R(iI - A)$ eine lineare Bijektion. Aufgrund der Polarisationsgleichung 11.2(2) brauchen wir daher nur zu zeigen, daß U isometrisch ist. Seien dazu $Ux = y$ und $h := (-iI - A)^{-1}x$. Dann ist $h \in D(A)$, und es gelten $x = (-iI - A)h$ und $y = (iI - A)h$. Da A symmetrisch ist, folgt nun mit 11.1(1):

$$\|x\|^2 = \|ih + Ah\|^2 = \|h\|^2 + 2\operatorname{Re} i\langle h, Ah\rangle + \|Ah\|^2 = \|h\|^2 + \|Ah\|^2,$$
$$\|y\|^2 = \|ih - Ah\|^2 = \|h\|^2 - 2\operatorname{Re} i\langle h, Ah\rangle + \|Ah\|^2 = \|h\|^2 + \|Ah\|^2.$$

Daher gilt $\|Ux\|^2 = \|y\|^2 = \|x\|^2$ für alle $x \in R(-iI - A)$. $\qquad \square$

20.6 Satz: *Sei A ein selbstadjungierter Operator in H. Für seine Cayley–Transformierte U gelten:*

(1) $U \in L(H)$ ist unitär, und $I - U$ ist injektiv.

(2) $D(A) = R(I - U)$ und $A = i(I + U)(I - U)^{-1}$.

Beweis: (1) Da i und $-i$ nach 20.3 in $\rho(A)$ sind, gilt $R(-iI - A) = H = R(iI - A)$. Daher ist U nach 20.5 ein unitäres Element von $L(H)$.

Ist $x \in N(I - U)$, so gelten für $h := (-iI - A)^{-1}x$:

$$x = Ux = (iI - A)(-iI - A)^{-1}x = ih - Ah \quad \text{und} \quad x = (-iI - A)h = -ih - Ah.$$

Hieraus folgt $0 = 2ih$ und daher $x = 0$.

(2) Sei $x = (I - U)\xi \in R(I - U)$. Dann ist $h := (-iI - A)^{-1}\xi$ in $D(A)$, und es gelten:

(∗)
$$ih - Ah = (iI - A)(-iI - A)^{-1}\xi = U\xi = \xi - x,$$
$$-ih - Ah = (-iI - A)h = \xi.$$

Durch Subtraktion folgt hieraus $x = -2ih \in D(A)$. Dies und (∗) liefern außerdem

$$(I + U)\xi = \xi + U\xi = -2Ah = i^{-1}Ax.$$

Wegen $\xi = (I - U)^{-1}x$ folgt hieraus

$$i(I + U)(I - U)^{-1}x = Ax \quad \text{für alle } x \in R(I - U).$$

Daher ist nur noch $D(A) \subset R(I - U)$ zu zeigen. Dazu sei $x \in D(A)$ fixiert. Wir setzen $h := -\frac{1}{2i}x$ und $\xi := (-iI - A)h$. Dann gilt

$$\xi = -ih - Ah = \frac{1}{2}x + \frac{1}{2i}Ax$$

und daher

$$\xi - x = -\frac{1}{2}x + \frac{1}{2i}Ax = ih - Ah = (iI - A)h.$$

Hieraus folgt

$$x = \xi - (iI - A)h = \xi - (iI - A)(-iI - A)^{-1}\xi = (I - U)\xi \in R(I - U). \qquad \square$$

20.7 Satz: *Sei $U \in L(H)$ unitär, und sei $I - U$ injektiv. Dann ist der auf $D(A) := R(I - U)$ definierte Operator $A := i(I + U)(I - U)^{-1}$ selbstadjungiert, und seine Cayley–Transformierte ist U.*

Beweis: Nach 19.5(1) gilt

$$R(I - U)^{\perp} = N((I - U)^*) = N(I - U^{-1}) = N(U^{-1}(U - I)) = N(I - U) = \{0\}.$$

Daher ist der Operator A dicht definiert.

Um A als symmetrisch nachzuweisen, seien $x, y \in D(A) = R(I - U)$ gegeben. Dann gibt es $\xi, \eta \in H$, so daß $x = (I - U)\xi$, $y = (I - U)\eta$. Nach Definition von A gelten $Ax = i(I + U)\xi$ und $Ay = i(I + U)\eta$. Da U unitär ist, folgt hieraus

$$\langle Ax, y \rangle = i\langle (I + U)\xi, (I - U)\eta \rangle = i\big(\langle \xi, \eta \rangle + \langle U\xi, \eta \rangle - \langle \xi, U\eta \rangle - \langle U\xi, U\eta \rangle \big)$$
$$= i\big(\langle U\xi, \eta \rangle - \langle \xi, U\eta \rangle \big) = -i\langle (I - U)\xi, (I + U)\eta \rangle = \langle x, Ay \rangle,$$

d.h. A ist symmetrisch.

Um A als selbstadjungiert nachzuweisen, ist daher nur noch $D(A^*) \subset D(A)$ zu zeigen. Dazu sei $y \in D(A^*)$ und $z := A^*y$. Dann gilt für jedes $\xi \in H$ mit $x := (I - U)\xi$:

$$\langle \xi, -i(I + U^*)y \rangle = \langle i(I + U)\xi, y \rangle = \langle Ax, y \rangle = \langle x, A^*y \rangle$$
$$= \langle (I - U)\xi, z \rangle = \langle \xi, (I - U^*)z \rangle,$$

was $-i(I+U^*)y = (I-U^*)z$ impliziert. Multiplikation mit U liefert wegen $UU^* = I$, daß $-i(U+I)y = (U-I)z$ gilt. Hieraus folgt $U(z+iy) = z-iy$. Setzt man $\eta = z+iy$, so gilt

$$(I - U)\eta = z + iy - U(z + iy) = z + iy - (z - iy) = 2iy.$$

Folglich ist $y \in R(I - U) = D(A)$, und wir haben $D(A^*) \subset D(A)$ gezeigt.

Um $U = (iI - A)(-iI - A)^{-1}$ zu zeigen, sei $\xi \in H$ beliebig gegeben. Setzt man $x := (I - U)\xi$, so gilt

$$Ax = i(I + U)(I - U)^{-1}x = i(I + U)\xi.$$

Hieraus erhält man

$$(iI - A)x = i(I - U)\xi - i(I + U)\xi = -2iU\xi, \text{ d.h. } U\xi = (iI - A)\frac{ix}{2},$$

$$(-iI - A)x = -i(I - U)\xi - i(I + U)\xi = -2i\xi, \text{ d.h. } \frac{ix}{2} = (-iI - A)^{-1}\xi,$$

und daher $U\xi = (iI - A)(-iI - A)^{-1}\xi.$ $\square$

Bemerkung: Nach 20.6 und 20.7 ist die Cayley–Transformation eine Bijektion von den selbstadjungierten Operatoren in H auf die Menge $\{U \in L(H) : U \text{ ist unitär und } I - U \text{ ist injektiv}\}$. Ihre Umkehrabbildung ist $U \longmapsto i(I + U)(I - U)^{-1}$.

Um diesen Sachverhalt weiter zu verwenden, benötigen wir noch einige Vorbereitungen.

Seien Y ein lokalkompakter, σ–kompakter, topologischer Raum und E ein Spektralmaß auf Y mit Werten in $L(H)$. Dann ist die Abbildung

$$\psi_0 : \mathcal{M}_\infty(Y) \longrightarrow L(H), \quad \psi_0(f) := \int f \, dE,$$

nach 18.9 ein $*$–Homomorphismus. Das folgende Lemma zeigt, daß man mit Hilfe von ψ_0 sogar für jedes $f \in \mathcal{M}(Y)$ einen (nicht notwendigerweise beschränkten) Operator $\psi(f)$ in H definieren kann.

20.8 Lemma: *Sei E ein Spektralmaß auf Y. Dann gibt es zu jedem $f \in \mathcal{M}(Y)$ genau einen dicht definierten Operator $\psi(f)$ in H mit*

$$D(\psi(f)) = \Big\{ x \in H : \int |f|^2 \, dE_{x,x} < \infty \Big\},$$

so daß für jedes $x \in D(\psi(f))$ und jede in $L_2(Y, E_{x,x})$ gegen f konvergierende Folge $(f_n)_{n \in \mathbb{N}}$ in $\mathcal{M}_\infty(Y)$ gilt $\psi(f)x = \lim_{n \to \infty} \psi_0(f_n)x$. Ferner gilt:

(1) *$\langle \psi(f)x, x \rangle = \int f \, dE_{x,x}$ für alle $x \in D(\psi(f))$.*

(2) *$\|\psi(f)x\|^2 = \int |f|^2 \, dE_{x,x}$ für alle $x \in D(\psi(f))$.*

Beweis: Wir bemerken zunächst, daß für jedes $M \in B(Y)$ durch

$$(x, y) \mapsto \langle E(M)x, y \rangle = \langle E(M)x, E(M)y \rangle$$

ein Halbskalarprodukt auf H gegeben wird. Nach 11.2(1) gilt daher für alle $x, y \in H, \lambda \in \mathbb{C}$ und $M \in B(Y)$:

$$E_{x+y,x+y}(M) \leq 2E_{x,x}(M) + 2E_{y,y}(M),$$
$$E_{\lambda x, \lambda x}(M) = |\lambda|^2 E_{x,x}(M).$$

Hieraus folgt leicht, daß $D(\psi(f))$ für jedes $f \in \mathcal{M}(Y)$ ein linearer Teilraum von H ist. Um nachzuweisen, daß $D(\psi(f))$ in H dicht ist, setzen wir für $n \in \mathbb{N}$:

$$Y_n := \{ y \in Y : |f(y)| \leq n \}.$$

Wegen $f \in \mathcal{M}(Y)$ ist $Y_n \in B(Y)$. Für $n \in \mathbb{N}$ und $x \in R(E(Y_n))$ gilt

$$E_{x,x}(Y \setminus Y_n) = \langle E(Y \setminus Y_n)E(Y_n)x , x \rangle = \langle E(\emptyset)x , x \rangle = 0.$$

Dies impliziert

$$\int_Y |f|^2 \, dE_{x,x} = \int_{Y_n} |f|^2 \, dE_{x,x} \leq n^2 \langle E(Y)x , x \rangle = n^2 \|x\|^2.$$

Daher gilt $R(E(Y_n)) \subset D(\psi(f))$ für jedes $n \in \mathbb{N}$. Ist nun $x \in H$ beliebig gegeben, so gilt

$$\|x - E(Y_n)x\|^2 = \|E(Y)xx - E(Y_n)x\|^2 = \|E(Y \setminus Y_n)x\|^2 = E_{x,x}(Y \setminus Y_n).$$

Da $(Y_n)_{n \in \mathbb{N}}$ eine wachsende Folge in $B(Y)$ ist, für die $Y = \bigcup_{n \in \mathbb{N}} Y_n$ gilt, folgt hieraus $x = \lim_{n \to \infty} E(Y_n)x \in \overline{D(\psi(f))}$.

Um $\psi(f)x$ für $x \in D(\psi(f))$ zu definieren, beachten wir zunächst, daß $f_n := f\chi_{Y_n}$ für jedes $n \in \mathbb{N}$ in $\mathcal{M}_\infty(Y)$ ist, und daß $(f_n)_{n \in \mathbb{N}}$ punktweise gegen f konvergiert. Daher gilt nach dem Lebesgueschen Grenzwertsatz für jedes $x \in D(\psi(f))$:

$$\lim_{n \to \infty} \|f - f_n\|^2_{L_2(Y, E_{x,x})} = \lim_{n \to \infty} \int |f - f_n|^2 \, dE_{x,x} = 0.$$

Insbesondere gibt es zu jedem $x \in D(\psi(f))$ eine Folge $(f_n)_{n\in\mathbb{N}}$ in $\mathcal{M}_\infty(Y)$, welche in $L_2(Y, E_{x,x})$ gegen f konvergiert. Ist $(f_n)_{n\in\mathbb{N}}$ eine beliebige Folge in $\mathcal{M}_\infty(Y)$ mit dieser Eigenschaft, so gilt nach 18.9(2) für alle $n, m \in \mathbb{N}$:

$$\|\psi_0(f_n)x - \psi_0(f_m)x\| = \|\psi_0(f_n - f_m)x\| = \left(\int |f_n - f_m|^2 dE_{x,x} \right)^{1/2}$$
$$\leq \|f_n - f_m\|_{L_2(Y, E_{x,x})}.$$

Also ist $(\psi_0(f_n)x)_{n\in\mathbb{N}}$ eine Cauchy-Folge in H und daher konvergent. Nach dem Zickzackfolgenargument hängt ihr Grenzwert nur von f und nicht von der gewählten Folge $(f_n)_{n\in\mathbb{N}}$ ab. Daher gibt es ein eindeutig bestimmtes Element $\psi(f)x \in H$ mit

(3) $$\psi(f)x = \lim_{n\to\infty} \psi_0(f_n)x.$$

Aus der Linearität der Operatoren $\psi_0(f_n)$ und der Linearität der Grenzwertbildung folgt die Linearität des Operators $\psi(f)$. Weil die Norm in $L_2(Y, E_{x,x})$ stetig ist, erhält man aus 18.9(2) und (3):

$$\|\psi(f)x\|^2 = \lim_{n\to\infty} \|\psi_0(f_n)x\|^2 = \lim_{n\to\infty} \int |f_n|^2 dE_{x,x} = \int |f|^2 dE_{x,x},$$

was (2) beweist. Weil $E_{x,x}$ ein endliches Maß auf Y ist, impliziert die Konvergenz in $L_2(Y, E_{x,x})$ die Konvergenz in $L_1(Y, E_{x,x})$. Daher folgt (1) aus 18.9(1) und (3):

$$\langle \psi(f)x, x \rangle = \lim_{n\to\infty} \langle \psi_0(f_n)x, x \rangle = \lim_{n\to\infty} \int f_n dE_{x,x} = \int f dE_{x,x}. \qquad \square$$

Bezeichnung: Statt $\psi(f)$ schreiben wir auch $\int f \, dE$ für $f \in \mathcal{M}(Y)$. Für $f \in \mathcal{M}_\infty(Y)$ stimmt $\psi(f) = \int f \, dE$ mit dem in 18.9 definierten Operator aus $L(H)$ überein.

20.9 Satz: *Seien $E : B(Y) \longrightarrow L(H)$ ein Spektralmaß auf Y und $f \longmapsto \psi(f) = \int f \, dE$, $f \in \mathcal{M}(Y)$, die in 20.8 definierte Zuordnung. Dann gelten für alle $f, g \in \mathcal{M}(Y)$:*

(1) *$\psi(f) + \psi(g) \subset \psi(f + g)$.*

(2) *$\psi(f)\psi(g) \subset \psi(fg)$, $D(\psi(f)\psi(g)) = D(\psi(g)) \cap D(\psi(fg))$.*

(3) *$\psi(f)^* = \psi(\overline{f})$, $\psi(f)\psi(f)^* = \psi(|f|^2) = \psi(f)^*\psi(f)$.*

(4) *$\psi(f)$ ist ein abgeschlossener Operator.*

Beweis: (1) Für $x \in D(\psi(f) + \psi(g)) = D(\psi(f)) \cap D(\psi(g))$ sind f und g und daher auch $f + g$ in $L_2(Y, E_{x,x})$. Folglich ist $x \in D(\psi(f + g))$, und aus 20.8 folgert man leicht, daß $\psi(f)x + \psi(g)x = \psi(f + g)x$ gilt.

(2) Seien zunächst $f \in \mathcal{M}_\infty(Y)$ und $g \in \mathcal{M}(Y)$. Dann ist $\psi(f) = \psi_0(f) \in L(H)$, und es gilt $D(\psi(f)\psi(g)) = D(\psi(g)) \subset D(\psi(fg))$. Ist $x \in D(\psi(g))$, und ist $(g_n)_{n\in\mathbb{N}}$

eine Folge in $\mathcal{M}_\infty(Y)$, die in $L_2(Y, E_{x,x})$ gegen g konvergiert, so folgt aus 20.8 und 18.9:

$$\psi(fg)x = \lim_{n\to\infty} \psi_0(fg_n)x = \lim_{n\to\infty} \psi_0(f)\psi_0(g_n)x = \psi_0(f)\big(\lim_{n\to\infty} \psi_0(g_n)x\big)$$
$$= \psi_0(f)\psi(g)x = \psi(f)\psi(g)x.$$

Daher gilt (2) in diesem Spezialfall. Außerdem gilt nach 20.8 für jedes $x \in D(\psi(g))$ und alle $f \in \mathcal{M}_\infty(Y)$:

$$\int |f|^2 \, dE_{\psi(g)x,\psi(g)x} = \|\psi(f)\psi(g)x\|^2 = \|\psi(fg)x\|^2 = \int |fg|^2 \, dE_{x,x}.$$

Hieraus folgt mit dem Satz über monotone Konvergenz:

$$(5) \quad \int |f|^2 \, dE_{\psi(g)x,\psi(g)x} = \int |fg|^2 \, dE_{x,x} \quad \text{für alle } x \in D(\psi(g)), \, f \in \mathcal{M}(Y).$$

Ist nun $x \in D(\psi(f)\psi(g))$, so ist $x \in D(\psi(g))$ und $\psi(g)x \in D(\psi(f))$. Aus (5) folgt daher $x \in D(\psi(fg))$. Ist andererseits $x \in D(\psi(g)) \cap D(\psi(fg))$, so ist $\psi(g)x$ nach (5) in $D(\psi(f))$, d.h. $x \in D(\psi(f)\psi(g))$. Daher gilt für jedes $f \in \mathcal{M}(Y), g \in \mathcal{M}(Y)$:

$$D(\psi(f)\psi(g)) = D(\psi(g)) \cap D(\psi(fg)).$$

Seien $f, g \in \mathcal{M}(Y)$ und $x \in D(\psi(f)\psi(g))$ gegeben, und sei $(f_n)_{n\in\mathbb{N}}$ eine Folge in $\mathcal{M}_\infty(Y)$, die in $L_2(Y, E_{\psi(g)x,\psi(g)x})$ gegen f konvergiert. Dann gilt nach 20.8 und dem bisher Gezeigten:

$$(6) \qquad \psi(f)\psi(g)x = \lim_{n\to\infty} \psi_0(f_n)\psi(g)x = \lim_{n\to\infty} \psi(f_n g)x.$$

Aus (1), 20.8 und (5) folgt

$$\|\psi(fg)x - \psi(f_n g)x\|^2 = \|\psi((f - f_n)g)x\|^2 = \int |f - f_n|^2 |g|^2 \, dE_{x,x}$$
$$= \int |f - f_n|^2 \, dE_{\psi(g)x,\psi(g)x}.$$

Hieraus folgt mit (6) die Gültigkeit von (2).

(3) Seien $x, y \in D(\psi(f)) = D(\psi(\overline{f}))$ und sei $(f_n)_{n\in\mathbb{N}}$ eine Folge in $\mathcal{M}_\infty(Y)$, die in $L_2(Y, E_{x,x} + E_{y,y})$ gegen f konvergiert. Dann gilt nach 20.8 und 18.9:

$$\langle \psi(f)x \,, \, y \rangle = \lim_{n\to\infty} \langle \psi_0(f_n)x \,, \, y \rangle = \lim_{n\to\infty} \langle x \,, \, \psi_0(\overline{f_n})y \rangle = \langle x \,, \, \psi(\overline{f})y \rangle.$$

Nach 19.2 impliziert dies $y \in D(\psi(f)^*)$ und $\psi(\overline{f}) \subset \psi(f)^*$. Zum Nachweis der umgekehrten Inklusion sei $y \in D(\psi(f)^*)$ fixiert. Setzt man $Y_n := \{\eta \in Y : |f(\eta)| \leq n\}$, so ist $\psi(\chi_{Y_n}) = \psi_0(\chi_{Y_n}) = E(Y_n)$ selbstadjungiert. Daher gilt nach 19.9, (2) und 18.9 für $f_n := f\chi_{Y_n}$:

$$E(Y_n)\psi(f)^* = (\psi(f)E(Y_n))^* = \psi(f\chi_{Y_n})^* = \psi(f_n)^* = \psi_0(\overline{f_n}) = \psi(\overline{f_n}).$$

Für $z := \psi(f)^* y$ gilt daher $E(Y_n)z = \psi(\overline{f_n})y$ und folglich

$$\int_{Y_n} |f|^2 \, dE_{y,y} = \int |f_n|^2 \, dE_{y,y} = \|\psi(\overline{f_n})y\|^2 = \|E(Y_n)z\|^2 \leq \|z\|^2.$$

Hieraus folgt $y \in D(\psi(\overline{f}))$.

Nach dem bisher Gezeigten gilt $D(\psi(f)^*) = D(\psi(\overline{f})) = D(\psi(f))$. Aus der Hölderschen Ungleichung 13.2 für $p = 2$ folgt $D(\psi(|f|^2)) \subset D(\psi(f))$. Daher gilt nach (2):

$$D(\psi(f)\psi(f)^*) = D(\psi(f)) \cap D(\psi(|f|^2)) = D(\psi(|f|^2)).$$

Die zweite Identität erhält man analog.

(4) Nach (3) gilt $\psi(f) = \psi(\overline{\overline{f}}) = \psi(\overline{f})^*$. Daher ist $\psi(f)$ nach 19.5(1) abgeschlossen. $\square$

20.10 Bemerkung: Seien $E : B(Y) \longrightarrow L(H)$ ein Spektralmaß und $f \in \mathcal{M}(Y)$. Ferner seien $(G_j)_{j \in \mathbb{N}}$ eine abzählbare Basis der offenen Mengen in $\mathbb{C}$ und $N := \{j \in \mathbb{N} : E(f^{-1}(G_j)) = 0\}$. Dann gilt für jedes $x \in H$:

$$\Big\|E\Big(f^{-1}\Big(\bigcup_{j \in N} G_j\Big)\Big)x\Big\|^2 = E_{x,x}\Big(\bigcup_{j \in N} f^{-1}(G_j)\Big) \leq \sum_{j \in N} E_{x,x}(f^{-1}(G_j)) = 0.$$

Für $G := \bigcup_{j \in N} G_j$ gilt daher $E(f^{-1}(G)) = 0$. Offenbar ist G die größte offene Menge in $\mathbb{C}$ mit dieser Eigenschaft. Die abgeschlossene Menge $W_E(f) := \mathbb{C} \setminus G$ nennt man den *wesentlichen Wertebereich* von f bezüglich E.

20.11 Satz: *Sei $E : B(Y) \longrightarrow L(H)$ ein Spektralmaß. Dann gilt:*

$$\sigma\Big(\int f \, dE\Big) = W_E(f) \quad \text{für jedes } f \in \mathcal{M}(Y).$$

Beweis: Um $W_E(f) \subset \sigma(\int f \, dE)$ zu zeigen, fixieren wir $\lambda \in W_E(f)$ und setzen $Y_\lambda := \{y \in Y : f(y) = \lambda\}$. Wegen $f \in \mathcal{M}(Y)$ gilt $Y_\lambda \in B(Y)$.

Ist $E(Y_\lambda) \neq 0$, so gilt für jedes $x \in R(E(Y_\lambda))$ nach 20.9:

$$\int f \, dEx = \psi(f)E(Y_\lambda)x = \psi(f)\psi(\chi_{Y_\lambda})x = \psi(f\chi_{Y_\lambda})x = \lambda x.$$

Also ist $\lambda I - \int f \, dE$ nicht injektiv. Daher gilt $\lambda \in \sigma(\int f \, dE)$.

Ist $E(Y_\lambda) = 0$, so setzen wir für $n \in \mathbb{N}$:

$$M_n := \{y \in Y : |\lambda - f(y)| < \frac{1}{n}\} = f^{-1}(\{z \in \mathbb{C} : |\lambda - z| < \frac{1}{n}\}).$$

Wegen $\lambda \in W_E(f)$ gilt $E(M_n) \neq 0$ für jedes $n \in \mathbb{N}$. Daher können wir x_n in $R(E(M_n))$ mit $\|x_n\| = 1$ wählen. Nach 20.9 und 18.9 gilt dann für jedes $n \in \mathbb{N}$:

$$\begin{aligned}
\|\lambda x_n - \textstyle\int f \, dEx_n\| &= \|\psi((\lambda - f)\chi_{M_n})x_n\| \leq \|x_n\| \|\psi((\lambda - f)\chi_{M_n})\| \\
&\leq \|(\lambda - f)\chi_{M_n}\|_\infty \leq \tfrac{1}{n}.
\end{aligned}$$

Hieraus folgt $\lim_{n\to\infty}(\lambda I - \int f\,dE)x_n = 0$. Nimmt man $\lambda \in \rho(\int f\,dE)$ an, so folgt aus 20.9(4) und 19.10, daß $(\lambda I - \int f\,dE)^{-1}$ in $L(H)$ ist. Daher konvergiert

$$x_n = \left(\lambda I - \int f\,dE\right)^{-1}\left(\lambda I - \int f\,dE\right)x_n$$

gegen Null, im Widerspruch zu $\|x_n\| = 1$ für alle $n \in \mathbb{N}$. Folglich gilt $\lambda \in \sigma(\int f\,dE)$.

Um $\sigma(\int f\,dE) \subset W_E(f)$ zu zeigen, fixieren wir $\lambda \in \mathbb{C}\backslash W_E(f)$. Da $W_E(f)$ in $\mathbb{C}$ abgeschlossen ist, ist $M := f^{-1}(W_E(f))$ in $B(Y)$ und die Funktion

$$g : Y \longrightarrow \mathbb{C}, \quad g(y) := \chi_M(y)(\lambda - f(y))^{-1},$$

ist in $\mathcal{M}_\infty(Y)$. Ferner gilt $g(\lambda - f) = \chi_M = (\lambda - f)g$. Wegen

$$I = E(Y) = E(M) + E(Y\backslash M) = E(M) + E(f^{-1}(\mathbb{C}\backslash W_E(f))) = E(M)$$

erhält man hieraus nach 20.9(2):

$$\psi(g)(\lambda I - \int f\,dE) = \psi(g)\psi(\lambda - f) \subset \psi(g(\lambda - f)) = \psi(\chi_M) = E(M) = I,$$

$$(\lambda I - \int f\,dE)\psi(g) = \psi(\lambda - f)\psi(g) = \psi(\chi_M) = E(M) = I.$$

Daher ist $\lambda I - \int f\,dE$ injektiv, und es gilt $R(\lambda I - \int f\,dE) = H$. Folglich ist $\lambda \in \rho(\int f\,dE)$. Da λ beliebig in $\mathbb{C}\backslash W_E(f)$ gewählt war, haben wir $\mathbb{C}\backslash W_E(f) \subset \mathbb{C}\backslash\sigma(\int f\,dE)$ gezeigt. $\qquad\square$

20.12 Lemma: *Seien Y und Z lokalkompakte, σ–kompakte, topologische Räume, $\varphi : Y \longrightarrow Z$ eine Homöomorphie und $F : B(Z) \longrightarrow L(H)$ ein Spektralmaß. Dann ist $E : B(Y) \longrightarrow L(H)$, $E(M) := F(\varphi(M))$, ein Spektralmaß auf Y, und es gilt:*

$$(*)\qquad \int_Y f\,dE = \int_Z f\circ\varphi^{-1}\,dF \quad \text{für alle } f \in \mathcal{M}(Y).$$

Beweis: Wie man leicht nachprüft, ist E ein Spektralmaß auf Y. Für $M \in B(Y)$ gilt wegen $\chi_M \circ \varphi^{-1} = \chi_{\varphi(M)}$:

$$\int \chi_M\,dE = E(M) = F(\varphi(M)) = F(\chi_{\varphi(M)}) = \int \chi_M\circ\varphi^{-1}\,dF.$$

Daher gilt $(*)$ für alle $f = \sum_{k=1}^n a_k\chi_{M_k}$, $a_k \in \mathbb{C}$, $M_k \in B(Y)$, $n \in \mathbb{N}$. Da die Menge all dieser Funktionen in $\mathcal{M}_\infty(Y)$ dicht ist, erhält man aus 18.9, daß $(*)$ für alle $f \in \mathcal{M}_\infty(Y)$ gilt. Um hieraus $(*)$ für alle $f \in \mathcal{M}(Y)$ mit Hilfe von 20.8 zu erhalten, muß man $D(\int f\,dE) = D(\int f\circ\varphi^{-1}\,dF)$ zeigen. Wegen $E_{x,x}(M) = F_{x,x}(\varphi(M))$ für alle $M \in B(Y)$ und alle $x \in H$ erhält man analog zu dem Bisherigen

$$\int |f|^2\,dE_{x,x} = \int |f\circ\varphi^{-1}|^2\,dF_{x,x} \quad \text{für alle } f \in \mathcal{M}_\infty(Y).$$

Hieraus erhält man $D(\int f\,dE) = D(\int f\circ\varphi^{-1}\,dF)$ mit Hilfe des Satzes über monotone Konvergenz. $\qquad\square$

20.13 Satz: *Zu jedem selbstadjungierten Operator A in H gibt es genau ein Spektralmaß E auf $\sigma(A)$ mit $A = \int z\, dE$.*

Beweis: Im Hinblick auf 18.10 sei $A \notin L(H)$ und U die Cayley–Transformierte von A. Nach 20.6 ist $U \in L(H)$ unitär und besitzt daher nach 18.10 ein eindeutig bestimmtes Spektralmaß F auf $\sigma(U)$. Da $I-U$ nach 20.6 injektiv ist, gilt $F(\{1\}) = 0$ nach 18.14. Daher ist $Z := \sigma(U) \backslash \{1\} \neq \emptyset$, und F ist ein Spektralmaß auf Z mit $\int_{\sigma(U)} g\, dF = \int_Z g\, dF$ für alle $g \in \mathcal{M}(Z)$.

Wir definieren $f : S \backslash \{1\} \longrightarrow \mathbb{C}$ durch $f(z) := i\frac{1+z}{1-z}$. Dann gilt für $t \in {]}0, 2\pi{[}$:

$$(*) \qquad \begin{aligned} f(e^{it}) &= i(\exp(-it/2) + \exp(it/2))(\exp(-it/2) - \exp(it/2))^{-1} \\ &= -\cos(t/2)(\sin(t/2))^{-1} = -\cot(t/2). \end{aligned}$$

Hieraus folgt, daß f eine Homöomorphie zwischen $S \backslash \{1\}$ und $\mathbb{R}$ ist. Insbesondere ist f reellwertig. Daher ist $B := \int_Z f\, dF$ ein selbstadjungierter Operator in H. Aus

$$f(z)(1 - z) = i(1 + z) \quad \text{für alle } z \in S$$

folgt mit 20.9(2), daß $B(I - U) = i(I + U)$ gilt. Nach 20.6 gilt daher $D(A) = R(I - U) \subset D(B)$. Wegen $A = i(I + U)(I - U)^{-1}$ folgt hieraus $A \subset B$. Da auch A selbstadjungiert ist, gilt $A = A^* \supset B^* = B \supset A$ und daher

$$A = B = \int f\, dF.$$

Um hieraus die angestrebte Darstellung zu erhalten, beachten wir, daß $(*)$ die Abgeschlossenheit von $Y := f(Z)$ in $\mathbb{R}$ impliziert. Daher ist $G = \mathbb{C} \backslash Y$ offen, und es gilt $F((f|_Z)^{-1}(G)) = F(\emptyset) = 0$. Ist $G_0 \supsetneq G$ offen in $\mathbb{C}$, so gilt $G_0 \cap Y \neq \emptyset$. Daher ist $(f|_Z)^{-1}(G_0) \cap Z \neq \emptyset$ und offen in Z. Mit 18.5(3) folgt hieraus $F((f|_Z)^{-1}(G_0)) \neq 0$. Folglich gilt $W_F(f|_Z) = Y = f(Z)$. Nach 20.11 impliziert dies $\sigma(A) = Y$. Wie bereits bemerkt wurde, ist $\varphi := (f|_Z)^{-1} : Y \longrightarrow Z$ eine Homöomorphie. Definiert man $E : B(Y) \longrightarrow L(H)$ durch $E(M) = F(\varphi(M))$, $M \in B(Y)$, so ist E nach 20.12 ein Spektralmaß auf $Y = \sigma(A)$, und es gilt

$$\int z\, dE = \int \varphi^{-1}\, dF = \int f\, dF = A.$$

Damit haben wir die Existenz eines Spektralmaßes mit den angegebenen Eigenschaften bewiesen.

Die Eindeutigkeit von E erhält man folgendermaßen: Sei E ein Spektralmaß auf $\sigma(A)$ mit $A = \int z\, dE$. Dann ist $g : \sigma(A) \longrightarrow \mathbb{C}$, $g(t) := \frac{i-t}{-i-t}$, stetig, und es gilt $g(\sigma(A)) \subset S \backslash \{1\}$. Aus

$$g(t)(-i - t) = i - t \quad \text{für alle } t \in \sigma(A)$$

folgt mit 20.9 und der Voraussetzung:

$$\left(\int g\, dE \right)\left(-iI - A \right) = iI - A.$$

Daher ist $\int g\,dE$ die Cayley–Transformierte U des Operators A. Wie im ersten Teil des Beweises folgert man hieraus mit Hilfe von 20.11 und 20.12, daß man aus E ein Spektralmaß E' auf $\sigma(U)$ erhält, für welches $U = \int z\,dE'$ gilt. Daher ist E' das eindeutig bestimmte Spektralmaß von U. Folglich ist auch E eindeutig bestimmt.□

20.14 Bemerkung: Seien A ein selbstadjungierter Operator in H und E : $B(\sigma(A)) \longrightarrow L(H)$ sein Spektralmaß. Setzt man

$$E_\lambda := E\big(]-\infty,\lambda] \cap \sigma(A)\big)\,, \quad \lambda \in \mathbb{R}\,,$$

so hat $(E_\lambda)_{\lambda \in \mathbb{R}}$ folgende Eigenschaften:

(1) E_λ ist eine orthogonale Projektion in H für jedes $\lambda \in \mathbb{R}$.

(2) $E_\lambda E_\mu = E_\mu E_\lambda = E_\lambda$ für alle $\lambda, \mu \in \mathbb{R}$ mit $\lambda < \mu$.

(3) $\lim_{\mu \to \lambda+} E_\mu x = E_\lambda x$ für alle $x \in H$ und alle $\lambda \in \mathbb{R}$.

(4) $\lim_{\lambda \to \infty} E_\lambda x = x$ und $\lim_{\lambda \to -\infty} E_\lambda x = 0$ für alle $x \in H$.

Denn die Eigenschaften von E implizieren offenbar (1) und (2). Da $E_{x,x}$ ein endliches Maß auf $\sigma(A)$ ist, folgt (3) aus der für $\mu > \lambda$ gültigen Identität

$$\|E_\mu x - E_\lambda x\|^2 = \|E\big(]\lambda,\mu]\cap\sigma(A)\big)x\|^2 = E_{x,x}\big(]\lambda,\mu]\cap\sigma(A)\big).$$

Analog beweist man (4).

Nach A.33 ist das Spektralmaß E durch $(E_\lambda)_{\lambda \in \mathbb{R}}$ eindeutig bestimmt. Man nennt $(E_\lambda)_{\lambda \in \mathbb{R}}$ die *Spektralschar* des selbstadjungierten Operators A.

Bemerkung: Sei A ein selbstadjungierter Operator in H, E sein Spektralmaß und $(E_\lambda)_{\lambda \in \mathbb{R}}$ seine Spektralschar.

(a) Ist $A \in L(H)$, so gilt in Verschärfung von 20.14(4) sogar:

(4)′ Es gibt $m < M$, so daß $E_\lambda = 0$ für $\lambda \leq m$ und $E_\lambda = I$ für $\lambda \geq M$.

(b) Für jedes $x \in H$ und jedes $\lambda \in \mathbb{R}$ existiert $\lim_{\mu \to \lambda-} E_\lambda x =: E_{\lambda-}x$, und es gilt $E_{\lambda-} = E\big(]-\infty,\lambda[\cap\sigma(A)\big)$. Da $E_{x,x}$ ein endliches Maß auf $\sigma(A)$ ist, folgt dies aus der für $\mu < \lambda$ gültigen Identität

$$\|E_\mu x - E\big(]-\infty,\lambda[\cap\sigma(A)\big)x\|^2 = \|E\big(]\mu,\lambda[\cap\sigma(A)\big)x\|^2 = E_{x,x}\big(]\mu,\lambda[\cap\sigma(A)\big).$$

Mit Hilfe der Spektralschar kann man das Spektralverhalten eines selbstadjungierten Operators folgendermaßen beschreiben:

20.15 Satz: *Seien A ein selbstadjungierter Operator in H, E sein Spektralmaß und $(E_\lambda)_{\lambda \in \mathbb{R}}$ seine Spektralschar. Dann gelten für $\mu \in \mathbb{R}$:*

(1) *μ ist genau dann Eigenwert von A, wenn $E_{\mu-} \neq E_\mu$.*

(2) *Ist μ Eigenwert von A, so ist $E(\{\mu\}) = E_\mu - E_{\mu-}$ die orthogonale Projektion von H auf $N(\mu I - A)$.*

(3) *μ ist genau dann in $\rho(A)$, wenn $\lambda \longmapsto E_\lambda$ auf einer Umgebung von μ konstant ist.*

Beweis: (1) und (2): Seien U die Cayley–Transformierte von A und F das Spektral-maß von U. Nach dem Beweis von 20.13 gilt $E(\{\mu\}) = F(\{\frac{i-\mu}{-i-\mu}\})$ für alle $\mu \in \sigma(A)$. Wie man leicht nachprüft, gilt ferner $N(\mu I - A) = N(\frac{i-\mu}{-i-\mu}I - U)$. Da nach der Vorbemerkung $E_\mu - E_{\mu-} = E(\{\mu\})$ gilt, erhält man nun mit 18.14(1) und (2) die Behauptung.

(3) Ist $\mu \in \rho(A)$, so gibt es wegen der Abgeschlossenheit von $\sigma(A)$ in $\mathbb{R}$ reelle Zahlen α und β mit $\alpha < \mu < \beta$, so daß $]\alpha, \beta[\subset \rho(A)$. Für $\lambda \in]\alpha, \beta[$ gilt dann $]-\infty, \lambda] \cap \sigma(A) =]-\infty, \beta[\cap \sigma(A)$. Hieraus folgt $E_\lambda = E_\alpha$ für alle $\lambda \in]\alpha, \beta[$.

Gibt es andererseits eine Umgebung $J =]\alpha, \beta]$ von $\mu \in \mathbb{R}$, so daß $\lambda \longmapsto E_\lambda$ auf J konstant ist, so gilt $E(J) = 0$. Daher ist $g : \sigma(A) \longrightarrow \mathbb{C}$, $g(t) := (\mu - t)^{-1}\chi_{\mathbb{R}\setminus J}(t)$, in $\mathcal{M}_\infty(\sigma(A))$. Wegen $g(t)(\mu - t) = \chi_{\mathbb{R}\setminus J}$ für alle $t \in \sigma(A)$ erhält man aus 20.9(2)

$$\left(\int g\,dE\right)(\mu I - A) \subset (\mu I - A)\left(\int g\,dE\right) = E(\mathbb{R}\setminus J) = I.$$

Hieraus folgt $\mu \in \rho(A)$. $\square$

Abschließend beweisen wir noch einige Hilfsaussagen, die wir später benötigen werden. Um sie zu formulieren, führen wir die folgende Bezeichnung ein.

Bezeichnung: Seien H ein Hilbertraum, A ein dicht definierter Operator in H und $B \in L(H)$. Wir nennen $A \geq B$, falls

$$\langle Ax, x \rangle \geq \langle Bx, x \rangle \quad \text{für alle } x \in D(A).$$

20.16 Lemma: *Seien H ein Hilbertraum, A ein selbstadjungierter Operator in H und $\alpha, \beta \in \mathbb{R}$ mit $\alpha \geq 0$, $\beta > 0$. Dann gelten:*

(1) *Aus $A \geq \alpha I$ folgt $\sigma(A) \subset [\alpha, \infty[$.*

(2) *Ist $A \in L(H)$ injektiv, so ist A^{-1} selbstadjungiert. Gilt ferner $0 \leq A \leq \beta I$, so folgt $A^{-1} \geq \beta^{-1}I$.*

Beweis: (1) Aus $A \geq \alpha I$ folgt für alle $\lambda < \alpha$ und alle $x \in D(A)$:

$$\|(\lambda I - A)x\|\,\|x\| = \|(A - \lambda I)x\|\,\|x\| \geq \langle (A - \lambda I)x, x \rangle \geq \langle (\alpha - \lambda)x, x \rangle = (\alpha - \lambda)\|x\|^2.$$

Folglich ist $\lambda I - A$ injektiv und $R(\lambda I - A)$ abgeschlossen. Weil $\lambda I - A$ auch selbst-adjungiert ist, folgt aus 19.5(1):

$$R(\lambda I - A)^\perp = N((\lambda I - A)^*) = N(\lambda I - A) = \{0\} \quad \text{für alle } \lambda < \alpha.$$

In Verbindung mit 20.3 bedeutet dies $\sigma(A) \subset [\alpha, \infty[$.

(2) Da A injektiv und selbstadjungiert ist, hat A nach 19.5(1) dichtes Bild. Nach 19.7 gilt daher $(A^{-1})^* = (A^*)^{-1} = A^{-1}$. Also ist A^{-1} selbstadjungiert.

Aus $0 \le A \le \beta I$ folgt $\sigma(A) \subset [0, \beta]$ nach 18.16 und 17.22. Bezeichnet E das Spektralmaß von A, so gilt $A^{-1} = \int \lambda^{-1} dE$, wie man leicht aus 20.9 erhält. Nach 20.8(1) gilt daher für jedes $x \in D(A^{-1})$:

$$\langle A^{-1}x, x \rangle = \int \lambda^{-1} dE_{x,x} \ge \frac{1}{\beta} \|x\|^2 = \frac{1}{\beta} \langle x, x \rangle.$$

Also gilt $A^{-1} \ge \beta^{-1} I$. □

20.17 Lemma: *Seien H_1, H_2 Hilberträume, H_1 sei in H_2 enthalten, und die Inklusion $j : H_1 \hookrightarrow H_2$ sei stetig mit dichtem Bild. Dann gibt es einen selbstadjungierten Operator $A \ge \|j\|^{-1} I$ in H_2 mit $D(A) = H_1$ und*

$$\langle x, y \rangle_1 = \langle Ax, Ay \rangle_2 \text{ für alle } x, y \in H_1.$$

Beweis: Nach 18.18 besitzt j eine Polarzerlegung $j = UB$. Dabei ist $B \in L(H_1)$ positiv und U eine partielle Isometrie zwischen $\overline{R(B)}$ und $\overline{R(j)} = \overline{H_1} = H_2$. Da mit j auch B injektiv ist, hat der selbstadjungierte Operator B nach 19.5(1) dichtes Bild. Also ist $U : H_1 \longrightarrow H_2$ eine isometrische Bijektion und daher unitär.

Nach 18.18 gilt $B^2 = j^* j$. Hieraus folgt $B^2 \le \|j\|^2 I$, da

$$\langle B^2 x, x \rangle_1 = \langle jx, jx \rangle_2 = \|jx\|_2^2 \le \|j\|^2 \|x\|_1^2 \text{ für alle } x \in H_1.$$

Weil B positiv ist, folgt hieraus $B = \sqrt{B^2} = \int \sqrt{\lambda} dF \le \|j\| I$, wobei F das Spektralmaß von B^2 bezeichnet. Nach 20.16(2) ist B^{-1} selbstadjungiert, und es gilt $B^{-1} \ge \|j\|^{-1} I$.

Wir definieren nun durch $D(A) := H_1$ und $A := U \circ B^{-1} \circ U^*$ einen Operator A in H_2. Nach 19.9(2) ist A selbstadjungiert. Weil U unitär ist, gilt $A = U \circ B^{-1} \circ U^{-1} = U \circ j^{-1}$. Hieraus erhalten wir für alle $x, y \in H_1$ ($j^{-1}x = x, j^{-1}y = y$):

$$\langle Ax, Ay \rangle_2 = \langle Ux, Uy \rangle_2 = \langle x, y \rangle_1.$$

Wegen $B^{-1} \ge \|j\|^{-1} I$ gilt

$$\begin{aligned} \langle Ax, x \rangle_2 &= \langle U \circ B^{-1} \circ U^* x, x \rangle_2 = \langle B^{-1} \circ U^* x, U^* x \rangle_1 \\ &\ge \|j\|^{-1} \|U^* x\|_1^2 = \|j\|^{-1} \langle x, x \rangle_2. \end{aligned}$$ □

20.18 Bemerkung: Die Definition der Symmetrie und der Selbstadjungiertheit ist auch sinnvoll für Operatoren in reellen Hilberträumen. Wir wollen nun angeben, wie man die Behandlung selbstadjungierter Operatoren in reellen Hilberträumen auf den komplexen Fall zurückführen kann. Die dazu nötigen einfachen Rechnungen überlassen wir dem Leser.

Sei H ein reeller Hilbertraum. Wir setzen $H_{\mathbb{C}} = H \times H$ und schreiben $x + iy$ statt $(x, y) \in H_{\mathbb{C}}$. Der reelle Vektorraum $H_{\mathbb{C}}$ wird durch die Festsetzung

$$(\alpha + i\beta)(x + iy) := (\alpha x - \beta y) + i(\alpha y + \beta x) \, , \; \alpha, \beta \in \mathbb{R}, \; x, y \in H$$

zu einem $\mathbb{C}$–Vektorraum, auf dem durch

$$\langle x + iy, \, \xi + i\eta \rangle := \langle x, \xi \rangle + \langle y, \eta \rangle + i(\langle y, \xi \rangle - \langle x, \eta \rangle)$$

ein Skalarprodukt definiert wird. Für die davon induzierte Norm gilt offenbar

$$\|x + iy\| = (\|x\|^2 + \|y\|^2)^{1/2} \text{ für alle } x + iy \in H_{\mathbb{C}}.$$

Ist A ein Operator in H, so wird durch

$$D(A_{\mathbb{C}}) := D(A) + iD(A) \text{ und } A_{\mathbb{C}}(x + iy) := Ax + iAy$$

ein Operator in $H_{\mathbb{C}}$ definiert. Ist A dicht definiert, so auch $A_{\mathbb{C}}$, und es gilt

$$D(A_{\mathbb{C}}^*) = D(A^*) + iD(A^*) \text{ und } A_{\mathbb{C}}^*(\xi + i\eta) = A^*\xi + iA^*\eta.$$

Für jeden selbstadjungierten Operator A in H ist daher $A_{\mathbb{C}}$ in $H_{\mathbb{C}}$ selbstadjungiert. Setzt man

$$\sigma(A) := \{\lambda \in \mathbb{R} : \lambda I - A \text{ ist injektiv und } R(\lambda I - A) = H\},$$

so gilt $\sigma(A) = \sigma(A_{\mathbb{C}})$ nach 20.3. Definiert man

$$U : H_{\mathbb{C}} \longrightarrow H_{\mathbb{C}} \quad , \quad U(x + iy) = x - iy,$$

so ist U $\mathbb{R}$–linear, und es gelten

$$U \circ U = \mathrm{id}_{H_{\mathbb{C}}} \text{ sowie } U(i(x + iy)) = -i\, U(x + iy).$$

Für jeden selbstadjungierten Operator A in H gilt $UA_{\mathbb{C}}U = A_{\mathbb{C}}$, da für $x + iy \in D(A_{\mathbb{C}})$ auch $U(x + iy)$ in $D(A_{\mathbb{C}})$ ist, und

$$UA_{\mathbb{C}}U(x + iy) = U(Ax - iAy) = Ax + iAy = A_{\mathbb{C}}(x + iy)$$

gilt. Ist $E : B(\sigma(A_{\mathbb{C}})) \longrightarrow L(H_{\mathbb{C}})$ das Spektralmaß von $A_{\mathbb{C}}$, so ist

$$F : B(\sigma(A_{\mathbb{C}})) \longrightarrow L(H_{\mathbb{C}}) \quad , \quad F(M) := UE(M)U$$

aufgrund der Eigenschaften von U ebenfalls ein Spektralmaß. Für reellwertige, Borel–meßbare Treppenfunktionen g auf $\sigma(A_{\mathbb{C}})$ gilt

$$\int g\, dF = U\Big(\int g\, dE \Big) U.$$

Daher gilt diese Identität sogar für alle reellwertigen $g \in C_c(\mathbb{R})$. Hieraus folgt

$$\int \lambda dF = U\left(\int \lambda dE\right)U = U A_{\mathbb{C}} U = A_{\mathbb{C}}.$$

Nach 20.13 impliziert dies $F = E$, d.h. $UE(M)U = E(M)$ und daher $UE(M) = E(M)U$ für alle $M \in B(\sigma(A_{\mathbb{C}}))$. Folglich gilt für $x + i0 \in H_{\mathbb{C}}$:

$$\xi + i\eta := E(M)(x + i0) = E(M)U(x + i0) = UE(M)(x + i0) = \xi - i\eta,$$

und daher $E(M)(x + i0) = \xi + i0$ für alle $x + i0 \in H_{\mathbb{C}}$. Also ist $E_{\mathbb{R}}(M) = E(M)|_H$ eine orthogonale Projektion in H. Daher ist $E_{\mathbb{R}}$ ein Spektralmaß auf $\sigma(A) = \sigma(A_{\mathbb{C}})$ mit Werten in $L(H)$, für welches gilt

$$A = \int \lambda dE_{\mathbb{R}}.$$

Der Spektralsatz 20.13 gilt also auch für selbstadjungierte Operatoren in reellen Hilberträumen. Daher sind auch viele der aus ihm abgeleiteten Aussagen für reelle Hilberträume richtig. Insbesondere gelten Lemma 20.16 und Lemma 20.17 auch für reelle Hilberträume.

Aufgaben:

(1) Seien H_1 und H_2 Hilberträume, für welche H_1 in H_2 enthalten ist und $\|x\|_2 \leq \|x\|_1$ für alle $x \in H_1$ gilt. Verwenden Sie Lemma 20.17, um nachzuweisen, daß es genau einen selbstadjungierten Operator $S \geq I$ mit $D(S) \subset H_1$ gibt, für welchen

$$\langle x, y\rangle_1 = \langle x, Sy\rangle_2 \text{ für alle } x \in H_1, \, y \in D(S)$$

gilt. Zeigen Sie ferner:

$$D(S) = \{y \in H_1 : x \longmapsto \langle x, y\rangle_1 \text{ ist } \|\cdot\|_2\text{--stetig}\}.$$

(2) Für $g \in \mathcal{M}(\mathbb{R}^n)$ definiert man den Operator M_g in $L_2(\mathbb{R}^n, \lambda)$ durch

$$D(M_g) := \{f \in L_2(\mathbb{R}^n) : fg \in L_2(\mathbb{R}^n)\}, \, M_g f = fg.$$

Zeigen Sie:

(a) M_g ist ein dicht definierter, abgeschlossener Operator.

(b) $M_g \in L(L_2(\mathbb{R}^n))$ genau dann, wenn $g \in L_\infty(\mathbb{R}^n)$

(c) $M_g^* = M_{\bar{g}}$

(d) M_g ist selbstadjungiert genau dann, wenn g fast überall reellwertig ist.

(e) Bestimmen Sie für selbstadjungiertes M_g das Spektrum, das Spektralmaß und die Spektralschar von M_g.

(3) Sei A ein selbstadjungierter injektiver Operator in einem Hilbertraum H. Beweisen Sie die folgenden Aussagen:

(a) $\sigma(A^{-1}) = \{\lambda^{-1} : \lambda \in \sigma(A)\}$.

(b) $\sigma(A)$ besteht nur aus isolierten Eigenwerten endlicher Vielfachheit genau dann, wenn $A^{-1} \in K(H)$.

(4) Sei H ein Hilbertraum. Eine Familie $(U(t))_{t \in \mathbb{R}}$ unitärer Operatoren auf H heißt unitäre Gruppe, falls

$$U(0) = I \text{ und } U(s)\,U(t) = U(s+t) \text{ für alle } s, t \in \mathbb{R}\,.$$

Eine unitäre Gruppe $(U(t))_{t \in \mathbb{R}}$ heißt stark stetig, wenn für jedes $f \in H$ die Funktion $t \longmapsto U(t)f$ stetig auf $\mathbb{R}$ ist. Den auf

$$D(A) := \{f \in H : \lim_{t \to 0} t^{-1}(U(t) - I)f \text{ existiert}\,\}$$

durch $Af := \lim_{t \to 0} t^{-1}(U(t) - I)f$ definierten Operator nennt man den infinitesimalen Erzeuger von $(U(t))_{t \in \mathbb{R}}$.

Sei T ein selbstadjungierter Operator in H, und sei E sein Spektralmaß. Zeigen Sie, daß durch

$$U(t) := e^{itT} := \int e^{its} dE(s)\,,\ t \in \mathbb{R},$$

eine stark stetige unitäre Gruppe definiert wird, welche iT als infinitesimalen Erzeuger hat.

Sei andererseits $(U(t))_{t \in \mathbb{R}}$ eine stark stetige unitäre Gruppe in $L(H)$ und A der infinitesimale Erzeuger von $(U(t))_{t \in \mathbb{R}}$. Zeigen Sie:

(a) $D_0 := \{f_\varphi = \int \varphi(s) U(s) f\, ds,\ f \in H,\ \varphi \in \mathcal{D}(\mathbb{R})\}$ ist in $D(A)$ enthalten und dicht in H.

(b) Die Abschließung $\overline{T}$ des Operators $T := -iA$ ist selbstadjungiert, und es gilt $U(t) = e^{it\overline{T}}$ für alle $t \in \mathbb{R}$.

(5) Zeigen Sie, daß in $L_2(\mathbb{R})$ durch

$$U(t)\,f(x) := f(x+t)\,,\ f \in L_2(\mathbb{R}),$$

eine stark stetige unitäre Gruppe definiert wird. Ihr infinitesimaler Erzeuger sei A. Zeigen Sie, daß $T := -iA$ eine Erweiterung des auf $D(B) := \mathcal{D}(\mathbb{R})$ durch $Bf = i^{-1}f'$ definierten Operators B ist.

§ 21 Selbstadjungierte Erweiterungen

Die Hauptergebnisse des vorigen Abschnitts lassen sich auf diejenigen symmetrischen Operatoren anwenden, welche Einschränkung von selbstadjungierten Operatoren sind. Daher ist es von Interesse zu wissen, welche symmetrischen Operatoren eine selbstadjungierte Erweiterung besitzen. Diese Frage wollen wir nun behandeln. Dabei sei H stets ein komplexer Hilbertraum.

Definition: Sei A ein symmetrischer Operator in H. Für $z \in \mathbb{C}$ bezeichnen wir mit $n_z(A)$ die Hilbertraumdimension von $R(zI - A)^{\perp}$ und mit Π_z die orthogonale Projektion von H auf $R(zI - A)^{\perp}$. Die Zahlen $n_+(A) := n_i(A)$ und $n_-(A) := n_{-i}(A)$ heißen die *Defektindices* von A.

21.1 Bemerkung: Sei A symmetrischer Operator in H. Dann ist auch $\overline{A}$ symmetrisch, wie wir in 20.1 gezeigt haben. Aus

$$R(zI - A) \subset R(zI - \overline{A}) = R(\overline{zI - A}) \subset \overline{R(zI - A)} \quad \text{für alle } z \in \mathbb{C}$$

folgt $R(zI - \overline{A})^{\perp} = R(zI - A)^{\perp}$ und daher

$$n_z(\overline{A}) = n_z(A) \quad \text{für alle } z \in \mathbb{C}.$$

Da jeder selbstadjungierte Operator abgeschlossen ist, besitzt A genau dann eine selbstadjungierte Erweiterung, wenn $\overline{A}$ eine solche besitzt.

Definition: Ein symmetrischer Operator A in H heißt *wesentlich selbstadjungiert*, falls seine Abschließung $\overline{A}$ selbstadjungiert ist.

21.2 Satz: *Ein symmetrischer Operator A in H ist genau dann wesentlich selbstadjungiert, wenn $n_+(A) = n_-(A) = 0$ gilt.*

Beweis: Ist A wesentlich selbstadjungiert, so gilt $\sigma(\overline{A}) \subset \mathbb{R}$ nach 20.3. Hieraus folgt $R(zI - \overline{A}) = H$ und damit $n_z(A) = n_z(\overline{A}) = 0$ für alle $z \in \mathbb{C} \backslash \mathbb{R}$.

Verschwinden die Defektindices von A, so ist $R(\pm iI - \overline{A})$ nach 21.1 und 11.8 dicht in H. Nach 20.1 und 20.2 ist $R(\pm iI - \overline{A})$ abgeschlossen und $\pm iI - \overline{A}$ injektiv. Daher gilt $R(\pm iI - \overline{A}) = H$, und es folgt $\pm i \in \rho(\overline{A})$. Nach 20.4 impliziert dies $\overline{A}^* = \overline{A}$. $\qquad\qquad\square$

21.3 Satz: *Ein symmetrischer Operator A in H besitzt genau dann eine selbstadjungierte Erweiterung, wenn $n_+(A) = n_-(A)$ gilt.*

Beweis: Aufgrund der Bemerkung 21.1 können wir annehmen, daß der symmetrische Operator A abgeschlossen ist.

Besitzt A eine selbstadjungierte Erweiterung B, so ist die Cayley–Transformierte U von B in $L(H)$ unitär nach 20.6. Die Cayley-Transformierte $V : R(-iI - A) \longrightarrow R(iI - A)$ von A ist eine Einschränkung von U. Daher gilt

$$U(R(-iI - A)) = V(R(-iI - A)) = R(iI - A).$$

Weil U unitär ist, folgt hieraus

$$U(R(-iI - A)^\perp) = (U(R(-iI - A)))^\perp = R(iI - A)^\perp.$$

Nach 12.12 gilt daher $n_+(A) = n_-(A)$.

Gilt andererseits $n_+(A) = n_-(A)$, so gibt es nach 12.12 eine unitäre Abbildung W von $R(-iI - A)^\perp$ auf $R(iI - A)^\perp$. Nach 20.5 ist die Cayley-Transformierte V von A eine unitäre Abbildung von $R(-iI - A)$ auf $R(iI - A)$. Weil $R(-iI - A)$ nach 20.2 abgeschlossen ist, ist daher

$$U := V \oplus W : H = R(-iI - A) \oplus R(-iI - A)^\perp \longrightarrow R(iI - A) \oplus R(iI - A)^\perp$$

in $L(H)$ und unitär.

Um nachzuweisen, daß $I - U$ injektiv ist, fixieren wir ein $x \in H$ mit $Ux = x$. Wegen $H = R(-iI - A) \oplus R(-iI - A)^\perp$ existieren ein $\xi \in D(A)$ sowie ein $\eta \in R(-iI - A)^\perp$ mit $x = (-iI - A)\xi \oplus \eta$. Hieraus folgt

$$-i\xi - A\xi + \eta = x = Ux = V((-iI - A)\xi) \oplus W\eta = i\xi - A\xi + W\eta$$

und daher $2i\xi = \eta - W\eta$. Nach 19.5(1) gelten $\eta \in R(-iI - A)^\perp = N((-iI - A)^*) = N(iI - A^*)$ und $W\eta \in R(iI - A)^\perp = N(-iI - A^*)$. Wegen $A^* \supset A$ und $\xi \in D(A)$ folgt nun

$$(iI - A)2i\xi = (iI - A^*)2i\xi = (iI - A^*)(\eta - W\eta)$$
$$= -(2iI - iI - A^*)W\eta = -2iW\eta.$$

Dies impliziert $W\eta \in R(iI - A) \cap R(iI - A)^\perp = \{0\}$. Da W unitär ist, gilt $\eta = 0$ und daher $\xi = 0$. Folglich gilt $x = 0$, und wir haben $I - U$ als injektiv nachgewiesen. Daher ist U nach 20.7 die Cayley–Transformierte des selbstadjungierten Operators $B := i(I + U)(I - U)^{-1}$.

Um $A \subset B$ zu zeigen, sei $x \in D(A)$ gegeben. Für $z := (-iI - A)x \in R(-iI - A)$ gilt dann $Uz = Vz = (iI - A)x$ und daher

$$(I - U)z = (-iI - A)x - (iI - A)x = -2ix.$$

Dies zeigt $x \in R(I - U) = D(B)$. Außerdem folgt

$$Bx = i(I + U)(I - U)^{-1}x = -\frac{1}{2}(I + U)z = -\frac{1}{2}((-iI - A)x + (iI - A)x) = Ax.$$

$\square$

21.4 Corollar: *Sei A ein symmetrischer Operator in H mit $n_+(A) = n_-(A)$. Ist $W : R(-iI - \overline{A})^\perp \longrightarrow R(iI - \overline{A})^\perp$ eine unitäre Abbildung, so wird auf $D(B) := D(\overline{A}) + \{\eta - W\eta : \eta \in R(-iI - \overline{A})^\perp\}$ durch*

$$B(\xi + \eta - W\eta) = \overline{A}\xi + i\eta + iW\eta, \quad \xi \in D(\overline{A}), \; \eta \in R(-iI - \overline{A})^\perp$$

eine selbstadjungierte Erweiterung B von A definiert. Jede selbstadjungierte Erweiterung von A ist von dieser Form.

Beweis: Wie der Beweis von 21.3 zeigt, gibt es zu jeder unitären Abbildung $W : R(-iI - \overline{A})^\perp \longrightarrow R(iI - \overline{A})^\perp$ eine selbstadjungierte Erweiterung B von A, und für die Cayley-Transformierte U von B gilt $U|_{R(-iI-\overline{A})^\perp} = W$. Um die angegebene Darstellung von B zu erhalten, sei $x \in H = R(-iI - \overline{A}) \oplus R(-iI - \overline{A})^\perp$ beliebig gegeben. Dann gibt es ein $\xi \in D(\overline{A})$ und $\eta \in R(-iI-\overline{A})^\perp$, so daß $x = (-iI-\overline{A})\xi \oplus \eta$. Hieraus folgt

$$Ux = U(-iI-\overline{A})\xi \oplus W\eta = (iI-B)(-iI-B)^{-1}(-iI-\overline{A})\xi \oplus W\eta = (iI-\overline{A})\xi + W\eta$$

und daher

$$(I - U)x = (-iI - \overline{A})\xi + \eta - (iI - \overline{A})\xi - W\eta = -2i\xi + \eta - W\eta.$$

Wegen $D(B) = R(I - U)$ folgt hieraus die Aussage über $D(B)$. Außerdem folgt

$$\begin{aligned}
B(-2i\xi + \eta - W\eta) &= i(I + U)(I - U)^{-1}(-2i\xi + \eta - W\eta) = i(I + U)x \\
&= i\big((-iI - \overline{A})\xi + \eta + (iI - \overline{A})\xi + W\eta\big) \\
&= \overline{A}(-2i\xi) + i\eta + iW\eta
\end{aligned}$$

und damit die angegebene Darstellung von B.

Den Zusatz haben wir ebenfalls im Beweis von 21.3 bereits gezeigt. □

Für die weitere Auswertung von 21.3 führen wir den folgenden Begriff ein:

Definition: Sei A ein symmetrischer Operator in H. Die Menge

$$\Gamma(A) := \{\, z \in \mathbb{C} : \text{es existiert ein } k(z) > 0, \text{ so daß für alle } x \in D(A) \text{ gilt:} \\ \|(zI - A)x\| \geq k(z)\|x\| \,\}$$

heißt der *Regularitätsbereich* von A.

21.5 Bemerkung: Sei A ein symmetrischer Operator in H.

(a) Es gilt $\Gamma(A) = \Gamma(\overline{A})$. Denn $A \subset \overline{A}$ impliziert $\Gamma(A) \supset \Gamma(\overline{A})$. Die umgekehrte Inklusion erhält man durch stetige Fortsetzung der betrachteten Ungleichung.

(b) Ist A abgeschlossen, so gilt

$$\Gamma(A) = \{z \in \mathbb{C} : zI - A \text{ ist injektiv und } R(zI - A) \text{ ist abgeschlossen}\}$$

und daher insbesondere $\rho(A) \subset \Gamma(A)$.

Denn für jedes $z \in \mathbb{C}$ ist $D(zI - A) = D(A)$ wegen der Abgeschlossenheit von $zI - A$ unter der Norm $\||x\|| := (\|x\|^2 + \|(zI - A)x\|^2)^{\frac{1}{2}}$ ein Banachraum. Daher folgt die angegebene Identität aus 8.7.

(c) $\mathbb{C} \backslash \mathbb{R} \subset \Gamma(\overline{A}) = \Gamma(A)$. Dies folgt mit (b) aus 20.2 und (a).

21.6 Lemma: *Für jeden symmetrischen Operator A in H gelten:*

(1) $\Gamma(A)$ *ist offen in* $\mathbb{C}$.

(2) $F : \Gamma(A) \longrightarrow L(H)$, $F(z) := \Pi_z$, *ist stetig.*

Beweis: (1) Ist $z_0 \in \Gamma(A)$, so existiert $k > 0$ mit $\|(z_0 I - A)x\| \geq k\|x\|$ für alle $x \in D(A)$. Für $z \in \mathbb{C}$ mit $|z - z_0| < \frac{k}{2}$ und $x \in D(A)$ gilt daher

$$\|(zI - A)x\| = \|(z_0 I - A)x + (z - z_0)x\| \geq k\|x\| - |z - z_0|\|x\| \geq \frac{k}{2}\|x\|.$$

Folglich gilt $z \in \Gamma(A)$ für alle $z \in \mathbb{C}$ mit $|z - z_0| < \frac{k}{2}$.

(2) Nach 21.5(a) und 21.1 können wir o.B.d.A. annehmen, daß A abgeschlossen ist. Dann gilt nach 19.5(1):

$$R(zI - A)^{\perp} = N((zI - A)^*) = N(\overline{z}I - A^*) \subset D(A^*) \quad \text{für alle } z \in \mathbb{C}.$$

Daher gilt für alle $z, w \in \mathbb{C}$, $x \in R(wI - A)^{\perp}$ und $\xi \in D(A)$:

$$\langle x, (zI - A)\xi \rangle = \langle x, (wI - A)\xi \rangle + (\overline{z} - \overline{w})\langle x, \xi \rangle = (\overline{z} - \overline{w})\langle x, \xi \rangle.$$

Ist zusätzlich $z \in \Gamma(A)$ und gilt $\|(zI - A)\xi\| \geq k(z)\|\xi\|$ für alle $\xi \in D(A)$, so folgt

$$(3) \qquad \frac{|\langle x, (zI - A)\xi \rangle|}{\|(zI - A)\xi\|} \leq |\overline{z} - \overline{w}| \frac{\|x\|\|\xi\|}{\|(zI - A)\xi\|} \leq |z - w|\|x\|k(z)^{-1}.$$

Ist $z_0 \in \Gamma(A)$ gegeben, so gibt es nach dem Beweis von (1) eine Zahl $\delta > 0$ mit

$$(4) \qquad \|(zI - A)\xi\| \geq \delta\|\xi\| \quad \text{für alle } \xi \in D(A) \text{ und alle } z \in U_\delta(z_0).$$

Nach 21.5(b) ist $R(zI - A)$ abgeschlossen für alle $z \in \Gamma(A)$. Daher ist $I - \Pi_z$ für alle $z \in \Gamma(A)$ die orthogonale Projektion von H auf $R(zI - A)$. Aus (3) und (4) erhält man daher für alle $z, w \in U_\delta(z_0)$, $x \in H$:

$$\begin{aligned}
\|(I - \Pi_z)\Pi_w x\| &= \sup\left\{|\langle (I - \Pi_z)\Pi_w x, y \rangle| : y \in R(zI - A), \|y\| = 1\right\} \\
&= \sup\left\{|\langle \Pi_w x, (zI - A)\xi \rangle|\|(zI - A)\xi\|^{-1} : \xi \in D(A)\right\} \\
&\leq |z - w|\|\Pi_w x\|\delta^{-1} \leq |z - w|\delta^{-1}\|x\|.
\end{aligned}$$

Daher gilt $\|(I - \Pi_z)\Pi_w\| \leq |z - w|\delta^{-1}$ für alle $z, w \in U_\delta(z_0)$. Wegen

$$(\Pi_z - \Pi_w)^2 = \Pi_z^2 - \Pi_w\Pi_z - \Pi_z\Pi_w + \Pi_w^2 = (I - \Pi_w)\Pi_z + (I - \Pi_z)\Pi_w$$

folgt hieraus mit 11.11(3) und 11.14 für jedes $z \in U_\delta(z_0)$:

$$\begin{aligned}
\|\Pi_z - \Pi_{z_0}\|^2 &= \|(\Pi_z - \Pi_{z_0})^2\| \leq \|(I - \Pi_{z_0})\Pi_z\| + \|(I - \Pi_z)\Pi_{z_0}\| \\
&\leq 2|z - z_0|\delta^{-1}.
\end{aligned}$$

Daher ist F stetig in z_0. $\qquad\qquad\qquad\qquad\qquad\qquad\qquad\qquad\qquad\qquad\qquad$ $\square$

21.7 Lemma: *Sind P und Q orthogonale Projektionen in H mit $\|P - Q\| < 1$, so haben $R(P)$ und $R(Q)$ die gleiche Hilbertraumdimension.*

Beweis: Nimmt man an, daß ein $x \in R(Q)$ existiert mit $Px = 0$ und $\|x\| = 1$, so folgt aus

$$1 > \|P - Q\| \geq \|(P - Q)x\| = \| - Qx\| = \|x\| = 1$$

ein Widerspruch. Daher ist $P_1 := P|_{R(Q)} : R(Q) \longrightarrow R(P)$ injektiv. Für $x \in R(Q)$ und $y \in R(P)$ gilt nach 11.14:

$$\langle P_1 x, y \rangle = \langle Px, y \rangle = \langle x, Py \rangle = \langle x, y \rangle = \langle Qx, y \rangle = \langle x, Qy \rangle.$$

Setzt man $Q_1 := Q|_{R(P)} : R(P) \longrightarrow R(Q)$, so gilt daher $P_1^* = Q_1$. Analog zu P_1 ist auch Q_1 injektiv. Daher hat P_1 nach 19.5(1) dichtes Bild.

Nach 18.18 hat der Operator P_1 eine Polarzerlegung, d.h. es existieren $B \in L(R(Q))$ und $U \in L(R(Q), R(P))$ mit $P_1 = UB$. Dabei ist U eine partielle Isometrie von $\overline{R(B)}$ nach $\overline{R(P_1)} = R(P)$. Mit P_1 ist auch B injektiv. Nach 19.5(1) ist daher $R(B)$ in $R(Q)$ dicht, da B selbstadjungiert ist. Folglich ist U eine unitäre Abbildung von $R(Q)$ auf $R(P)$. Nach 12.12 folgt hieraus die Behauptung. $\qquad\square$

Aus 21.6(2) folgt mit 21.7, daß für jeden symmetrischen Operator A in H die Abbildung $z \longmapsto n_z(A)$ auf $\Gamma(A)$ lokalkonstant ist. Daher gilt:

21.8 Satz: *Für jeden symmetrischen Operator A in H ist $\Gamma(A)$ offen in $\mathbb{C}$, und $n_z(A)$ ist konstant auf den Zusammenhangskomponenten von $\Gamma(A)$.*

Bemerkung: Sei A ein symmetrischer, abgeschlossener Operator in H. Gibt es $z_+, z_- \in \rho(A)$ mit $\operatorname{Im} z_+ > 0$ und $\operatorname{Im} z_- < 0$, so ist A selbstadjungiert. Denn aus 21.8 und 21.5(c) folgt $n_+(A) = 0 = n_-(A)$. Nach 21.2 ist daher $\overline{A} = A$ selbstadjungiert.

Für weitere Anwendungen von Satz 21.8 definieren wir:

Definition: Ein symmetrischer Operator A in H heißt *halbbeschränkt nach unten* (*oben*), falls ein $\gamma \in \mathbb{R}$ existiert, so daß

$$\langle Ax, x \rangle \geq \gamma \|x\|^2 \qquad (\langle Ax, x \rangle \leq \gamma \|x\|^2) \quad \text{für alle } x \in D(A).$$

Eine Zahl γ mit diesen Eigenschaften heißt *untere* (*obere*) *Schranke von A*. Man nennt A *halbbeschränkt*, wenn A nach oben oder unten halbbeschränkt ist.

21.9 Lemma: *Ist der Operator A nach unten halbbeschränkt mit unterer Schranke γ, so gilt $]-\infty, \gamma[\subset \Gamma(A)$.*

Beweis: Für $\lambda \in \,]-\infty, \gamma[$ und $x \in D(A)$ gilt nach Voraussetzung

$$\begin{aligned}
\|(\lambda I - A)x\| \, \|x\| &\geq \langle (A - \lambda I)x, x \rangle = \langle Ax, x \rangle - \lambda \langle x, x \rangle \\
&\geq (\gamma - \lambda)\|x\|^2. \qquad\square
\end{aligned}$$

Bemerkung: Ist γ eine obere Schranke für den nach oben halbbeschränkten Operator A, so gilt $]\gamma, +\infty[\subset \Gamma(A)$. Da $-\gamma$ eine untere Schranke für $-A$ ist, folgt dies aus $\Gamma(-A) = -\Gamma(A)$ und 21.9.

21.10 Satz: *Jeder halbbeschränkte Operator A in H besitzt eine selbstadjungierte Erweiterung.*

Beweis: Aus 21.9 und der Vorbemerkung erhält man mit 21.5(c), daß i und $-i$ in der gleichen Zusammenhangskomponente von $\Gamma(A)$ sind. Nach 21.8 gilt daher $n_+(A) = n_-(A)$, was nach 21.3 die Behauptung impliziert. □

21.11 Beispiel: Sei $\Omega \neq \emptyset$ eine offene Teilmenge von $\mathbb{R}^n$, λ das Lebesgue–Maß auf $\mathbb{R}^n$ und $L_2(\Omega) := L_2(\Omega, \lambda)$. Dann ist $\mathcal{D}(\Omega)$ ein dichter Unterraum von $L_2(\Omega)$. Sind für $\alpha \in \mathbb{N}_0^n$ mit $|\alpha| = \sum_{j=1}^n \alpha_j \leq m$ Funktionen $g_\alpha \in C^\infty(\Omega)$ gegeben, so definieren wir auf $D(A) = \mathcal{D}(\Omega)$ den Operator A in $L_2(\Omega)$ durch

$$Af := \sum_{|\alpha| \leq m} g_\alpha D^\alpha f = \sum_{|\alpha| \leq m} g_\alpha \left(\frac{1}{i} \frac{\partial}{\partial x_1} \right)^{\alpha_1} \cdots \left(\frac{1}{i} \frac{\partial}{\partial x_n} \right)^{\alpha_n} f.$$

Für alle $f, h \in \mathcal{D}(\Omega)$ erhält man durch partielle Integration

$$\langle Af, h \rangle = \int \Big(\sum_{|\alpha| \leq m} g_\alpha D^\alpha f \Big) \overline{h} \, d\lambda = \sum_{|\alpha| \leq m} \int f \overline{D^\alpha(\overline{g}_\alpha h)} \, d\lambda$$

$$= \int f \Big(\overline{\sum_{|\alpha| \leq m} D^\alpha(\overline{g}_\alpha h)} \Big) \, d\lambda = \langle f, \sum_{|\alpha| \leq m} D^\alpha(\overline{g}_\alpha h) \rangle.$$

Nach 19.2 impliziert dies $h \in D(A^*)$ und $A^* h = \sum_{|\alpha| \leq m} D^\alpha(\overline{g}_\alpha h)$. Daher gilt $D(A^*) \supset \mathcal{D}(\Omega)$, d.h. A^* ist dicht definiert. Nach 19.5 ist A abschließbar, und es gilt $\overline{A} = A^{**}$.

Sind die Funktionen g_α, $|\alpha| \leq m$, reell und konstant, so gilt $A^* \supset A$, d.h. A ist symmetrisch. Dies gilt insbesondere für den Laplace–Operator

$$Af = \Delta f = \sum_{j=1}^n \frac{\partial^2 f}{\partial x_j^2} = -\sum_{j=1}^n D_j^2 f, \quad f \in \mathcal{D}(\Omega).$$

Δ ist nach oben halbbeschränkt, da für alle $f \in \mathcal{D}(\Omega)$ gilt:

$$\langle \Delta f, f \rangle = \int \sum_{j=1}^n \frac{\partial^2 f}{\partial x_j^2} \overline{f} \, d\lambda = -\sum_{j=0}^n \int \frac{\partial f}{\partial x_j} \overline{\frac{\partial f}{\partial x_j}} \, d\lambda = -\sum_{j=0}^n \int |\frac{\partial f}{\partial x_j}|^2 \, d\lambda \leq 0.$$

Daher besitzt Δ nach 21.10 eine selbstadjungierte Erweiterung.

Wir bestimmen nun den Definitionsbereich $D(\overline{\Delta})$ der Abschließung $\overline{\Delta}$ des Operators Δ in $L_2(\Omega)$. Aus der Definition von $H_0^2(\Omega)$ folgt $H_0^2(\Omega) \subset D(\overline{\Delta})$. Zum Nachweis der umgekehrten Inklusion sei $f \in D(\overline{\Delta})$ gegeben. Dann gibt es eine Folge $(f_n)_{n \in \mathbb{N}}$ in $\mathcal{D}(\Omega)$ mit $f_n \to f$ und $\Delta f_n \to g = \overline{\Delta} f$ in $L_2(\Omega)$ und damit in $L_2(\mathbb{R}^n)$, wenn wir alle Funktionen durch Null fortsetzen. Folglich gelten $\mathcal{F}f_n \to \mathcal{F}f$ und $|\xi|^2 \mathcal{F}f_n \to -\mathcal{F}g$ in $L_2(\mathbb{R}^n)$. Also konvergiert $(1 + |\xi|^2)(\mathcal{F}f_n - \mathcal{F}f)$ gegen Null in $L_2(\mathbb{R}^n)$. Dies impliziert $f \in H_0^2(\Omega)$, und wir haben $D(\overline{\Delta}) = H_0^2(\Omega)$ gezeigt.

Wir wollen nun $D(\Delta^*)$ bestimmen. Dazu fixieren wir $f \in H_\bullet^2(\Omega) = H_0^{-2}(\Omega)'$. Weil die Abbildung $g \longmapsto -\sum_{j=1}^n D_j^2 g$ nach 14.13 eine stetige lineare Abbildung von $L_2(\Omega)$ nach $H_0^{-2}(\Omega)$ ist, ist die Linearform

$$(*) \qquad\qquad g \longmapsto \langle \Delta g, f \rangle, \; g \in \mathcal{D}(\Omega),$$

stetig bezüglich der von $L_2(\Omega)$ induzierten Topologie. Nach 19.2 gilt daher $f \in D(\Delta^*)$ und damit $H_\bullet^2(\Omega) \subset D(\Delta^*)$. Ist andererseits $f \in D(\Delta^*)$, so wird durch $(*)$ eine bezüglich $L_2(\Omega)$ stetige Linearform auf $\mathcal{D}(\Omega)$ definiert. Daher ist

$$g \longrightarrow \langle (1 - \Delta)g, f \rangle, \; g \in H_0^2(\Omega),$$

stetig abhängig von g bezüglich der $L_2(\Omega)$–Norm. Wir bemerken nun, daß für $g \in H_0^2(\Omega)$ und $h := (1 - \Delta)g$ gilt $\|g\|_{L_2} = \|h\|_{H^{-2}}$. Daher ist $h \longmapsto \langle h, f \rangle$ stetig auf $E := (1 - \Delta)H_0^2(\Omega)$ bezüglich der $H^{-2}(\Omega)$–Norm. Weil $H_0^2(\Omega)$ in $L_2(\Omega)$ dicht liegt, ist E in $H_0^{-2}(\Omega)$ dicht. Daher definiert f eine stetige Linearform auf $H_0^{-2}(\Omega)$ und ist daher in $H_\bullet^2(\Omega)$. Insgesamt haben wir also gezeigt:

$$D(\overline{\Delta}) = H_0^2(\Omega) \subset H_\bullet^2(\Omega) = D(\Delta^*).$$

Insbesondere ist also Δ genau dann wesentlich selbstadjungiert, wenn $H_0^2(\Omega) = H_\bullet^2(\Omega)$ gilt. Aus 14.19 folgt, daß dies für $\Omega = \mathbb{R}^n$ der Fall ist.

Ist allgemeiner $P(z) = \sum_{|\alpha| \leq m} a_\alpha z^\alpha$ ein Polynom in n–Variablen mit Koeffizienten in $\mathbb{C}$, so definiert man in $L_2(\mathbb{R}^n)$ den Operator

$$Af = P(D)f = \sum_{|\alpha| \leq m} a_\alpha D^\alpha f \quad \text{auf } D(A) = \mathcal{D}(\mathbb{R}^n).$$

Für diesen gelten:

$$D(\overline{A}) = D(A^*) = \{f \in L_2(\mathbb{R}^n) : P(\xi)\mathcal{F}f \in L_2(\mathbb{R}^n)\}, \; \overline{A}f = P(D)f, \; A^*f = \overline{P}(D)f,$$

wobei $\overline{P}(z) = \sum_{|\alpha| \leq m} \overline{a}_\alpha z^\alpha$.

Um dies nachzuweisen, bemerken wir zunächst, daß $H^m(\mathbb{R}^n)$ offenbar in $D(\overline{A})$ enthalten ist. Definiert man $B := \mathcal{F} \circ A \circ \mathcal{F}^{-1}$ mit $D(B) = \{f \in L_2(\mathbb{R}^n) : \mathcal{F}^{-1}f \in \mathcal{D}(\mathbb{R}^n) = D(A)\}$, so gilt $Bf = P(\xi)f$ für alle $f \in D(B)$. Aus $H^m(\mathbb{R}^n) \subset D(\overline{A})$ und dem Satz von Plancherel 14.7 folgt $L_2^m(\mathbb{R}^n) \subset D(\overline{B})$. Wie man leicht nachprüft, gilt

$$\{f \in L_2(\mathbb{R}^n) : P(\xi)f \in L_2(\mathbb{R}^n)\} \subset D(\overline{B}).$$

Ist andererseits $f \in D(\overline{B})$, so gibt es eine Folge $f_n \in \mathcal{F}(\mathcal{D}(\mathbb{R}^n))$ mit $f_n \to f$ und $P(\xi)f_n \to \overline{B}f$ in $L_2(\mathbb{R}^n)$. Also ist $P(\xi)f \in L_2(\mathbb{R}^n)$, und es gilt $\overline{B}f = P(\xi)f$. Wegen $A = \mathcal{F}^{-1} \circ B \circ \mathcal{F}$ haben wir damit die Aussage über $D(\overline{A})$ bewiesen.

Da $\mathcal{F}$ unitär ist, folgt die Aussage über $D(A^*)$ aus

$$D(B^*) = \left\{ f \in L_2(\mathbb{R}^n) : g \longmapsto \int P(\xi)\, g(\xi)\, \overline{f}(\xi)\, d\xi \text{ ist } L_2(\mathbb{R}^n) \text{ stetig} \right\}$$
$$= \{ f \in L_2(\mathbb{R}^n) : P \cdot \overline{f} \in L_2(\mathbb{R}^n) \}$$

und der hieraus resultierenden Identität $B^* f = \overline{P} f$.

21.12 Beispiel: Sei $-\infty \le a < b \le \infty$, $\Omega := \,]a,b[$, λ das Lebesgue–Maß auf $\mathbb{R}$ und $L_2(\Omega) = L_2(\Omega, \lambda)$. In $L_2(\Omega)$ betrachten wir den auf $D(A) := \mathcal{D}(\Omega)$ durch $Af = Df$ definierten Operator. Nach Beispiel 21.11 ist A symmetrisch. Wie in 21.11 zeigt man

(1) $$D(\overline{A}) = H_0^1(\Omega),\ D(A^*) = H_{\bullet}^1(\Omega) = H^1(\Omega),$$

wobei die Gleichheit auf der rechten Seite nach Aufgabe 14.(13) gilt. Hieraus folgt, daß für $\Omega = \mathbb{R}$ der Operator A wesentlich selbstadjungiert ist. Aus Lemma 16.35(2) folgen $H^1(\Omega) \subset C(\overline{\Omega})$ und

(2) $$H_0^1(\Omega) = \{ f \in H^1(\Omega) : f|_{\partial\Omega} = 0 \}.$$

Im Fall $-\infty < a < b = \infty$ ist also $D(\overline{A}) = H_0^1(\Omega)$ 1–codimensional in $D(A^*)$. Hieraus folgt, daß A keine selbstadjungierte Erweiterung besitzt. Dies gilt natürlich auch für den analog zu behandelnden Fall $-\infty = a < b < \infty$.

Ist $-\infty < a < b < \infty$, so ist $D(\overline{A}) = H_0^1(\Omega)$ nach (2) ein 2–codimensionaler Teilraum von $D(A^*) = H^1(\Omega)$. Falls A eine selbstadjungierte Erweiterung B besitzt, so gilt $B = B^* \subset A^*$. Aufgrund von (1) hat B daher die folgende Form:

$$D(B) = H_0^1(\Omega) \oplus \mathrm{span}\{g_0\}\,,\ g_0 \in H^1(\Omega) \backslash H_0^1(\Omega),\ Bf = Df,$$

Offensichtlich ist B genau dann selbstadjungiert, wenn B symmetrisch ist. Um dies zu überprüfen, bemerken wir, daß nach Lemma 16.35(4) für alle $f, g \in D(B)$ gilt:

$$\langle Bf,\, g \rangle = i^{-1} \int_a^b f'\, \overline{g}\, dx = i^{-1}\big(f(b)\,\overline{g}(b) - f(a)\,\overline{g}(a)\big) - i^{-1} \int_a^b f\, \overline{g}'\, dx$$
$$= i^{-1}\big(f(b)\,\overline{g}(b) - f(a)\,\overline{g}(a)\big) + \langle f,\, Bg \rangle.$$

Also ist B genau dann selbstadjungiert, wenn gilt:

$$f(a)\,\overline{g}(a) = f(b)\,\overline{g}(b) \text{ für alle } f, g \in D(B).$$

Wegen (2) ist dies äquivalent zu $|g_0(a)| = |g_0(b)|$. In diesem Fall hat $u := g_0(a) g_0(b)^{-1}$ den Betrag 1, und es gilt

(3) $$D(B) = \{ f \in H^1(\Omega) : f(a) = u\, f(b) \}\,,\ Bf = Df,$$

Andererseits zeigt unsere Überlegung, daß für jedes $u \in \mathbb{C}$ mit $|u| = 1$ durch (3) eine selbstadjungierte Erweiterung von A gegeben wird.

Wir vergleichen nun diese Ergebnisse mit der von Neumannschen Theorie. Zu diesem Zweck bestimmen wir die Defektindices von A. Dabei beachten wir, daß nach 19.5(1) und 19.4(f) gilt

$$R(-iI - A)^\perp = N(iI - A^*).$$

Nach dem bisher Gezeigten ist $f \in N(iI - A^*)$ genau dann, wenn $f \in H^1(\Omega)$ ist und $if = i^{-1}f'$, also $f' = -f$ gilt. Hieraus folgt durch Induktion, daß $f \in C^\infty(\Omega)$ ist und daher $f(x) = \lambda e^{-x}$ gilt. Also ist

$\Omega = \mathbb{R} : n_+(A) = n_-(A) = 0$, d.h. A ist wesentlich selbstadjungiert.

$\left. \begin{array}{l} \Omega =] -\infty, b[, b \in \mathbb{R} : n_+(A) = 1, n_-(A) = 0 \\ \Omega =]a, +\infty[, a \in \mathbb{R} : n_+(A) = 0, n_-(A) = 1 \end{array} \right\}$ $\begin{array}{l} A \text{ besitzt keine} \\ \text{selbstadjungierte Erweiterung} \end{array}$

$\Omega =]a, b[, a, b \in \mathbb{R} : n_+(A) = 1 = n_-(A),$ A besitzt eine selbstadjungierte

$\qquad\qquad\qquad\qquad\qquad\qquad\qquad\qquad\qquad$ Erweiterung.

Um für $\Omega =]a, b[$ alle selbstadjungierten Erweiterungen von A zu beschreiben, setzen wir $e_+ := \exp \| \exp \|^{-1}$ und $e_- := \exp(-\cdot) \| \exp(-\cdot) \|^{-1}$. Dann ist $e_\pm$ eine Orthonormalbasis von $R(\pm iI - A)^\perp$. Daher gibt es zu jeder unitären Abbildung $W : R(-iI - A)^\perp \longrightarrow R(iI - A)^\perp$ genau ein $w \in \mathbb{C}$ mit $|w| = 1$, so daß $W(\lambda e_-) = w\lambda e_+$. Aus 21.4 folgt nun, daß jede selbstadjungierte Erweiterung von A die Form B_w, $|w| = 1$, hat, wobei

$$D(B_w) = D(\overline{A}) + \{z(e_- - we_+) : z \in \mathbb{C}\} = H_0^1(\Omega) + \operatorname{span}\{g_0\},$$
$$B_w(f + z(e_- - we_+)) = \overline{A}f + iz(e_- + we_+) = D(f + z(e_- - we_+)).$$

Den Nachweis der Äquivalenz zu der bereits hergeleiteten Darstellung überlassen wir dem Leser.

Aufgaben:

(1) Geben Sie zwei dichte lineare Teilräume D_1 und D_2 von $L_2(\mathbb{R})$ an mit $D_1 \cap D_2 = \emptyset$, so daß $f \mapsto xf$ auf D_1 und D_2 wesentlich selbstadjungiert ist.

(2) Sei A ein symmetrischer Operator in dem komplexen Hilbertraum H und $\sum(A) := \mathbb{C} \setminus \Gamma(A)$. Zeigen Sie, daß für jede Erweiterung B von A gilt $\sum(A) \subset \sigma(B)$.

(3) Der Operator B in $L_2(]0, 1[, \lambda)$ sei gegeben durch

$$D(B) := \left\{ f \in H^1(]0, 1[) : f(0) = 0 \right\}, \ Bf = i^{-1}f'.$$

Zeigen Sie, daß B ein dicht definierter, abgeschlossener Operator mit leerem Spektrum ist, und bestimmen Sie die Resolvente von B.

(4) Für $u \in \mathbb{C}$ mit $|u| = 1$ sei der Operator B_u in $L_2(]0, 1[, \lambda)$ (wie in 21.12) gegeben durch $D(B_u) := \{ f \in H^1(\Omega) : f(0) = uf(1) \}$, $B_u f = Df$. Verwenden Sie die Aufgaben (2) und (3) (oder Aufgabe 20.3), um $\sigma(B_u)$ zu bestimmen und um nachzuweisen, daß $\sigma(B_u)$ nur aus Eigenwerten besteht.

(5) Sei Ω eine beschränkte, offene Teilmenge von $\mathbb{R}^n$ und A ein selbstadjungierter Operator in $L_2(\Omega)$ mit $H_0^2(\Omega) \subset D(A) \subset H_\bullet^2(\Omega)$ und $Af = -\triangle f$. Verwenden Sie Aufgabe 20.(3) und 14.21, um zu zeigen, daß $\sigma(A)$ nur aus Eigenwerten endlicher Vielfachheit besteht.

(6) Sei A ein nach unten halbbeschränkter Operator in dem Hilbertraum H mit unterer Schranke γ. Für $f, g \in D(A)$ setze man

$$(f, g) := (1 - \gamma)\langle f, g \rangle + \langle Af, g \rangle \ , \ |f| := (f, f)^{1/2}.$$

Zeigen Sie, daß $(\cdot, \cdot)$ ein Skalarprodukt auf $D(A)$ ist, $|\ | \geq \|\ \|$ auf $D(A)$ gilt, und daß diese beiden Normen koordiniert sind im Sinn von Aufgabe 7.(5). Daher kann man setzen

$$H(A) := (D(A), |\ |)^\frown \subset H \ , \ D(B) := D(A^*) \cap H(A) \ , \ Bf = A^* f.$$

Zeigen Sie, daß B eine selbstadjungierte Erweiterung von A ist, welche ebenfalls nach unten halbbeschränkt ist mit unterer Schranke γ. Man nennt B die *Friedrichs-fortsetzung* von A.

(7) Sei Ω eine offene Teilmenge von $\mathbb{R}^n$. Der Operator A in $L_2(\Omega)$, welcher durch $D(A) := \mathcal{D}(\Omega)$ und $A = -\triangle$ gegeben wird, ist nach 21.11 nach unten halbbe-schränkt mit unterer Schranke $\gamma = 0$. Beweisen Sie unter Verwendung von Aufgabe (6) die folgenden Aussagen:

(a) $|\ |$ ist die Norm von $H_0^1(\Omega)$, $H(A) = H_0^1(\Omega)$.

(b) $D(B) = H_0^1(\Omega) \cap H_\bullet^2(\Omega)$, $Bf = -\triangle f$.

(8) Sei P ein komplexes Polynom auf $\mathbb{R}^n$ und A der gemäß 21.11 durch $P(D)$ bestimmte abgeschlossene Operator in $L_2(\mathbb{R}^n)$. Zeigen Sie:

(a) $\sigma(A) = \{P(x) : x \in \mathbb{R}^n\}$.

(b) $\sigma(A) \subset \mathbb{R}$ ist äquivalent dazu, daß alle Koeffizienten von P reell sind und dazu, daß A selbstadjungiert ist.

(c) Bestimmen Sie $\sigma(-\overline{\triangle})$.

Anhang A
Integrationstheorie

In diesem Anhang wollen wir die wichtigsten Begriffe und Resultate aus der Integrationstheorie bereitstellen, welche in dem vorliegenden Buch verwendet werden. Um den allgemeinen Rahmen zu fixieren, erinnern wir daran, daß man für stetige Funktionen f auf einem topologischen Raum X den *Träger von f* definiert als

$$\mathrm{Supp}(f) := \overline{\left\{ x \in X : f(x) \neq 0 \right\}} .$$

Ferner setzt man

$$C_c(X) := \left\{ f : X \longrightarrow \mathbb{R} : f \text{ ist stetig und } \mathrm{Supp}(f) \text{ ist kompakt} \right\} .$$

Dann ist $C_c(X)$ ein $\mathbb{R}$–Vektorraum, der für kompaktes X mit $C(X)$ übereinstimmt. Sofern nichts anderes gesagt wird, wollen wir stets folgendes annehmen:

Generalvoraussetzung: X ist ein lokalkompakter, σ–kompakter topologischer Raum, und $\mu : C_c(X) \longrightarrow \mathbb{R}$ ist ein *positives lineares Funktional*, d.h. es gilt $\mu f \geq 0$ für alle $f \in C_c(X)$ mit $f \geq 0$.

Unser Ziel besteht darin, μ auf einen geeigneten linearen Teilraum $\mathscr{L}_1$ von $\mathbb{R}^X$ so fortzusetzen, daß Linearität und Positivität erhalten bleiben. Außerdem wollen wir die Funktionen in $\mathscr{L}_1$ charakterisieren. Ist $X = \mathbb{R}^N$ und μ das Riemann–Integral auf $C_c(\mathbb{R}^N)$, so führt der im weiteren durchgeführte Fortsetzungsprozeß zu dem Lebesgue–Integral.

Für die Konstruktion der Fortsetzung von μ ist es zweckmäßig, $\overline{\mathbb{R}} := \mathbb{R} \cup \{\infty\}$ zu setzen und in $\overline{\mathbb{R}}$ folgende Rechenregel einzuführen:

(i) $\alpha \leq \infty$ und $\alpha + \infty = \infty$ für alle $\alpha \in \mathbb{R}$.

(ii) $\alpha \cdot \infty = \infty$ für alle $\alpha \in \mathbb{R}$ mit $\alpha > 0$.

(iii) $0 \cdot \infty := 0$.

Dann besitzt jede nicht–leere Teilmenge von $\overline{\mathbb{R}}$ ein Supremum in $\overline{\mathbb{R}}$. Für $f, g \in \overline{\mathbb{R}}^X$ bzw. für eine Familie $(f_i)_{i \in I}$ definiert man

$$|f|, \ \max(f,g), \ \min(f,g) \text{ und } \sup_{i \in I} |f_i(x)|$$

punktweise. Man schreibt $f \leq g$, falls $f(x) \leq g(x)$ für alle $x \in X$. $M \subset \overline{\mathbb{R}}^X$ heißt *gerichtet*, falls zu $f, g \in M$ ein $h \in M$ existiert mit $\max(f,g) \leq h$.

Definition: Wir setzen (für X und μ wie in der Generalvoraussetzung)

$$U(X) := \left\{ u \in \overline{\mathbb{R}}^X : u \geq 0 \text{ und } u = \sup\left\{ f : f \in C_c(X) \text{ und } f \leq u \right\} \right\}$$

und definieren für $u \in U(X)$:

$$\overline{\mu}u := \sup\left\{ \mu f : f \in C_c(X) \text{ und } f \leq u \right\}.$$

A.1 Lemma: *Seien M eine gerichtete Teilmenge von $C_c(X)$ und $u = \sup_{f \in M} f$. Ist $u \geq 0$, so ist $u \in U(X)$, und es gilt $\overline{\mu}u = \sup_{f \in M} \mu f$.*

Beweis: Wie man leicht einsieht, gelten $u \in U(X)$ und $\overline{\mu}u \geq \sup_{f \in M} \mu f$. Um $\overline{\mu}u \leq \sup_{f \in M} \mu f$ zu zeigen, sei $h \in C_c(X)$ mit $h \leq u$ gegeben. Nach 4.17 gibt es ein $H \in C_c(X)$ mit $H \geq 0$ und $H|_{\text{Supp}(h)} \equiv 1$. Wir fixieren nun $\varepsilon > 0$ und setzen

$$A_f := \left\{ x \in X : h(x) < f(x) + \varepsilon \right\}.$$

Dann ist A_f eine offene Menge, und die Definition von u impliziert

$$\text{Supp}(h) \subset \bigcup_{f \in M} A_f .$$

Da M gerichtet ist, gibt es wegen der Kompaktheit von $\text{Supp}(h)$ ein $g \in M$ mit $\text{Supp}(h) \subset A_g$. Nach Wahl von H gilt daher $h \leq g + \varepsilon H$. Da μ ein positives lineares Funktional ist, folgt hieraus

$$\mu h \leq \mu g + \varepsilon \mu H \leq \sup_{f \in M} \mu f + \varepsilon \mu H .$$

Weil $\varepsilon > 0$ beliebig war, erhalten wir $\mu h \leq \sup_{f \in M} \mu f$. Daher gilt die behauptete Abschätzung. □

A.2 Lemma: (1) *Für $u, v \in U(X)$ sind $u+v$ und $\max(u,v)$ in $U(X)$, und es gilt $\overline{\mu}(u+v) = \overline{\mu}u + \overline{\mu}v$.*

(2) *Für $u \in U(X)$ und $t \geq 0$ ist $tu \in U(X)$, und es gilt $\overline{\mu}(tu) = t\overline{\mu}u$.*

(3) *$\overline{\mu}f = \mu f$ für alle $f \in C_c(X)$ mit $f \geq 0$.*

(4) *Für $u, v \in U(X)$ mit $u \leq v$ gilt $\overline{\mu}u \leq \overline{\mu}v$.*

(5) *Ist $M \subset U(X)$ gerichtet, so ist $v := \sup_{u \in M} u$ in $U(X)$, und es gilt $\overline{\mu}v = \sup_{u \in M} \overline{\mu}u$.*

Beweis: (1) Setze $M := \{ f + g : f, g \in C_c(X), f \leq u, g \leq v \}$. Dann ist M gerichtet, und es gilt $\sup_{h \in M} h = u + v$. Nach A.1 impliziert dies $u + v \in U(X)$ sowie

$$\overline{\mu}(u+v) = \sup\left\{ \mu(f) + \mu(g) : f, g \in C_c(X), f \leq u, g \leq v \right\} = \overline{\mu}u + \overline{\mu}v .$$

Analog zeigt man $\max(u, v) \in U(X)$.

(2), (3) und (4) sind unmittelbar klar.

(5) $\widetilde{M} := \left\{ f \in C_c(X) : \text{ es gibt ein } u \in M \text{ mit } f \leq u \right\}$ ist eine gerichtete Teilmenge von $C_c(X)$ mit $v = \sup_{f \in \widetilde{M}} f$. Also ist v nach A.1 in $U(X)$. Aus A.1, (3) und (4) erhält man ferner

$$\overline{\mu} v = \sup_{f \in \widetilde{M}} \mu f \leq \sup_{u \in M} \overline{\mu} u \leq \overline{\mu} v \,.$$

$\square$

Definition: Für $f \in \overline{\mathbb{R}}^X$ mit $f \geq 0$ definieren wir das *Oberintegral* von f als

$$\int^* f \, d\mu := \inf \left\{ \overline{\mu} u : u \in U(X), u \geq f \right\},$$

wobei wir $\inf \emptyset = \infty$ beachten.

Die folgenden Eigenschaften des Oberintegrals ergeben sich leicht aus A.2.

A.3 Lemma: *Für alle* $f, g \in \mathbb{R}^X$ *mit* $f \geq 0$ *und* $g \geq 0$ *gelten:*

(1) $\int^* (f + g) \, d\mu \leq \int^* f \, d\mu + \int^* g \, d\mu$.

(2) $\int^* t f \, d\mu = t \int^* f \, d\mu$ *für alle* $t \geq 0$.

(3) $\int^* f \, d\mu = \overline{\mu} f$ *falls* $f \in U(X)$.

(4) $\int^* (f + g) \, d\mu = \int^* f \, d\mu + \overline{\mu} g$ *falls* $g \in U(X)$.

(5) $\int^* f \, d\mu \leq \int^* g \, d\mu$ *falls* $f \leq g$.

Aus A.3 erhält man leicht:

$$\mathscr{L} := \left\{ f \in \mathbb{R}^X : \int^* |f| \, d\mu < \infty \right\}$$

ist ein linearer Teilraum von $\mathbb{R}^X$, welcher $C_c(X)$ enthält, und

$$\| \cdot \|_1 : f \longrightarrow \int^* |f| \, d\mu, f \in \mathscr{L},$$

ist eine Halbnorm auf $\mathscr{L}$. Daher kann man die Abschließung von $C_c(X)$ in $\mathscr{L}$ bezüglich $\| \cdot \|_1$ betrachten.

Definition: Eine Funktion $f \in \mathscr{L}$ heißt *integrierbar*, falls es eine Folge $(f_n)_{n \in \mathbb{N}}$ in $C_c(X)$ gibt mit $\lim_{n \to \infty} \| f - f_n \|_1 = 0$. Wir setzen

$$\mathscr{L}_1 = \left\{ f \in \mathscr{L} : f \text{ ist integrierbar} \right\}.$$

A.4 Lemma: (1) $\mathscr{L}_1$ *ist ein linearer Raum,* $\| \cdot \|_1$ *ist eine Halbnorm auf* $\mathscr{L}_1$.

(2) $C_c(X)$ ist ein dichter Unterraum von $(\mathscr{L}_1, \|\cdot\|_1)$.

(3) Sind $f, g \in \mathscr{L}_1$, so auch $|f|, \max(f, g)$ und $\min(f, g)$.

(4) $U(X) \cap \mathscr{L} \subset \mathscr{L}_1$.

Beweis: (1) und (2) folgen leicht aus der Definition von $\mathscr{L}_1$.

(3) Zu $f \in \mathscr{L}_1$ wähle man $(f_n)_{n\in\mathbb{N}}$ gemäß der Integrierbarkeitsdefinition. Da mit h auch $|h|$ in $\mathscr{L}$ (bzw. $C_c(X)$) ist, folgt aus A.3(5)

$$\||f| - |f_n|\|_1 = \int^* \Big||f| - |f_n|\Big| \, d\mu \le \int^* |f - f_n| \, d\mu = \|f - f_n\|_1 \, .$$

Also ist $|f|$ in $\mathscr{L}_1$. Die Behauptung folgt daher aus (1) und

$$\max(f, g) = \frac{1}{2}(f + g + |f - g|), \ \min(f, g) = -\max(-f, -g) \, .$$

(4) Zu $u \in U(X) \cap \mathscr{L}$ wählen wir eine Folge $(f_n)_{n\in\mathbb{N}}$ in $C_c(X)$ mit $0 \le f_n \le u$ für alle $n \in \mathbb{N}$ und $\lim_{n\to\infty} \mu f_n = \overline{\mu} u$. Dann gilt nach A.3(3), A.3(4) und A.2(3) für alle $n \in \mathbb{N}$

$$\overline{\mu} u = \int^* u \, d\mu = \int^* (u - f_n) \, d\mu + \overline{\mu} f_n = \int^* |u - f_n| \, d\mu + \mu f_n \, .$$

Wegen $u \in \mathscr{L}$ folgt hieraus $\lim_{n\to\infty} \|u - f_n\|_1 = 0$, d.h. $u \in \mathscr{L}_1$. $\qquad\square$

Für jedes $f \in C_c(X)$ gilt $-|f| \le f \le |f|$. Da μ positiv ist, folgt hieraus

$$|\mu f| \le \mu(|f|) = \int^* |f| \, d\mu = \|f\|_1 \, .$$

Also ist das lineare Funktional μ stetig auf $C_c(X)$ bezüglich $\|\cdot\|_1$. Da $C_c(X)$ nach A.4(2) in $(\mathscr{L}_1, \|\cdot\|_1)$ dicht ist, kann man μ in eindeutiger Weise zu einem stetigen linearen Funktional auf $(\mathscr{L}_1, \|\cdot\|_1)$ fortsetzen. Daher ist die folgende Definition sinnvoll.

Definition: Für $f \in \mathscr{L}_1$ definiert man das *Integral von f* als

$$\int f \, d\mu := \lim_{n\to\infty} \mu f_n \, ,$$

falls $(f_n)_{n\in\mathbb{N}}$ eine Folge in $C_c(X)$ ist, für die $\lim_{n\to\infty} \|f - f_n\|_1 = 0$ gilt.

A.5 Satz: (1) Das Integral $f \longmapsto \int f \, d\mu$ ist ein lineares Funktional auf $\mathscr{L}_1$ mit $\int f \, d\mu = \mu f$ für alle $f \in C_c(X)$.

(2) $\int f \, d\mu \ge 0$ für alle $f \in \mathscr{L}_1$ mit $f \ge 0$.

(3) $|\int f \, d\mu| \le \int |f| \, d\mu = \int^* |f| \, d\mu = \|f\|_1$ für alle $f \in \mathscr{L}_1$.

(4) $\int u \, d\mu = \overline{\mu} u$ für $u \in U(X) \cap \mathscr{L} \subset \mathscr{L}_1$.

(5) $\int^* (f + g) \, d\mu = \int^* f \, d\mu + \int g \, d\mu$ für alle $f \in \mathscr{L}$ und $g \in \mathscr{L}_1$ mit $f, g \geq 0$.

Beweis: (1)-(3) folgen leicht aus der Definition des Integrals als stetige Fortsetzung von μ.

(4) Dies wurde im Beweis von A.4(4) bereits gezeigt.

(5) Zu $g \in \mathscr{L}_1$ wählen wir eine Folge $(g_n)_{n \in \mathbb{N}}$ in $C_c(X)$ mit $\lim_{n \to \infty} \|g - g_n\|_1 = 0$. Wegen $g \geq 0$ können wir $g_n \geq 0$ annehmen. Nach A.3(5) und A.3(1) gilt

$$\left| \int^* (f + g) \, d\mu - \int^* (f + g_n) \, d\mu \right| \leq \int^* |g - g_n| \, d\mu = \|g - g_n\|_1 \, .$$

Hieraus folgt mit A.3(4) und A.2(3):

$$\int^* (f + g) \, d\mu = \lim_{n \to \infty} \int^* (f + g_n) \, d\mu = \lim_{n \to \infty} \left(\int^* f \, d\mu + \int g_n \, d\mu \right)$$

$$= \int^* f \, d\mu + \int g \, d\mu \, . \qquad \square$$

Mit Satz A.5 haben wir unser erstes Ziel bereits erreicht, da wir μ unter Erhaltung von Linearität und Positivität auf den Oberraum $\mathscr{L}_1$ von $C_c(X)$ fortgesetzt haben. Allerdings ist die dabei erhaltene Beschreibung der Funktionen in $\mathscr{L}_1$ eher implizit. Um eine befriedigende Charakterisierung der Funktionen in $\mathscr{L}_1$ geben zu können, beweisen wir zunächst die folgenden Hauptsätze der Integrationstheorie.

A.6 Satz von Beppo Levi: *Sei $(f_n)_{n \in \mathbb{N}}$ eine wachsende Folge in $\mathscr{L}_1$ mit $\sup_{n \in \mathbb{N}} \int f_n \, d\mu < \infty$. Konvergiert $(f_n)_{n \in \mathbb{N}}$ punktweise gegen $f \in \mathbb{R}^X$, so ist $f \in \mathscr{L}_1$, und es gilt:*

$$\int f \, d\mu = \lim_{n \to \infty} \int f_n \, d\mu = \sup_{n \in \mathbb{N}} \int f_n \, d\mu \, .$$

Beweis: Man kann o.B.d.A. $f_1 \geq 0$ annehmen. Anderenfalls ersetze man f_n (bzw. f) durch $f_n - f_1$ (bzw. $f - f_1$). Da $(f_n)_{n \in \mathbb{N}}$ wachsend ist, gilt nach A.3(5) und A.5(5):

(1) $$\lim_{n \to \infty} \int f_n \, d\mu = \sup_{n \in \mathbb{N}} \int f_n \, d\mu \leq \int^* f \, d\mu \, .$$

Zum Nachweis der umgekehrten Ungleichung fixieren wir $\varepsilon > 0$ und wählen zu jedem $n \in \mathbb{N}$ ein $u_n \in U(X)$ mit $u_n \geq f_n$ und

(2) $$\overline{\mu} u_n \leq \int^* f_n \, d\mu + \frac{\varepsilon}{2^n} = \int f_n \, d\mu + \frac{\varepsilon}{2^n} \, .$$

Nach A.2(1) und A.2(5) ist dann

$$u := \sup_{n \in \mathbb{N}} u_n = \sup_{m \in \mathbb{N}} \left(\max_{1 \leq n \leq m} u_n \right) = \lim_{m \to \infty} \left(\max_{1 \leq n \leq m} u_n \right)$$

in $U(X)$, und es gelten

(3) $$\overline{\mu}u = \sup_{m \in \mathbb{N}} (\overline{\mu}(\max_{1 \le n \le m} u_n)) \quad \text{und} \quad u \ge f.$$

Wie eine punktweise Fallunterscheidung zeigt, gilt für alle $m \in \mathbb{N}$:

$$\sum_{n=1}^{m-1} f_n + \max_{1 \le n \le m} u_n \le \sum_{n=1}^{m} u_n$$

und daher nach A.5 und (2):

$$\overline{\mu}(\max_{1 \le n \le m} u_n) \le \int f_m \, d\mu + \sum_{n=1}^{m} \left(\overline{\mu}u_n - \int f_n \, d\mu \right) \le \int f_m \, d\mu + \varepsilon.$$

Mit (3) folgt hieraus

(4) $$\int^* f \, d\mu \le \overline{\mu}u \le \sup_{m \in \mathbb{N}} \int f_m \, d\mu + \varepsilon.$$

Da $\varepsilon \ge 0$ beliebig gewählt war, erhält, man aus (4) und (1):

(5) $$\int^* f \, d\mu = \lim_{n \to \infty} \int f_n \, d\mu = \sup_{n \in \mathbb{N}} \int f_n \, d\mu < \infty.$$

Also ist $f \in \mathscr{L}$.

Nach A.5(5) gilt für alle $n \in \mathbb{N}$:

$$\int^* |f - f_n| \, d\mu = \left(\int^* (f - f_n) \, d\mu + \int f_n \, d\mu \right) - \int f_n \, d\mu$$

$$= \int^* f \, d\mu - \int f_n \, d\mu.$$

Aus (5) folgen daher $f \in \overline{\mathscr{L}_1}^{\|\cdot\|_1} = \mathscr{L}_1$ und die behauptete Gleichung. $\qquad \square$

Zusatz: Satz A.6 gilt entsprechend für fallende Folgen: Sei $(f_n)_{n \in \mathbb{N}}$ eine fallende Folge in $\mathscr{L}_1$ mit $\inf_{n \in \mathbb{N}} \int f_n \, d\mu > -\infty$. Konvergiert $(f_n)_{n \in \mathbb{N}}$ punktweise gegen $f \in \mathbb{R}^X$, so ist $f \in \mathscr{L}_1$, und es gilt $\int f \, d\mu = \lim_{n \to \infty} \int f_n \, d\mu = \inf_{n \in \mathbb{N}} \int f_n \, d\mu$.

A.7 Lemma von Fatou: *Sei $(f_n)_{n \in \mathbb{N}}$ eine Folge in $\mathscr{L}_1$. Gibt es ein $h \in \mathscr{L}_1$ mit $|f_n| \le h$ für alle $n \in \mathbb{N}$, so sind $\liminf_{n \to \infty} f_n$ und $\limsup_{n \to \infty} f_n$ in $\mathscr{L}_1$, und es gilt*

$$\int \liminf_{n \to \infty} f_n \, d\mu \le \liminf_{n \to \infty} \int f_n \, d\mu \le \limsup_{n \to \infty} \int f_n \, d\mu \le \int \limsup_{n \to \infty} f_n \, d\mu.$$

Beweis: Für $m, k \in \mathbb{N}$ mit $k \geq m$ setzen wir $F_{m,k} := \inf_{m \leq n \leq k} f_n$. Dann ist $(F_{m,k})_{k \geq m}$ nach A.4(3) eine Folge in $\mathscr{L}_1$, welche die Voraussetzungen des Zusatzes zu A.6 erfüllt. Daher gelten für alle $m \in \mathbb{N}$:

$$G_m := \lim_{k \to \infty} F_{m,k} = \inf_{n \geq m} f_n \in \mathscr{L}_1$$

und

$$\int G_m \, d\mu \leq \int f_n \, d\mu \leq \int h \, d\mu \quad \text{für alle } n \geq m.$$

Dies zeigt, daß $(G_m)_{m \in \mathbb{N}}$ die Voraussetzungen von A.6 erfüllt. Daher gelten

$$\liminf_{n \to \infty} f_n = \lim_{m \to \infty} G_m \in \mathscr{L}_1$$

und

$$\int \liminf_{n \to \infty} f_n \, d\mu = \lim_{m \to \infty} \int G_m \, d\mu \leq \lim_{m \to \infty} \inf_{n \geq m} \int f_n \, d\mu = \liminf_{n \to \infty} \int f_n \, d\mu \, .$$

Dies beweist den ersten Teil der Behauptung; der zweite folgt analog. $\qquad\square$

A.8 Lebesguescher Grenzwertsatz: *Sei* $(f_n)_{n \in \mathbb{N}}$ *eine Folge in* $\mathscr{L}_1$, *die punktweise gegen* $f \in \mathbb{R}^X$ *konvergiert. Gibt es ein* $h \in \mathscr{L}_1$ *mit* $|f_n| \leq h$ *für alle* $n \in \mathbb{N}$, *so ist* $f \in \mathscr{L}_1$, *und es gelten*

$$\int f \, d\mu = \lim_{n \to \infty} \int f_n \, d\mu \quad und \quad \lim_{n \to \infty} \|f - f_n\| = 0 \, .$$

Beweis: Die beiden ersten Aussagen sind klar nach dem Fatou–Lemma A.7. Auch die letzte folgt aus A.7, da die Folge $(|f - f_n|)_{n \in \mathbb{N}}$ in $\mathscr{L}_1$ ist, punktweise gegen Null konvergiert, und $|f - f_n| \leq 2h$ für alle $n \in \mathbb{N}$ erfüllt. $\qquad\square$

Um eine genaue Beschreibung der Funktionen in $\mathscr{L}_1$ zu erhalten, behandeln wir den Begriff der Meßbarkeit in seinen verschiedenen Ausprägungen.

Definition: Eine Funktion f heißt μ–*meßbar*, falls für jedes $h \in \mathscr{L}_1$ mit $h \geq 0$ die Funktion $\max(-h, \min(f, h))$ in $\mathscr{L}_1$ ist. Wir setzen

$$\mathscr{M} := \left\{ f \in \mathbb{R}^X : f \text{ ist } \mu\text{–meßbar} \right\} .$$

A.9 Lemma: (a) *Ist* $(f_n)_{n \in \mathbb{N}}$ *eine punktweise konvergente Folge in* $\mathscr{M}$, *so ist* $\lim_{n \to \infty} f_n$ *in* $\mathscr{M}$.
(b) $f \in \mathbb{R}^X$ *ist genau dann in* $\mathscr{M}$, *wenn* f *punktweiser Limes einer Folge in* $\mathscr{L}_1$ *ist.*

Beweis: (a) Dies folgt unmittelbar aus A.8 und A.4(3).

(b) Da X σ–kompakt ist, gibt es nach 4.18 eine wachsende Folge $(g_n)_{n \in \mathbb{N}}$ in $C_c(X)$, die punktweise gegen 1 konvergiert und $g_n \geq 0$ für alle $n \in \mathbb{N}$ erfüllt. Ist $f \in \mathscr{M}$, so wird durch

$$f_n := \max\big(-ng_n, \min(f, ng_n)\big) \, , \ n \in \mathbb{N},$$

eine Folge in $\mathscr{L}_1$ definiert, welche punktweise gegen f konvergiert. Die Umkehrung folgt mit (a) daraus, daß $\mathscr{L}_1$ nach A.4(3) in $\mathscr{M}$ enthalten ist. $\qquad\square$

Aus A.9 sowie A.4(1) und (3) folgt:

A.10 Corollar: $\mathcal{M}$ *ist ein linearer Teilraum von* $\mathbb{R}^X$, *der mit* f *und* g *auch* $|f|$, $\max(f,g)$ *und* $\min(f,g)$ *enthält, d.h.* $\mathcal{M}$ *ist ein Vektorverband.*

Die Bedeutung des Meßbarkeitsbegriffs für die Integrationstheorie belegt der folgende Satz:

A.11 Satz: *Eine Funktion* $f \in \mathbb{R}^X$ *ist integrierbar genau dann, wenn* f μ–*meßbar ist und* $\int^* |f|\,d\mu < \infty$, *d.h. es gilt* $\mathcal{L}_1 = \mathcal{M} \cap \mathcal{L}$.

Beweis: $\mathcal{L}_1 \subset \mathcal{L} \cap \mathcal{M}$ ist klar nach der Bemerkung vor A.9. Ist andererseits $f \in \mathcal{L} \cap \mathcal{M}$ mit $f \geq 0$ gegeben, so gibt es nach dem Beweis von A.9 eine wachsende Folge $(f_n)_{n \in \mathbb{N}}$ in $\mathcal{L}_1$, die punktweise gegen f konvergiert. Wegen $\sup_{n \in \mathbb{N}} \int f_n\,d\mu \leq \int^* f\,d\mu < \infty$ ist f nach A.6 in $\mathcal{L}_1$. Ist $f \in \mathcal{L} \cap \mathcal{M}$ beliebig, so folgt aus A.10, daß $f_+ := \max(f,0)$ und $f_- := \max(-f,0)$ in $\mathcal{L} \cap \mathcal{M}$ sind. Nach dem gerade Gezeigten ist dann $f = f_+ - f_-$ in $\mathcal{L}_1$. $\square$

Um eine andere Beschreibung der μ–meßbaren Funktionen zu geben, führen wir die folgenden Begriffe ein:

Definition: Für $A \subset X$ definieren wir die *charakteristische Funktion* χ_A von A durch $\chi_A(x) = 1$ für $x \in A$ und $\chi_A(x) = 0$ für $x \notin A$. $A \subset X$ heißt μ–*meßbar*, falls $\chi_A \in \mathcal{M}$ gilt. Wir setzen

$$\mathcal{F} := \Big\{ A \subset X : A \text{ ist } \mu\text{–meßbar} \Big\}.$$

Eine Funktion $f : X \longrightarrow \mathbb{R}$ heißt *Treppenfunktion*, falls f eine Linearkombination von charakteristischen Funktionen ist.

Definition: Eine Familie $\mathcal{G}$ von Teilmengen einer nicht–leeren Menge Y heißt σ–*Algebra*, falls

(1) $Y \in \mathcal{G}$.

(2) Ist $A \in \mathcal{G}$, so auch $Y \setminus A$.

(3) Für jede Folge $(A_n)_{n \in \mathbb{N}}$ in $\mathcal{G}$ ist $\bigcup_{n \in \mathbb{N}} A_n$ in $\mathcal{G}$.

A.12 Satz: $\mathcal{F}$ *ist eine* σ–*Algebra.*

Beweis: Nach A.4(3) ist χ_X in $\mathcal{M}$, d.h. $X \in \mathcal{F}$. Ist $A \in \mathcal{F}$, so ist $\chi_{X \setminus A} = 1 - \chi_A$ nach A.10 in $\mathcal{M}$, d.h. $X \setminus A \in \mathcal{F}$. Ist $(A_n)_{n \in \mathbb{N}}$ eine Folge in $\mathcal{F}$, so setzen wir $A := \bigcup_{n \in \mathbb{N}} A_n$ und $B_k := \bigcup_{n=1}^{k} A_n$, $k \in \mathbb{N}$. Nach A.10 ist $\chi_{B_k} = \max_{1 \leq n \leq k}(\chi_{A_n})$ in $\mathcal{M}$. Also ist $\chi_A = \lim_{k \to \infty} \chi_{B_k}$ in $\mathcal{M}$, d.h. $A \in \mathcal{F}$. $\square$

A.13 Lemma: *Für die Funktion* $f \in \mathbb{R}^X$ *sind äquivalent:*

(1) f *ist* μ–*meßbar.*

(2) $f^{-1}(]\lambda, \infty[) \in \mathcal{F}$ *für jedes* $\lambda \in \mathbb{R}$.

(3) *f ist punktweiser Limes einer Folge μ–meßbarer Treppenfunktionen.*

Beweis: (1) $\Rightarrow$ (2): Nach A.10 ist $\mathcal{M}$ ein Vektorverband, der nach A.4(3) die konstanten Funktionen enthält. Daher reicht es zu zeigen, daß für jedes $g \in \mathcal{M}$ die Menge $A := \{x \in X : g(x) > 0\}$ in F ist. Dies folgt aus

$$\chi_A = \lim_{n \to \infty} \min\big(1, n \max(g, 0)\big) \,.$$

(2) $\Rightarrow$ (3): Für α, $\beta \in \mathbb{R}$ mit $\alpha < \beta$ folgt aus (2)

$$f^{-1}(]\alpha, \beta]) = f^{-1}(]\alpha, \infty[) \setminus f^{-1}(]\beta, \infty[) \in F \,,$$

da F eine σ–Algebra ist. Für $n \in \mathbb{N}$ und $k \in \mathbb{Z}$ mit $-4^n \leq k \leq 4^n$ ist daher

$$A_{k,n} := f^{-1}\Big(]\frac{k}{2^n}, \frac{k+1}{2^n}]\Big) = \Big\{x \in X : \frac{k}{2^n} < f(x) \leq \frac{k+1}{2^n}\Big\} \in F \,.$$

Folglich ist

$$f_n := \sum_{k=-4^n}^{4^n} \frac{k}{2^n} \chi_{A_{k,n}}$$

eine μ–meßbare Treppenfunktion. Offenbar konvergiert die Folge $(f_n)_{n \in \mathbb{N}}$ punktweise gegen f.

(3) $\Rightarrow$ (1): Dies folgt aus A.9(a). $\qquad\qquad\square$

Sind $(\mathcal{F}_i)_{i \in I}$ σ–Algebren von Teilmengen einer Menge Y, so ist auch

$$\bigcap_{i \in I} \mathcal{F}_i = \big\{A \subset Y : A \in \mathcal{F}_i \text{ für alle } i \in I\big\}$$

eine σ–Algebra. Da die Potenzmenge von Y eine σ–Algebra ist, gibt es stets eine kleinste σ–Algebra, welche eine vorgegebene Familie von Teilmengen von Y enthält. Daher ist die folgende Definition sinnvoll.

Definition: Mit $B(X)$ bezeichnen wir die kleinste σ–Algebra, welche alle offenen Teilmengen von X enthält. Ihre Elemente heißen *Borelmengen*. Eine Abbildung $f : X \longrightarrow \mathbb{R}^n$ heißt *Borel–meßbar*, falls $f^{-1}(M) \in B(X)$ für jedes $M \in B(\mathbb{R}^n)$. Wir setzen

$$\mathcal{M}(X) := \big\{f \in \mathbb{R}^X : f \text{ ist Borel–meßbar}\big\} \,.$$

A.14 Bemerkung: (a) $B(X)$ ist die kleinste σ–Algebra, welche alle abgeschlossenen (bzw. alle kompakten) Teilmengen von X enthält.

(b) $B(\mathbb{R}^n)$ ist die kleinste σ–Algebra, welche für alle $\lambda \in \mathbb{R}^n$ die Mengen $\prod_{j=1}^n]\lambda_j, \infty[$ enthält.

(c) Eine Abbildung $f : X \longrightarrow \mathbb{R}^n$ ist Borel–meßbar genau dann, wenn für jedes $\lambda \in \mathbb{R}^n$ die Menge $f^{-1}\big(\prod_{j=1}^n]\lambda_j, \infty[\big)$ in $B(X)$ ist. Dies folgt aus (b), da $\mathcal{G} := \{A \subset \mathbb{R}^n : f^{-1}(A) \in B(X)\}$ eine σ–Algebra ist.

(d) Jede stetige Abbildung $f : X \longrightarrow \mathbb{R}^n$ ist Borel–meßbar.

A.15 Satz: Die Menge $\mathcal{M}$ aller μ–meßbaren Funktionen hat folgende Eigenschaften:

(1) $\mathcal{M}$ ist ein Vektorverband, der $\mathcal{L}_1$ und die konstanten Funktionen enthält.

(2) Für jede punktweise konvergente Folge in $\mathcal{M}$ ist der Limes in $\mathcal{M}$.

(3) $f \in \mathbb{R}^X$ ist in $\mathcal{M}$ genau dann, wenn $f^{-1}(M) \in \mathcal{F}$ für alle $M \in B(\mathbb{R})$.

(4) Für $f_1, \ldots, f_n \in \mathcal{M}$ und Borel–meßbares $g : \mathbb{R}^n \longrightarrow \mathbb{R}$ ist die Funktion $x \longmapsto g(f_1(x), \ldots, f_n(x))$ in $\mathcal{M}$.

(5) Sind f, g in $\mathcal{M}$, so auch $f \cdot g$.

Beweis: (1) und (2) gelten nach A.10 und der Bemerkung vor A.9.

(3) folgt aus A.13 und A.14(b).

(4) Setzt man $F : x \longmapsto (f_1(x), \ldots, f_n(x))$, so ist für $\lambda \in \mathbb{R}^n$

$$F^{-1}\Big(\prod_{j=1}^{n}]\lambda_j, \infty[\Big) = \bigcap_{j=1}^{n} f_j^{-1}(]\lambda_j, \infty[)$$

nach A.13 und A.12 in $\mathcal{F}$ (denn mit A und B ist auch $A \cap B$ in $\mathcal{F}$). Da $\mathcal{G} := \{A \subset \mathbb{R}^n : F^{-1}(A) \in \mathcal{F}\}$ eine σ–Algebra ist, enthält $\mathcal{G}$ nach A.14(b) daher alle Borelmengen des $\mathbb{R}^n$. Folglich gilt

$$\Big(g \circ F\Big)^{-1}(M) = F^{-1}\Big(g^{-1}(M)\Big) \in \mathcal{F} \quad \text{für alle } M \in B(\mathbb{R}).$$

Nach (3) impliziert dies $g \circ F \in \mathcal{M}$.

(5) Die Multiplikation $\cdot : \mathbb{R} \times \mathbb{R} \longrightarrow \mathbb{R}$ ist stetig, also Borel–meßbar nach A.14(d). Daher folgt die Behauptung aus (4). $\qquad\qquad\square$

Für $\mathcal{M}(X)$ gilt entsprechend:

A.16 Satz: Die Menge $\mathcal{M}(X)$ aller Borel–meßbaren Funktionen hat folgende Eigenschaften:

(1) $\mathcal{M}(X)$ ist ein Vektorverband, der $C(X)$ enthält.

(2) Für jede punktweise konvergente Folge in $\mathcal{M}(X)$ ist die Grenzfunktion in $\mathcal{M}(X)$.

(3) $f \in \mathbb{R}^X$ ist in $\mathcal{M}(X)$ genau dann, wenn $f^{-1}(]\lambda, \infty[) \in B(X)$ für alle $\lambda \in \mathbb{R}$.

(4) Für $f_1, \ldots, f_n \in \mathcal{M}(X)$ und Borel–meßbares $g : \mathbb{R}^n \longrightarrow \mathbb{R}$ ist die Funktion $x \longmapsto g(f_1(x), \ldots, f_n(x))$ in $\mathcal{M}(X)$.

(5) Sind f, g in $\mathcal{M}(X)$, so auch $f \cdot g$.

Wir untersuchen nun den Zusammenhang zwischen μ–Meßbarkeit und Borel–Meßbarkeit.

A.17 Lemma: $U(X) \cap \mathbb{R}^X \subset \mathcal{M}$.

Beweis: Nach 4.18 gibt es eine Folge $(g_n)_{n \in \mathbb{N}}$ in $C_c(X)$ mit $g_n \geq 0$, welche punktweise gegen 1 konvergiert. Für $u \in U(X) \cap \mathbb{R}^X$ und $n \in \mathbb{N}$ setzen wir $u_n := \min(u, ng_n)$. Dann konvergiert $(u_n)_{n \in \mathbb{N}}$ punktweise gegen u. Wegen $u_n \leq ng_n$ ist u_n in $U(X) \cap \mathcal{L}$, also nach A.4(4) in $\mathcal{L}_1$. Aus A.15(1),(2) folgt daher $u \in \mathcal{M}$. $\qquad \square$

A.18 Satz: *Jede Borel–meßbare Menge ist μ–meßbar und jede Borel–meßbare Funktion ist μ–meßbar, d.h. es gelten $B(X) \subset \mathcal{F}$ und $\mathcal{M}(X) \subset \mathcal{M}$.*

Beweis: Sei G eine offene Teilmenge von X. Aus 4.17 folgt, daß

$$M := \left\{ f \in C_c(X) : f \leq \chi_G \right\}$$

eine gerichtete Teilmenge von $C_c(X)$ ist, und daß $\chi_G = \sup_{f \in M} f$ gilt. Daher ist χ_G nach A.1 in $U(X) \cap \mathbb{R}^X$, also in $\mathcal{M}$ nach A.17. Folglich enthält die σ–Algebra $\mathcal{F}$ alle offenen Teilmengen von X. Also gilt $B(X) \subset \mathcal{F}$. Hieraus folgt $\mathcal{M}(X) \subset \mathcal{M}$ nach A.16(3) und A.13. $\qquad \square$

Aus A.18 und A.11 folgt

$$\mathcal{M}(X) \cap \mathcal{L} \subset \mathcal{M} \cap \mathcal{L} = \mathcal{L}_1 \, .$$

$\mathcal{L}_1$ ist i.a. beträchtlich größer als $C_c(X)$. Wir wollen nun zeigen, daß sich $\mathcal{M}$ nur "unwesentlich" von $\mathcal{M}(X)$ unterscheidet. Hieraus folgt dann, daß $\mathcal{L}_1$ im Wesentlichen mit $\mathcal{M}(X) \cap \mathcal{L}$ übereinstimmt. Um zu klären, was in diesem Zusammenhang "unwesentlich" bedeutet, führen wir die folgenden Begriffe ein.

Definition: Eine Funktion $f \in \mathbb{R}^X$ heißt *Nullfunktion*, falls $\int^* |f| \, d\mu = 0$. $A \subset X$ heißt *Nullmenge*, falls χ_A eine Nullfunktion ist. Wir setzen

$$\mathcal{N} := \left\{ f \in \mathbb{R}^X : f \text{ ist Nullfunktion} \right\} \, .$$

A.19 Lemma: *Nullfunktionen bzw. Nullmengen haben folgende Eigenschaften:*

(1) $\mathcal{N}$ *ist ein linearer Teilraum von $\mathcal{L}_1$.*

(2) *Ist $f \in \mathcal{N}$, so auch jede Funktion g mit $|g| \leq |f|$.*

(3) *Jede Teilmenge einer Nullmenge ist Nullmenge.*

(4) *Ist $(A_n)_{n \in \mathbb{N}}$ eine Folge von Nullmengen, so ist $\bigcup_{n \in \mathbb{N}} A_n$ eine Nullmenge.*

Beweis: (1) und (2) folgen leicht aus A.3.
(3) folgt aus (2).
(4) Setzt man $B_k := \bigcup_{n=1}^{k} A_n$, so gilt $\chi_{B_k} \leq \sum_{n=1}^{k} \chi_{A_k}$. Also ist $\chi_{B_k} \in \mathcal{N}$ für alle $k \in \mathbb{N}$. Hieraus folgt die Behauptung mit A.6. $\qquad \square$

A.20 Lemma: *Eine Funktion $f \in \mathbb{R}^X$ ist eine Nullfunktion genau dann, wenn $\{x \in X : f(x) \neq 0\}$ eine Nullmenge ist.*

Beweis: Ist $f \in \mathcal{N}$, so setzen wir $A_n := \{x \in X : |f(x)| \geq \frac{1}{n}\}$ für $n \in \mathbb{N}$. Wegen $\chi_{A_n} \leq n|f|$ ist $\chi_{A_n} \in \mathcal{N}$ nach A.19(1), (2). Also ist

$$A := \{x \in X : f(x) \neq 0\} = \bigcup_{n \in \mathbb{N}} A_n$$

nach A.19(4) eine Nullmenge.

Ist andererseits A eine Nullmenge, so setzen wir $f_n = \min(n, |f|)$ für $n \in \mathbb{N}$. Wegen $|f_n| \leq n\chi_A$ ist f_n nach A.19(2) in $\mathcal{N}$. Nach A.6 ist $|f| = \lim_{n\to\infty} f_n$ in $\mathcal{N}$. Daher gilt $f \in \mathcal{N}$. □

A.21 Lemma: *Seien $f \in \mathcal{L}_1$ und $h \in C_c(X)$ mit $0 \leq f \leq h$. Dann gibt es ein $u \in \mathcal{M}(X)$ mit $f \leq u \leq h$ und $u - f \in \mathcal{N}$.*

Beweis: Aufgrund der Definition des Oberintegrals gibt es zu jedem $m \in \mathbb{N}$ ein $u_m \in U(X)$ mit $f \leq u_m \leq h$ und

$$\int u_m \, d\mu = \overline{\mu} u_m \leq \int^* f \, d\mu + \frac{1}{m} = \int f \, d\mu + \frac{1}{m}$$

(gegebenenfalls ersetze man u_m durch $\min(u_m, h)$). Nach A.7 ist $u := \liminf_{m\to\infty} u_m$ in $\mathcal{L}_1$, und es gilt

$$\int^* |u - f| \, d\mu = \int (u - f) \, d\mu \leq \liminf_{m\to\infty} \int (u_m - f) \, d\mu = 0 \, .$$

Also ist $u - f \in \mathcal{N}$. Wegen $u_m \in U(X)$ ist $u_m^{-1}(]\lambda, \infty[)$ offen in X für jedes $\lambda \in \mathbb{R}$. Denn ist $u_m(x_0) > \lambda$, so gibt es nach Definition von $U(X)$ ein $g \in C_c(X)$ mit $g \leq u_m$ und $g(x_0) > \lambda$. Da g stetig ist, existiert eine Umgebung V von x_0 mit $u_m \geq g(x) > \lambda$ für alle $x \in V$. Die gerade nachgewiesene Eigenschaft von u_m liefert $u_m \in \mathcal{M}(x)$ für alle $m \in \mathbb{N}$. Dies impliziert $U \in \mathcal{M}(X)$. □

A.22 Satz: (1) *Zu jedem $f \in \mathcal{M}$ gibt es ein $g \in \mathcal{M}(X)$ mit $f - g \in \mathcal{N}$, d.h. es gilt $\mathcal{M} = \mathcal{M}(X) + \mathcal{N}$.*

(2) *Zu jedem $A \in \mathcal{F}$ gibt es ein $B \in B(X)$ mit $A \subset B$, so daß $B \setminus A$ eine Nullmenge ist.*

Beweis: (1) $\mathcal{M}_o := \mathcal{M}(X) + \mathcal{N}$ ist ein $\mathbb{R}$–Vektorraum. Nach A.20 besteht $\mathcal{M}_o$ aus allen Funktionen, die außerhalb einer Nullmenge mit einer Borel–meßbaren Funktion übereinstimmen. Nach A.18 und A.19 gilt $\mathcal{M}_o \subset \mathcal{M}$.

Um $\mathcal{M} \subset \mathcal{M}_o$ zu zeigen, sei zunächst $f \in \mathcal{M}$ mit $f \geq 0$ fixiert. Nach 4.18 gibt es eine wachsende Folge $(g_n)_{n\in\mathbb{N}}$ in $C_c(X)$ mit $g_n \geq 0$, welche punktweise gegen 1 konvergiert. Setzt man für $n \in \mathbb{N}$

$$f_n := \min(f, ng_n) \quad \text{und} \quad h_n = ng_n \, ,$$

so ist $(f_n)_{n \in \mathbb{N}}$ eine Folge in $\mathscr{L}_1$, die punktweise gegen f konvergiert. Wegen $0 \leq f_n \leq h_n$ und $h_n \in C_c(X)$ gibt es nach A.21 ein $u_n \in \mathscr{M}(X)$ mit $f_n \leq u_n$ und $u_n - f_n \in \mathscr{N}$. Setzt man $u = \liminf_{n \to \infty} u_n$, so ist u nach A.16(1),(2) in $\mathscr{M}(X)$, und es gilt $u \geq f$. Nach A.19(4) unterscheidet sich f von u nur auf einer Nullmenge, also ist f in $\mathscr{M}_o$. Da sich jedes $f \in \mathscr{M}$ als $f = f_+ - f_-$ darstellen läßt mit $f_+, f_- \in \mathscr{M}$ und $f_+, f_- \geq 0$, folgt $\mathscr{M} \subset \mathscr{M}_o$.

(2) Ist $A \in \mathcal{F}$ beliebig gegeben, so gibt es zu $f := \chi_A$ nach dem Beweis von (1) ein $u \in \mathscr{M}(X)$ mit $u \geq \chi_A$ und $u - \chi_A \in \mathscr{N}$. Dann ist

$$g_n := \Big(\max(0, \min(u, 1)) \Big)^n, \quad n \in \mathbb{N},$$

in $\mathscr{M}(X)$ und erfüllt $g_n \geq \chi_A$ für alle $n \in \mathbb{N}$. Wie man leicht sieht, konvergiert $(g_n)_{n \in \mathbb{N}}$ punktweise gegen χ_B, wobei $B := \{x \in X : u(x) \geq 1\}$ in $B(X)$ ist. Daher folgt die Behauptung aus $\chi_A \leq \chi_B \leq u$ und

$$0 \leq \chi_{B \setminus A} = \chi_B - \chi_A \leq u - \chi_A \, . \qquad \square$$

Aus A.22, A.18, A.11 und A.19(1) erhalten wir schließlich die angestrebte Charakterisierung von $\mathscr{L}_1$:

A.23 Corollar: $\mathscr{L}_1 = \mathscr{M}(X) \cap \mathscr{L} + \mathscr{N}$.

Um eine äquivalente Beschreibung von μ herzuleiten, definieren wir:

Definition: Für $A \in \mathcal{F}$ bezeichnen wir $\mu(A) := \int^* \chi_A \, d\mu$ als das *Maß von A*.

A.24 Bemerkung: (1) $A \in \mathcal{F}$ ist eine Nullmenge genau dann, wenn $\mu(A) = 0$.

(2) Für $A \in \mathcal{F}$ ist $\mu(A) < \infty$ genau dann, wenn $\chi_A \in \mathscr{L}_1$. Dies folgt aus A.11.

(3) Ist $(B_n)_{n \in \mathbb{N}}$ eine wachsende Folge in $\mathcal{F}$, so gilt
$$\mu\Big(\bigcup_{n \in \mathbb{N}} B_n \Big) = \sup_{n \in \mathbb{N}} \mu(B_n).$$

(4) Sind $A, B \in \mathcal{F}$ disjunkt, so gilt $\mu(A \cup B) = \mu(A) + \mu(B)$.

A.25 Satz: *Die Mengenfunktion $\mu : \mathcal{F} \longrightarrow [0, \infty]$ hat folgende Eigenschaften:*

(1) *Für jede Folge $(A_n)_{n \in \mathbb{N}}$ paarweise disjunkter Mengen in $\mathcal{F}$ gilt:*

$$\mu\Big(\bigcup_{n \in \mathbb{N}} A_n \Big) = \sum_{n=1}^{\infty} \mu(A_n) \quad (\mu \text{ ist } \sigma\text{-additiv}) \, .$$

(2) $\mu(K) < \infty$ *für jede kompakte Teilmenge K von X.*

(3) $\mu(G) = \sup\{\mu(K) : K \subset G, \ K \text{ kompakt}\}$ *für jede offene Menge G in X.*

(4) $\mu(A) = \inf\{\mu(G) : G \supset A, \ G \text{ offen } \}$ *für jedes $A \in \mathcal{F}$.*

Beweis: (1) Setzt man $B_k := \bigcup_{n=1}^{k} A_n$ für $k \in \mathbb{N}$, so ist $\bigcup_{k \in \mathbb{N}} B_k = \bigcup_{n \in \mathbb{N}} A_n$. Daher erhält man aus A.24(3) und (4):

$$\mu\Big(\bigcup_{n \in \mathbb{N}} A_n \Big) = \sup_{k \in \mathbb{N}} \mu(B_k) = \sup_{k \in \mathbb{N}} \sum_{n=1}^{k} \mu(A_n) = \sum_{n=1}^{\infty} \mu(A_n) \,.$$

(2) Ist $K \subset X$ kompakt, so gibt es nach 4.17 ein $f \in C_c(X)$ mit $f|_K \equiv 1$ und $0 \le f \le 1$. Daher gilt

$$0 \le \mu(K) = \int^* \chi_K \, d\mu \le \int^* f \, d\mu = \mu f < \infty \,.$$

(3) Ist $G \subset X$ offen, so ist χ_G nach dem Beweis von A.18 in $U(X)$, und nach A.1 und A.3(3) gilt

$$\mu(G) = \int^* \chi_G \, d\mu = \overline{\mu}\chi_G = \sup \big\{ \mu f : f \in C_c(X), 0 \le f \le \chi_G \big\} \,.$$

Ist $\mu(G) < \infty$, so gibt es daher zu jedem $\varepsilon > 0$ ein $f \in C_c(X)$ mit $0 \le f \le \chi_G$ und

$$\mu f \ge \overline{\mu}\chi_G - \varepsilon = \mu(G) - \varepsilon \,.$$

Dann ist $K := \mathrm{Supp}(f)$ eine kompakte Teilmenge von G, für die gilt

$$\mu(G) \ge \mu(K) = \int \chi_K \, d\mu \ge \int f \, d\mu = \mu f \ge \mu(G) - \varepsilon \,.$$

Ist $\mu(G) = \infty$, so erhält man die Behauptung analog.

(4) Für $\mu(A) = \infty$ ist die Aussage trivial. Sei daher $\mu(A) < \infty$, und sei $\varepsilon > 0$ gegeben. Nach Definition des Oberintegrals gibt es dann ein $u \in U(X)$ mit $\overline{\mu}u \le \mu(A) + \frac{\varepsilon}{2}$ und $u \ge \chi_A$. Wir wählen $0 < \lambda < 1$ mit

$$\overline{\mu}\Big(\frac{1}{\lambda} u \Big) = \frac{1}{\lambda} \overline{\mu} u \le \mu(A) + \varepsilon$$

und setzen $G := \{ x \in X : u(x) > \lambda \}$. Dann ist G offen in X, G enthält A, und es gilt $\chi_G \le \frac{1}{\lambda} u$. Hieraus folgt

$$\mu(A) \le \mu(G) = \int^* \chi_G \, d\mu \le \int^* \frac{1}{\lambda} u \, d\mu = \overline{\mu}\Big(\frac{1}{\lambda} u \Big) \le \mu(A) + \varepsilon \,. \qquad \square$$

A.26 Lemma: *Sei $\nu : B(X) \longrightarrow [0, \infty]$ eine Mengenfunktion, welche für $\mathcal{F} = B(X)$ die Eigenschaften (1)-(4) aus A.25 hat. Dann gibt es genau ein positives lineares Funktional $\mu : C_c(X) \longrightarrow \mathbb{R}$, so daß für die zugehörige Mengenfunktion μ gilt:*

$$\mu(A) = \nu(A) \quad \text{für alle } A \in B(X).$$

Beweis: Wir setzen

$$\mathcal{E} := \left\{ f \in \mathbb{R}^X : f = \sum_{j=1}^{m} \lambda_j \chi_{A_j}, \lambda_j \in \mathbb{R}, A_j \in B(X), \nu(A_j) < \infty, m \in \mathbb{N} \right\}.$$

Für $f \in \mathcal{E}$, $f = \sum_{j=1}^{m} \lambda_j \chi_{A_j}$ hängt die Zahl $\sum_{j=1}^{m} \lambda_j \nu(A_j)$ nur von f und nicht von der gewählten Darstellung für f ab, wie man leicht nachprüft. Daher ist

$$\tilde{\nu} : \mathcal{E} \longrightarrow \mathbb{R}, \; \tilde{\nu}\left(\sum_{j=1}^{m} \lambda_j \chi_{A_j} \right) := \sum_{j=1}^{m} \lambda_j \nu(A_j)$$

ein positives lineares Funktional.

Ist $f \in C_c(X)$, so zeigt der Beweis von A.13, daß es eine Folge $(g_n)_{n \in \mathbb{N}}$ in $\mathcal{E}$ gibt, die gleichmäßig auf X gegen f konvergiert und $g_n|_{X \setminus \text{Supp}(f)} \equiv 0$ für alle $n \in \mathbb{N}$ erfüllt. Da ν die Bedingung (2) in A.25 erfüllt und

$$|\tilde{\nu}(g_n) - \tilde{\nu}(g_m)| \leq \nu(\text{Supp}(f)) \sup_{x \in X} |g_n(x) - g_m(x)|, \; n, m \in \mathbb{N},$$

leicht einzusehen ist, existiert $\lim_{n \to \infty} \tilde{\nu}(g_n)$. Da dieser Limes nur von f abhängt, wird durch $\mu f := \lim_{n \to \infty} \tilde{\nu}(g_n)$ ein positives lineares Funktional $\mu : C_c(X) \longrightarrow \mathbb{R}$ definiert.

Ist G offen in X, so gilt nach dem Beweis von A.25(3):

$$\mu(G) = \sup \left\{ \mu f : f \in C_c(X), 0 \leq f \leq \chi_G \right\}.$$

Ist K eine kompakte Teilmenge von G und gilt $\chi_K \leq g \leq \chi_G$ für ein $g \in C_c(X)$, so folgt $\nu(K) \leq \mu g \leq \nu(G)$ aus der Definition von μ. Daher gilt $\mu(G) \leq \nu(G)$. Nach 4.16 gibt es zu jedem $K \subset G$ kompakt ein $g \in C_c(X)$ mit $\chi_K \leq g \leq \chi_G$. Da ν die Eigenschaft (3) aus A.25 hat, gilt

$$\nu(G) = \sup\{\nu(K) : K \subset G \text{ kompakt}\} \leq \sup\{\mu f : f \in C_c(X), 0 \leq f \leq \chi_G\} = \mu(G)$$

Also gilt $\nu(G) = \mu(G)$ für die offene Menge G in X. Hieraus folgt die Behauptung, da μ und ν die Eigenschaft (4) aus A.25 haben.

Ist $\tilde{\mu}$ ein weiteres positives lineares Funktional auf $C_c(X)$ mit $\tilde{\mu}(A) = \nu(A)$ für alle $A \in B(X)$, so stimmen $\tilde{\mu}$ und $\tilde{\nu}$ auf $\mathcal{E}$ überein. Aufgrund der obigen Argumentation impliziert dies $\tilde{\mu} = \nu$. $\qquad \square$

Nach A.25, A.26 und dem bisher Gezeigten besteht eine eindeutige Beziehung zwischen den positiven linearen Funktionalen auf $C_c(X)$ und den Mengenfunktionen auf $B(X)$, welche A.25(1)-(4) erfüllen. Wir können und werden diese Objekte daher identifizieren und folgende Sprechweise benutzen:

Definition: Ein *Maß auf X* ist ein positives lineares Funktional auf $C_c(X)$ bzw. die zugehörige Mengenfunktion auf $B(X)$ bzw. $\mathcal{F}$.

A.27 Einschränkung von Maßen: Seien μ ein Maß auf X und K eine kompakte Teilmenge von X. Wie man leicht einsieht, gilt dann

$$B(K) = \big\{A \cap K : A \subset B(X)\big\} \subset B(X)\,.$$

Daher folgt aus A.25, daß die Mengenfunktion $\mu|_{B(K)}$ für $\mathcal{F} = B(K)$ die Eigenschaften (1)-(4) aus A.25 hat. Also gibt es nach A.26 genau ein positives lineares Funktional (Maß) $\nu : C(K) \longrightarrow \mathbb{R}$, so daß für die zugehörige Mengenfunktion μ gilt:

$$\nu(A) = \mu(A) \quad \text{für alle } A \in B(K).$$

Mit Hilfe von A.22(2) sieht man leicht ein, daß eine Teilmenge A von K genau dann eine ν–Nullmenge ist, wenn A eine μ–Nullmenge ist. Bezeichnet man für $f \in \mathbb{R}^K$ mit $\widetilde{f}$ diejenige Fortsetzung von f auf X, für welche $\widetilde{f}|_{X \setminus K} \equiv 0$ gilt, so erhält man aus A.20 und A.22

(1) f ist eine ν–Nullfunktion genau dann, wenn $\widetilde{f}$ eine μ–Nullfunktion ist.

(2) f ist ν–meßbar genau dann, wenn $\widetilde{f}$ μ–meßbar ist.

(3) f ist in $\mathcal{L}_1(\nu)$ genau dann, wenn $\widetilde{f}$ in $\mathcal{L}_1(\mu)$ ist.

(4) Ist $f \in \mathcal{L}_1(\nu)$, so gilt $\int f \, d\nu = \int \widetilde{f} \, d\mu$.

A.28 Bemerkung: Sind μ und ν Maße auf X, so ist auch $\mu + \nu : C_c(X) \longrightarrow \mathbb{R}$, $(\mu + \nu)f := \mu f + \nu f$, ein Maß auf X. Man zeigt leicht, daß $\overline{\mu + \nu} = \overline{\mu} + \overline{\nu}$ gilt. Aus den entsprechenden Definitionen erhält man dann:

(1) $\int^* f \, d\mu + \int^* f \, d\nu \leq \int^* f \, d(\mu + \nu)$ für alle $f \in \mathbb{R}^X$, $f \geq 0$.

(2) $\mathcal{L}_1(\mu + \nu) \subset \mathcal{L}_1(\mu) \cap \mathcal{L}_1(\nu)$.

(3) $\int g \, d(\mu + \nu) = \int g \, d\mu + \int g \, d\nu$ für alle $g \in \mathcal{L}_1(\mu + \nu)$.

Wir führen nun eine Sprechweise ein, welche berücksichtigt, daß es bei der Integration auf Nullmengen nicht ankommt.

Definition: Sei μ ein Maß auf X. Eine Aussage über die Punkte von X gilt μ–*fast überall*, falls es eine μ–Nullmenge N gibt, so daß die Aussage für alle $x \in X \setminus N$ gilt.

Für $f, g \in \mathbb{R}^X$ bedeutet "$f = g$ μ–fast überall", daß es eine μ–Nullmenge N gibt mit $f|_{X \setminus N} = g|_{X \setminus N}$. Insbesondere gilt $f = g + h$, wobei h nach A.20 eine μ–Nullfunktion ist. Falls f in $\mathcal{L}_1$ ist, so ist auch g in $\mathcal{L}_1$, und es gilt

$$\int f \, d\mu = \int g \, d\mu + \int h \, d\mu = \int g \, d\mu\,.$$

A.29 Bemerkung: Seien μ ein Maß auf X und g eine μ–fast überall auf X definierte reellwertige Funktion. Wenn es $f \in \mathscr{L}_1$ gibt, welches μ–fast überall mit g übereinstimmt, so gilt $f = G$ μ–fast überall für jede Fortsetzung G von g auf X. Nach der Vorbemerkung gilt daher

$$\int G\, d\mu = \int f\, d\mu \quad \text{für jede Fortsetzung } G \in \mathbb{R}^X \text{ von } g.$$

Daher ist es sinnvoll, von μ–fast überall auf X definierten Funktionen in $\mathscr{L}_1$ und ihrem Integral zu sprechen.

Mit Hilfe der in A.29 eingeführten Sprechweise lassen sich viele der bisher bewiesenen Aussagen allgemeiner formulieren. Wir wollen dies am Beispiel des Satzes von Beppo Levi erläutern, überlassen aber die weiteren Einzelheiten dem Leser.

A.30 Satz von Beppo Levi: *Sei $(f_n)_{n \in \mathbb{N}}$ eine Folge von μ–fast überall definierten Funktionen in $\mathscr{L}_1$ mit $\sup_{n \in \mathbb{N}} \int f_n\, d\mu < \infty$ und $f_n \leq f_{n+1}$ μ–fast überall für alle $n \in \mathbb{N}$. Dann ist $f := \lim_{n \to \infty} f_n$ eine μ–fast überall definierte Funktion in $\mathscr{L}_1$, für die gilt*

$$\int f\, d\mu = \lim_{n \to \infty} \int f_n\, d\mu\,.$$

Beweis: Man kann o.B.d.A. $f_1 \geq 0$ annehmen. Nach Voraussetzung gibt es zu jedem $n \in \mathbb{N}$ eine μ–Nullmenge N_n mit $f_n(x) \leq f_{n+1}(x)$ für alle $x \in X \setminus N$. Dann ist $N := \bigcup_{n \in \mathbb{N}} N_n$ nach A.19(4) eine μ–Nullmenge. Für $n \in \mathbb{N}$ definieren wir $g_n \in \mathbb{R}^X$ durch

$$g_n|_{X \setminus N} = f_n|_{X \setminus N} \quad \text{und} \quad g_n|_N \equiv 0\,.$$

Dann ist g_n in $\mathscr{L}_1$, und es gelten

$$\int g_n\, d\mu = \int f_n\, d\mu \quad \text{und} \quad g_n \leq g_{n+1} \text{ für alle } n \in \mathbb{N}\,.$$

Für $k, n \in \mathbb{N}$ setzen wir

$$A_{n,k} := \big\{x \in X : g_n(x) \geq k\big\} \quad \text{und} \quad A_k := \bigcup_{n \in \mathbb{N}} A_{n,k}\,.$$

Dann gilt

$$k \int \chi_{A_{n,k}}\, d\mu \leq \int g_n\, d\mu = \int f_n\, d\mu \leq \sup_{j \in \mathbb{N}} \int f_j\, d\mu\,.$$

Da $(\chi_{A_{n,k}})_{n \in \mathbb{N}}$ punktweise wachsend gegen χ_{A_k} konvergiert, erhält man hieraus mit A.6, daß für alle $k \in \mathbb{N}$ gilt

$$\chi_{A_k} \in \mathscr{L}_1(\mu) \quad \text{und} \quad k \int \chi_{A_k}\, d\mu \leq \sup_{j \in \mathbb{N}} \int f_j\, d\mu\,.$$

Setzt man

$$A := \big\{x \in X : \sup_{n \in \mathbb{N}} g_n(x) = \infty\big\} = \bigcap_{k \in \mathbb{N}} A_k\,,$$

so ist $A \in \mathcal{F}$, und es gilt für jedes $n \in \mathbb{N}$

$$k\mu(A) \leq k\mu(A_k) \leq \sup_{j \in \mathbb{N}} \int f_j \, d\mu \, .$$

Dies impliziert $\mu(A) = 0$, d.h. A ist eine μ–Nullmenge. Also ist auch $B := A \cup N$ eine μ–Nullmenge. Wir definieren $h_n \in \mathbb{R}^X$ durch

$$h_n|_{X \backslash B} = g_n|_{X \backslash B} = f_n|_{X \backslash B} \quad \text{und} \quad h_n|_B \equiv 0 \, .$$

Dann erfüllt $(h_n)_{n \in \mathbb{N}}$ die Voraussetzung von A.6, woraus die Behauptung folgt. □

Da man i.a. nicht nur reelle, sondern auch komplexe Funktionen integrieren möchte, wollen wir nun noch klären, wie man dies auf den reellen Fall reduzieren kann.

Definition: Seien μ ein Maß auf X und $f : X \longrightarrow \mathbb{C}$ eine Funktion. Wir nennen f *μ–meßbar* (bzw. *Borel–meßbar, integrierbar, Nullfunktion*), falls $\operatorname{Re} f$ und $\operatorname{Im} f$ die entsprechende Eigenschaft haben. Die zugehörigen Klassen von Funktionen bezeichnen wir wie bisher mit $\mathscr{M}$ (bzw. $\mathscr{M}(X), \mathscr{L}_1(X), \mathscr{N}$). Ferner definieren wir für $f \in \mathscr{L}_1$ das Integral von f bezüglich μ als

$$\int f \, d\mu := \int \operatorname{Re} f \, d\mu + i \int \operatorname{Im} f \, d\mu \, .$$

A.31 Bemerkung: Sei μ ein Maß auf X.
(1) Für $f \in \mathbb{C}^X$ gilt

$$\max(|\operatorname{Re} f|, |\operatorname{Im} f|) \leq |f| \leq |\operatorname{Re} f| + |\operatorname{Im} f| \, .$$

Daher gilt nach A.11: Eine Funktion $f : X \longrightarrow \mathbb{C}$ ist in $\mathscr{L}_1$ genau dann, wenn f in $\mathscr{M}$ ist und $\int^* |f| \, d\mu < \infty$ gilt. Für $f \in \mathscr{M}$ ist also $f \in \mathscr{L}_1$ äquivalent zu $|f| \in \mathscr{L}_1$.
(2) $\mathscr{L}_1$ ist ein $\mathbb{C}$–Vektorraum, und $f \longmapsto \int f \, d\mu$ ist $\mathbb{C}$–linear mit

$$\left| \int f \, d\mu \right| \leq \int |f| \, d\mu \quad \text{für alle } f \in \mathscr{L}_1.$$

Um letzteres einzusehen, wähle man $\lambda \in \mathbb{C}$ mit $|\lambda| = 1$ und $\lambda \int f \, d\mu = \left| \int f \, d\mu \right|$. Dann gilt nach A.5

$$\left| \int f \, d\mu \right| = \lambda \int f \, d\mu = \int \lambda f \, d\mu = \operatorname{Re} \int \lambda f \, d\mu = \int \operatorname{Re}(\lambda f) \, d\mu$$

$$\leq \int |\operatorname{Re}(\lambda f)| \, d\mu \leq \int |f| \, d\mu \, .$$

(3) Wie in (1) zeigt man, daß $f \in \mathscr{N}$ äquivalent ist zu $\int^* |f| \, d\mu = 0$. Daher gilt A.20 entsprechend.
(4) Die Aussagen A.4(1),(2), A.8, A.9, A.10, A.15 (außer (1)), A.18, A.19(1),(2) sowie A.22 bleiben sinngemäß (d.h. mit $\mathbb{C}$ statt $\mathbb{R}$) gültig.

Zum Abschluß dieses Abschnitts führen wir nun noch das Lebesgue–Maß auf $\mathbb{R}^n$ ein und stellen zwei Hilfssätze bereit.

A.32 Beispiel: Für $n \in \mathbb{N}$ und $f \in C_c(\mathbb{R}^n)$ bezeichne $\lambda(f)$ das Riemannsche Integral von f, d.h.

$$\lambda(f) := \lim_{k \to \infty} \sum_{\alpha \in \mathbb{Z}^n} f(2^{-k}\alpha)2^{-kn} \; .$$

Wie man leicht nachprüft, ist $\lambda : C_c(\mathbb{R}^n) \longrightarrow \mathbb{R}$ ein positives lineares Funktional. Daher sind die Ergebnisse dieses Abschnitts auf λ anwendbar. Insbesondere gibt es eine σ–Algebra L von Teilmengen des $\mathbb{R}^n$ mit $L \supset B(\mathbb{R}^n)$ und eine Mengenfunktion $\lambda : L \longrightarrow [0,\infty]$, welche die in A.25 genannten Eigenschaften hat. Diese Mengenfunktion wird als das *Lebesgue–Maß* auf $\mathbb{R}^n$ bezeichnet.

Wie aus A.25 folgt, gilt für alle offenen Quader Q der Form $Q = \prod_{j=1}^{n}]a_j, b_j[$ mit $a_j < b_j$ für $1 \le j < n$:

$$\lambda(Q) = \lambda\Big(\prod_{j=1}^{n}]a_j, b_j[\Big) = \prod_{j=1}^{n}(b_j - a_j) \; ,$$

d.h. λ stimmt auf diesen Quadern mit dem elementargeometrischen Volumen überein. Hieraus folgt $\lambda(Q+x) = \lambda(Q)$ für alle $x \in \mathbb{R}^n$ und alle diese Quader. Zusammen mit A.25 impliziert dies $A + x \in L$ und $\lambda(A + x) = \lambda(A)$ für alle $A \in L$ und alle $x \in \mathbb{R}^n$, d.h. λ ist ein translationsinvariantes Maß auf $\mathbb{R}^n$.

A.33 Lemma: *Jedes Maß μ auf $\mathbb{R}$ mit $\mu(\mathbb{R}) < \infty$ ist durch seine Verteilungsfunktion $\widetilde{\mu} : \mathbb{R} \longrightarrow [0,\infty[\, , \; \widetilde{\mu}(t) := \mu(]-\infty,t])$ eindeutig bestimmt.*

Beweis: Sei ν ein weiteres Maß auf $\mathbb{R}$ mit $\widetilde{\nu} = \widetilde{\mu}$. Dann gilt für alle $t, \tau \in \mathbb{R}$ mit $t < \tau$:

$$\mu(]t,\tau]) = \widetilde{\mu}(\tau) - \widetilde{\mu}(t) = \widetilde{\nu}(\tau) - \widetilde{\nu}(t) = \nu(]t,\tau]) \; .$$

Hieraus folgt mit A.25(1), daß

$$\mu(]\alpha,\beta[) = \nu(]\alpha,\beta[) \text{ für alle } \alpha,\beta \in \mathbb{R} \cup \{-\infty,\infty\} \, , \; \alpha < \beta \; .$$

Da jede offene Menge in $\mathbb{R}$ die disjunkte Vereinigung von höchstens abzählbar vielen offenen Intervallen ist, stimmen μ und ν auf den offenen Mengen überein. Mit A.25(4) und A.22(2) folgt hieraus die Behauptung. $\qquad\qquad\Box$

A.34 Lemma: *Seien X ein lokalkompakter, σ–kompakter topologischer Raum und ν, μ Maße auf X. Für $g \in \mathscr{M}(X) \cap \mathscr{L}_1(\nu)$ mit $g \ge 0$ gelte*

$$(*) \qquad\qquad \nu(M) = \int_M g \, d\mu \text{ für alle } M \in B(X) \; .$$

Dann gilt

$$\int f \, d\nu = \int fg \, d\mu \text{ für alle } f \in \mathscr{L}_1(\nu) \; .$$

Beweis: Aus $g \in \mathscr{L}_1(\mu)$ folgt $\nu(X) < \infty$. Ist $f = \sum_{k=1}^{n} a_k \chi_{M_k}$, $a_k \in \mathbb{K}$, $M_k \in B(X)$ für $1 \leq k \leq n$, so gilt daher nach (*) :

$$\int f \, d\nu = \sum_{k=1}^{n} a_k \nu(M_k) = \sum_{k=1}^{n} a_k \int_{M_k} g \, d\mu = \int fg \, d\mu \, .$$

Hieraus folgt mit A.13, dem Lebesgueschen Grenzwertsatz und A.22 die Behauptung.   □

Anhang B
Die schwache Topologie

Für die Theorie der Banachräume ist eine von der Normtopologie abgeleitete Vektorraumtopologie von großer Bedeutung, die schwache Topologie. Um sie einführen zu können müssen wir die Definitionen aus §5 erweitern.

Sei E ein Vektorraum über $\mathbb{K} = \mathbb{R}$ oder $\mathbb{C}$.

Definition: Ein topologischer Vektorraum ist ein $\mathbb{K}$-Vektorraum E, versehen mit einer Topologie, bzgl. der die Addition $E \times E \longrightarrow E$ und die skalare Multiplikation $\mathbb{K} \times E \longrightarrow E$ stetig sind.

Da dann für jedes $a \in E$ die Abbildung $x \mapsto a + x$ ein Homöomorphismus ist, gilt analog zu Satz 5.3:

Bemerkung: Ist $\mathcal{U}$ die Menge der Umgebungen von 0, so ist $x + \mathcal{U} = \{x + U : U \in \mathcal{U}\}$ die Menge der Umgebungen von x.

Definition: Sei E ein topologischer Vektorraum. Eine Familie $(\| \cdot \|_\alpha)_{\alpha \in A}$ stetiger Halbnormen heißt *Fundamentalsystem stetiger Halbnormen*, falls zu jeder Nullumgebung U ein $\alpha \in A$ und $\varepsilon > 0$ existieren mit $\{x : \|x\|_\alpha \leq \varepsilon\} \subset U$.

In einem normierten Raum ist also die Familie, die nur aus $\| \cdot \|$ besteht, ein Fundamentalsystem stetiger Halbnormen.

Definition: Ein *lokalkonvexer Raum* ist ein topologischer Vektorraum, der ein Fundamentalsystem stetiger Halbnormen besitzt. Ein normierter Raum ist also insbesondere ein lokalkonvexer Raum.

Bemerkung: Eine äquivalente Definition wäre: Ein lokalkonvexer Raum ist ein topologischer Vektorraum, in dem 0 (und damit jeder Punkt) eine Basis aus konvexen Umgebungen besitzt. Siehe dazu §22. Dies erklärt die Bezeichnung.

Lokalkonvexe Topologien auf einem Vektorraum E kann man in folgender Weise erzeugen:

B.1 Satz: *Sei E ein linearer Raum über $\mathbb{K}$ und $(p_\alpha)_{\alpha \in A}$ eine Familie von Halbnormen mit folgenden Eigenschaften:*

(1) *Zu jedem $x \in E$ existiert ein $\alpha \in A$ mit $p_\alpha(x) \neq 0$.*

(2) *Zu $\alpha, \beta \in A$ existieren $\gamma \in A$ und $C > 0$ mit $\max(p_\alpha(x), p_\beta(x)) \leq C p_\gamma(x)$ für alle $x \in E$.*

Dann gibt es genau eine lokalkonvexe Topologie auf E, für die $(p_\alpha)_{\alpha \in A}$ ein Fundamentalsystem stetiger Halbnormen ist.

Sei nun E normiert. Gegenstand dieses Anhangs sind die folgenden lokalkonvexen Topologien auf E, bzw. E'. Zu ihrer Definition benutzen wir Satz B.1.

Definition: (a) Die schwache Topologie $\sigma(E, E')$ auf E wird gegeben durch das Fundamentalsystem von Halbnormen
$p_e(x) = \max_{y \in e} |y(x)|$, $e \subset E'$ endlich.
    (b) Die schwache Topologie $\sigma(E', E)$ auf E' („schwach*-Topologie") wird gegeben durch das Fundamentalsystem von Halbnormen
$q_e(y) = \max_{x \in e} |y(x)|$, $e \subset E$ endlich.

Man beachte: Da E' seinerseits wieder ein normierter Raum (sogar Banachraum) ist, besitzt E' auch eine schwache Topologie $\sigma(E', E'')$. Diese ist im Allgemeinen von der schwach*-Topologie $\sigma(E', E)$ verschieden.
Analog zu Satz 5.4 und im Wesentlichen mit dem gleichen Beweis erhalten wir:

B.2 Satz: *Seien E, F lokalkonvexe Räume mit den Fundamentalsystemen stetiger Halbnormen $(p_\gamma)_{\gamma \in \Gamma}$ in E und $(q_\beta)_{\beta \in B}$ in F und sei $A : E \to F$ linear. Dann sind äquivalent:*

(1) *A ist stetig.*

(2) *A ist stetig in 0.*

(3) *Zu jedem $\beta \in B$ existieren $\gamma \in \Gamma$ und $C > 0$, so dass $q_\beta(Ax) \le C p_\gamma(x)$ für alle $x \in E$.*

(4) *$q_\beta \circ A$ ist stetig für alle β.*

Bezeichnungen Mit $L(E, F)$ bezeichnen wir den linearen Raum der stetigen linearen Abbildungen von E nach F. Wir setzen $E' = L(E, \mathbb{K})$. E' heißt *Dualraum* von E.
Diese Räume tragen zunächst keine Topologie.

Wir wenden die äquivalente Aussage (4) aus Satz B.2 auf die schwachen Topologien normierter Räume an und erhalten die folgende Charakterisierung. Dabei bezeichnet E_σ den Raum E, versehen mit der schwachen Topologie, analog F_σ.

B.3 Lemma: *Seien E, F normiert und A eine lineare Abbildung von E nach F. Dann ist $A \in L(E_\sigma, F_\sigma)$ genau dann, wenn $A^t F' \subset E'$.*

B.4 Satz: *Seien E und F normierte Räume, $A : E \to F$ linear. Dann ist A genau dann stetig, wenn es schwach stetig ist, d.h. $A \in L(E, F)$ dann und nur dann, wenn $A \in L(E_\sigma, F_\sigma)$.*

Beweis: Ist $A \in L(E, F)$, so ist $A^t y = y \circ A \in E'$ für jedes $y \in F'$, d.h. $A^t F' \subset E'$ und daher nach Lemma B.3 $A \in L(E_\sigma, F_\sigma)$. Ist umgekehrt $A \in L(E_\sigma, F_\sigma)$ und $y \in F'$, so ist, wieder nach Lemma B.3, $y \circ A \in E'$. Sei $U = \{x \in E : \|x\| \leq 1\}$ die Einheitskugel in E. Dann ist

$$\sup\{|y(Ax)| : x \in U\} = \sup\{|(y \circ A)x| : x \in U\} \leq \|y \circ A\| < \infty$$

und daher, nach Satz 8.11, $A(U)$ beschränkt. Also ist $A \in L(E, F)$. □

Ein zentraler Satz ist der

B.5 Satz von Alaoglu: *Ist E normiert, dann ist die Einheitskugel von E' schwach*-kompakt.*

Beweis: Sei $U = \{x \in E : \|x\| \leq 1\}$ und $\mathbb{D} = \{x \in \mathbb{K} : |x| \leq 1\}$. U° ist dann die Einheitskugel von E'. Man überlegt sich, dass die Abbildung $\varphi : y \mapsto y|_U$ von U° nach $\mathbb{D}^U$ ein Homömorphismus von U°, versehen mit der schwach*-Topologie, nach ihrem Bild, versehen mit der Topologie von $\mathbb{D}^U$, ist. Nach dem Satz von Tychonoff 4.3 ist $\mathbb{D}^U$ kompakt.

Wie man leicht nachprüft, gilt

Bild $\varphi = \{(x_a)_{a \in U} : x_{\frac{a+b}{2}} = \frac{1}{2}(x_a + x_b), x_{\lambda a} = \lambda x_a$ für alle $a, b \in U, \lambda \in \mathbb{C}, |\lambda| \leq 1\}$.

Daher ist Bild φ in X abgeschlossen, also kompakt. Da φ eine Homöomorphismus auf sein Bild ist, ist U° schwach*-kompakt. □

Zum Beweis des nächsten Satzes schicken wir ein einfaches Lemma aus der linearen Algebra voraus.

B.6 Lemma: *Seien X ein linearer Raum über $\mathbb{K}$, y und $y_1, \ldots, y_n$ in X^*, $C > 0$. Ist $|y(x)| \leq C \sup_{j=1,..,n} |y_j(x)|$ für alle $x \in X$, dann ist y eine Linearkombination von $y_1, \ldots, y_n$.*

Beweis: Dies folgt aus der Tatsache, dass y auf $\{x : y_1(x) = \cdots = y_n(x) = 0\}$ verschwindet. □

Im Folgenden ist J die *kanonische Einbettung* von E in E'^*, d.h. $J(x)[y] = y(x)$ für $x \in E$ und $y \in E'$ (vgl. §7).

B.7 Satz: *Ist E ein normierter Raum, dann gelten $(E, \sigma(E, E'))' = E'$ und $(E', \sigma(E', E))' = J(E)$.*

Beweis: In beiden Fällen folgt die Inklusion „⊃" in trivialer Weise aus der Definition der jeweiligen Topologie.

Im ersten Fall folgt die umgekehrte Inklusion direkt aus Lemma B.6. Ist nämlich $y \in (E, \sigma(E, E'))'$ dann gibt es $y_1, \ldots, y_n \in E'$ und $C > 0$, so dass $|y(x)| \leq C \sup_{j=1,..,n} |y(x)|$ für alle $x \in E$. Also ist y eine Linearkombination der y_j und damit in E'.

Im zweiten Fall sei $z \in (E', \sigma(E', E))'$. Dann gibt es $x_1, \ldots, x_n \in E$ und $C > 0$, so dass $|z(y)| \leq C \sup_{j=1,..,n} |y(x_j)| = C \sup_{j=1,..,n} |J(x_j)[y]|$ für alle $y \in E'$. Nach Lemma B.6 ist also z eine Linearkombination der $J(x_j)$ und damit in $J(E)$. □

Hieraus leiten wir ein erstes Reflexivitätskriterium ab.

B.8 Lemma: *Ist E ein normierter Raum, dann ist E reflexiv genau dann, wenn auf E' die schwache und die schwach*-Topologie übereinstimmen, d.h. wenn $\sigma(E', E'') = \sigma(E', E)$ ist.*

Beweis: Stimmen diese Topologien überein, dann ist

$$E'' = (E', \sigma(E', E''))' = (E', \sigma(E', E))' = J(E).$$

Ist umgekehrt $E'' = J(E)$ und $p(y) = \sup_{j=1,..,n} |z_j(y)|$ eine Halbnorm aus dem die Topologie $\sigma(E', E'')$ definierenden Fundamentalsystem, d.h. $z_1, \ldots, z_n \in E''$, dann gibt es nach Voraussetzung $x_1, \ldots, x_n \in E$, so dass $z_j = J(x_j)$ für $j = 1, \ldots, n$. Also ist $p(y) = \sup_{j=1,..,n} |J(x_j)[y]| = \sup_{j=1,..,n} |y(x_j)|$ eine Halbnorm aus dem die Topologie $\sigma(E', E)$ definierenden Fundamentalsystem. Also ist letztere Toplogie stärker als $\sigma(E', E'')$. Dass sie schwächer ist, ist evident. □

Bevor wir ein endgültiges Reflexivitätskriterium mit Hilfe der schwachen Topologie beweisen können, benötigen wir noch einige Vorbereitung. Das folgende Lemma ist eine direkte Konsequenz von Satz 6.8.

B.9 Lemma: *Seien E lokalkonvex, $M \subset E$ absolutkonvex und abgeschlossen, $x_0 \notin M$. Dann existiert $y \in E'$ mit $|y(x)| \leq 1$ für $x \in M$ und $|y(x_0)| > 1$.*

Den Begriff der Polaren behalten wir auch für lokalkonvexe Räume mit derselben Definition wie in §6 bei. Dann gilt mit demselben Beweis die folgende Verallgemeinerung von Satz 6.11 (siehe 22.13):

B.10 Bipolarensatz: *Seien E lokalkonvex und A eine absolutkonvexe Teilmenge von E. Dann ist $\overline{A} = (A^\circ)^\circ =: A^{\circ\circ}$.*

B.11 Corollar: *Ist E normiert und A eine absolutkonvexe Teilmenge von E, dann stimmen die abgeschlossene Hülle und die schwach abgeschlossene Hülle von A überein.*

Beweis: Dies folgt aus Satz B.10, da nach Satz B.7 die ursprüngliche Topologie und die schwache Topologie beide E' als Dualraum haben und somit dasselbe $A^{\circ\circ}$ ergeben. □

B.12 Corollar: *Sei E normiert, B eine absolutkonvexe Teilmenge von E'. Wir betrachten $(B^\circ)^\circ$, wobei die erste Polare in E, die zweite wieder in E' genommen ist. Dann gilt $(B^\circ)^\circ = \overline{B}^{\sigma(E', E)}$.*

Beweis: Wir bezeichnen mit B_1° die Polare von B in E also $B_1^\circ = \{x \in E : |y(x)| \leq 1$ für alle $y \in B\}$. Mit B_2° bezeichnen wir die Polare von B in E'' also $B_2^\circ = \{z \in E'' : |z(y)| \leq 1$ für alle $y \in B\}$.

Wir betrachten E' versehen mit der Topologie $\sigma(E', E)$. Der Dualraum ist dann, nach Satz B.7, $J(E)$. Also ist die Polare von B in diesem Dualraum $B_2^\circ \cap J(E)$ und nach dem Bipolarensatz gilt $(B_2^\circ \cap J(E))^\circ = \overline{B}^{\sigma(E',E)}$. Die Polare ist hier natürlich in E' genommen.

Man rechnet nun leicht nach, dass $(B_2^\circ \cap J(E))^\circ = (J(B_1^\circ))^\circ = (B_1^\circ)^\circ$. Dies beweist die Behauptung.   □

Wir können nun zeigen:

B.13 Satz: (Reflexivitätskriterium) *Ein normierter Raum E ist genau dann reflexiv, wenn seine abgeschlossene Einheitskugel schwach kompakt ist.*

Beweis: Sei U die Einheitskugel von E und W die Einheitskugel von E''. Dann ist, wie man leicht sieht, $J(U) = W \cap J(E)$. Ferner ist $J : (E, \sigma(E, E')) \to (E'', \sigma(E'', E'))$ eine isomorphe Einbettung, denn für $y_1, \ldots, y_n \in E'$ und $x \in E$ ist $\sup_{j=1,..,n} |J(x)[y_j]| = \sup_{j=1,..,n} |y_j(x)|$.

Ist also E reflexiv, d.h. $J(E) = E''$, dann ist $J(U) = W$. W ist nach dem Satz von Alaoglu $\sigma(E'', E')$-kompakt, also ist U $\sigma(E, E')$-kompakt.

Ist umgekehrt U schwach kompakt, dann ist $J(U)$ $\sigma(E'', E')$-kompakt. Nun ist

$$J(U)^\circ = \{y \in E' : |J(x)[y]| \leq 1 \text{ für alle } x \in U\}$$
$$= \{y \in E' : |y(x)| \leq 1 \text{ für alle } x \in U\} = U^\circ.$$

Beide Polaren sind in E' genommen, U° ist die Einheitskugel von E'. Bilden wir nun wieder die Polaren in E'', so erhalten wir

$$W = (U^\circ)^\circ = (J(U)^\circ)^\circ = \overline{J(U)}^{\sigma(E'', E')} = J(U).$$

Die vorletzte Gleichung folgt aus Corollar B.12, angewandt auf den Banachraum E' und die absolutkonvexe Menge $J(U) \subset E''$. Die letzte Gleichung folgt aus der $\sigma(E'', E')$-Kompaktheit und damit $\sigma(E'', E')$-Abgeschlossenheit von $J(U)$. Wir haben gezeigt, dass $W \subset R(J)$. Damit ist J surjektiv, d.h. E reflexiv.   □

Eine äquivalente Formulierung ist:

B.14 Satz: *Ein normierter Raum E ist genau dann reflexiv, wenn alle beschränkten Mengen in E relativ schwach kompakt sind.*

Beweis: Sind alle beschränkten Mengen relativ schwach kompakt, so auch die abgeschlossene Einheitskugel. Da diese wegen Corollar B.11 schwach abgeschlossen ist, ist sie schwach kompakt. Daher ist nach Satz B.13 E reflexiv.

Ist E reflexiv und $B \subset E$ beschränkt, dann existiert $t > 0$, so dass $B \subset tU = \{x \in E : \|x\| \leq t\}$. Da $x \mapsto tx$ ein Isomorphismus bzgl der schwachen Topologie ist, ist tU schwach kompakt und damit B relativ schwach kompakt.   □

Wir wollen jetzt die Permanenzeigenschaften des Satzes 7.5 aus Satz B.13 herleiten. Dazu zunächst eine Vorbereitung.

B.15 Lemma: *Ist E ein normierter Raum, $F \subset E$ ein linearer Unterraum, dann stimmt die Topologie $\sigma(F, F')$ mit der von $\sigma(E, E')$ auf F induzierten Topologie überein.*

Beweis: Dass sie feiner ist, ist evident. Wir zeigen, dass sie gröber ist. Sei $p(x) = \sup_{j=1,..,n} |y_j(x)|$ für $x \in F$ mit $y_1, \ldots y_n \in F'$. Nach dem Satz von Hahn-Banach können wir $y_1, \ldots, y_n \in F'$ zu $Y_1, \ldots, Y_n \in E'$ ausdehnen. Dann wird durch $P(x) := \sup_{j=1,..,n} |Y_j(x)|$ eine $\sigma(E, E')$-Halbnorm auf E definiert, deren Einschränkung auf F die Halbnorm p ist. Dies beweist die Behauptung. □

B.16 Satz: *Seien E ein reflexiver Banachraum und F ein abgeschlossener Unterraum von E. Dann sind E und E/F reflexiv.*

Beweis: Seien U_E, U_F und $U_{E/F}$ die entsprechenden abgeschlossenen Einheitskugeln. Dann ist U_E $\sigma(E, E')$ kompakt. Wegen Corollar B.11 ist F auch schwach abgeschlossen, also ist $U_F = U_E \cap F$ $\sigma(E, E')$-kompakt und wegen Lemma B.15 auch $\sigma(F, F')$-kompakt.

Sei $q : E \to E/F$ die Quotientenabbildung. Wegen Satz B.4 ist q auch schwach stetig, also ist $q(U_E)$ schwach kompakt und damit auch abgeschlossen in E/F. Nach Definition der Quotientennorm ist $U_{E/F} \supset q(U_E) \supset \overset{\circ}{U}_{E/F}$. Hieraus folgt $q(U_E) = U_{E/F}$ und diese Menge ist schwach kompakt.

In beiden Fällen folgt die Behauptung dann aus Satz B.13. □

Ist H ein Hilbertraum, dann nimmt das definierende Fundamentalsystem der schwachen Topologie die Form an: $p_e(x) = \max_{y \in e} |\langle x, y \rangle|$, $e \subset H$ endlich. Da jeder Hilbertraum reflexiv ist (siehe Corollar 11.10) gilt:

B.17 Satz: *Die abgeschlossene Einheitskugel eines Hilbertraumes ist schwach kompakt.*

Abschließend behandeln wir noch den Fall eines separablen reflexiven Banach- bzw. Hilbertraumes.

B.18 Lemma: *Ist E ein separabler und reflexiver Banachraum, dann ist die schwache Topologie auf der Einheitskugel metrisierbar.*

Beweis: Da E'' isomorph ist zu E, ist dann auch E'' separabel und somit, wegen Satz 6.13, auch E'. Sei $M = \{y_1, y_2, \ldots\}$ eine abzählbare dichte Teilmenge von E'. Die Halbnormen $p_n(x) := \sup_{j=1,..,n} |y_j(x)|$ definieren eine lokalkonvexe Topologie τ auf E, die schwächer ist als $\sigma(E, E')$. Bedingung 1. in Satz B.1 wird dabei durch die Dichtheit von M bewirkt. Diese Topologie kann durch die Metrik

$$d(x_1, x_2) := \sum_{j=1}^{\infty} \frac{1}{2^j} \frac{|y_j(x_1) - y_j(x_2)|}{1 + |y_j(x_1) - y_j(x_2)|}$$

gegeben werden (siehe dazu Beispiel 5.18 (1)). Da sie schwächer ist als die schwache Topologie und die abgeschlossen Einheitskugel schwach kompakt ist, stimmen beide Topologien auf der Einheitskugel überein. □

Hieraus folgt:

B.19 Satz: *Ist E ein separabler und reflexiver Banachraum, so hat jede beschränkte Folge in E eine schwach konvergente Teilfolge.*

Beweis: Sei $(x_n)_{n \in \mathbb{N}}$ eine beschränkte Folge in E. Dann existiert ein $t > 0$, so dass alle $x_n \in tU = \{\xi \in E : \|\xi\| \leq t\}$. Da $x \mapsto tx$ ein Homöomorphismus ist, ist auch tU schwach kompakt und die schwache Topologie ist metrisierbar. Also hat die Folge $(x_n)_{n \in \mathbb{N}}$ eine schwach konvergente Teilfolge. $\qquad \Box$

Die Aussage von Satz B.19 gilt daher für alle separablen Hilberträume, sowie für die Räume ℓ_p und $L_p(\mathbb{R}^n)$ mit $1 < p < \infty$. In ℓ_1 jedoch ist die Folge $(e_n)_{n \in \mathbb{N}}$ der Einheitsvektoren beschränkt und besitzt keine schwach konvergente Teilfolge.

Abschließend betrachten wir noch den Begriff der beschränkten Menge in einem lokalkonvexen Raum.

Definition: Sei E ein lokalkonvexer Raum mit dem Fundamentalsystem stetiger Halbnormen $(p_\alpha)_{\alpha \in A}$. Eine Teilmenge $M \subset E$ heißt *beschränkt*, falls für alle $\alpha \in A$ gilt $\sup_{x \in M} p_\alpha(x) < \infty$.

Bemerkung: Man überlegt sich leicht, dass eine Menge $M \subset E$ genau dann beschränkt ist, wenn zu jeder Nullumgebung U ein $t > 0$ existiert mit $M \subset tU$. Hieraus folgt, dass der Begriff der Beschränktheit nur von der lokalkonvexen Topologie, nicht von dem sie erzeugenden Fundamentalsystem stetiger Halbnormen abhängt.

B.20 Beispiele: *Ist E normiert, dann gilt:*

(1) $M \subset E$ ist beschränkt bzgl. der Normtopologie, falls $\sup_{x \in M} \|x\| < \infty$.

(2) $M \subset E$ ist beschränkt bzgl. der schwachen Topologie, falls $\sup_{x \in M} |y(x)| < \infty$ für jedes $y \in E'$.

Der allgemeine Begriff der beschränkten Menge fällt hier also mit den schon früher verwendeten Begriffen der beschränkten Menge (im Falle der Normtopologie), bzw. der schwach beschränkten Menge (im Falle der schwachen Topologie; siehe §8) zusammen. Satz 8.11 nimmt also die Form an:

B.21 Satz: *Jede schwach beschränkte Menge in einem normierten Raum ist beschränkt.*

Literaturhinweise

Lehrbücher

[AV] Appell, J., Väth, M.: *Elemente der Funktionalanalysis*, Wiesbaden (2005).

[Do] Dobrowolsky, M.: *Angewandte Funktionalanalysis*, Berlin-Heidelberg-New York (2006).

[B] Banach, S.: *Théorie des opérations linéaires*, Warszawa (1932).

[F2] Forster, O.: *Analysis 2*, 9. Aufl., Wiesbaden (2011).

[F3] Forster, O.: *Analysis 3*, 6. Aufl., Wiesbaden (2011).

[GK] Gohberg, I.C., Kreĭn, M.G.: *Introduction to the theory of linear nonselfadjoint operators*, Providence (1969).

[H] Hermes, H.: *Einführung in die Verbandstheorie*, Berlin-Heidelberg-New York (1967).

[He] Heuser, H.: *Funktionalanalysis*, Stuttgart (1986).

[Ka] Kaballo, W.: *Grundkurs Funktionalanalysis*, Heidelberg (2011).

[K1] Köthe, G.: *Topological vector spaces I*, Berlin-Heidelberg-New York (1969).

[RN] Riesz, F., Sz.-Nagy, B.: *Vorlesungen über Funktionalanalysis*, Thun-Frankfurt/M. (1965).

[R] Rudin, W.: *Functional Analysis*, New York-St.Louis (1973).

[Sc] Schubert, H.: *Topologie*, Stuttgart (1964).

[St] Stein, E.M.: *Singular integrals and differentiability properties of functions*, Princeton (1970).

[W] Weidmann, J.: *Lineare Operatoren in Hilberträumen*, Stuttgart (1976).

[We] Werner, D.: *Funktionalanalysis*, Berlin-Heidelberg-New York (2007).

Originalarbeiten

[E]   Enflo, P.: *A counterexample to the approximation property in Banach spaces*, Acta Math. **130** (1973), 309–317.

[J]   James, R.C.: *A non–reflexive Banach space isometric with its second conjugate*, Proc. Nat. Acad. Sci. (U.S.A.) **37** (1951), 174–177.

[KS]   Kadec, M.I., Snobar, M.G.: *Certain functionals on the Minkowski compactum*, Math. Notes **10** (1971), 694–696 (engl. Übersetzung).

[LT]   Lindenstrauss, J., Tzafriri, L.: *On the complemented subspaces problem*, Israel J. Math. **9** (1971), 225–249.

Symbolverzeichnis

Index

Analysis für den Bachelor in Mathematik

Robert Denk / Reinhard Racke

Kompendium der ANALYSIS - Ein kompletter Bachelor-Kurs von Reellen Zahlen zu Partiellen Differentialgleichungen

Band 1: Differential- und Integralrechnung, Gewöhnliche Differentialgleichungen
2011. XII, 317 S. Br. EUR 24,95
ISBN 978-3-8348-1565-1

Band 1 eignet sich für Vorlesungen Analysis I – III in den ersten drei Semestern.

Das zweibändige Werk umfasst den gesamten Stoff von in der „Analysis" üblichen Vorlesungen für einen sechssemestrigen Bachelor-Studiengang der Mathematik. Die Bücher sind vorlesungsnah aufgebaut und bilden die Vorlesungen exakt ab. Jeder Band enthält Beispiele und zusätzlich ein Kapitel "Prüfungsfragen", das Studierende auf mündliche und schriftliche Prüfungen vorbereiten soll. Das Werk ist ein Kompendium der Analysis und eignet sich als Lehr- und Nachschlagewerk sowohl für Studierende als auch für Dozenten.

VIEWEG+ TEUBNER

Abraham-Lincoln-Straße 46
65189 Wiesbaden
Fax 0611.7878-400
www.viewegteubner.de

Stand Juli 2011.
Änderungen vorbehalten.
Erhältlich im Buchhandel oder im Verlag.